周期表

族→ 周期↓	10	11	12	13	14	15	16	17	18
1									2 He ヘリウム 4.003
2				5 B ホウ素 10.81	6 C 炭素 12.01	7 N 窒素 14.01	8 O 酸素 16.00	9 F フッ素 19.00	10 Ne ネオン 20.18
3				13 Al アルミニウム 26.98	14 Si ケイ素 28.09	15 P リン 30.97	16 S 硫黄 32.07	17 Cl 塩素 35.45	18 Ar アルゴン 39.95
4	28 Ni ニッケル 58.69	29 Cu 銅 63.55	30 Zn 亜鉛 65.38	31 Ga ガリウム 69.72	32 Ge ゲルマニウム 72.63	33 As ヒ素 74.92	34 Se セレン 78.97	35 Br 臭素 79.90	36 Kr クリプトン 83.80
5	46 Pd パラジウム 106.4	47 Ag 銀 107.9	48 Cd カドミウム 112.4	49 In インジウム 114.8	50 Sn スズ 118.7	51 Sb アンチモン 121.8	52 Te テルル 127.6	53 I ヨウ素 126.9	54 Xe キセノン 131.3
6	78 Pt 白金 195.1	79 Au 金 197.0	80 Hg 水銀 200.6	81 Tl タリウム 204.4	82 Pb 鉛 207.2	83 Bi* ビスマス 209.0	84 Po* ポロニウム (210)	85 At* アスタチン (210)	86 Rn* ラドン (222)
7	110 Ds* ダームスタチウム (281)	111 Rg* レントゲニウム (280)	112 Cn* コペルニシウム (285)	113 Nh* ニホニウム (284)	114 Fl* フレロビウム (289)	115 Mc* モスコビウム (288)	116 Lv* リバモリウム (293)	117 Ts* テネシン (293)	118 Og* オガネソン (294)

63 Eu ウロピウム 152.0	64 Gd ガドリニウム 157.3	65 Tb テルビウム 158.9	66 Dy ジスプロシウム 162.5	67 Ho ホルミウム 164.9	68 Er エルビウム 167.3	69 Tm ツリウム 168.9	70 Yb イッテルビウム 173.1	71 Lu ルテチウム 175.0
95 Am* アメリシウム (243)	96 Cm* キュリウム (247)	97 Bk* バークリウム (247)	98 Cf* カリホルニウム (252)	99 Es* アインスタイニウム (252)	100 Fm* フェルミウム (257)	101 Md* メンデレビウム (258)	102 No* ノーベリウム (259)	103 Lr* ローレンシウム (262)

やさしく学べる
基礎化学

基礎化学教育研究会 編

森北出版株式会社

● 本書のサポート情報を当社 Web サイトに掲載する場合があります．下記の URL にアクセスし，サポートの案内をご覧ください．

　　　　　　　　http://www.morikita.co.jp/support/

● 本書の内容に関するご質問は，森北出版 出版部「(書名を明記)」係宛に書面にて，もしくは下記の e-mail アドレスまでお願いします．なお，電話でのご質問には応じかねますので，あらかじめご了承ください．

　　　　　　　　editor@morikita.co.jp

● 本書により得られた情報の使用から生じるいかなる損害についても，当社および本書の著者は責任を負わないものとします．

■ 本書に記載している製品名，商標および登録商標は，各権利者に帰属します．

■ 本書を無断で複写複製（電子化を含む）することは，著作権法上での例外を除き，禁じられています．複写される場合は，そのつど事前に(社)出版者著作権管理機構（電話 03-3513-6969，FAX 03-3513-6979，e-mail：info@jcopy.or.jp）の許諾を得てください．また本書を代行業者等の第三者に依頼してスキャンやデジタル化することは，たとえ個人や家庭内での利用であっても一切認められておりません．

まえがき

　本書は，専門学校・高専・短大および大学初学年生のための一般化学の教科書および参考書として書かれたものである．また本書の内容は，高校時代に十分に化学を勉強しなかった人や，新素材・環境化学・生体化学などの化学関連の話題を理解するためにもう一度化学を復習したいと思う社会人の方々に対しても十分に化学全般の基礎知識が理解できるよう，やさしく解説した．

　物質を通して科学技術に貢献するのが化学であり，新しい工業はつねに新しい素材と結びつき，また新物質は新しい産業を生み出してきた．したがって，どのような専門分野の技術者になるのであれ，科学技術によってつくられた材料に接し，そして各種化学プロセスに関わる限り，物質科学としての化学の知識は必須である．

　本書の章立ては，まず第1章の「化学を学ぶにあたって」では私たちの生活と化学との関係や化学とは何かを学び，続く第2章の「物質の構成と結合」では物質が原子からできていること，その原子の構造，元素の周期性電子配置，化学結合，そして第3，4章では物質の状態や代表的な化学反応である酸・塩基反応，酸化・還元反応，反応熱を説明し，第5章以下で無機化合物・有機化合物・高分子化合物などの具体的な化合物を理解するという方法をとった．

　本書の特徴として，(1) 機器分析・新素材・バイオテクノロジーなどの最近の化学の進歩を紹介する章をもうけ，(2) 原子構造や熱力学などに関するやや程度の高い内容を参考として小活字で平明に記述し，さらに(3) 化学に興味をもつように各章のはじめに簡単に行え，教育効果の大きいと思われる演示実験を記載した．

　2003年1月

基礎化学教育研究会
代表　春山志郎

目 次

第1章 化学を学ぶにあたって
- 1・1 化学と私達の生活 …………………………………………1
- 1・2 産業を支える化学 …………………………………………2
- 1・3 化学とはどんな学問か ……………………………………5
- 1・4 原 子・分 子 ………………………………………………9
- 1・5 化学を学ぶにあたって ……………………………………12

第2章 物質の構成と結合
- 2・1 物 質 の 構 成 ……………………………………………14
  - (1) 純物質と混合物 14　　(2) 単体と化合物 15
  - (3) 原子・分子・イオン 17
- 2・2 原 子 の 構 成 ……………………………………………26
  - (1) 原子の構造 26　　(2) イオンの形成 33
  - (3) 元素の周期表 34
- 2・3 化 学 結 合 ………………………………………………37
  - (1) イオン結合 37　　(2) 共有結合 38
  - (3) 金属結合 42
- 2・4 物質量と化学式 ……………………………………………47
  - (1) 原子量・分子量・式量 47
  - (2) 物質量（モル，アボガドロ数，アボガドロの法則） 48
  - (3) 化学反応式における量的関係 49
- 演 習 問 題 …………………………………………………………50

第3章 物質の状態

3・1 物質の三態 ……………………………………………… 53
　(1) 三態間の変化 53　　(2) 融解と蒸発 54
3・2 気体の性質 ……………………………………………… 60
　(1) 気体の体積 60　　(2) 気体の状態方程式 65
　(3) 混合気体と分圧 67　　(4) 気体の分子量 69
3・3 溶　　液 ………………………………………………… 72
　(1) 溶解と濃度 72　　(2) 希薄溶液の性質 81
　(3) コロイド溶液 87
演 習 問 題 …………………………………………………… 92

第4章 物質の変化

4・1 化学反応と熱 …………………………………………… 95
　(1) 反応熱と物質のもつエネルギー 95
　(2) 熱化学方程式とヘスの法則 97
4・2 化学反応の速さと化学平衡 ………………………… 103
　(1) 化学反応の速さ 103　　(2) 化学平衡 107
4・3 酸と塩基の反応 ……………………………………… 116
　(1) 酸・塩基 116　　(2) 中和と塩 126
4・4 酸化還元反応 ………………………………………… 133
　(1) 酸化還元 133　　(2) 電　池 142
　(3) 電気分解 150
演 習 問 題 ………………………………………………… 153

第5章 無機物質

5・1 非金属元素の単体と化合物 ………………………… 157
　(1) 水　素 157　　(2) 炭素とケイ素 159
　(3) 窒素とリン 164　　(4) 酸素と硫黄 168
　(5) ハロゲン 171　　(6) 希ガス 175
5・2 典型金属元素の単体と化合物 ……………………… 175

（1）アルカリ金属　175　　　（2）アルカリ土類金属　178
　　（3）亜鉛・カドミウム・水銀　180
　　（4）アルミニウムと鉛　182
　5・3　遷移金属元素の単体と化合物 ……………………………184
　　（1）遷移金属の特徴　185　　（2）クロム，マンガン，鉄　185
　　（3）銅と銀　188　　　　　　（4）金属イオンの分離　191
　5・4　無機化合物の工業的製法 …………………………………192
　　（1）金属の精錬　193　　　　（2）酸・塩基・塩の合成　196
　演　習　問　題 …………………………………………………………201

第6章　有　機　化　合　物
　6・1　有機化合物の構造 ……………………………………………205
　　（1）飽和炭化水素　206　　　（2）飽和炭化水素の命名法　207
　　（3）不飽和炭化水素　208
　6・2　官能基による化合物の分類 …………………………………210
　6・3　異　　性　　体 ………………………………………………211
　6・4　炭化水素の反応 ………………………………………………212
　　（1）アルカン　212　　　　　（2）アルケンとアルキン　213
　6・5　酸素を含む有機化合物 ………………………………………214
　　（1）アルコール　214　　　　（2）カルボニル化合物　216
　　（3）カルボン酸およびエステル　218
　6・6　分子構造の決定 ………………………………………………221
　6・7　ハロゲン化合物 ………………………………………………223
　6・8　窒素を含む有機化合物 ………………………………………224
　6・9　芳香族化合物 …………………………………………………224
　　（1）ベンゼンの結合状態と構造　224
　　（2）芳香族炭化水素と反応　226
　　（3）フェノール　227　　　　（4）窒素化合物　228
　6・10　石炭・石油化学工業 …………………………………………229
　6・11　油　脂　と　洗　剤 …………………………………………231

6・12 染　　　料 ……………………………………………………234
演　習　問　題 ……………………………………………………236

第7章　高分子化合物

7・1　天然高分子化合物 ………………………………………239
　（1）糖　類　239　　　　　（2）タンパク質　247
　（3）核　酸　252　　　　　（4）天然ゴム　254
7・2　合成高分子化合物 ………………………………………255
　（1）合成高分子の合成法　256
　（2）プラスチック，合成繊維，合成ゴム　259
演　習　問　題 ……………………………………………………267

第8章　これからの化学

8・1　分析技術の進歩 …………………………………………270
　（1）微細構造を見る　271　　（2）結晶構造と組成を調べる　273
　（3）元素組成を分析する　273
　（4）原子の結合状態，分子構造および組成を知る　275
　（5）微小領域の分析を行う　276
8・2　新素材開発と化学 ………………………………………278
　（1）金属材料　280　　　　　（2）無機材料（セラミックス）　281
　（3）有機材料　283　　　　　（4）複合材料　285
8・3　資源，エネルギー問題と化学 …………………………286
　（1）化石燃料　286　　　　　（2）石炭の液化　287
　（3）原子エネルギー　287　　（4）自然エネルギー　289
8・4　環境保全と化学 …………………………………………289
　（1）地球環境の移り変わり　289
　（2）水質汚染　290　　　　　（3）水質汚濁物質について　291
　（4）大　気　292　　　　　　（5）ごみ（産業廃棄物と都市廃棄物）　295
8・5　バイオテクノロジー ……………………………………296
　（1）基礎技術　297　　　　　（2）バイオテクノロジー関係用語　298

目　次　vii

問・演習問題の解答 …………………………………………………………………301
付　　　録 …………………………………………………………………………314
    1．化合物命名法　314
    2．試薬溶液の調製法　318
    3．25℃における弱酸・弱塩基の電離定数（Ka）と電離指数（pKa）　320
    4．おもな気体・陽イオン・陰イオンの検出法　320
    5．工業製品系統図　325
    6．原子の核外電子配置　328
    7．国際単位系 SI　331
    8．化学に関係の深いできごとの年表　332

索　　　引 …………………………………………………………………………333

第1章 化学を学ぶにあたって

1・1 化学と私達の生活

　今日，化学が私たちに与えてくれる恩恵は限りなく大きく深い．身のまわりを見わたしてみると，ふだんはあまりにも当り前すぎて気がつかないが，目にふれる実に多くのものが化学の力をかりて生み出されたものであることがわかる．紙，鉛筆，消しゴム，書籍，カバン，机，黒板，チョークなどかぞえあげたらきりがない．日用品のほとんどすべてが化学製品であり，また私たちは化学肥料・農薬で育てられた穀物・野菜類を食べ，合成染料で染められた合成繊維の衣服を着，新建材を多数使用した家に住んでいる．昔の時代に色のついた着物を着ることができたのは階級の高いごく一部の人たちだけであったろう．しかし，いま私たちが，だれでも，色あざやかな衣服を着，多彩な色を楽しめるのも，化学者たちが天然にはないような美しい色の合成染料を安く大量につくってくれるからである．また，化学者たちが多種多様な抗生物質をつくりだしてくれたおかげで，肺炎や赤痢などの細菌感染で死ぬような人はほとんどいなくなった．各種食品添加物（酸化防止剤，合成保存料，化学調味料，着色・着香料など）の開発により，その安全性については充分に注意をはらう必要はあるが，食生活は豊かになった．接着剤の進歩により，あらゆる種類のものとのとをくっつけることが容易となり，とても便利になったが，これも化学者が

研究開発してくれたおかげなのである．

　上でみたように，化学はテレビ，コンピュータ，自動車などのようにその機能をはなばなしく示すものとは異なり，日常生活において「化学」を実感することはまれであるかもしれない．しかし，現在，私達の生活はあらゆる面で化学と結びつき，そして化学を利用しており，もはや「化学」なくしては成りたたない社会で生活しているのである．

1・2　産業を支える化学

　化学は，日常生活においてだけではなく，いろいろな産業に貢献している．その例を思いつくままにあげてみると，電卓・時計・パソコンなどのディスプレイ（表示装置）に広く用いられている液晶の合成，光通信用高純度グラスファイバーの製造，各種材料の研究開発（色素レーザーなどの新しいレーザー材料，スペースシャトルや人工衛星などの宇宙で用いられる軽くて，丈夫な複合材料，人工臓器・人工歯根などの生体用材料，くるま社会を支えている自動車材料など），よく効いて副作用のすくない医薬品の開発，防食技術や環境汚染の除去など化学技術による快適な都市環境づくり，これからのエネルギーを支える太陽電池，燃料電池，核融合発電用材料の開発や超伝導物質の創製などがある．まさに化学は，現代のハイテク技術を支えている陰の立て役者であるといえる．

　そこで，これから化学を学ぼうとする者にとって多少むずかしく感じられるかもしれないが，エレクトロニクス技術の代表であるコンピュータを例にとり，化学の果たしている役割をもうすこし立ち入って考えてみよう．

　コンピュータにとってもっとも重要な部品は，シリコン結晶を基本とする高性能半導体である．半導体はその名のとおり，金属のようによく電気を通す導体とゴムやプラスチックのように電気を通しにくい不導体（絶縁体）との中間の電気伝導度を示す物質の総称である．シリコンも代表的な半導体の1つであるが，それをコンピュータなどの機能素子として使用するには単なるシリコンでは使いものにならない．ある種の原子を添加することによって結晶内に生じた電子を自由自在にコントロールして目的の電気的機能をもたせるためには，

欠陥のすくない単結晶（シリコン原子がすみずみまで規則正しくならんでいる状態）で，しかも 99.9999999％(9N) 以上の純度をもつ超高純度シリコン単結晶をまずつくらなければならない．9N という純度は想像を絶するものすごい純度で，10億個のシリコン原子の中にたった1個の違った原子がまぎれこんでいる状態に相当する．このような超高純度は，多くの化学者の血のにじむような努力により達成された．シリコンは，地球上ではそのままの形では存在せず，非常に安定な酸化物（酸化ケイ素）として産出する．そこで，強い還元剤として炭素を用い，2000℃前後の高温でシリコンに還元される．こうしてできた粗シリコンの純度は 98 から 99％ くらいである．この粗シリコンを，いったんシリコンの塩化物（多くはトリクロロシラン $SiHCl_3$[1]）にかえて何回も蒸留により精製したあと，水素で再度還元して高純度シリコンとする．こうしてできた多結晶シリコンに含まれる不純物は，酸素と炭素以外については，通常の分析では検出できないほどの微量になっている．この高純度多結晶シリコンを用いてシリコン単結晶をつくる．単結晶をつくる方法にはいろいろあるが，一例として浮遊帯法を図 1・1 に示す．図に示されるように多結晶素材の一部のみを溶かし，その溶融部分を1時間に 20 cm ぐらいの速度で移動させて順次結晶化させる方法である．溶融部分は表面張力により保持され，空間に浮かんでいるために，この方法は外部からの不純物の汚染がないという優れた特長をもっている．

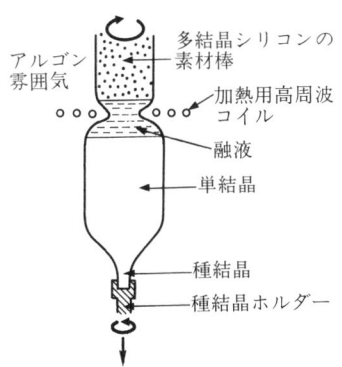

図 1・1　浮遊帯法による超高純度シリコン単結晶の育成

---

1) 化合物の命名については巻末資料を参照のこと．

4 第1章 化学を学ぶにあたって

　さて，コンピュータの頭脳ともよばれるIC（集積回路）やLSI（大規模集積回路）からなる機能素子は，上で述べたシリコン単結晶基板を土台として，いくつかの金属電極，不純物拡散層（高純度シリコン単結晶にある種の原子を外部表面から拡散させて，いろいろな電気的機能をもたせた半導体領域），絶縁体膜からなり，その製造工程は非常にたくさんの複雑な化学プロセス技術を必要とする．すなわち，（1）シリコン基板上に加工箇所を決めるための写真製版技術，（2）写真製版技術で描かれた微細パターンどおりに加工をするための下準備としてのレジスト技術，（3）シリコン基板上に新たな膜を形成する膜形成技術，（4）不純物の導入や熱処理による改質技術，（5）基板表面や形成膜を部分的に取り去るエッチング技術，（6）金属による電極や配線を形成する技術からなっている．

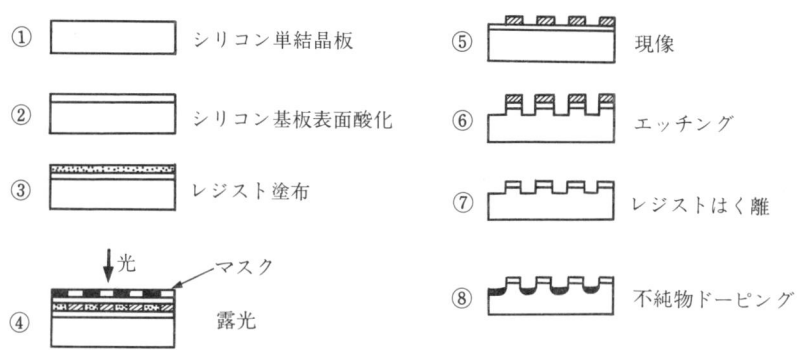

図 1・2　レジストを用いた微細加工

　図1・2にレジストとよばれる光に感じる高分子を応用した微細加工の例を示した．レジストを塗布したシリコン基板上に微細な回路パターンをかきこんだマスクを置き露光すると，レジスト層は光に敏感に反応し，光のあたった部分だけ変化する．たとえば，環化ポリイソプレンゴムとよばれる特殊なゴムに芳香族ビスアジドという化合物を数％添加した感光性レジストの場合は，光があたると感光剤分子である芳香族ビスアジドがつなぎ手となり，図1・3に示すように環化ゴム分子間を結びつけて溶媒に不溶な性質（ゴム分子はバラバラに分散してゆくことができなくなる）に変えてしまう．露光後，適当な溶媒を使ってレジスト層を溶かす（現像する）と，露光部分のレジストが基板に残る．残った

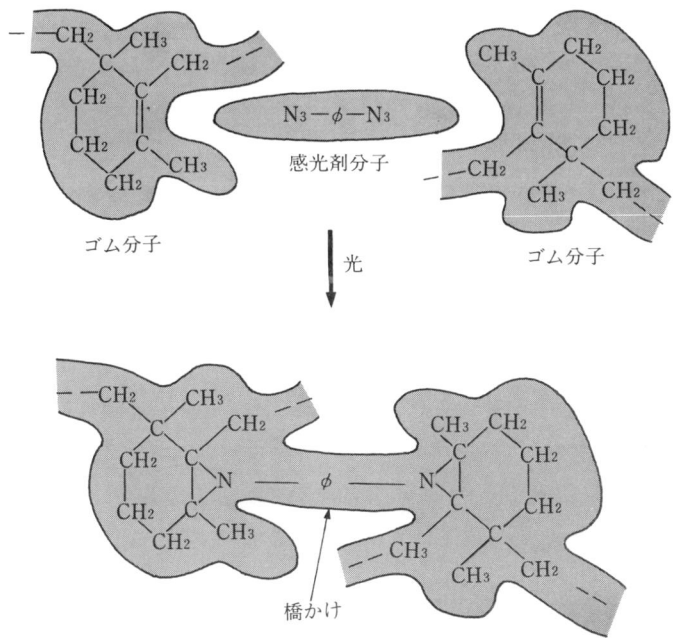

図 1・3　感光性レジストにおける光によるゴム分子間の橋かけの様子

レジスト層を保護膜として基板をエッチングし，用済みとなったレジスト層を除去後，不純物を拡散すれば必要な部分だけが半導体となる．このような微細加工はLSI製造工程の根幹をなすもので，数 μm（1マイクロメーター = 1mの100万分の1の長さ）あるいはそれ以下の幅のレジストを残せる技術が要求される．この要求に対する化学者の1つの答えが上記の感光性レジストなのである．

このように現代科学技術の粋であるエレクトロ技術も化学の助けなしには成りたたないことがわかるであろう．

1・3　化学とはどんな学問か

ここで，現代社会のすみずみまで水のようにしみこんでいる化学とはどんな学問であるかあらためて考えてみよう．すでに上で述べてきたことをまとめる

と，化学とは「物質がどんな成分からできているか，どんな構造と性質をもっているか，さらに物質の変化・反応を研究する学問分野」といえるであろう．

　この宇宙に存在する物質はたかだか100種程度の元素からできている．化学においては，まず，ある物質がどのような元素からできているかという化学組成を調べること，すなわち化学分析からはじまる．近代化学の生みの親の一人であるイギリスのボイルは，17世紀の60年代に「実験によってそれ以上分けられない成分」を元素と定義した．この考えにもとづいて具体的に33種の元素を示したのは，フランスのもう一人の偉大な化学者ラボアジエであった．その後，多くの化学者によって元素の追加，修正がなされたが，組成分析は化学者にとってやっかいな仕事であった．しかし最近では，第8章で述べるように優れた分析用機器が開発されて，組成や構造の分析がたいへん楽に行えるようになった．しかも単に組成分析するだけではなく，ある原子のまわりに他の原子が何個存在するかとか，ある原子における電子の状態はどうなっているのか，などのいわゆる状態分析もできるようになってきた．あるテレビクイズに「最近，あるものから，あるものができた．それは次のうちどれか．① 牛乳からパール，② ワインからルビー，③ 日本酒からダイヤモンド」というのがあった．物質は無から有は生じないのであるから，出発物質の中に入っていない元素を含む化合物はできない．組成的にみれば，③が正解ということがわかる．

　組成がわかれば，次は構成している各原子がどのような空間配置をしているか，すなわち結晶構造を調べることになる．結晶構造を調べるおもな方法は，われわれがものを見るときに使う可視光線よりももっと波長の短いX線を使って結晶を「見る」X線回折法（第8章参照）である．物質の構造はその物質の性質を知る重要な情報である．その例として，液晶と酸化物磁性粉体を取りあげてみよう．

　ある種の細長い棒状の分子（たとえば，図1・4(a)）からなる液体は，通常の液体とは違って，ある方向にある程度の分子配列の規則性をもつために液体と結晶との中間の性質を示す．このような液体と結晶との中間の構造をもったものを液晶といい，適当な温度変化や電圧によって分子配列の規則性が変化し，それとともに液晶の光学的性質が変わるので，この性質を利用して電卓などのディスプレイに広く使用されている．しかし，まだまだ改良すべき点が多く，

(a) 液晶分子の一例　　　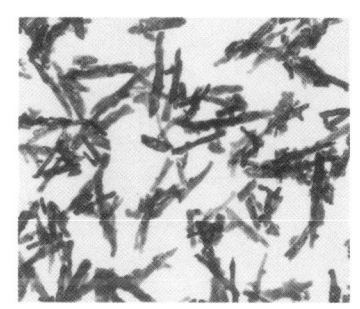
(b) 酸化鉄磁性微粒子の顕微鏡写真の一例

図 1・4　細長い形をした分子や粉体の例

そのためにはどのような分子構造をもつと，どのような液晶性をもつかという構造と性質との間の関係を明らかにし，その結果にもとづいた分子を設計し，合成する必要がある．それは化学者の今後の課題となっている．

　物質の結晶構造が，その物質の性質を決めている有名なもう1つの例として，オーディオテープやフロッピーディスク用の酸化鉄磁性粉体がある．この磁性粉体の外形は図1・4(b)の顕微鏡写真に示すように針状であり，その長手方向が磁気テープの走行方向に向くように塗布されている．記録は，微粉体が電気信号に応じて磁化されることによりなされる．粉体の形が針状なのは，磁化された粉体どうしが互いに干渉しあってせっかく記録された磁気を消失させてしまうのを防ぐためである．酸化鉄には，結晶構造の異なる α 型と γ 型があるが(第5章参照)，α 型は赤さびの主成分で，磁性を示さない．針状で γ 型酸化鉄をどうつくるかが，化学者に与えられた課題であり，知恵の出しどころである．現在は，硫酸鉄と水酸化ナトリウムとの反応で生成するオキシ水酸化鉄（FeOOH）がある作製条件のときにだけ針状結晶で析出することを利用している．これを針状の形を保ったまま，脱水したり，水素で還元したりして目的の酸化物構造（$\gamma\text{-}Fe_2O_3$）に仕上げていく．より磁気特性のよいテープをつくるために化学技術者たちはいまも日夜努力している．

　物質の組成と構造が決まれば，原理的にはその物質の性質や化学反応性を知ることができるはずであるが，私たちの化学知識はまだ完全にはそのような域に達してはいない．物質の構造と性質との関係を考えるさいに必要な基本的な

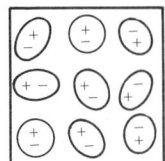 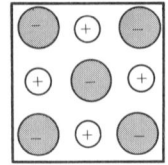 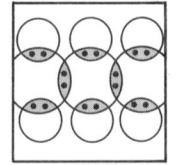 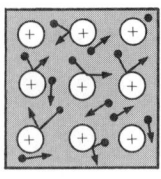

(a) 分子間力　　　（b）イオン結合　　（c）共有結合　　　（d）金属結合
　　（分子間の電子の　　　　　　　　　　　（・は共有電子）　　（・は自由電子）
　　　移動はない）

図 1·5　化学結合の分類の模式図

視点は，物質が原子の集団であり，原子と原子とが電子を「接着剤」として結びついているということである．原子と原子との結びつきを化学結合というが，化学結合は電子の状態に応じて図1·5のように分類できる．詳しくはのちほど各章で学ぶが，化学結合の基本は共有結合とイオン結合であり，共有結合は原子間で共有する電子をキャッチボール（交換）することにより生じた力で結びついているのであり，イオン結合は原子間での電子の偏りで生じた静電引力で化学結合したものである．金属結合は，共有結合の最たるもので，無数の原子間を自由に動きまわれる電子（自由電子）の助けにより原子集団を形成していると見なすことができる．金属の多くの性質はこの自由電子で説明できる．たとえば，金属光沢は自由電子が光をよくはねかえすからであり，電気や熱がよく伝わるのも自由電子がそれらをよく運ぶからである．このように，物質の構造や性質を考えるさいに原子間の電子の動きは重要な意味をもっており，極端にいえば，化学とは電子の挙動を調べる学問であるともいえる．このことは，これから酸化還元反応（第4章）や各種の無機・有機反応（第5，6章）を学習するさいに学ぶはずである．

また，化学の最大の特徴はなんといっても物質間の反応を調べ，新しい物質を合成することであるが，どのような反応がおこるかを予測したり，反応結果を説明したりするさいにも，電子の動きに注目する必要がある．化学反応も，せんじつめれば，化学結合ができたり，きれたりする現象と考えられ，電子が関与するのも当然である．日本人で初めてのノーベル化学賞を受賞した福井謙一博士の研究もこのようなことに関係しており，化学反応の中で重要な役割を果たすのは，分子のもっている電子のうち，エネルギーの一番高い外側の軌道（フロンティア軌道）にいる電子であることを1951年に証明したのである．

将来の夢物語として，ある性質をもった物質が必要になった場合に，どのような組成と構造とをもった物質を合成すればよいか，またどのような道すじでそれを合成すればよいかをコンピュータに答えさせることができるようになるかもしれない．

1・4 原子・分子

　化学という学問は，いろいろな物質とその変化を電子，原子・分子レベルの微視的な目で見，その結果得られた知識を用いて原子・分子の組み合わせを制御して物質を合成したり，エネルギーを取り出したりする科学の一分野であることをこれまで述べてきた．物質が原子という極微な粒子からできているということは，いまや現代人の物質観の常識となっている．化学をこれから学ぼうとしている諸君らの中でこれを知らない者はいないであろう．それどころか最高倍率の電子顕微鏡を用いれば，1つ1つの原子や分子の存在を示す映像を撮影することさえできる．しかし，今から200年位まえにさかのぼると，原子の存在は当時の化学者の間でも議論の的であった．それはそうであったであろうと思われる．たとえば，空気の中に酸素分子が含まれていることは，私たちがいつも呼吸し，触れていたのに長いあいだだれも気がつかなかった．それが発見されたのは，燃焼理論と原子説が確立したあとであった．つまり，化学の理論の力をかりることによって，「見えなかった」ものが「見える」ようになったのである．また同様に，目の前にあるコップ一杯の水，約180 g が，およそ $6,000,000,000,000,000,000,000,000$ ($= 6 \times 10^{24}$) 個の水分子からできているとはいくら目をこらしても，またさわってみても実感することはできないであろう．しかし，物質が原子や分子からできていることは今や疑う余地のない事実であり，諸君らもそのことを前提としてこれから化学を学ぶことになるのである．しかし，あらためて水が無数の水分子からできていることを説明せよといわれたら，知識として知っているだけで説明に窮するであろう．そこで，化学の勉強を始めるにさいし，物質が原子や分子からできているということがどのようにしてわかったのかを知ることは意義があると思われるので，水を例にとり，その歴史のはじめの部分をすこし振り返ってみよう．

物質の究極の姿がどのようなものであるか調べる実験的方法には二通りあって，その1つは物質の示すいろいろな挙動をあるがままに調べる方法であり，もう1つは積極的にエネルギーを与えて分解して調べる方法である．前者はおもに化学者がとる方法であり，後者は物理学者がとる方法である．たとえば，物理学で詳しく学ぶように，低圧気体に高電圧を印加した放電管の発光現象から電子が発見され（1899年，J.J. トムソン），また放射線の一種である α 線を原子に衝突させることにより正電荷の核をもつ原子模型が提案（1911年，ラザフォード）された．現在も物理学者たちは，巨大なエネルギーをもつ素粒子加速装置を用いて物質の構造の研究を続けている．一方，化学者たちは，物質を構成している分子がバラバラとなっている気体の研究から原子の存在を確実なものにしていった．

フランスの化学者ラボアジエは，1784年に加熱した軟鉄上に水蒸気を接触させると，鉄は酸化鉄となると同時に水素を発生することを示した．つまり水は元素ではなく，酸素と水素とからできていることがわかった．また，そのすこしまえに，キャベンディシュ（1781年）やラボアジエ（1783年）はすでに酸素と水素との混合物中で電気火花を飛ばすと，逆に水が生成することを見いだしていた．1805年に，ゲーリュサックはこの実験をもう一歩進めて，水素と酸素とをいろいろな割合に混ぜて反応させると，水素と酸素との体積比が2：1のとき過不足なくすべて水になることを報告した．

一方，ラボアジエが物質を組みたてるもとが元素であることを明らかにした後，19世紀初め，イギリスの化学者ドルトンは物質は一定の大きさと質量をもつ粒子からなるという原子説を提唱した（第2章参照）．物質が，もうこれ以上分割できない最小の微粒子（原子）からできているらしいという考えは当時の化学者の多くが抱いていたと思われる．化学者たちが日常経験する事実，たとえば気体どうしはよく混ざりあって一体となってしまうこと，液体が気体になるとその体積が約1,000倍にも膨張すること，物体はバネのように弾性体であること，ある定まった化合物に含まれる成分元素の組成比は常に一定の整数比であることなどから，物質が原子からできているということは充分に想定できたであろうと思われる．しかし，当時の化学者たちは化学の研究を進めるうえで仮想的な原子を必要としなかった．むしろ，たとえば水素1gが8gの酸素と

反応するといった当量の方が確実で，意味のあるものと考えていた．

水分子が水素原子と酸素原子からできていると考えたとき，先ほどのゲーリュサックの水の生成に関する気体体積間の実験結果を矛盾なく説明するためには，「同体積の気体は，同温，同圧においてすべて同数の粒子を含む」という仮説が必要であることをアボガドロは1811年に示した．このことを考慮して，水の生成反応を現代風の化学反応式で書けば，次のようになる．

$$2H_{2n} + O_{2n} = 2H_{2n}O_n \quad (n = 整数) \tag{1・1}$$

すなわち，偶数個の水素原子からなる2体積の水素分子（H_{2n}）と偶数個の酸素原子からなる1体積の酸素分子（O_{2n}）とから2体積の水分子（$H_{2n}O_n$）が生成したとなる．

次に，水素分子や酸素分子が式（1・1）において $n=1$，すなわち2原子から構成されていることは原子量の測定により決定された．1958年にカニッツァロは次のような方法で水素と酸素の原子量を決定した．たとえば水素の原子量を求める場合，水素を含む多数の気体の同温・同圧・同体積における質量と水素成分の質量を測定する．たとえば，22.4 l の気体に対する0℃，1気圧における結果が表1・1の左であったとすれば（説明を簡単にするためにカニッツァロの測定値ではなく，理想化した値が示してある），これらの水素化合物中での水素の最小質量は1gであり，他の化合物中での水素の質量はその整数倍であるので水素の原子量を1と仮定できる[1]．酸素についても同様にして，酸素の原子量と

表 1・1　カニッツァロの方法による水素と酸素の原子量の決定

水素を含む各種の気体	0℃, 1atm, 22.4 l の気体の質量 [g]	含まれている水素の質量 [g]	酸素を含む各種の気体	0℃, 1atm, 22.4 l の気体の質量 [g]	含まれている酸素の質量 [g]
水　素	2	2	酸　素	32	32
メタン	16	4	水	18	16
エタン	30	6	一酸化炭素	28	16
水	18	2	二酸化炭素	44	32
硫化水素	34	2	一酸化二窒素	44	16
シアン化水素	27	1	一酸化窒素	30	16
塩化水素	36	1	二酸化硫黄	64	32
アンモニア	17	3	三酸化硫黄	80	48

---

1) 整数分の1という可能性は，まだ残っている．

して 16（表1·1の右）が得られた．このようにして決められた相対的な原子量を用いることにより水分子の化学式は H_2O と決定できた．すなわち，水分子は水素原子2個と酸素原子1個から構成されていることとなった．上述のドルトンは水分子を HO（彼の表記法では ⊙○）と考えたので，正しい原子量を得ることはできなかった．

1·5 化学を学ぶにあたって

現代は科学の時代であり，だれもが直接的あるいは間接的に科学とかかわりをもたざるをえない時代となっている．また，今日の科学あるいは科学技術の革新は狭い専門分野だけから生まれるというわけにはいかなくなってきた．これから学ぶ化学も，物理学や生物学などとともに，あらゆる自然科学の基礎としての重要さが増し，ますます最先端の技術分野と密着してそれを支えてゆくことになるであろう．ここに，機械科，電気科，建築科などの化学系以外の学生諸君も化学を学ぶ大きな意義があるのである．

化学は，物理などとは違って，さしあたり理屈ぬきで覚えなければならない基礎知識（元素名，化合物名，化学反応式，化合物の性質，製法など）が多く，「暗記もの科目」として嫌われたり，化学のしようとしていること，目指していることがはっきりわからないとよくいわれる．たしかに，そのような面もあるが，これは 1,000 万種を超すといわれる膨大な物質を相手にし，その多様な性質を取り扱かう化学の性格上，ある程度しかたないことである．むしろ，この複雑さに化学のおもしろさがあるのである．また，過去において公害をもたらした多くの産業が化学工業であったという不幸なできごとから化学嫌いを生みだした．しかし，皮肉なことに環境問題を解決する大きな力の1つが化学の力であることも事実なのであり，環境問題に化学者が積極的に参加することがますます強く求められているのである．

化学は本来おもしろく，役にたつ学問なのである．化学を既成知識の暗記ものとして受けとることなく，積極的に学ぶことによって物質に対する探求心を養い，化学の基礎をしっかりと身につけ，立派な技術者になっていただきたい．

第2章 物質の構成と結合

自然界には数えきれないほど多種多様な物質が存在している．これらすべての物質は原子・分子・イオンなどの基本的な粒子から構成されている．この章では，原子・分子・イオンなどの構造やこれらの粒子から物質ができるしくみ，粒子と物質の質量関係，および化学変化などをとおして物質量の表わし方について学ぶ．また，元素の周期律にもとづいて，原子の電子配置の共通点や一般的性質についても学習する．

演示実験1
純物質と不純物質の凝固温度

(1) 大，小の試験管を2本用意し，取りはずしのできる二重管とする．内管の小試験管にはゴム栓を用いて100℃温度計を取りつける．

(2) まず，内管に3〜4gのパルミチン酸（融点62.65℃）をはかりとり，弱火で加熱し融解する．この溶融液中に100℃温度計をさし入れ，これをさらに外管にセットしたうえでスタンドに取りつける．

(3) 試料の温度降下を約50℃になるまではかり，時間と温度の関係グラフをつくる．

(4) 次に，0.3〜0.4gのステアリン酸をパルミチン酸に加え，加熱溶融する．これについて上記と同様にして冷却過程の時間と温度のグラフをつくり，(3)の結果と比較する．

●純物質は，凝固温度においてすべての液体が固体になるまでその物質固有の凝固温度を保ち，時間―温度曲線に一定な直線部分が明瞭に現われる．

2・1 物質の構成

(1) 純物質と混合物

われわれの身の回りにはいろいろな物質が存在する．それらの物質を構成している成分についてみると，下に示すように，純物質と混合物に分類することができる．

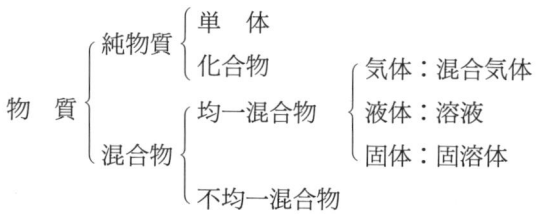

純物質は1種類の物質からなり，混合物は2種類以上の純物質が混じり合ったものをいう．純物質では，一定の元素組成をもち，また沸点・融点・密度・屈折率などの物理的性質がその物質に固有の値を示すため，混合物と区別することができる．一方，**混合物**は純物質が任意の割合で混ざりあったもので，混じり合っている物質の割合によって，融点，沸点などの性質も変わってくる．混合物を分離して純物質を得る方法として，ろ過，蒸留，昇華，再結晶，透析，クロマトグラフィーなどが使われる．混合物から純物質を分離することを，物質の**精製**という．

自然界にみられる物質の大部分は混合物として存在している．混合物には，液体と固体の混合だけではなく，気体・液体・固体のいろいろな組み合わせからなるものがある．

均一に混じっている混合物は**溶体**とよばれ，溶体が液体のときには**溶液**，固体のときには**固溶体**という．空気は混合気体，食塩水は溶液，ステンレス鋼のような合金は固溶体である．混合物の中には，花こう岩，どろ水，ぼく汁，な

どの不均一混合物が数多く存在する．しかし，均一混合物と不均一混合物との境界をはっきりと決めることはむずかしい．

問1 次のものを，純物質と混合物とに分類せよ．
（1）空気　（2）水蒸気　（3）アルミニウム　（4）砂糖水
（5）水素

(2) 単体と化合物

純物質でただ1種類の元素[1]からできているものを単体といい，2種類以上の元素からなる物質を化合物という．たとえば，水素ガス，銅金属やネオンガスは，それぞれ水素元素，銅元素，ネオン元素の1種類の元素から成りたっているので**単体**という．一方，水は水素と酸素から，塩化ナトリウムはナトリウムと塩素から，またエタノールは炭素，水素，酸素からというように複数の元素からできている．このような物質を**化合物**という．また，酸素とオゾンは同じ元素からできているが，性質が異なる．このような単体を互いに**同素体**という．そのほかの同素体として炭素，リン，硫黄などの元素についてよく知られており，それらの例と性質を表2・1に示した．また，炭素の同素体であるダイヤモンドと黒鉛の結晶構造を図2・1に示した．

表 2・1　同素体の例

元素	同素体	性質
炭素	ダイヤモンド 黒鉛	無色透明，非常に硬い，八面体結晶，融点 3600 °C 灰黒色，はがれやすい，板状結晶，融点 3367 °C(昇華)
酸素	酸素 オゾン	無色，無臭，融点 −218 °C，沸点 −183 °C 淡青色，特有な臭気，融点 −193 °C，沸点 −111 °C
リン	黄リン 赤リン	淡黄色，ろう状固体，有毒性，融点 44 °C，発火点 50 °C 暗赤色，無毒，融点 590 °C，発火点 260 °C
硫黄	斜方硫黄 単斜硫黄 ゴム状硫黄	淡黄色，常温で安定，多面体結晶，S_8 環状分子，融点 113 °C 黄色，常温で不安定，針状結晶，S_8 環状分子，融点 119 °C 褐色，常温で不安定，弾性体，無定形固体，融点 400 °C 付近

---

1) 「元素」という用語は，一般的に，物質の構成要素を表わす名称として用いられている．具体的にいえば，後に示すように原子番号別にみた，すなわち原子核中の陽子の数で整理された原子の種類のことである．

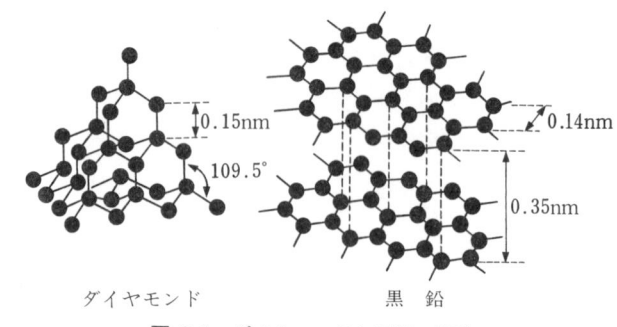

図 2・1 ダイヤモンドと黒鉛の構造

[問2] 次の各物質を，単体と化合物に分けよ．
　（1）水素　　（2）ショ糖　　（3）ダイヤモンド　　（4）塩化カルシウム
　（5）メタン　（6）鉄　　（7）ヘリウム　　（8）食塩

(a) 物理変化と化学変化

　物質に変化が生じるとき，物理変化と化学変化の2つに大別される．水を電気分解すると，水とは性質の異なる水素と酸素に分かれる．このように元の物質とまったく別の物質に変わる変化を**化学変化**という．

　化学変化のうち，1種類の物質から2種類以上の物質に分かれることを**分解**といい，逆に2種類以上の物質から1種類の新しい物質ができることを**化合**という．

　一方，水は温度変化にともなって，固体，液体，気体と変化する．このように，物質そのものは変わらず，物質の状態が変わる変化を**物理変化**という．

[問3] 次の現象を物理変化と化学変化に分けよ．
　（1）チョークを半分に折って2本にする　　（2）紙を燃やす
　（3）氷を解かす　　（4）ドライアイスを昇華させた

(b) 元素と元素記号

　現在では100種あまりの元素が発見されている．それぞれ元素は表2・2に示すように人名・国名・地名あるいは神話などにもとづいて名づけられている．

　元素を表わす記号を元素記号といい，おもに元素のラテン語名の頭文字を大文字で記す．もしも同じ頭文字の元素が2つ以上ある場合は，元素名のつづり

2·1 物質の構成　**17**

表 2·2　元素名と元素記号

元 素 名	元素記号	英 語 名	名 称 由 来
水　　　素	H	hydrogen	水をつくるもの
ヘ リ ウ ム	He	helium	太陽
炭　　　素	C	carbon	炭
窒　　　素	N	nitrogen	硝石を生じるもの
酸　　　素	O	oxygen	酸をつくるもの
フ ッ 素	F	fluorine	流れる，とけやすい
ネ オ ン	Ne	neon	新しい
ナトリウム	Na	sodium	固体
マグネシウム	Mg	magnesium	マグネシア(地名)
ケ イ 素	Si	silicon	石英
リ　　　ン	P	phosphorus	光るもの
硫　　　黄	S	sulfur	火のもと
塩　　　素	Cl	chlorine	黄緑色
ア ル ゴ ン	Ar	argon	怠けもの
カ リ ウ ム	K	potassium	海そう灰
カルシウム	Ca	calcium	石灰
スカンジウム	Sc	scandium	スカンジナビア半島(地名)
チ タ ン	Ti	titanium	ギリシア神話の巨神
ク ロ ム	Cr	chromium	色

字の中から頭文字以外の適当な一字をとり，その小文字を添えて区別する．

問4　次の各元素の元素記号をかけ．
　　（1）炭素　（2）硫黄　（3）塩素　（4）亜鉛　（5）鉄
　　（6）ナトリウム　（7）白金　（8）銅　（9）スズ
　　（10）アルミニウム

（3）原子・分子・イオン

（a）原　子　説

　物質がすべて微粒子から成るという考えは古代からあって，古代ギリシアのデモクリトスはこの極限的微粒子をこれ以上分割できない粒子という意味のギリシア語のアトモスにちなんでアトムと名付けた．このアトムという古代原子説は実験的検証をともなわなかったために，近代化学の誕生には直接結びつかなかった．

　18世紀末になると物質の性質を定量的に研究する近代化学の基礎が生まれ

てきた．フランスのラボアジエは今日でいう質量保存の法則を前提として化学反応を考察し，燃焼理論を確立した．また，その時代の化学技術によってはそれ以上分解できない究極的物質を元素と定義し，光素，燃素を含む30種あまりの元素を発表した．同じくフランスのプルーストも当時の多くの化学者により認められていた「ある化合物の成分元素の質量の比は，常に一定である」という定比例の法則をいくつかの実験により補強し，物質が原子からできているという原子論の実験的な裏付けを与えた．イギリスのドルトンは1800年の初め頃，次のような原子論三原則を提唱し，化学の研究を進めた．

① 物質はそれ以上分割できない原子という微粒子からできている．
② 同じ元素の原子は，質量も他の性質もすべて等しい．
③ 異なる元素の原子は，その質量において異なる．

この考えは**ドルトンの原子説**（近代原子説）とよばれている．ドルトンは，この原子説を簡単に表現するために，原子を図2・2, 2・3のような記号を用いて元素や化合物を表わした．現在では，1813年にベリセリウスが提唱した元素名の頭文字を用いた元素記号が使われている．

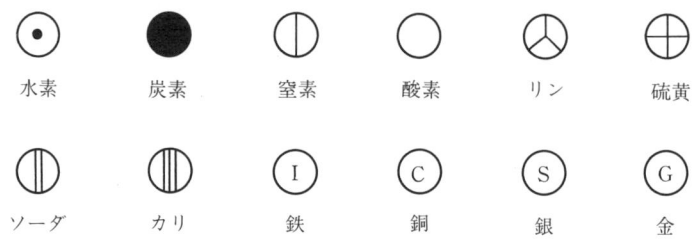

図 2・2 ドルトンの元素記号

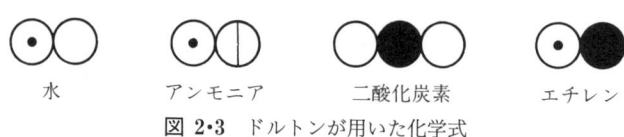

図 2・3 ドルトンが用いた化学式

（b） 原 子 と 分 子

ドルトンが原子説を発表してからまもなく，1808年にフランスのゲーリュサックが気体間の反応を調べて，「同温・同圧のもとで気体どうしが反応したり，

反応によって気体が生成したりするとき,それらの気体の体積の間には簡単な整数比が成りたつ」という**気体反応の法則**を発表した.実験の示すところによると,たとえば1体積の窒素と1体積の酸素とが反応して2体積の一酸化窒素ができる.このような関係を説明するためにゲーリュサックも行なったように「すべての気体は,同温・同圧・同体積中に同数の原子が含まれる」と仮定し推論すると,生成する一酸化窒素の体積は,図2・4(b)に示されるように1体積となるはずである.しかし,これは図2・4(a)に示す実験結果と一致しない.

イタリアのアボガドロはこの矛盾を解決するために,化学反応において単体気体の粒子も分裂する場合があるという考えを提出した.そして,「気体はその種類によらず同温・同圧・同体積ならば,同数の分裂可能粒子(今でいう分子)を含む(**アボガドロの法則**)」という仮説を発表した(1811年).

上に述べた反応において,窒素および酸素の単体分子がそれぞれ2個の原子

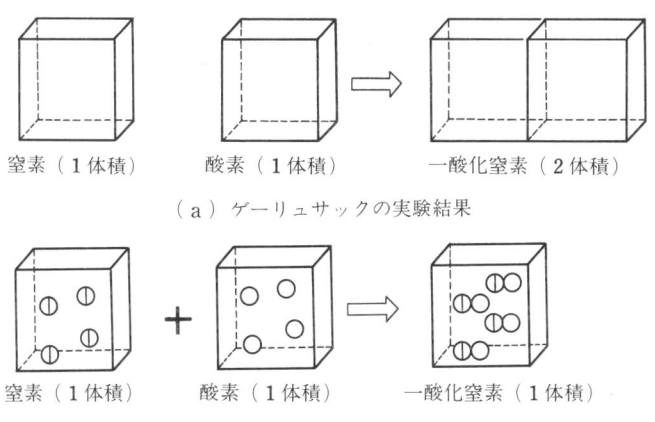

(a)ゲーリュサックの実験結果

(b)単体分子が単原子でできていると考えた場合

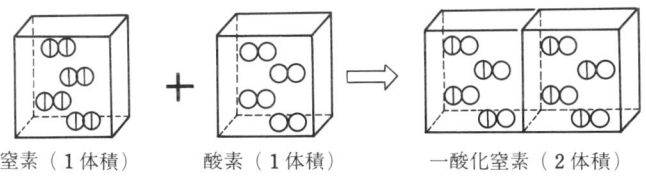

(c)単体分子が2個の原子でできていると考えた場合

図 2・4 気体反応の説明

から成り，一酸化窒素の分子は窒素と酸素の原子1個ずつから成りたつとすれば，図2・4（c）に示したように気体反応の実験結果を矛盾なく説明できる．

（c）原　子

ドルトンの原子説では，原子はそれ以上分割できない粒子であるとされていたが，現在では原子は，さらに小さな粒子からできていることが知られている．

原子は，図2・5と表2・3に示すようにその中心に正の電荷をもつ**原子核**と，その周りに負の電荷をもつ**電子**からなる．原子核はさらに正の電荷をもつ**陽子**と電荷をもたない**中性子**からなる．電気的に中性の原子はその中に同数の電子と陽子をもつ．

原子核中の陽子の数を**原子番号**という．電気的に中性状態の原子においては原子番号は電子の数に等しく，その電子の数は原子の化学的性質を決めるので，原子番号は元素を表わす番号ともいえる．たとえば，原子番号2の原子といえばヘリウム原子のことであり，その原子核には陽子2個が，そしてそのまわりには2個の電子が存在することを意味する．陽子の質量と中性子の質量はほぼ等しく，電子の質量は陽子の質量の約1/1840であるから，原子の質量は陽子の数と中性子の数によってほぼ決まる．

このように，1つの原子において，原子核のまわりの電子の数は，原子番号

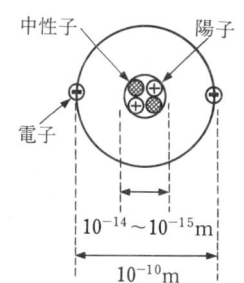

原子 { 原子核 { 陽子（p：プロトン）
　　　　　　　 中性子（n：ニュートロン）
　　　　電子（e：エレクトロン）

図 2・5　原子のモデル

表 2・3　原子を構成する粒子

粒子の種類	電気量[C]	電荷数	質量[kg]
電子（e）	-1.6×10^{-19}	-1	9.109×10^{-31}
陽子（p）	$+1.6 \times 10^{-19}$	$+1$	1.673×10^{-27}
中性子（n）	0	0	1.675×10^{-27}

（原子核中の陽子の数）に等しいので，原子全体としては，電気的に中性となっている．

同じ元素の原子すなわち陽子数が同じ原子の中にも中性子の数が異なる原子がある．このような原子どうしを，たがいに**同位体（アイソトープ）**[1]といい，その例を表 2・4 に示した．たとえば，自然界に存在する炭素 C の同位体には，その原子核が 6 個の陽子と 6 個の中性子からできているものと，6 個の陽子と 7 個の中性子からできているものとがある．原子核中の陽子の数と中性子の数の和を**質量数**という．原子の原子番号と質量数を表記するときは，図 2・6 に示すように，それぞれの元素記号の左下と左上に記す．

[問 5] 次の原子の中の陽子，中性子および電子の数をそれぞれ記せ．
（1） $^{23}_{11}Na$ （2） $^{35}_{17}Cl$ （3） $^{56}_{26}Fe$ （4） $^{64}_{29}Cu$

[問 6] 炭素の同位体 $^{12}_{6}C$，$^{13}_{6}C$，$^{14}_{6}C$ の中性子の数はそれぞれいくつか．

表 2・4　おもな天然同位体の存在比と相対質量

原子番号	元素名	記号	相対原子質量[*]	存在比（％）
1	水　素	^{1}H	1.00785	99.985
		$^{2}H(D)$	2.014102	0.015
		$^{3}H(T)$	3.010490	極微量
2	ヘリウム	^{3}He	3.016029	1.3×10^{-4}
		^{4}He	4.002603	100.0
6	炭　素	^{12}C	12.00	98.9
		^{13}C	13.003	1.10
		^{14}C	14.003	極微量
8	酸　素	^{16}O	15.994915	99.762
		^{17}O	16.999133	0.038
		^{18}O	17.999160	0.200
17	塩　素	^{35}Cl	34.969	75.77
		^{37}Cl	36.966	24.23
92	ウラン	^{234}U	234.04097	0.005
		^{235}U	235.04394	0.72
		^{238}U	238.05081	99.275

*） 炭素 ^{12}C の質量の値を 12 としたときの各原子の質量の相対値．

1） アイソトープ (isotope) の語源は，iso (同じ) と topos (場所) というギリシア語に由来し，周期表の同じ場所を占めるという意味である．

図 2・6 原子番号と質量数の表わし方と同位体

(d) 放射性同位体

同位体の中には，原子核が不安定で，α線（He^{2+} の流れ），β線（電子の流れ），γ線（電磁波の流れ）とよばれる3種類の放射線を出して崩壊していくものがある．それらを**放射性同位体（ラジオアイソトープ）**といい，放射線を出す性質を**放射能**という．天然に存在するものにはラジウム226(^{226}Ra)，トリウム232(^{232}Th)，ウラン235(^{235}U) などがあり，また人工的に作りだされた放射性元素として，アメリシウム241(^{241}Am) やキュリウム245(^{245}Cm) などがある．炭素14は木材や貝殻などの考古学上の年代測定にも利用される．生物などが死滅すると，大気中の二酸化炭素にわずかに含まれる ^{14}C の補給が断たれるので，炭素全体に対する ^{14}C の割合は時間とともに減少していく．このため，^{14}C の存在比から逆に，生物が生存していた年代を推定することができる．放射性同位体が壊れていき，もとの半分の量になるまでの時間を**半減期**という．放射性元素によって著しく違い，^{238}U は約45億年，^{14}C は約5700年である．

(e) 分　子

分子とは，物質固有の性質を示す最も小さい基本的粒子である．分子は2個以上の原子が集まったものが多いが，ネオン，アルゴンなどは1個の原子で分子と同じようなふるまいをする原子もある．このような原子を**単原子分子**とい

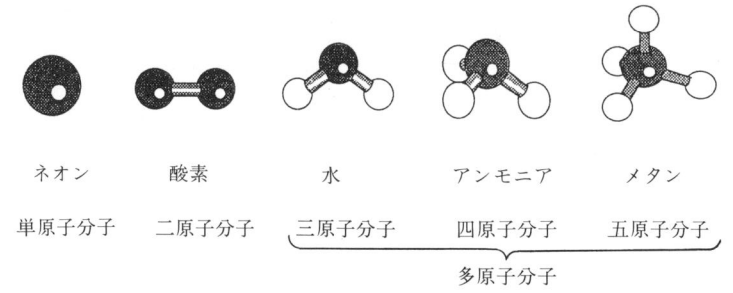

図 2・7 分子のモデル

う．水素分子は水素原子 2 個からできているので 2 原子分子といい，水分子は酸素原子 1 個と水素原子 2 個からできているので 3 原子分子という．一般に 3 原子分子以上のことを**多原子分子**という（図 2・7）．

（f）イ オ ン

物質を構成する基本的な粒子には，電気的に中性な原子や分子のほかに，電気を帯びた**イオン**[1]）がある．イオンのうち正に帯電したものを**陽イオン**，負に帯電したものを**陰イオン**という．イオンを表わすには，それを構成する原子または原子団を元素記号で記し，その右肩に，陽イオンならば＋，陰イオンならば－の符号を，その帯びている電荷の数とともに記した**イオン式**で表わす．イオンの帯びている電荷数を**イオン価**といい，その数の絶対値を**イオンの価数**という．たとえば，ナトリウムイオンは，電子 1 個のもつ電気量（1.6×10^{-19} C）に等しい正の電気を帯びているので，1 価の陽イオンといい，Na^+ で表わす．

カルシウムイオンは，電子 1 個の電気量の 2 倍に相当する正の電気を帯びているので 2 価の陽イオンといい Ca^{2+} で表わす．Na^+ や Ca^{2+} のように 1 つの原子が電荷をもったイオンを単原子イオンという．イオンは原子がいくつか集まった基の状態で正や負の電気を帯びたものもある．たとえば硫酸イオン SO_4^{2-}，アンモニウムイオン NH_4^+ のように，2 個以上の原子からなる原子団が電荷を

表 2・5 おもな陽イオンと陰イオンの例

陽イオン	イオン式	価 数	陰イオン	イオン式	価 数
水素イオン	H^+	1	フッ化物イオン	F^-	1
ナトリウムイオン	Na^+	1	塩化物イオン	Cl^-	1
カリウムイオン	K^+	1	臭化物イオン	Br^-	1
銅（I）イオン	Cu^+	1	ヨウ化物イオン	I^-	1
銀イオン	Ag^+	1	水酸化物イオン	OH^-	1
アンモニウムイオン	NH_4^+	1	硝酸イオン	NO_3^-	1
カルシウムイオン	Ca^{2+}	2	シアン化物イオン	CN^-	1
マグネシウムイオン	Mg^{2+}	2	硫酸イオン	SO_4^{2-}	2
銅（II）イオン	Cu^{2+}	2	炭酸イオン	CO_3^{2-}	2
亜鉛イオン	Zn^{2+}	2	硫化物イオン	S^{2-}	2
アルミニウムイオン	Al^{3+}	3	リン酸イオン	PO_4^{3-}	3

---

1) イオンという名称は，イギリスのファラデーが電気分解の研究をしたとき，溶液中に電極に向かって移動するものがあるのを発見し，ギリシア語の「行く」という意味にちなんでつけられたものである．

24　第2章　物質の構成と結合

もったイオンを**多原子イオン**という．おもなイオンの例を表2・5に示した．
（g）化　学　式
　物質の組成を元素記号を用いて表わした式を，一般に**化学式**という．化学式には，分子式，組成式，示性式，構造式，電子式などがある．それらの例を表2・6に示した．
　1）分　子　式　　分子を表わした式を**分子式**といい，1つの分子を構成する原子の種類と，その数を元素記号で表わしたものである．たとえば水の分子式は H_2O であるが，これは水の分子が2個の水素原子と，1個の酸素原子から成りたっていることを表わしている．
　2）組　成　式　　物質を構成している原子（またはイオン）の種類と，その数の簡単な比を表わした式を組成式または実験式という．組成式は，化学分析により物質の元素組成がわかれば求められる．アセチレンの分子式は，C_2H_2，ベンゼンの分子式は C_6H_6 で，炭素原子と水素原子の原子数の比は，どちらも1：1であるから，その組成式は，ともに CH である．
　3）構　造　式　　分子の中で原子がどのような結び方をしているかを価標で表わした式．価標は，結合手を表わし，結合手1つあたり1本の線で示す．

表2・6　化学式の種類

物質名	水	メタノール	酢酸	塩化カリウム
分子式	H_2O	CH_4O	$C_2H_4O_2$	なし
組成式	H_2O	CH_4O	CH_2O	KCl
構造式	H-O-H の折れ線構造	$H-\underset{H}{\overset{H}{C}}-O-H$	$H-\underset{H}{\overset{H}{C}}-\underset{\underset{O-H}{\parallel}}{C}$	なし
示性式	H_2O	CH_3OH	CH_3COOH	なし
電子式	$H:\ddot{O}:H$	$H:\ddot{\underset{H}{\overset{H}{C}}}:\ddot{O}:H$	$H:\underset{H}{\overset{H}{C}}:C:\ddot{O}:H$ 下に :Ö:	$[\;:\ddot{K}:\;]^+[:\ddot{\ddot{Cl}}:]^-$

4）示　性　式　　官能基（有機化合物に特定の性質を示す原子団，たとえば，−OH, −CHO, −COOH, −NH$_2$ など）の存在を明示した式．

5）電　子　式　　分子などを構成する原子のまわりに，最外殻の電子がどのように存在しているかを表わした式．電子は点で表わす．

問7　次にあげた物質の分子式を記せ．
（1）一酸化炭素（炭素原子1個と酸素原子1個からなる）
（2）二酸化硫黄（硫黄原子1個と酸素原子2個からなる）
（3）メタン（炭素原子1個と水素原子4個からなる）
（4）ブドウ糖（炭素原子6個，水素原子12個，酸素原子6個からなる）

(h) 原　子　価

いくつかの原子が結合して分子をつくる場合，各原子が無秩序に結合しているのではなく，各原子はそれぞれ特有の結合の手の数をもっている．その結合の手の数が**原子価**で，原子価は，原子1個が水素原子と結合または置換しうる数に関係している．水素の原子価は1価である．水分子（H$_2$O）において1個の酸素原子は2個の水素原子と結合しているので，酸素の原子価は2価である．原子価は原子ごとに決まっているが，必ずしも1種類だけでなく，化合物の種類によって異なる原子価をもつ原子もある．

たとえば硫黄の原子価は硫化水素 H$_2$S では2価，二酸化硫黄 SO$_2$ では4価，三酸化硫黄 SO$_3$ では6価である．水素と直接化合しない原子の原子価は，原子価の知られている原子との結合関係から求められる．一方，ヘリウムやネオンは結合の手をもたないので原子価は0価となる．イオンの場合は，イオンの価数を原子価とする．

問8　次の下線を引いた元素の原子価を求めよ．
（1）<u>Si</u>O$_2$　　（2）H$_2$<u>S</u>
（3）H$_3$<u>P</u>O$_4$

2・2 原子の構成

(1) 原子の構造
(a) 電子殻

原子核の周りの電子はいくつかの層に分かれて存在している．この層を電子殻という．図2・8に示すように，原子核に近いものから順に，K殻，L殻，M殻，N殻，…とよばれる．各電子殻に収容できる電子の最大数は，K殻から順に2，8，18，32，…である．収容可能な電子の最大数は，各電子殻に内側から整数 n（$=1, 2, 3, \cdots$）を対応させると $2n^2$ という一般式で表わせる（表2・7参照）．電子は通常，原子核に近い電子殻から順に入っていき，それぞれでの配列の仕方を電子配置という．最も外側の電子殻に属するものを**最外殻電子**といい，それより内側の電子殻に属するものを**内殻電子**という．

水素原子 $_1$H はK殻に1個の電子が，ヘリウム原子 $_2$He ではK殻に2個の電子が入り，K殻は収容いっぱいとなる．L殻は，リチウム原子 $_3$Li からはじまり，原子番号が大きくなるとともにL殻に電子が収容されていき，ネオン原子 $_{10}$Ne に至るとK殻に2個，L殻に8個の電子が入り，K殻，L殻ともにいっぱいとなる．このような最外殻の電子が収容いっぱいとなった電子殻を**閉殻**という．閉殻になった電子殻をもつ原子は安定した状態となる．

M殻に最外殻電子をもつ原子は，ナトリウム原子 $_{11}$Na（図2・9参照．K殻2個，L殻8個，M殻1個の電子が収容されている）からはじまり，原子番号の増加とともに電子が順次収容されていく．最外殻電子8個のアルゴン原子 $_{18}$Ar

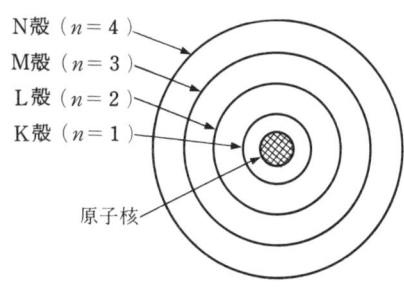

N殻（$n=4$）
M殻（$n=3$）
L殻（$n=2$）
K殻（$n=1$）
原子核

図2・8　電子配置

表2・7　核外電子配置

電子殻の記号	K	L	M	N
電子殻の番号（n）	1	2	3	4
総電子数（$2n^2$）	2	8	18	32

(K殻2個, L殻8個, M殻8個) では, M殻は閉殻と同じように安定した状態となる. カリウム原子 $_{19}$K (K殻2個, L殻8個, M殻8個, N殻1個) やカルシウム原子 $_{20}$Ca (K殻2個, L殻8個, M殻8個, N殻2個) ではM殻 (最大電子収容数18個) に電子がさらに収容されていくよりも, M殻に8個の電子が収容されたまま, N殻に電子が1個, 2個と収容されたほうがより安定した状態になる.

図 2・9 Na原子の電子配置

表 2・8 原子の電子配置

元素名	電子殻(n) 原子	K (1)	L (2)	M (3)	N (4)
水素	$_1$H	*1*			
ヘリウム	$_2$He	2			
リチウム	$_3$Li	2	*1*		
ベリリウム	$_4$Be	2	*2*		
ホウ素	$_5$B	2	*3*		
炭素	$_6$C	2	*4*		
窒素	$_7$N	2	*5*		
酸素	$_8$O	2	*6*		
フッ素	$_9$F	2	*7*		
ネオン	$_{10}$Ne	2	8		
ナトリウム	$_{11}$Na	2	8	*1*	
マグネシウム	$_{12}$Mg	2	8	*2*	
アルミニウム	$_{13}$Al	2	8	*3*	
ケイ素	$_{14}$Si	2	8	*4*	
リン	$_{15}$P	2	8	*5*	
硫黄	$_{16}$S	2	8	*6*	
塩素	$_{17}$Cl	2	8	*7*	
アルゴン	$_{18}$Ar	2	8	8	
カリウム	$_{19}$K	2	8	8	*1*
カルシウム	$_{20}$Ca	2	8	8	*2*

(斜体数字は, 価電子の数を表わす).

各電子殻に収容される電子の数を示したものを，原子の**電子配置**という．HからCaまでの電子配置を，表2・8に示した．

>[参考] **ボーアの原子模型**

原子中の電子がどのように分布しているかを考える直接のきっかけとなったものは，水素原子である．水素ガスを低圧で放電管に入れ，高電圧をかけると光を発して放電する．この光をプリズムに通して分光すると，図2・10に示されるように，赤外部から紫外部にかけて多数のスペクトル線が現われる．このようなとびとびの線からなるスペクトルを**輝線スペクトル**という．1913年デンマークの物理学者ニールス・ボーアは，輝線スペクトルから，水素原子の模型を考えだした．それによれば，水素原子内の電子は，原子核を中心としたいくつかの同心円状の軌道上だけをまわっている．この軌道は前に述べた電子殻といい，内側から順にK殻，L殻，M殻，… という．電

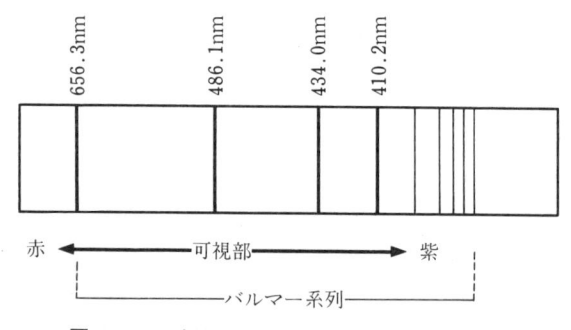

図 2・10　可視部における水素原子スペクトル

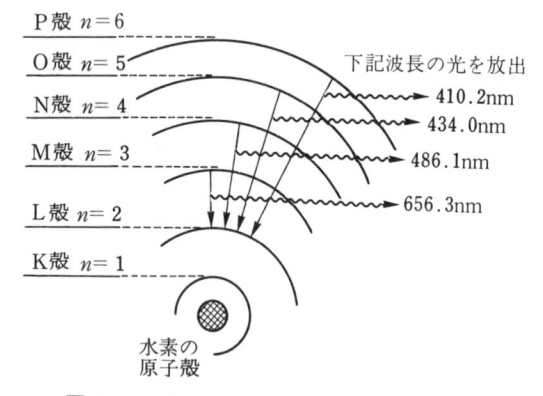

図 2・11　ボーアモデルとバルマー系列

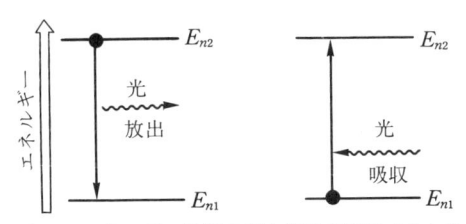

2つのエネルギー状態の間を電子が遷移するとき，光を放出したり吸収したりする．

図 2・12 電子の遷移

子殻のエネルギーはK殻，L殻，M殻，…の順に高くなる．通常，水素原子の電子の状態は，最もエネルギーの低いK殻に電子が存在している．この状態を**基底状態**という．水素原子が熱や光などのエネルギーを吸収すると，その電子はエネルギーの高い外側の電子殻に遷移する．これらのエネルギーの高い状態を**励起状態**という．励起状態は不安定な状態であるため，電子はすぐにエネルギーの低い安定な状態に移る．このとき図2・11に示されるように余分のエネルギーが光となって放出される．これが輝線スペクトルである．

光の振動数とエネルギーとの間には比例関係があり，水素原子が発光する直前の励起状態にある電子のエネルギーを E_{n2}，発光後の低いエネルギー状態を E_{n1} とすると，発光によって放出されたエネルギー ΔE は，次式で表わされる（図2・12参照）．

$$\Delta E = E_{n2} - E_{n1} = h\nu \qquad (2 \cdot 1)^{1)}$$

ここで，ν は光の振動数，h はプランク定数（6.63×10^{-34} J·s）である．上式でわかるように，ΔE が小さければ，そのときの光の振動数は小さくなる．しかし，光の波長はその振動数に反比例するから，ΔE が小さい場合は，光の波長が長いことになる．また，とびとびの輝線スペクトルからは，原子中での電子のとり得るエネルギーの値は，不連続なとびとびの値を示す．原子において電子がもつことができるエネルギーの値を電子の**エネルギー準位**[2)] という．水素のエネルギー準位は，

$$E_n = -2.18 \times 10^{-18}/n^2 \text{ [J]} = -13.6/n^2 \text{ [eV]}^{3)} \qquad (n = 1, 2, 3, \cdots)$$
$$(2 \cdot 2)$$

---

1) $h\nu$ を光量子という．光は光量子が集まったものである．また，光の波長を λ，光の速度を C（3.0×10^8 m/s）とすると，振動数 ν は $\nu = C/\lambda$ となる．
2) エネルギー準位は電子が原子核から遠ざかるほど大きくなるが，原子核に対して無限遠に離れた距離にあるときを0としているから原子内のエネルギー値は負の値となる．
3) eV（エレクトロンボルト）：エネルギーの単位で，電子を1Vの電圧で加速したとき，電子が得る運動エネルギーを1eVという．1eV = 1.60×10^{-19} J

で与えられている．$n=1$ のときは基底状態にあり，$-13.6\,\mathrm{eV}$ の最も低いエネルギー状態をとる．$n=2$ 以上のエネルギーの高い状態は励起状態にあり，次は $-3.4\,\mathrm{eV}$ のエネルギーをもつ．この n を**主量子数**とよぶ．

[問9] 水素原子のM殻のエネルギー準位は何 J（ジュール）か．

参考　原子軌道

これまで，原子核を取りまく電子の存在位置は，一定のエネルギー準位によって示され，その電子の状態は平らな円盤状の軌道模型を仮定して考えてきた．しかし，電子のような極めて微小な粒子が，原子核のまわりを非常に速い速度で回っている場合には，ある瞬間における電子の位置を正確に決めることは困難である（**不確定性原理**）．したがって電子を点として表わすことができず，電子がある位置に存在する確率しかわからない．電子の存在確率を濃淡で示すと電子が空間に広がった雲のように見える．この雲を**電子雲**とよぶ．電子雲の密度は連続的に変化し，原子核を立体的に包んでいる．この電子の存在確率の最も大きいところの軌道を，**電子軌道**または**原子軌道**という[1]．

参考　電子殻と電子軌道

水素以外の原子（多電子系の原子）の原子スペクトルを精密に観察すると，同じ電子殻に属している電子も決してみな同じエネルギーをもっているのではなく，わずかにエネルギーの違ういくつかの軌道をもつことがわかった．

ところで，原子内の電子の状態（軌道の大きさ，形状，エネルギーなど）を表わす因子を**量子数**という．量子数には**主量子数**，**方位量子数**のほか，電子のエネルギー準位に関係のない**磁気量子数**や**スピン量子数**がある．

すでに学んだように，大部分のエネルギー準位と軌道の大きさは，主量子数 n（$=1, 2, 3, \cdots$）で決まり，n の小さいエネルギー準位から順にK殻，L殻，…と名づけられている．軌道の形状と細部のエネルギーは，方位量子数 l で決まる．方位量子数 l は，同一の主量子数 n に対して，$l=0, 1, 2, \cdots, n-1$ の合計 n 個が存在する．方位量子数 $l=0, 1, 2, 3, \cdots$ 軌道に対しては s, p, d, … の記号が使われ，それぞれの軌道には 2, 6, 10, …（$4l+2$）個の電子を収容することができる（表 2・9 参照）．

s 軌道（$l=0$）は方向性がなく球対称の形をしている．

p 軌道（$l=1$）は方向性をもっている．原子核を中心として，互いに直行する x, y, z 軸に沿って，それぞれ p_x 軌道，p_y 軌道，p_z 軌道をもつ．これら3方向のエネル

---

1) ボーアの原子模型における一定の半径の円軌道をオービット (orbit) という．電子軌道はボーアの軌道と違うのでオービタル (orbital) とよんで区別する．

表 2・9 方位量子数とその電子収容数

方位量子数 (l)	0	1	2
記号	s	p	d
収容できる電子の数 ($4l+2$)	2	6	10

表 2・10 主量子数と方位量子数

殻	主量子数 (n)	可能な方位量子数*) (l)	収容できる電子の総数 ($2n^2$)
K	1	0 (2)	2
L	2	0 (2), 1 (6)	8
M	3	0 (2), 1 (6), 2 (10)	18

*) ( ) 内の数値は，各方位量子数に対する収容できる電子の数

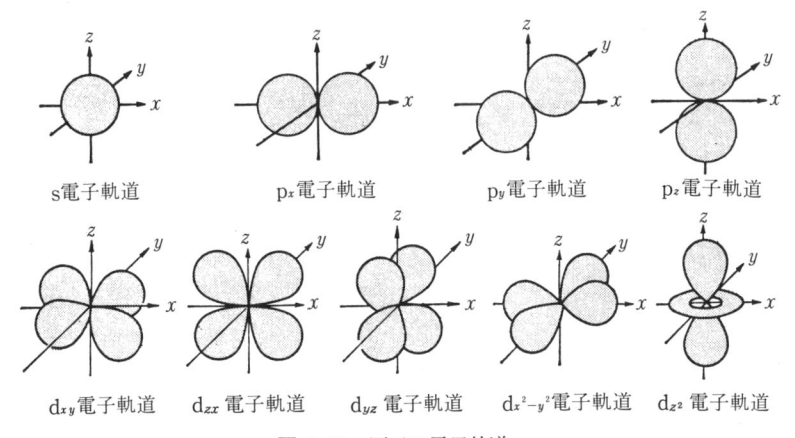

図 2・13 原子の電子軌道

ギー準位は同じである．また，各軌道には 2 個まで電子を収容することができるので，p 軌道に収容可能な電子数は 6 個である．d 軌道 ($l=2$) は 2 軸方向に複雑な形をした 5 個の軌道が存在する．d 軌道の場合，収容可能な電子が 10 個である（表 2・10 参照）．これらの電子軌道を図 2・13 に示す．

参考 電子軌道のエネルギー準位

2 個以上の電子をもつ原子の軌道エネルギー準位は図 2・14 のようになる．通常，エネルギー準位は主量子数 n が小さくなるほど小さく，n が同じ値の場合には l の値が小さくなるほど小さい．しかし，n が 3 より大きくなると，n が大きくてもエネルギー準位の低い軌道がある．

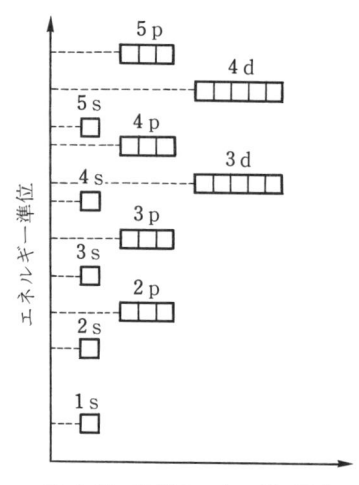

図 2・14　軌道のエネルギー準位

一般に $(n-1)d > ns$ の関係がある.

$$1s < 2s < 2p < 3s < 3p < 4s < 3d < 4p < 5s < 4d$$

各元素の原子は原子番号と同数の電子をもち,電子がエネルギー準位の低い軌道から順に配置されていく.

参考　電子配置の表わし方

原子の電子配置は,図 2・15 に示すように,軌道記号の右上に,その軌道に収容されている電子数を記して表わす.原子番号 6 番の炭素原子 C の電子配置は 1s 軌道に 2 個,2s 軌道に 2 個,2p 軌道に 2 個の電子が収容されているので $1s^2 2s^2 2p^2$ と表わす.また,電子配置には図 2・16 に示すように軌道を箱で表わす箱表示もあり,この箱の中

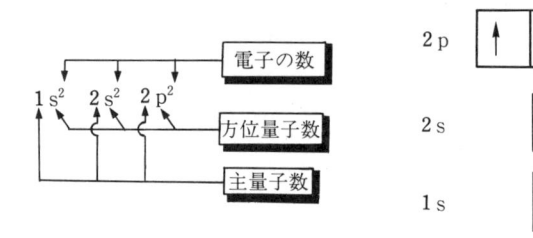

図 2・15　炭素原子の電子配置

図 2・16　炭素原子の電子配置の箱表示

に，上向きと下向きの矢印↑と↓で電子を入れて表わす（パウリの排他原理）．ただし，図2・16の炭素原子の2p軌道のように，同じエネルギー準位の軌道に複数の電子がはいるときには，矢印のスピンができるだけ同じ向きになるようにスピンの向きをそろえて入れる（**フントの規則**）．

[問10] 次の原子またはイオンの電子配置を例にならって示せ．
　（例）$_4$Be：$1s^2 2s^2$　（1）$_{16}$S　（2）$_{18}$Ar　（3）$_{17}$Cl$^-$　（4）$_{21}$Sc　（5）$_{22}$Ti

（2）イオンの形成
（a）イオンの電子配置

ヘリウムHe，ネオンNe，アルゴンAr，クリプトンKr，キセノンXeなどを**希ガス元素**という．これら原子の最外電子殻には，表2・11に示すようにいずれも8個（Heは2個）の電子が入っており，このような電子配置はきわめて安定で，イオンになったり，原子どうしが結合することもまれである．最外殻電子が8個の電子の組をとることを**オクテット**という．希ガス元素以外の原子が陽イオンや陰イオンになる傾向は，原子番号が最も近い希ガス元素の電子配置と同じオクテットをとり安定になろうとする傾向がある．

表 2・11　希ガス原子の電子配置

電子殻 原子	K ($n=1$)	L ($n=2$)	M ($n=3$)	N ($n=4$)	O ($n=5$)
$_2$He	2				
$_{10}$Ne	2	8			
$_{18}$Ar	2	8	8		
$_{36}$Kr	2	8	18	8	
$_{54}$Xe	2	8	18	18	8

最外殻に存在する電子を**価電子**という．ただし，希ガス原子の価電子は0とする．価電子は，原子がイオンになったり，原子が他の原子と結合するときに重要なはたらきをする．価電子の数が同じ原子どうしは，化学的性質がよく似ている．図2・17に示すように，ナトリウム原子Naは価電子を1個放出して1価の陽イオンになる．このナトリウムイオンNa$^+$は，ネオン原子と同じ電子配置となり，安定となる．また，塩化物イオンCl$^-$は，塩素原子Clが電子を1個

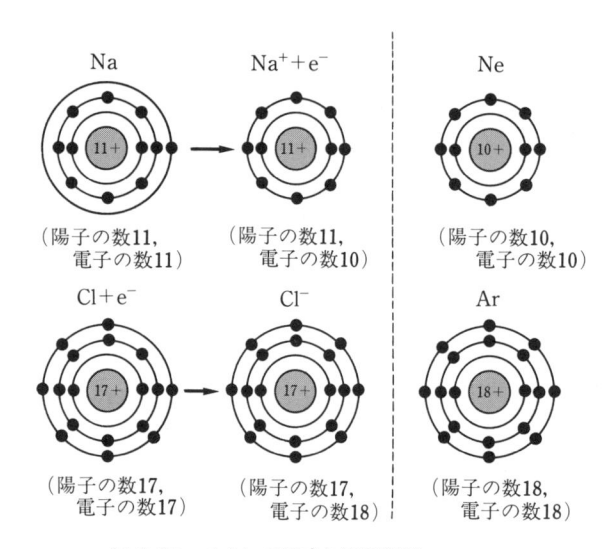

図 2·17 イオンの形成と電子配置

取り入れて，アルゴン原子 Ar と同じ電子配置をとり，安定となる．

一般に，価電子の少ない原子は，電子を放出して，陽イオンになりやすく，価電子の多い原子は，電子を取り入れて，陰イオンになりやすい．

問11　原子番号 12 の Mg 原子は，どのようなイオンになりやすいか．

（b）**イオン化エネルギー**

1個の原子から電子を1個取り去るのに必要な最小のエネルギーをその原子の**第1イオン化エネルギー**という．イオン化エネルギーが小さい原子は陽イオンになりやすく，陽イオンになりやすい元素のことを，電気的に陽性な元素という．原子が電子を取りこむと，原子全体は負の電荷を帯びた陰イオンになる．原子が電子を取り入れて陰イオンになるときに放出するエネルギーを**電子親和力**という．電子親和力が大きい原子は，陰イオンになりやすい．陰イオンになりやすい元素を電気的に陰性な元素という．

（3）**元素の周期表**

元素を原子番号の小さいものから順にならべると性質のよく似た元素が一定の間隔で周期的に現われることを元素の**周期律**という．性質の類似した元素を

縦の欄にならぶように配列した表を，元素の**周期表**という．周期表の横の列にならぶ原子のグループを**周期**といい，縦の列にならぶ原子グループを**族**という．同じ族に属する元素は互いに性質がよく似ているため**同族元素**という．

(a) 典型元素と遷移元素

周期表の両側にある1，2族と12～18族は**典型元素**といい，中央部の3～11族を**遷移元素**という．典型元素は性質のよく似た元素が周期的に現われ，同族元素群は，固有の名前でよばれることがある．1族典型元素は**アルカリ金属元素**とよばれ，1価の陽イオンになりやすく，2族典型元素は**アルカリ土類金属元素**とよばれ，2価の陽イオンになりやすい．17族典型元素は**ハロゲン元素**[1]とよばれ，1価の陰イオンになりやすい．また，18族典型元素は**希ガス元素**とよばれ，きわめて安定していて，陽イオンや陰イオンになりにくい．一方，遷移元素では典型元素に見られる性質の周期性が中断し，周期表における縦の族よりも，原子番号が隣あった元素どうしがよく似た性質を示すが，原子の価電子の数は，必ずしも族の番号とは一致しない．

古くからの分類法として，金属元素と非金属元素とに区別する仕方がある．おもに単体の物性に着目し，金属光沢をもち展延性に富み，電気伝導性や熱伝導性が高い元素を**金属元素**とし，それに合致しない元素を**非金属元素**という．

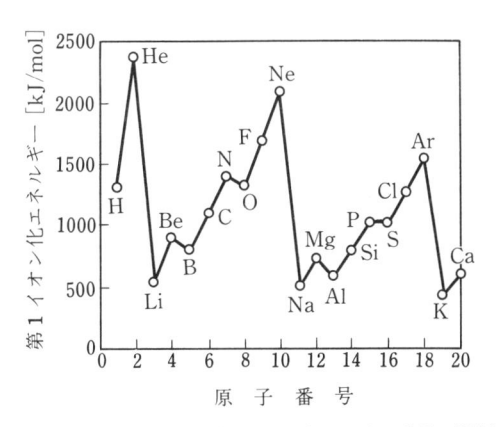

図 2·18 第1イオン化エネルギーと原子番号の関係

---

1) ギリシア語由来の halos（塩）と gen（造る）にちなんで Halogen という．

周期表の左下の方にある元素ほど，金属元素としての性質が強く，水素と右上の方にある元素ほど，非金属元素としての性質が強い．金属と非金属の境界部に位置する元素（Al, Zn, Sn, Pb など）は，条件により金属性と非金属性の両方の性質を示すので，**両性元素**とよばれる．

イオン化エネルギーも，元素の周期律にしたがって周期的な変化がみられる（図2・18）．極大の位置にはイオンになりにくい希ガス元素の原子が，極小の位置にはイオンになりやすいアルカリ金属元素がきている．また，同一周期では原子番号が増すにしたがってイオン化エネルギーが大きくなる傾向がみられる．

コラム　元素の周期律

1869年ロシアのメンデレーエフは，元素を原子量の順にならべると，元素の性質が周期的に変わるという元素の周期律を発表し，この周期律にもとづいて当時発見されていた63元素を分類表示した最初の周期表をつくった．当時，未発見の元素があると考え，周期表のところどころに空欄をつくり，未発見元素のいくつかについて周期律にもとづいてその性質を予言した．その後，31番ガリウム，21番スカンジウム，32番ゲルマニウムと新元素が発見され，その性質がメンデレーエフの予想と一致することが判明した．たとえば，実測されたゲルマニウムの原子量 (72.6)，原子価 (4)，密度 ($5.32 g/cm^3$) に対するメンデレーエフの予想値はそれぞれ 72, 4, $5.5 g/cm^3$ で極めて正確であった．しかし，すべての原子を原子量の順にならべるとその性質が周期律に合わない箇所が，下に示すように3箇所（図中の原子番号はその後定義された正しい番号を示す）あり，問題点として残っていた．

$_{18}$Ar	と	$_{19}$K		$_{27}$Co	と	$_{28}$Ni		$_{52}$Te	と	$_{53}$I
39.95		39.10		58.93		58.69		127.6		126.9

これらは，原子量の順が元素をならべるのに最も適した配列ではないことを示している．それまで，原子番号は単に原子を原子量順に並べたときの順番としか考えられていなかった．今日では，周期律は原子の原子番号順に並べられているが，原子番号に物理的意味が与えられるようになったのはイギリスの物理学者のラザフォードやモーズリーらによる．彼らは原子番号は中性な原子のもつ電子数を示す数であることを確立した．また，この数は原子核のもつ正電荷数とも一致し，原子核に含まれた陽子の数とも一致することを明らかにした．

図 2·19　メンデレーエフ

　メンデレーエフは，元素の化学的性質にもとづいて周期律の概念を確立し，未発見の元素の特性をきわめて正確に予言した．しかし，メンデレーエフよりひと足早い 1864 年にマイヤーは元素の原子体積，膨張率といった物理的な特性に注目してメンデレーエフの場合と同じ周期表を作成したが，未発見の元素を予言するというところまではいかず，両者の業績評価にはっきりとした差が生じてしまった．

2·3　化学結合

　物質の性質は，物質の構成単位である原子・分子・イオンの種類だけではなく，それらがどのような結合様式で結びついているかということにも，密接な関係がある．ここでは化学結合に関して，陰イオンと陽イオンの間にみられるイオン結合や，二原子分子に特徴的にみられる共有結合，さらには金属についてみられる金属結合について学ぶ．

(1) イオン結合

　身近な物質である食塩（塩化ナトリウム）は，水に溶けると陽イオンであるナトリウムイオン Na^+ と陰イオンである塩化物イオン Cl^- に電離する．また，その結晶を 800℃ 以上に熱すると融けて溶融状態となり，電気をよく通すようになる．これらの事実は，結晶の塩化ナトリウムが，ナトリウムイオンと塩化物イオンから成りたっていることを暗示させる．

　ナトリウムや塩素がそれぞれ陽イオンや陰イオンになりやすい理由はすでに前節 (p.33) で述べたが，あらためてイオンの形成を電子式で書くと図 2·20 の

$$[\text{Na} \cdot\,] \longrightarrow [\text{Na}]^+ + e^-$$
電子配置 (Ne)3s^1　　　(Ne)　　電子

$$[\,\overset{..}{\underset{..}{\text{Cl}}}\cdot\,] + e^- \longrightarrow [\,\overset{..}{\underset{..}{\text{Cl}}}\,]^-$$
電子配置 (Ne)3s^{2}3p^5　　(Ne)3s^{2}3p^6=(Ar)

図 2・20　Na$^+$ イオンと Cl$^-$ イオンの形成

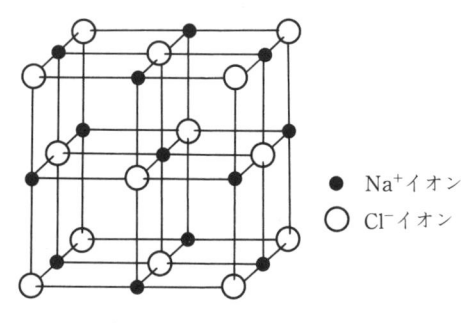

図 2・21　NaCl の単位格子

ようになる．これらのイオンはいずれも希ガス原子と同じ電子配置をとるので安定な陽イオンと陰イオンができ，両イオン間に静電的な引力が働くようになる．このような結合様式を**イオン結合**という．塩化ナトリウムの結晶は，ナトリウムイオンと塩化物イオンが図 2・21 のように規則正しく並んでいる．このようにイオンからなる結晶を**イオン結晶**という．

　実際に，ある原子がどの程度陽イオンや陰イオンになりやすいかは，イオン化エネルギーと電子親和力がよい目安となる．表 2・12 に原子番号が 9 までの元素のイオン化エネルギーの値を，また表 2・13 に電子親和力の一例としてハロゲン元素のそれを示した．

(2) 共 有 結 合
(a) 共 有 結 合

　二原子分子である水素や窒素はどのような結合様式をもっているのであろうか．一般に非金属元素は，イオン化エネルギーあるいは電子親和力が似かよった値を取っており，原子間での電子の移動はおこりにくい．しかしこの場合でも，原子間で電子を共有することによりそれぞれの原子が，あたかも希ガス原

2·3 化学結合 **39**

表 2·12 イオン化エネルギー [eV]*)

元素	第1イオン化エネルギー	第2イオン化エネルギー	第3イオン化エネルギー
H	13.60		
He	24.59	54.42	
Li	5.39	75.64	122.45
Be	9.32	18.21	153.89
B	8.30	25.15	37.93
C	11.26	24.38	47.89
N	14.53	29.60	47.45
O	13.62	35.12	54.93
F	17.42	34.97	62.71

表 2·13 ハロゲン元素の電子親和力 [eV]*)

元素	電子親和力
F	3.4
Cl	3.6
Br	3.4
I	3.1

*) 1eV＝96.5kJ/mol

子と似た電子配置を取ることができるようになる．その結果生じる結合を**共有結合**とよぶ．これを水素分子を例に説明する．水素原子は電子1個を最外殻にもっているが，電子をもう1つ得ることができれば，安定なヘリウム原子と同じ電子配置を取ることができる．しかし，おなじ水素原子間では，イオン結合の場合のように電子が片方の原子からもう一方の原子へ移動することはない．したがって，この場合は図2·22に示すように，2個の電子を2個の水素原子が共有することによって，エネルギー的に安定化して，分子ができる．

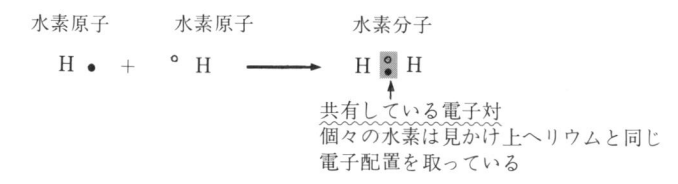

```
     水素原子    水素原子         水素分子
       H •   +   ° H    ─────▶    H ⦂ H
                                    ↑
                              共有している電子対
                        個々の水素は見かけ上ヘリウムと同じ
                        電子配置を取っている
```

図 2·22 水素分子のでき方

共有結合は，二原子分子ばかりでなく，有機化合物とよばれる主として炭素と水素を中心とした化合物の原子間の結合によくみられる．炭素原子は，最外殻に電子を4個もっているが，後の混成軌道の項で述べるように，それらが混じりあうと**電子対**をつくらない状態になる．このような電子は**不対電子**とよばれ，他の原子の不対電子と対をつくることによって，**共有電子対**を形成する．これを表わすと図2·23のようになる．

このように，共有結合は原子間の電子の共有によって生ずる化学結合と解釈

図 2・23　メタン分子の形成

できるが，この共有は一組の電子対とは限らず，たとえば二酸化炭素分子の炭素原子と酸素原子との間のように，二組の電子対すなわち4個の電子を共有する場合もある．この場合は**二重結合**とよばれる．つまり，共有結合には，**単結合**の他に，二重結合，さらには**三重結合**もある．このことは分子の性質と密接な関連があるので，有機化学の分野では分子を表わすのに分子式よりも，2・1節 (p. 24) で述べた，価標[1]をもとにした**構造式**や，それを簡略化した示性式がよく用いられる．

共有結合によりできる結晶を共有結合結晶とよぶ．共有結合結晶の特徴は融点が比較的高く，きわめて硬いことである．

参考　極性分子

共有結合がイオン結合と異なる点の1つは，結合に方向性があるということである．共有結合は電子雲の重なりによってできた結合であるので，電子雲の形によって結合に方向性が生まれる．その結果，分子はさまざまな形を取る．たとえば，二酸化炭素 CO_2 と水 H_2O はそれぞれ3つの原子からなる分子であるが，その形は前者は直線的であるのに対して，後者は折れ曲がった形をしている．

分子の形は，その性質に大きな影響を与える．分子を構成する異なった種類の原子の間では必ず電荷の偏りがあり，その結果，結合はいくらかイオン結合性を帯びるようになる．このような状態は，近似的に＋と－の電荷がある距離をおいて存在した状態と考えられ，**双極子モーメント**で表わされる．分子の形が二酸化炭素のような直

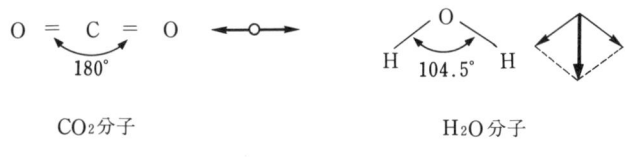

CO_2 分子　　　　　　　　　H_2O 分子

図 2・24　分子の形が双極子モーメントの値に与える影響

---

[1] 結合している原子間に短い直線を引き，結合していることを示す．この短い線を価標といい，共有結合の場合は一本の線当り2個の電子が共有されていることを表わしている．

線分子であると，図 2・24 に示すように炭素-酸素間の双極子モーメントは互いに相殺しあい全体として 0 になる．このような分子は**無極性分子**とよばれる．一方，水のような折れ曲がった形の分子の場合は，水素-酸素間の双極子モーメントは相殺されずに残る．このような分子は**極性分子**とよばれる．極性分子と無極性分子は性質が大きく異なり，たとえば，極性分子である水はイオン性結晶である塩化ナトリウムをよく溶かすが，無極性分子である四塩化炭素 CCl_4 は塩化ナトリウムを溶かさない．

(b) 配 位 結 合

配位結合は，ある原子が他の原子に共有されていない電子対をもっている場合に，他の原子が配位することによって生まれる．アンモニウムイオン NH_4^+ を例にとってみよう．このイオンのもとになるアンモニアは窒素原子 1 つと水素原子 3 つからなる．窒素原子は最外殻に電子を 5 個もっているが，そのうちの 2 個の電子は非共有電子対（孤立電子対）である．この電子対に水素イオンが図 2・25 に示されるように配位してできたイオンがアンモニウムイオンである．

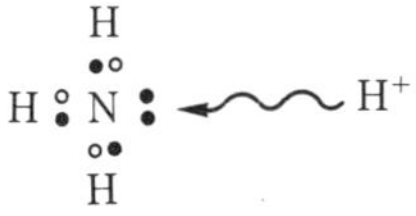

図 2・25　アンモニウムイオンのでき方

このように配位結合が生ずるためには，以下の条件が備わっていなければならない．

1）　1 つの原子あるいは原子団が非共有電子対をもつこと．
2）　配位する方の原子が共有結合をする能力をもっていること．

オキソニウムイオン H_3O^+ もこのような配位結合をもつイオンの 1 つである．

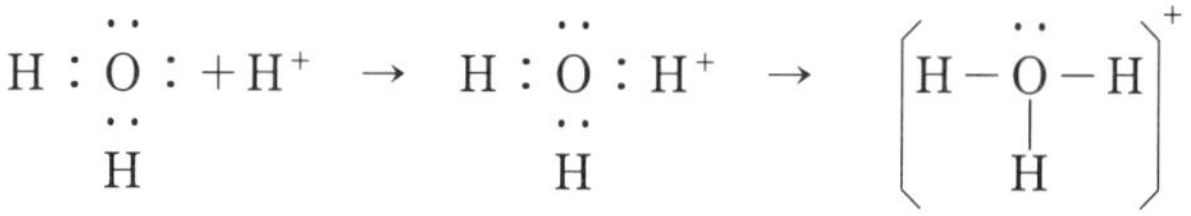

$$H:\overset{..}{\underset{H}{O}}: + H^+ \rightarrow H:\overset{..}{\underset{H}{O}}:H^+ \rightarrow \left[H-\overset{..}{\underset{H}{O}}-H \right]^+$$

オキソニウムイオン

(c) 電 気 陰 性 度

実際の分子は，イオン結合と共有結合の性格をあわせもった結合の仕方をしている．たとえば，塩化水素 HCl の水素と塩素間の結合は，約 20% がイオン結

合性で残りの約80％は共有結合性であるとみなされている．これは水素と塩素で共有している電子が，塩素側にわずかに強く引き付けられているためである．このような原子間での電子分布の偏りの程度は**電気陰性度**とよばれる量である程度推定することができる．

電気陰性度はある原子が電子を引きつける強さの尺度を示すものであるが，今までにいろいろな考え方にもとづく数値が提案されている．最もよく用いられているのはポーリングによって与えられた電気陰性度でその数値を表2・14に示した．数値の大きい元素ほどその電気陰性度は大きいことを意味するが，周期表において左下から右上に向かって数値が大きくなっていることがわかる．イオン結合性は結合原子間の電気陰性度の差が大きいほど大きい．電気陰性度の差がおおよそ2以上のときイオン結合性といえる．

表 2・14 電気陰性度（ポーリングによる）

周期＼族	1 (1A)	2 (2A)	13 (3B)	14 (4B)	15 (5B)	16 (6B)	17 (7B)
1	H 2.1						
2	Li 1.0	Be 1.5	B 2.0	C 2.5	N 3.0	O 3.5	F 4.0
3	Na 0.9	Mg 1.2	Al 1.5	Si 1.8	P 2.1	S 2.5	Cl 3.0
4	K 0.8	Ca 1.0	Ga 1.6	Ge 1.8	As 2.0	Se 2.4	Br 2.8
5	Rb 0.8	Sr 1.0	In 1.7	Sn 1.8	Sb 1.9	Te 2.1	I 2.5
6	Cs 0.7	Ba 0.9	Tl 1.8	Pb 1.8	Bi 1.9	Po 2.0	At 2.2

(3) 金 属 結 合
(a) 金属結合の特長

金属は非金属と比べるといろいろな特徴をもっている．たとえば金属の大部分は電気の良導体であり，また熱の良導体でもある．金属独特の光沢をもっており，薄い板状にすることができる性質（展性）や細く引き延ばすことのできる性質（延性）をもっている．これらの性質は金属のどのような結晶構造にもとづくのであろうか．**金属結晶**は，規則正しく並んだ金属イオン（陽イオン）のまわりを自由に動きまわることのできる電子（自由電子という）が取りかこんだ構造と近似的にみなすことができる．自由電子は，特定の金属イオンに束縛されることなく比較的自由に動きまわることができるので電気や熱を運ぶ媒体となる．金属が電気や熱の良導体であるのは，この自由電子の存在による．

2・3 化学結合　43

(b) 結 晶 格 子

　ある金属がどのような結晶構造をとるかを予測することはむずかしいが，ごく一部の例外の金属を除けば，大部分の金属は図 2・26 に示す**面心立方格子，体心立方格子，六方最密充てん格子**のどれかに属する．金属結合の方向性はあまりないので，原子を硬い球と考えれば，図 2・26 の A，B，C および図 2・27 に描かれているように，原子間のすき間がなるべく少なくなるように密に球をつめこんだ並び方をしている．この並び方をわかりやすく示したのが図 2・26 A′，B′，C′ である．これらは**単位格子**とよばれる．単位格子は，これを 3 次元的に積み上げると全体の結晶となる基本単位である．単位格子の一辺の長さを**格子定数**という．

　次に，ある単位格子の中に何個の球つまり金属原子が含まれるか求めてみよ

A　　　　　B　　　　　C

A′　　　　　B′　　　　　C′
面心立方格子　体心立方格子　六方最密充てん格子
（立方最密充
てん格子）

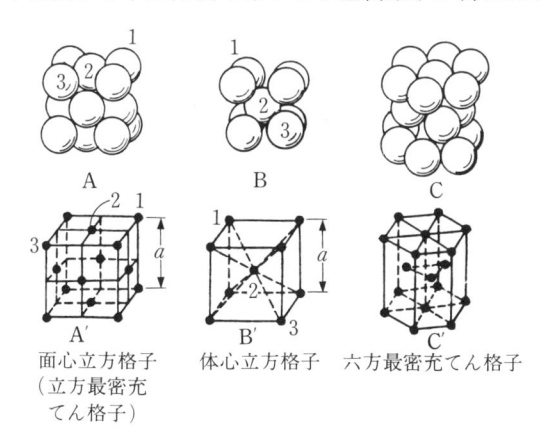

図 2・26　結晶格子の例

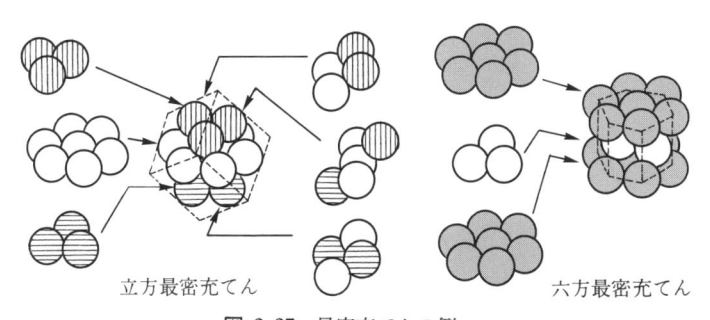

立方最密充てん　　　　　　　六方最密充てん

図 2・27　最密充てんの例

う．面心立方格子の場合には 8 個の球が角に，6 個の球が各面の中心に位置するが，それぞれの格子に所属する割合は 1/8 および 1/2 と考えられるので，合計で (1/8)×8個 + (1/2)×6個 = 4個となる．同様に体心立方格子では 2 個，六方最密充てん格子では 6 個となる．また，1 つの球がいくつの球に囲まれているかを示す数（**配位数**）は，面心立方格子と六方最密充てん格子で 12 個，体心立方格子で 8 個となる．

金属は圧力をかけたり，温度を変化させたりすると，原子の並び方が変化する．たとえば，金に圧力を少し加えるだけで容易に原子間ですべりがおこり，外形が変わる．このような性質は展性や延性といった性質に関係する．

[例題 1] 体心立方格子の格子定数（単位格子の一辺の長さ）を a としたとき，金属原子の半径はいくらか．

解　体心立方格子における原子の位置は図 2・26 の B あるいは B′ 図のように示される．立方体の中心に位置する原子 2 は体対角線方向に位置する原子 1 と 3 に接している．この図において，立方体の体対角線の長さは金属原子半径の 4 倍であり，それはまた立方体の一辺の長さ（= a）の $\sqrt{3}$ 倍に等しい．したがって，金属原子の半径を r とすると，次式が成りたち，r と a との関係が得られる．

$$4r = \sqrt{3}a \quad \therefore \quad r \fallingdotseq 0.433a$$

[例題 2] 次の物質をイオン結晶，共有結合結晶，金属結晶に分類せよ．
(1) ダイヤモンド　(2) ホタル石　(3) アルミニウム

解　それぞれの物質の性質や，電気陰性度（表 2・14）の値を参考にすると，イオン結晶はホタル石（CaF_2），共有結合結晶はダイヤモンド，金属結晶はアルミニウムとなる．

参考　**分子間に働く力**

分子間に働く力で重要なものに，水素結合とファンデルワールス力などがある．

水素結合は，氷の結晶構造を決めたり，生体内でタンパク質の高次構造を規定している比較的弱い力（数 $kJmol^{-1}$ 程度）であるが，いずれも極めて重要な役割を果たしている．

水について考えてみよう．水は分子量 18 の比較的軽い分子であるが，その沸点は他の同じ分子量をもつ分子と比較すると異常に高い．これは，水分子が水素結合によっていくつか結びつき，あたかも分子量の大きな分子になったかのようなふるまいをす

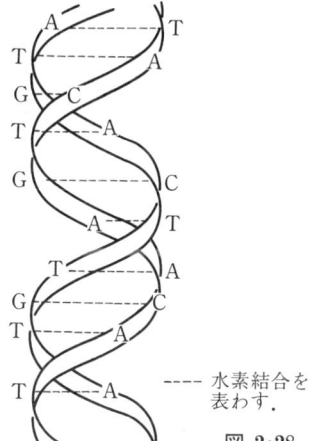

図 2·28 DNA に見られる水素結合

----水素結合を表わす．

るからであると考えられている．また，生体内の水素結合は，たとえば遺伝子の本体であるDNA（デオキシリボ核酸）にみられる．DNAの構造は図2·28のように二重のらせん状になっており，このらせん構造は特定の塩基間の水素結合によって維持され，遺伝機構の本質的な部分を担っている．

ファンデルワールス力は，分子間に働く力としては水素結合よりさらに弱い．分子を形成している原子間には電子の偏りが生ずることは前に述べたが，この偏りは永久的なものばかりでなく，分子の振動や周囲の分子によって誘起されるものもある．これが原因で分子間に相互作用すなわちファンデルワールス力が生まれる．この力は分子量などに関連づけられる．二酸化炭素の結晶であるドライアイスは，このような力によって成りたっており，**分子結晶**とよばれている．

参考 混成軌道

共有結合の特徴として結合に方向性があることは前に述べたが，この方向性は必ずしももとの原子の電子雲の形がそのまま反映されるとは限らない．たとえばメタンCH_4は，正四面体の中心に炭素原子があり，4つの頂点に水素原子がある（図2·29）.

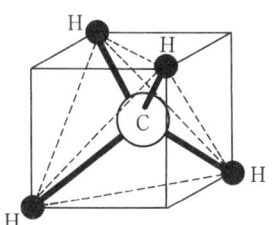

図 2·29 メタン分子

このような形がなぜできるか考えよう．

炭素の電子配置は $1s^2 2s^2 2p^2$ である．このうちで結合に関与するのは $2s^2 2p^2$ の4つの電子である．この s 軌道と p 軌道の形は図 2・13 (p. 31) のようになっており，s 軌道は方向性がなく，p 軌道は互いに直交した3つの方向をもっている．この2つの軌道の形からは，メタンの形は生まれない．そこで，s 軌道の2つの電子と p 軌道の2つの電子は互いに混じりあって図 2・30 に示したように新しい4つの等価な軌道をつくると考える．この新しい軌道は，空間的にもエネルギー的にも全く等価でなければならないので，図 2・31 に示されるように軌道の形は正四面体の中心から頂点に向かうような方向性をもつ．このようにしてできた軌道を混成軌道といい，この場合は**sp³混成軌道**とよばれる．

有機化合物によくみられる炭素の混成軌道には，このほかに，sp 混成軌道, sp^2 混成軌道がある（図 2・31）．

エチレン分子 C_2H_4 を調べてみよう．エチレンの炭素-炭素間の距離は，普通の炭素-炭素間の距離にくらべて短く，結合もいくらか強い．また，結合角も図 2・32 に示す

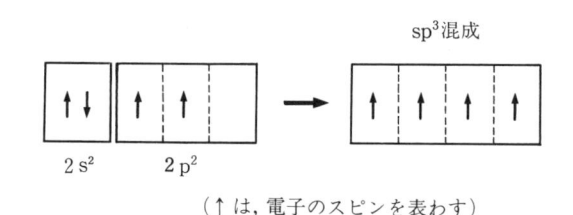

図 2・30 sp³ 混成軌道の形成

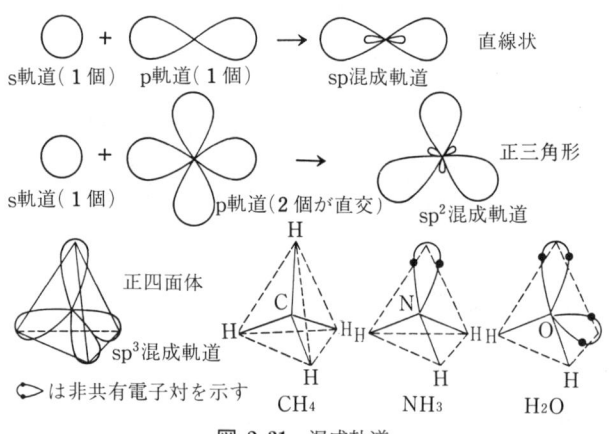

図 2・31 混成軌道

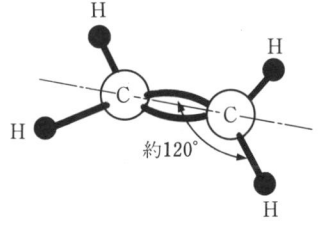

図 2・32 エチレン分子

ようにメタンと違い 120 度であるのでこれは **sp² 混成軌道**である．残った p 軌道は炭素-炭素間の結合に弱く関与しており，その分結合を強めている．これを **π 結合**とよぶ．なお，もとの単結合（一重結合ともいう）を **σ（シグマ）結合**とよぶ．

問12　エタノール C_2H_5OH とアセトン CH_3COCH_3 の沸点はそれぞれ 78.3℃ と 56.3℃ である．エタノールはアセトンに比べて分子量が小さいにもかかわらず沸点が高いのはなぜか．

2・4　物質量と化学式

（1）原子量・分子量・式量

化学の発展過程において原子1つ1つの絶対的な重さ（厳密には質量）を決定することは不可能であったので，ある特定の元素の重さを基準として他の元素の重さを相対的に表わしたのが**原子量**である．基準となる元素の選択には歴史的にいくつかの変遷があったが，現在は質量数 12 の炭素（^{12}C）を原子量 = 12 とすることが決められている．この原子量は，巻頭の元素の周期表あるいは巻末の国際原子量表に掲載されている．ここで注意しておきたいのは，この元素の原子量は，各元素の同位体の自然界における存在割合を考慮にいれて平均化された見かけの原子量であるということである．原子量は化学的な方法，質量分析計を用いる方法，気体の密度を測定する方法などによって測定されている．

分子量は，原子量と同じ考え方をもとにして決められている．つまり，分子量は構成原子の原子量の和として表わされる．たとえば HCl の分子量は，H の原子量と Cl の原子量をたした 36.5 である．したがって，分子量も分子の相対的な重さであって，分子そのものの絶対的な重さではないことに注意する必要

がある．

　塩化ナトリウム NaCl のようなイオン結晶は，ふつうの状態では分子が単独で存在するわけではない．ナトリウムイオンと塩化物イオンが1対1の割合で存在するだけである．このような場合，分子式に相当するものを**組成式**とよび，分子量に相当する量を**式量**とよんでいる．式量も分子量と同様に，構成原子の原子量の和として求められる．

（2）物　質　量

　前節で述べたように現在の原子量，分子量は炭素 12（^{12}C）を基準として定められている．いろいろな実験から，^{12}C 原子だけからできている炭素 12.0 g 中には約 6.02×10^{23} 個（精密な測定によると 6.0221367×10^{23} 個）の炭素原子が含まれていることが明らかとなった．この数値を**アボガドロ数**という．

　炭素原子以外の各種粒子（原子・分子・イオン）についても原子量，分子量，式量に g をつけた質量の中にはアボガドロ数個の粒子がそれぞれ含まれている．たとえば，Mg 24.3 g，H_2O 18.0 g の中には 6.02×10^{23} 個の Mg 原子や H_2O 分子がそれぞれ含まれていることになる．このように，6.02×10^{23} 個の同一種類の粒子集団を単位にした物質の量を**物質量**といい，**モル**（記号 **mol**）という単位を用いる．1 mol あたりの粒子数 6.02×10^{23}/mol を**アボガドロ定数**という．

　1 mol あたりの質量（**モル質量**）は，原子量，分子量，式量の数値に g/mol をつけた量となる．たとえば，水素原子，水素分子，水のモル質量はそれぞれ 1.01, 2.02, 18.0 g/mol となる．また，塩化ナトリウム（図 2・21）のように分子ではなくイオンから成りたっていて，組成式で表わされる物質の場合も同様で，NaCl（式量 = 23.0 + 35.5 = 58.5）のモル質量は 58.5 g/mol となる．そしてその中には，Na^+ および Cl^- イオンがそれぞれ 6.02×10^{23} 個含まれている．

　ところで，アボガドロの法則（p.19）によると，どんな気体でも温度と圧力が同じであれば，同じ体積の中には同数の分子が含まれている．そして，**標準状態**とよばれる **0°C，1 atm** のとき，すべての気体は **22.4 l** の体積を占め，その中に **6.02×10^{23} 個（1 mol）の分子を含む**．たとえば，0°C, 1 atm, 22.4 l の酸素には 6.02×10^{23} 個の酸素分子 O_2 が，また 0°C, 1 atm, 22.4 l の二酸化炭素には 6.02×10^{23} 個の二酸化炭素分子 CO_2 が含まれている．

[例題 3] 二酸化炭素 4.4 g は何 mol か．また炭素原子および酸素原子はそれぞれ何個ずつ含まれるか．

解 二酸化炭素 CO_2 の分子量 $= 12.0 + 16.0 \times 2 = 44.0$
したがって，二酸化炭素の 4.4 g は 0.1 mol に相当する．また原子数は，炭素原子 $= 6.02 \times 10^{22}$ 個，酸素原子 $= 2 \times 6.02 \times 10^{22} = 1.20 \times 10^{23}$ 個となる．

(3) **化学反応式における量的関係**

化学変化を，化学式で表わした式を**化学反応式**という．化学反応式は，反応する物質（反応物）と化学反応の結果生じる物質（生成物）を表わすばかりでなく，反応の量的な関係（物質量，質量，気体の場合には体積関係）も表わしている．

うすい塩酸にひとかたまりの亜鉛金属（Zn）を入れると，亜鉛の表面から水素 H_2 が発生し，塩化亜鉛（$ZnCl_2$）が生成する．この化学変化を例にとり化学反応式のつくり方を説明すると以下のようになる．

1) 反応物を左辺に，生成物を右辺に化学式でかいて，その間を矢印→で結ぶ．

$$Zn + HCl \longrightarrow ZnCl_2 + H_2 \qquad (2 \cdot 3)$$

2) 右辺と左辺で原子の数が一致するように係数をつける．

$$Zn + 2HCl \longrightarrow ZnCl_2 + H_2 \qquad (2 \cdot 4)$$

この場合，係数を未知数として各元素についての連立方程式を立てて解いてもよいし，試行錯誤を繰り返しながら求めてもよい．なお，係数が 1 の場合はかかない．

化学反応式は次に示すような量的な関係も表わしている．

	Zn	+	2 HCl	⟶	$ZnCl_2$	+	H_2
物質量の関係：	1 mol		2 mol		1 mol		1 mol
質量の関係：	65.4 g		$2 \times (1.01 + 35.5)$ g		$(65.4 + 35.5 \times 2)$ g		1.01×2 g

なお式 (2・4) で示される化学反応式についてもう少し詳しく考えると，塩酸というのは塩化水素ガス（HCl）を水に溶かした溶液をいい，HCl は水素イオン H^+ と塩化物イオン Cl^- に電離している．また生成した $ZnCl_2$ も溶液中で

は電離して Zn^{2+} と Cl^- イオンの形で溶存している．このことを考慮して式 (2・4) をかき直すと，

$$Zn（固）+ 2H^+ + 2Cl^- \longrightarrow Zn^{2+} + 2Cl^- + H_2（気） \quad (2・5)$$

となる．さらに，両辺を見くらべてみると，Cl^- イオンは化学変化していないので除外すると，

$$Zn（固）+ 2H^+ \longrightarrow Zn^{2+} + H_2（気） \quad (2・6)$$

となる．これがこの化学反応の本質で，第5章で学ぶ酸化・還元反応の1つである．

[例題4] マグネシウム 2.40 g を完全に燃やすには酸素が何 g 必要か．またそれは標準状態で何 l か．なお，原子量を Mg = 24，O = 16 とし，また標準状態での理想気体の体積を 22 l とする．

解 化学反応式と量的関係は，次のようになる．

$$2Mg + O_2 \longrightarrow 2MgO$$

$$2\,mol : 1\,mol$$

$$(2 \times 24)\,g : (16 \times 2)\,g$$

$$2.4\,g : x\,g$$

したがって，酸素の質量を $x[g]$ とすると，次の比例式が成りたつ．

$$2 \times 24 : 16 \times 2 = 2.4 : x \quad \therefore \quad x = \frac{16 \times 2 \times 2.4}{2 \times 24} = 1.6\,g$$

また，この酸素の体積 ($y[l]$) は，

$$y = \left(\frac{1.6}{32}\right) \times 22 = 1.1\,l$$

演習問題

1 次の原子の価電子はそれぞれ何個か．
 (1) Be　(2) N　(3) F　(4) Al　(5) S

2 次のイオンと同じ電子配置をもつ希ガス元素は何か．元素記号で示せ．
 (1) F^-　(2) Li^+　(3) Mg^{2+}　(4) Cl^-　(5) O^{2-}

3 原子Mがイオン M^- になったとき電子数は，原子番号 n の原子Aがイオン A^{2+} になったときの電子数と等しい．原子Mの原子番号は，次のどの値か．

(1) $n-4$ (2) $n-3$ (3) $n-2$ (4) $n-1$ (5) $n-5$

4. 元素の周期表の第1〜第3周期には，それぞれ2，8，8個の元素が並んでいる．これらの元素の中から，次の問いに該当する元素を元素記号で答えよ．
   (1) 化学的に安定な希ガス元素を3つあげよ．
   (2) 価電子の数が4個である元素はどれか．2つあげよ．
   (3) アルカリ金属元素はどれか．2つあげよ．
   (4) 1価の陰イオンになりやすい元素はどれか．2つあげよ．

5. 次の電子配置をもつ原子を元素記号で示せ．
   (1) $1s^2 2s^2 2p^6 3s^1$ (2) $1s^2 2s^2 2p^6 3s^2 3p^4$
   (3) $1s^2 2s^2 2p^6 3s^2$ (4) $1s^2 2s^2 2p^6$

6. 基底状態にある水素原子の電子をN殻（$n=4$）に引き上げるのに必要なエネルギーを求めよ．

7. 表2・14を参考にして，次の化合物をイオン結合性の大きい順に示せ．
   (1) NaCl (2) KCl (3) KF (4) NaF

8. 共有結合で結びついている化合物の結合距離は，それぞれの原子の共有結合半径の和として表わされる．O-HおよびH-H結合の結合距離はそれぞれ0.096および0.074 nm（1 nm $= 10^{-9}$ m）である．酸素分子のO-O間の結合距離を求めよ．

9. 一辺の長さが3.62×10^{-8} cm（0.362 nm）の長さの単位格子からなる面心立方格子の金属の結晶がある．この金属の密度を8.92 g/cm^{3}として原子量を求めよ．ただし，アボガドロ定数を6.02×10^{23}/molとして計算せよ．

10. 次の各物質の分子量または式量を求めよ．
    (1) 二酸化炭素（CO_2） (2) 塩化水素（HCl）
    (3) ホタル石（CaF_2） (4) 硫酸銅(II)五水和物（$CuSO_4 \cdot 5H_2O$）

11. ショ糖$C_{12}H_{22}O_{11}$について，以下の問いに答えよ．
    (1) 分子量を求めよ．
    (2) 炭素の重量含有率（%）を求めよ．
    (3) ショ糖3.4 gを燃やすと，二酸化炭素は何g発生するか．

12. 不純物を含む石灰石（$CaCO_3$）11.5 gに塩酸をそそぐと二酸化炭素が標準状態で2.24×10^3 cm^{3}発生した．この石灰石の純度は何%か．ただし，不純物は塩酸と反応しないものとする．

13. 自然界では，塩素は質量数35のものが75.77%と質量数37のものが24.23%存在する．塩素の原子量を求めよ．なお，質量数35と37の塩素原子の相対原子質量はそれぞれ34.969および36.966とする．

第3章 物質の状態

前章で学んだように，すべての物質は，原子を基本単位とする物質粒子（原子，分子，イオンなど）がさまざまな結合様式で結びつくことによって成りたっている．この章では，物質の存在状態と物質粒子間にはたらく力との関係や温度・圧力と状態変化との関係などを明らかにし，さらに，気体や溶液が示すいろいろな性質についても述べる．

演示実験 2

気体の体積の温度変化

（1） 液体窒素をデュワーびんに入れる．
（2） デュワーびんの口に合う程度に長いゴム風船をふくらまし，それを徐々に液体窒素の中に入れていく．
（3） ゴム風船が完全に冷えて，ペチャンコになったら，引き上げて机の上に置く．
（4） ゴム風船は，暖まるにつれて体積が増加してもとの大きさにもどる．
● 気体は液化すると，その体積は約1000分の1になる．

演示実験 3

過飽和水溶液

（1） 酢酸ナトリウムの過飽和水溶液をつくり，100 ml のビーカーに入れ

る．
(2) これに酢酸ナトリウムの結晶を少し落とすと，全体が結晶化する．ビーカーをさかさまにしても液がこぼれない．
(3) ビーカーに手を触れ，結晶化のさいに発熱したことを確認する．

3・1 物質の三態

(1) 三態間の変化

われわれの身の回りにある物質は，固体，液体，気体のいずれかの状態で存在する．これらの3つの基本的な状態を**物質の三態**とよぶ．液体の水は，冷却すると固体の氷になり，加熱すると気体の水蒸気になるが，どの状態においても構成粒子が水分子（H_2O）であることに変わりはない．水と同じように，ほとんどの物質が，温度，圧力などの条件を変えることによって，固体・液体・気体の3つの状態をとることができる．したがって，物質の存在状態はその物質に固有のものではなく，原子，分子，イオンなどの構成粒子の集合状態の違いであるということができる．

固体は一定の体積と形をもっている．液体はほぼ一定の体積をもつが，流動性があり，定まった形を保つことができない．気体は一定の体積をもたず，どのような形であろうと与えられた空間のすべてを満たしてしまう．固体，液体，気体のこのような性質の違いは，物質を構成している物質粒子間の結合エネルギーと，物質粒子の熱運動エネルギーとの大小関係から生じてくる．固体状態では，粒子間の引力が粒子に与えられた熱運動の力よりも強く，粒子は一定の位置に固定されている．熱運動の力が粒子間引力よりも大きくなり，粒子がある程度自由に動きまわれるようになった状態が液体である．しかし，液体状態ではまだ結合力の束縛を完全に断ち切るまでには至っていないので，原子や分子の移動は完全に自由ではなく，体積もあまり変わらない．気体は，熱運動エネルギーが大きいため，粒子間引力の影響をまったく受けずに粒子が自由に運動している状態である．図3・1に三態における物質粒子の集合状態を表わすモデルを示した．このモデルからわかるように，一般に，物質の密度は固体と液

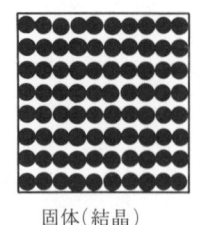

固体（結晶）	液体	気体
粒子間引力≫熱運動エネルギー	粒子間引力≅熱運動エネルギー	粒子間引力≪熱運動エネルギー
粒子の位置は変化しない	粒子の相対的位置が変化	粒子は空間を自由に運動

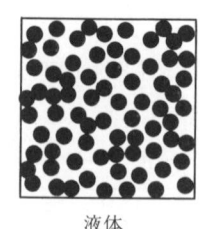

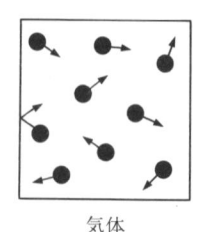

図 3・1　1物質の集合状態のモデル

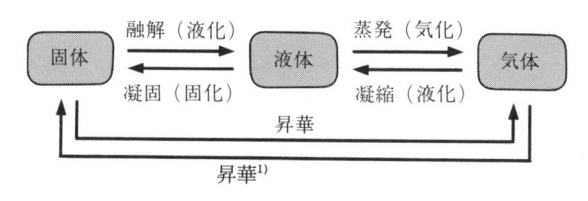

図 3・2　三態間の変化

体ではほとんど変わらず，気体になると急激に小さくなる．

先に述べたように，物質の状態は，温度，圧力などの条件を変えることによって変化するが，三態間の変化を図3・2のようにまとめることができる．

（2）融解と蒸発
（a）固体の融解

固体は，その構成粒子が規則正しく配列している結晶と，配列が不規則な無定形固体（非晶質固体）に分けることができる．

結晶と無定形固体を加熱したときの供給熱量と温度との関係を図3・3に示した．結晶を加熱していくと，構成粒子の熱運動はしだいに激しくなり，ついにはある一定の温度で粒子間引力に打ち勝って，粒子は互いにある程度位置を変えることができるようになる．この現象すなわち固体から液体への変化が**融解**である．また，融解がおこる温度を**融点**とよび，通常1気圧下の値をさす．結晶が一定の温度で融解するのに対して，ガラスやアスファルトのような無定形

1）気体から固体へ直接凝固（固化）する変化に対して明確に定義された名称はなく，これも昇華とよばれることが多い．

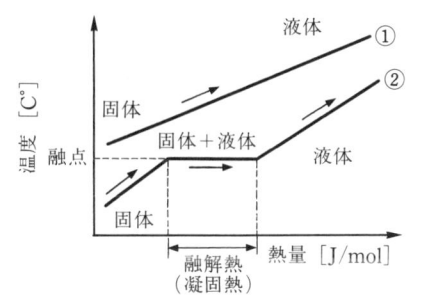

図 3·3 無定形固体 (①) と結晶性固体 (②) を加熱したときの状態変化に伴う温度変化の様子

固体は，明確な融点を示さず，加熱によってしだいに軟らかくなり，やがて流動性のある液体に変わる．

また，図 3·3 に示したように，結晶の温度が融点に達すると，加熱を続けてもその結晶の温度は融解が完全に終了するまで一定に保たれている．これは，加えられた熱エネルギーが，構成粒子の配列をくずすために使われているからである．固体が融解し始めてから完全に液体に変わるまでに吸収される熱量を**融解熱**といい，物質 1 モルあたりの熱量で示されることが多い．

固体を融解するためには，粒子間の引力に打ち勝つだけのエネルギーが必要である．したがって，粒子間引力が強い物質ほど融点は高くなり，融解熱も大きくなる．第 2 章で学んだように，結晶は，その結合の種類によって，共有結晶，イオン結晶，分子結晶，金属結晶などに分類できる．表 3·1 にいろいろな結晶の融点と融解熱を示したが，一般に結合力の弱い分子結晶は融点が低く融解熱は小さい．また，結合力の強いイオン結晶や共有結晶は融点が高く，融解熱も大きい．

液体を冷却していくと，ある温度で流動性を失い，固体に変化する．この現象が**凝固**であり，凝固がおこる温度が凝固点である．純物質の場合，凝固の過程は，融解の過程の逆を考えるとよい．すなわち，凝固点は融点と一致し，また，凝固のさいには，融解熱と等しい熱量が放出される．この熱量を**凝固熱**とよぶ．

(b) 液体の蒸発

液体を構成している粒子が，結合力の束縛を受けながらも相対的な位置を変えながら自由に移動していることはすでに述べた．このとき各粒子のもつエネルギーはすべて同じではなく，粒子はお互いに衝突することによって運動の方

表 3·1 種々の結晶の融点と融解熱

結晶の種類 (結合の種類)	物質	融点 [°C]	融解熱 [kJ/mol]
イオン結晶 (イオン結合)	MgO Al_2O_3 NaCl KCl	2800 2015 801 776	77.4 87.4 28.2 26.3
共有結合結晶 (共有結合)	C(ダイヤモンド) SiO_2(石英) Si	>3550 1610 1414	― 7.70 50.2
金属結晶 (金属結合)	W Fe Cu Hg	3387 1535 1083 −39	35.4 15.1 13.3 2.33
分子結晶 (水素結合)	H_2O NH_3 HF CH_3OH	0 −78 −83 −98	6.01 5.66 4.58 3.17
分子結晶 (分子間力で結合)	CH_4 C_3H_8 N_2 H_2	−183 −188 −210 −259	0.94 3.52 0.72 0.12

向や速度を絶えず変えている．これらの粒子の中で，とくに大きな運動エネルギーを得たものは，ついに粒子間引力に打ち勝って液体の表面から飛び出していく．この現象が**蒸発**である．水を放置しておくと，常温でも一部が蒸発してしまうのはこのためである．また，温度が高いほど蒸発が激しくなるのは，各粒子の運動が活発になり，とび出す粒子の数が増加するためである．

図3·4のように，半分ほど水を入れた容器を密閉して，温度を一定に保ちながら放置すると，液面から水分子の蒸発がおこり，気相中へ蒸発した水分子の数が増加する．これと同時に，蒸発した水分子の一部が液面に衝突して，そのエネルギーを他の水分子に奪われ再び水にもどる現象（このように，気体が液体に変化する現象を**凝縮**という）もおこっている．蒸発した水分子の数が増加すればするほど，凝縮する水分子の数も増え，やがて，蒸発する水分子数と凝縮する水分子数が等しくなると，蒸発と凝縮が絶えず進行しているにもかかわ

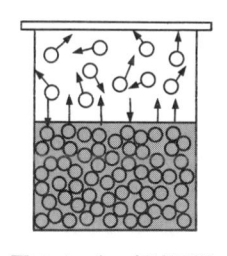

図 3・4　水の気液平衡

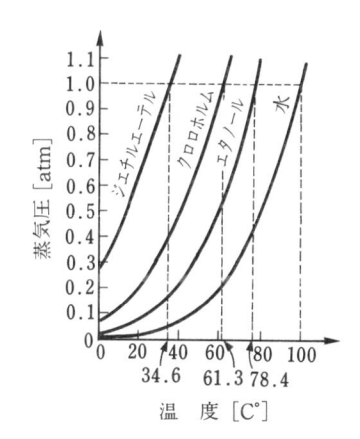

図 3・5　飽和蒸気圧曲線

らず見かけ上蒸発が停止してしまう状態になる．この状態を気体と液体の**平衡状態（気液平衡）**という．

　液体がその蒸気（気体）と平衡状態にあるとき，蒸気の示す圧力をその液体の**飽和蒸気圧**という．種々の液体は，温度が一定ならばそれに固有の飽和蒸気圧を示す．また，一般に，温度の上昇とともに飽和蒸気圧も増加する．温度と飽和蒸気圧の関係は，図3・5に示したような**飽和蒸気圧曲線**によって表わされる．

　液体の温度が上昇するにつれて飽和蒸気圧はしだいに大きくなる．外圧と飽和蒸気圧が等しくなると，液面だけからではなく液体の内部からも蒸発がおこり始める．この現象が沸騰であり，沸騰がおこる温度を**沸点**とよぶ．通常，沸点は1気圧下での値であるが，図3・5からわかるように外圧の変化により沸点も変化する．大気圧の低い高山で水が100°C以下で沸騰したり，圧力がまを使うと短時間で高温の調理ができるのはこのためである．

　一定の圧力の下で液体を加熱して沸騰させると，液体が完全に気体になるまで温度は一定に保たれている．これは，加えられた熱エネルギーが粒子間の結合力を完全に断ち切るために消費されているからである．この沸騰の間消費される熱量を**蒸発熱（気化熱）**という．この蒸発熱を冷却に利用したのが冷蔵庫である．

　一定の圧力下で気体を冷却していくと，その沸点（凝縮点ともいう）に達し

たところで，粒子の一部は運動エネルギーを失って粒子間引力によって束縛されるようになり，液体へと変化する．このとき，さらに冷却を続けても，気体がすべて液体に変わるまで温度は一定に保たれている．これは，粒子が失った運動エネルギーが熱として放出されるためであり，この熱量を**凝縮熱**という．凝縮熱の値は，同一条件下における気化熱の値と等しい．また，いわゆるスチーム暖房は，凝縮のさいに放出される熱を暖房に利用したものである．

表 $3\cdot2$ は，いくつかの純物質の沸点と蒸発熱を示したものである．沸点の高低および気化熱の大きさは，粒子間の結合力の強さに関係がある．一般に，イオン性物質，共有性物質および金属は，分子性物質よりも沸点が高い．分子性物質間では分子量が大きいほど沸点が高く蒸発熱も大きい．分子量が近接した分子性物質間では，極性が強いほど沸点が高く蒸発熱も大きい．水の沸点が，分子量が小さい割に異常に高いのは，極性をもつ水分子が水素結合によって結

表 $3\cdot2$ 種々の物質の沸点と蒸発熱

物質の種類 (結合の種類)	物質	沸点 [°C]	蒸発熱 [kJ/mol]
イオン性化合物 (イオン結合)	NaCl KOH	1413 1327	171 134
共有結合性化合物(共有結合)	Si SiO_2(石英)	2335 2230	— —
金属 (金属結合)	W Fe Cu Hg	5530 2735 2575 357	799 354 305 58.1
分子性化合物 (水素結合)	H_2O CH_3OH HF NH_3 HCl	100 65 20 -33 -85	40.7 35.3 7.54 23.4 16.2
分子性化合物 (分子間力で結合)	C_3H_8 CH_4 O_2 N_2 H_2 He	-42 -161 -183 -196 -253 -269	18.77 8.18 6.82 5.58 0.904 0.084

びつけられて，見かけ上大きな分子になっているためである．

(c) 固体の昇華

ドライアイス（固体状態の二酸化炭素）を常温で放置すると，固体から直接蒸発がおこり，液体状態を経ないで気体になる．この固体→気体の変化を**昇華**という．

固体においても，液体の蒸発の場合と同じように，表面から大きな運動エネルギーを得た粒子がとび出している．したがって，固体も一定の温度で一定の蒸気圧（固体の蒸気圧を特に昇華圧とよぶ）を示す．また，固体の蒸気圧も液体の蒸気圧と同じように温度の上昇とともに増加する．通常，固体の粒子間結合力は，液体よりはるかに大きいので，表面から直接とび出す粒子の数は非常に少なく蒸気圧も無視できるほど低いが，結合力の弱い分子結晶の場合は比較的容易に粒子がとび出すことができ蒸気圧もかなり高くなる．ドライアイス以外にも常温で昇華する物質として，ショウノウ，ナフタレン（いずれも防虫剤として用いられている）およびヨウ素（I_2）がよく知られている．

参考 状態図

3・1節(2)(b)で気体と液体間の平衡状態について触れたが，同じような平衡状態が三態すべての間に成立する．温度と圧力を座標軸にとり，各状態間の平衡関係を表わした図を**状態図**とよぶ．

図3・6に水の状態図を例として示してある．三本の曲線で分けられた領域内において，水はそこに示された状態で存在しており，温度と圧力を変えても状態は変化しない．曲線 AT 上では固体と液体，曲線 BT 上では液体と気体，曲線 CT 上では固体と気体が平衡状態にあり，2つの状態が共存している．曲線 BT は蒸気圧の温度変化を表わしており，したがって図3・5に示した水の蒸気圧曲線そのものである．曲線 CT は，固体の蒸気圧の温度変化を表わしており，**昇華曲線**とよばれる．また，曲線 AT は，融点の圧力による変化を表わしており**融解曲線**とよばれる．水の融解曲線はわずかに左に傾いているが，これはむしろ特殊な例である．一般に，圧力が増加すると融点は上昇するがその変化はごくわずかなので，融解曲線はほぼ直立に近い右上がりの曲線になる．

3つの曲線の交点Tにおいては，固体，液体，気体の状態が平衡状態にあり，共存している．0.0075℃，0.0060atm におけるこの点を**水の三重点**という．

状態図を用いれば，さまざまな条件下での物質の状態が決定でき，また，温度や圧

図 3・6　水の状態図

図 3・7　二酸化炭素の状態図

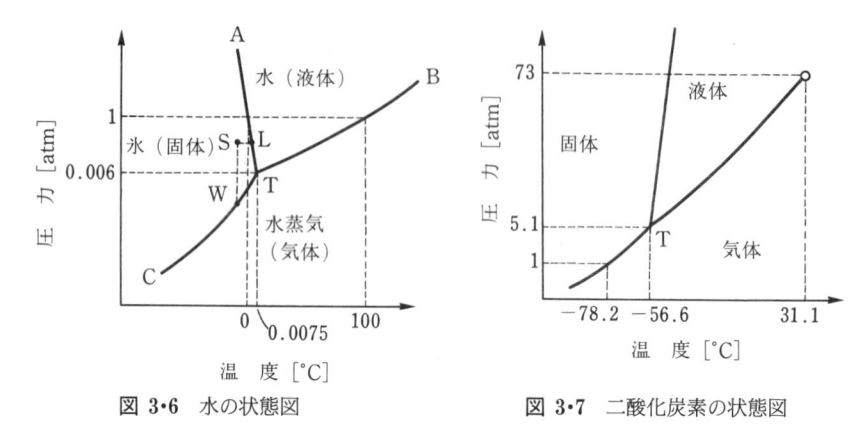

力を変えたとき物質の状態がどのように変化するかがわかる．たとえば，図中の点Sの条件下にある氷を温度一定のまま減圧すると点Wで昇華曲線とぶつかることになる．したがって，この温度において氷は点Wの圧力で昇華するのである．また，点Sから今度は圧力一定のまま温度を上げると点Lで融解曲線にぶつかり，この圧力下で氷は点Lの温度で融解することがわかる．水蒸気が，三重点以下の温度では，直接固体に変化し，雪や霜となる現象もこの状態図から説明できる．

参考までに，図3・7に二酸化炭素の状態図を示してある．

3・2　気体の性質

（1）気体の体積
（a）気体分子の運動と拡散

部屋の中で香水をたらすと，風がなくてもやがてその香が部屋全体にひろがったり，台所での料理の匂いが離れた部屋まで漂うような現象は，日常誰もが経験していることである．図3・8のように，閉じてあるコックで連結した2つの容器に2種の気体を別々に入れた後コックを開くと，放置しておいても2種の気体は自然に混じり合い，均一な組成をもつ混合気体になる．このように，異種の粒子を接触させたとき，お互いに混じり合う現象を**拡散**とよぶ．拡散は一般に粒子の熱運動によるものであり，気体に限らず液体や固体中にでもおこる．

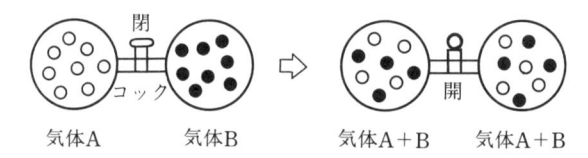

図 3·8 気体の拡散

　拡散現象は，気体分子が分子間引力の影響を受けることなく，与えられた空間を自由に飛行運動していることを示している．気体分子の平均速度[1]は非常に大きく，温度の上昇とともに増大する．また一定温度の下では，分子量が小さいものほどその平均速度は大きい．

　気体を密閉した容器の中に入れると，分子は容器の壁に衝突してはねかえる．このとき分子は容器の内壁を内側からおしていることになる．これが気体の圧力である．温度が一定ならば，分子の平均速度は変わらないので，容器の体積を変えると衝突回数が変わり，したがって圧力も変化する．また，容器の体積を一定にして，温度を上昇させると，分子の平均速度が増加し，したがって衝突の回数とそのさいのエネルギーが増え，圧力も増加する．この項で述べられるいくつかの気体の法則は，このように気体分子の運動を力学的にとらえることによって，より正確に理解できる．

(b) 気体の体積と圧力の関係

　容器中に気体を入れ，温度を一定に保ちながら，これに圧力をかけていくと，気体の体積は減少する (図 3·9)．1662 年，イギリスのボイルは，気体の体積と圧力の間に次のような関係が成立することを見い出した．

　　「温度が一定のとき，一定量の気体の体積は，圧力に反比例する」

　これを**ボイルの法則**とよぶ．この法則を気体分子の運動の観点からみると，体積が半分になった場合，単位体積中の分子数および器壁への衝突回数が 2 倍に増加し，したがって圧力は 2 倍になると考えることができる．

　いま，一定温度のもとで，ある一定量の気体に圧力 P を加えたとき，その体

---

[1] 一定の温度下での気体分子の運動速度は，同じ種類であってもすべての分子が同じ速度をもつわけではないので，平均の速度で表わす必要がある．
　　たとえばアンモニアの分子は，0 ℃，1 atm においておよそ 600 m/s の平均速度をもつ．このように平均速度が大きいにもかかわらず，拡散がそれほど早く進まないのは，分子どうしが衝突をくりかえしているからである．

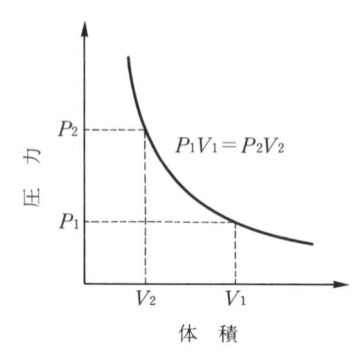

図 3・9 気体の体積と圧力の関係（温度一定）

積が V であったならば，ボイルの法則から，

$$PV = k \quad (k:定数) \tag{3・1}$$

が導き出される．また，圧力 P_1 のとき体積 V_1 である気体について，温度一定のまま圧力を P_2 にしたとき体積が V_2 になったとすれば，

$$P_1V_1 = P_2V_2 \tag{3・2}$$

が成立する．

圧力と体積の単位：本書では，圧力の単位としてSI単位であるPa（パスカル）と従来から化学においてよく使われてきた圧力単位であるatm（アトムまたは気圧）を併用している．換算関係は以下のとおりである．

$$1\,\text{atm} = 101325\,\text{Pa} = 760\,\text{mmHg}$$

体積の単位は，l とSI単位を併用している．換算は以下のとおりである．

$$1\,l = 1\,\text{dm}^3\,(立方デシメートル) = 1000\,\text{cm}^3 = 10^{-3}\,\text{m}^3$$

なお，日常よく使われる ml や cc は，cm^3 に等しい．

[問1] 1.2atm で $4\,l$ の気体を，温度を一定に保ったまま2atmに圧縮したときの体積を求めよ．

（c）気体の体積と温度との関係

圧力を一定に保ちながら，容器中の気体を加熱すると，気体の体積は膨張する．気体の体積と温度の関係については，次の法則がある．

「圧力が一定のとき，一定量の気体の体積は，温度が1℃上昇（下降）するごとに，その気体の0℃の体積の1/273ずつ増加（減少）する」

この法則は，**シャルルの法則**または**ゲーリュサックの法則**とよばれる．ある一定量の気体の 0 °C における体積を V_0，t °C における体積を V とすると，上の法則から，

$$V = V_0 + V_0 \times \frac{t}{273} = V_0\left(1 + \frac{t}{273}\right) \tag{3・3}$$

が成立する．一定圧力のもとでの気体の体積と温度の関係をグラフで表わすと，図 3・10 のようになる．気体は冷却段階の途中で液化するが，気体状態が継続するものとして直線を延長すると，-273 °C（正確には，-273.15 °C）において体積が 0 となることになる．この温度は，**絶対 0 度**とよばれる理論上の最低温度である．この絶対 0 度を基準としてセ氏温度と同じ目盛でとった温度単位を**絶対温度**といい，K（ケルビン）という単位を用いて示す．セ氏温度 t [°C] と絶対温度 T [K] の換算式は次のように示される．

$$T = t + 273 \tag{3・4}$$

式 (3・3) に，この絶対温度を適用すると，

$$V = V_0\left(1 + \frac{t}{273}\right) = \left(\frac{V_0}{273}\right)T \tag{3・5}$$

となる．ここで，($V_0/273$) は一定量の気体については一定の値となるのでそれを k とすれば，上式は，

$$V = kT \quad (k:\text{定数}) \tag{3・6}$$

となる．

したがって，シャルルの法則は，

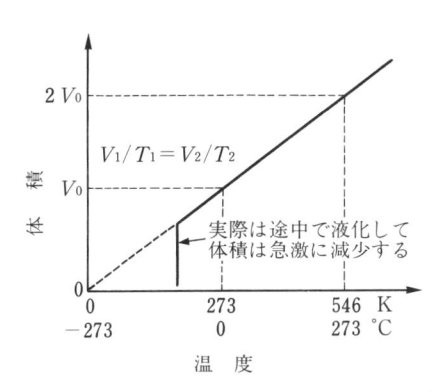

図 3・10 気体の体積と温度の関係（圧力一定）

「圧力が一定のとき，一定量の気体の体積は，絶対温度に比例する」
と表わすことができる．また，絶対温度 T_1 のとき体積が V_1 の気体を，圧力一定のまま絶対温度を T_2 にしたとき，体積が V_2 になったとすれば，

$$\frac{V_1}{T_1} = \frac{V_2}{T_2} \qquad (3\cdot 7)$$

の関係が成立する．

　シャルルの法則は分子の運動の観点から次のように説明できる．温度の上昇にともない気体分子の運動エネルギーが増し，平均速度が大きくなる．分子の速度が増すと，単位体積内での衝突回数が増加し，また衝突のエネルギーも大きくなる．これは圧力が増すことであるから，圧力一定の条件下では，体積の増加をもたらすことになる．

[問2]　0℃，1atm で 2 l を占める気体を，27℃，1atm にすると何 l になるか．
[問3]　20℃の気体を，圧力一定のまま 30℃にすると体積は何 % 増加するか．

（d） 気体の体積と温度および圧力の関係

　一定量の気体の体積が，圧力と温度を同時に変えた場合どのように変化するかは，ボイルの法則とシャルルの法則を組み合わせることによって導かれる．

　いま一定量の気体について，状態 I（圧力 P_1，絶対温度 T_1，体積 V_1）から中間状態 I′（圧力 P_2，絶対温度 T_1，体積 V_1'）を経て状態 II（圧力 P_2，絶対温度 T_2，体積 V_2）へと変化させた場合について考えてみる．

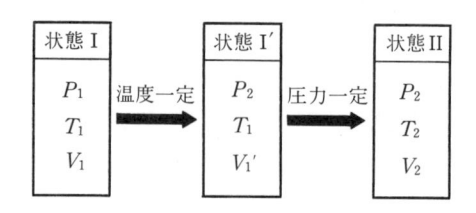

状態 I		状態 I′		状態 II
P_1	温度一定	P_2	圧力一定	P_2
T_1	→	T_1	→	T_2
V_1		V_1'		V_2

　状態 I から状態 I′ への変化については，温度が一定なのでボイルの法則が適用できる．したがって，

$$P_1 V_1 = P_2 V_1' \qquad (3\cdot 8)$$

が成立する．また，状態 I′ から状態 II への変化は，圧力が一定なのでシャルルの法則により，

$$\frac{V_1'}{T_1} = \frac{V_2}{T_2} \tag{3・9}$$

が成立する．式 (3・8) と式 (3・9) から V_1' を消去すると，

$$\frac{P_1 V_1}{T_1} = \frac{P_2 V_2}{T_2} \tag{3・10}$$

が得られる．上式は一般的に次のように表わすことができる．

$$\frac{PV}{T} = k \quad \text{または} \quad PV = kT \quad (k：定数) \tag{3・11}$$

この式は，「**一定量の気体の体積は，絶対温度に比例し，圧力に反比例する**」ことを示しており，これを**ボイル・シャルルの法則**とよぶ．

[**例題1**] 20°C，0.5 atm のもとで 200 cm³ を占める気体を標準状態 (0°C，1 atm) にすると，その体積は何 cm³ になるか．

解 式 (3・10) より，

$$\frac{0.5 \times 200}{273 + 20} = \frac{1 \times V}{273}$$

よって，$V ≒ 93.2$ cm³ が得られる．

問4 標準状態において，10 l を占める気体がある．この気体を 27°C，1.2 atm の条件下に置くと体積は何 l になるか．

問5 27°C において内容積 500 cm³ の密閉容器中に気体を封入したところ，圧力がちょうど 1 atm になった．この容器を温めて 57°C にすると，圧力は何 atm になるか．ただし，容器の体積は変わらないものとする．

(２) 気体の状態方程式

前章で学んだように，すべての気体 1 mol は，0°C (273 K)，1 atm において 22.4 l を占めるので，これらの値を式 (3・11) に代入して，気体 1 mol についての k の値を求めると次のようになる．

$$k = 1 \text{atm} \times 22.4 \, l/\text{mol}/273 \text{K} = 0.082 \, l \cdot \text{atm/K} \cdot \text{mol} \tag{3・12}$$

この k の値は**気体定数**とよばれ，記号 R で示される．式 (3・11) において k の代わりに気体定数 R を用いると，気体 1 mol について

$$PV = RT \tag{3・13}$$

となる．したがって，一般に n[mol] の気体については，

$$PV = nRT \qquad (3\cdot14)$$

が成りたつ．この式は，気体の種類とは無関係に，気体の物質量，圧力，温度，および体積間の関係を表わす重要な式で，**気体の状態方程式**[1]とよばれている．

気体の状態方程式を用いて，気体の分子量を求めることができる．分子量 M の気体が $w\,[\text{g}]$ あるとすれば，この気体 1 モルの質量（モル質量）は M_0 [g/mol] であるから，

$$n\,[\text{mol}] = w\,[\text{g}]/M_0\,[\text{g/mol}]$$

となり，式 ($3\cdot14$) は

$$PV = \frac{w}{M_0}RT \quad \text{または} \quad M_0 = \frac{wRT}{PV} \qquad (3\cdot15)$$

となる．P, V, T, w がわかれば上式よりモル質量 M_0 が求められ，したがって分子量 M（M_0 から単位の g/mol を取り除いた数値）を計算によって求めることができる．

[例題 2] 4°C の水（密度を $1\,\text{g/cm}^3$ とする）を 100°C まで加熱して 1 atm の下で完全に気化させると，体積は何倍になるか．

解 いま，1 mol の水について考える．気化させたとき，水蒸気の体積は式 ($3\cdot14$) より

$$V = \frac{nRT}{P} = 1\,\text{mol} \times 0.082\,l\cdot\text{atm/K}\cdot\text{mol} \times 373\,\text{K}/1\,\text{atm} \fallingdotseq 30.6\,l$$

一方，4°C の水 1 mol の体積は，密度が $1\,\text{g/cm}^3$ であるから，

$$\frac{18\,\text{g}}{1\,\text{g/cm}^3} = 18\,\text{cm}^3 = \frac{18}{1000}\,l$$

となる．よって，体積の変化率は次のようになる．

$$\frac{30.6}{\left(\frac{18}{1000}\right)} = 1700\,\text{倍}$$

[例題 3] ある液体状の有機化合物 1.15 g を気化させたところ，90°C, 2 atm で 372 cm³ の体積を占めた．この有機化合物の分子量を求めよ．

---

1) 後で説明するように，この式は，気体を理想化することによって成立する式で，理想気体の状態方程式ともよばれる．

[解] 式 $(3\cdot 15)$ よりモル質量 M_0 は,

$$M_0 = \frac{wRT}{PV}$$

$$= 1.15\,\text{g} \times 0.082\,l\cdot\text{atm/K}\cdot\text{mol} \times \frac{363\,\text{K}}{\left(2\,\text{atm} \times \frac{372}{1000}\,l\right)}$$

$$\fallingdotseq 46.0\,\text{g/mol}$$

と求められるので,分子量は 46.0 となる.

[問6] 27°C,3 気圧において $10\,l$ を占める二酸化炭素の質量を求めよ.

[問7] ある気体 4 g は,27°C,1.23 atm で $2.5\,l$ の体積を占める.この気体について以下の問いに答えよ.
 (1) 状態方程式を用いてこの気体の物質量 [mol] を求めよ.
 (2) この気体の分子量を求めよ.

(3) 混合気体と分圧

互いに化学変化をおこさない気体を 2 種類以上混合したとき,これらの気体は拡散によって完全に混じり合い,均一な気体混合物となる.このとき,この混合気体が示す圧力を**全圧**,混じり合っている各成分気体がそれぞれ単独で混合時と同じ体積を占めるときに示す圧力を**分圧**という.

混合気体の全圧と分圧については,「混合気体の全圧は,各成分気体の分圧の和に等しい」という関係が成りたつ.これを,**気体の分圧の法則**という.いま,混合気体の全圧を P,各成分気体の分圧を p_1, p_2, p_3, … とすると,上の法則は,

$$P = p_1 + p_2 + p_3 + \cdots$$

と表わすことができる.

[例題 4] 温度を一定に保ちながら,2 atm で $5\,l$ を占める窒素と 4 atm で $3\,l$ を占めるメタンを $10\,l$ の容器中に入れて混合した.この混合気体の分圧と全圧を求めよ.

[解] 各成分気体の分圧は,単独で混合時と同じ条件下にあるときに示す圧力に等しい.温度は一定なので,窒素の分圧 p_1 とメタンの分圧 p_2 は,ボイルの法則から

$$p_1 = 2\,\text{atm} \times \frac{5\,l}{10\,l} = 1\,\text{atm}$$

$$p_2 = 4\,\text{atm} \times \frac{3\,l}{10\,l} = 1.2\,\text{atm}$$

また，全圧Pは，気体の分圧の法則から

$$P = p_1 + p_2 = 2.2\,\text{atm}$$

問8 0°Cで，1.4 atmの酸素が500 cm³と2.5 atmの二酸化炭素が750 cm³ある．これらの気体を1.5 lの容器中に入れて温度を27°Cにしたときの分圧と全圧を求めよ．

いま，絶対温度T[K]において，全体積Vを占める混合気体について考えてみる．各成分気体の物質量をn_1, n_2, n_3, …，分圧をp_1, p_2, p_3, …とすれば，気体の状態方程式より，各成分気体について

$$p_1 V = n_1 RT, \quad p_2 V = n_2 RT, \quad p_3 V = n_3 RT, \quad \cdots \quad (3 \cdot 16)$$

が成りたつ．さらに，上の各式の和をとることにより，

$$(p_1 + p_2 + p_3 + \cdots)V = (n_1 + n_2 + n_3 + \cdots)RT \quad (3 \cdot 17)$$

が得られる．ここで，混合気体の全物質量をn，全圧をPとおけば，$n = n_1 + n_2 + n_3 + \cdots$，$P = p_1 + p_2 + p_3 + \cdots$であるから，式($3 \cdot 17$)より

$$PV = nRT \quad (3 \cdot 18)$$

となる．式($3 \cdot 16$)と式($3 \cdot 18$)より，各成分気体の分圧について，次の関係式が得られる．

$$p_1 = P \times \left(\frac{n_1}{n}\right), \quad p_2 = P \times \left(\frac{n_2}{n}\right), \quad \cdots \quad (3 \cdot 19)$$

上式中のn_1/n, n_2/n, …は，各成分の物質量の割合を表わしており，**モル分率**とよばれる．式($3 \cdot 19$)より，気体の分圧の法則は，「**各成分気体の分圧は，全圧にモル分率をかけたものに等しい**」と，表現することもできる．

式($3 \cdot 19$)から，混合気体の分圧の比は，各成分気体のモル比に等しいことがわかる．アボガドロの法則から，同温同圧の下ではモル比と体積比は等しいので，混合気体について，分圧比＝モル比＝体積比の関係が成りたつ．

化学反応によって発生させた気体を水上置換で捕集することはよく行なわれる．この場合，捕集した気体中には，その温度での飽和水蒸気が含まれることに注意する必要がある．したがって，反応によって得られる気体の量を状態方程式から求めるとき，圧力の値は，分圧の法則により，捕集した気体の全圧か

らその温度における飽和水蒸気圧を引いた値を用いなければならない．

[例題5] 0.1 mol のアルゴンと 0.25 mol の酸素を 2 l の容器中に入れて，温度を 27 ℃ に保ったときの分圧と全圧を求めよ．

解 全圧を P，アルゴンと酸素の物質量をそれぞれ n_1，n_2 とすると，式 (3・14) より

$$P = \frac{nRT}{V} = \frac{(n_1 + n_2)RT}{V}$$

$\quad\quad$ = (0.1 mol + 0.25 mol) × 0.082 l・atm/K・mol × 300 K/2 l

$\quad\quad$ = 4.305 atm

また，アルゴンと酸素の分圧をそれぞれ P_1，P_2 とすると，式 (3・19) から

$\quad\quad P_1$ = 4.305 atm × {0.1 mol/(0.1 mol + 0.25 mol)} = 1.23 atm

$\quad\quad P_2$ = 4.305 atm × {0.25 mol/(0.1 mol + 0.25 mol)} = 3.075 atm

別解 式 (3・16) から先に分圧を求め，その和から全圧を出してもよい．

問9 27 ℃ で，1 l の容器に酸素 0.8 g，窒素 1.4 g，プロパン 1.1 g を入れた．以下の各問に答えよ．
（1） プロパンの分圧を求めよ．
（2） 全圧を求めよ．
（3） 混合気体中の窒素の体積 % を求めよ．

(4) 気体の分子量

(a) 気体の密度と分子量

気体の密度は，通常その気体 1 l あたりの質量 [g] で示される．いま，ある気体 w[g] が圧力 P[atm]，温度 T[K] のもとで V[l] の体積を占めるとすれば，その密度 d[g/l] は，$d = w/V$ で示されるので，式 (3・15) からそのモル質量 M_0 は，

$$M_0 = \frac{dRT}{P} \tag{3・20}$$

で求めることができ，したがって分子量 M が決定できる．標準状態において，すべての理想気体 1 mol は 22.4 l の体積を占めるので，式 (3・20) は，次式のようなより簡単な形になる．

$$M_0 = d \times 22.4 \tag{3・21}$$

逆に，分子量すなわちモル質量がわかっている気体については，種々の圧力と

温度の条件下での密度を求めることができる．

同温，同圧下で同体積を占める気体の質量比を**気体の比重**という．標準状態において 22.4 l を占める気体AおよびBについて考えると，両気体の比重と分子量には次の関係が成りたつ．

$$\text{AのBに対する比重} = \frac{(\text{Aの1molの質量})}{(\text{Bの1molの質量})} = \frac{\text{Aの分子量}}{\text{Bの分子量}}$$

この関係から，分子量が既知の気体に対する比重がわかれば，その分子量を求めることができる．

(b) 混合気体の見かけの分子量

混合気体である空気は，いわゆる分子量をもたない．しかし，空気は組成がほぼ一定であるので純物質の1つとみなすと，標準状態での空気 22.4 l の質量は純物質の分子量と同じ意味をもつ．これを**空気の見かけの分子量**（仮想分子量）という．ふつう，空気の体積組成は，窒素 80％，酸素 20％と考えてよいので，空気の見かけの分子量は，$28 \times 0.8 + 32 \times 0.2 = 28.8$ となる．一般に，組成が一定の混合気体の見かけの分子量は，（成分気体の分子量 × 体積％ / 100）の和，または（成分気体の分子量 × モル分率）の和から求めることができる．

参考 理想気体と実在気体

3・2節で説明した気体の状態方程式について再び考えてみよう．1 mol の気体については，$n = PV/RT = 1$ である．したがって，種々の条件下で 1 mol の気体について PV/RT の値を実験的に求めたならば，その値は常に 1 になるはずである．実際にいくつかの気体について，温度と圧力を変化させながら精密な実験を行い，PV/RT と圧力 P の関係を調べると，図3・11のような結果が得られる．図から，状態方程式に従う条件は非常に狭いこと，温度が低く圧力が高いほどずれが大きくなることがわかる．

実在の気体について，このような状態方程式からのずれが生ずる理由として，次の2つが考えられる．

1) 分子間引力の影響．分子の運動エネルギーが充分大きく，分子間の距離が充分離れている場合は無視できるが，低温で運動エネルギーが減少したり，高圧下で分子間距離が小さくなると，分子間の引力が分子の自由な運動に影響を与えることになる．

2) 分子の体積の影響．分子自身の体積は気体全体が占める空間と比較して圧倒的に小さいので，通常は無視できる（容器の内容積すべてを分子が運動できる空間とし

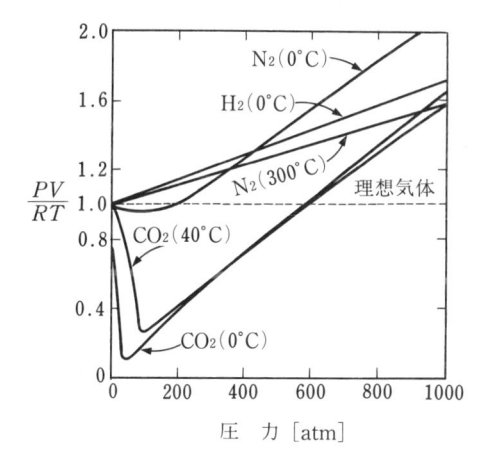

図 3・11 実在気体の $PV/RT - P$ 曲線

てよい）が，低温，高圧下で気体の占める体積が減少すると実際に分子が運動する空間は容器の内容積より小さくなり，分子の運動に影響を与える．

したがって，実在の気体であっても，分子間力や分子の体積の影響がほとんどない高温，低圧下では，状態方程式にほぼ従うと考えてよい．また，分子間力の小さい気体，すなわち沸点の低い気体に関しても，常温以上，70 atm 以下の条件下では，状態方程式にしたがうことが知られている．

実在の気体に対して，どのような条件下にあっても完全に状態方程式にしたがう気体を**理想気体**[1]とよぶ．理想気体は，次の仮定によって成りたつ仮想的なものである．

1) 分子間力が 0 であり，いかなる条件下でも液体や固体にならない．
2) 分子を体積 0 の完全弾性体とみなす．

このことから，式 (3・14) は，理想気体の状態方程式ともよばれる．実在の気体に関しての状態方程式もいくつか提案されているが，その中でもっとも有名なのは，次に示すファン・デル・ワールスの状態方程式である．

$$\left(P + \frac{n^2 a}{V^2}\right)(V - nb) = nRT \tag{3・22}$$

上式で，a, b は気体の種類によって決まる定数であり，a は分子間力に，b は分子の体積と関係がある．いくつかの気体について a, b の値を表 3・3 に示した．

---

1) 気体の分圧の法則に完全にしたがう気体を理想混合気体とよぶ．

表 3·3 ファン・デル・ワールス式の定数

気体	a[atm·(ml/mol)^2×10^6]	b[ml/mol]	気体	a[atm·(ml/mol)^2×10^6]	b[ml/mol]
He	0.034	23.8	N_2	1.39	39.2
H_2	0.245	26.7	CO_2	3.60	42.8
O_2	1.36	31.9	NH_3	4.17	37.2

3·3 溶 液

(1) 溶解と濃度
(a) 溶 液

水やエタノール（エチルアルコール）C_2H_6O などの液体に他の物質が混合して均一に混ざり合うことを**溶解**といい，このようにしてできた均一な混合物が**溶液**である[1]．このとき，水やエタノールのように，他の物質を溶かしている液体を**溶媒**といい，溶媒に溶けている物質を**溶質**という．溶媒も溶質もともに液体であるときは，ふつう量の多い方を溶媒という．溶媒が水のときはその溶液を水溶液といい，溶媒がエタノールであれば，それをエタノール溶液という．また，単に溶液といった場合はふつう水溶液のことである．

問10　次の液体のうち，溶液であるものについて，溶質と溶媒の物質名を述べよ．
　　　（1）塩酸　（2）エタノール　（3）食酢　（4）ヨードチンキ

(b) 溶解のしくみ

溶質が溶媒に溶解するときは，溶質の分子やイオンが溶媒の分子に取り囲まれることによってばらばらになり，溶媒の中へ拡散していく．このように，溶質の分子やイオンが溶媒分子に取り囲まれ，溶媒分子を強く引きつけることを**溶媒和**といい，溶媒が水のとき**水和**という．

1）イオン結晶の溶解　　イオン結晶の塩化ナトリウム NaCl は極性溶媒の水には溶けるが，無極性溶媒のベンゼン C_6H_6 には溶けない．塩化ナトリウムを水の中に入れると，結晶の表面にあるナトリウムイオン Na^+ は，水分子内の

---

[1] 一般に，2種類以上の物質の均一な混合物を**溶体**とよんでいる．混合気体は気体と気体の溶体であり，固体の合金などは固体と固体の溶体すなわち**固溶体**である．

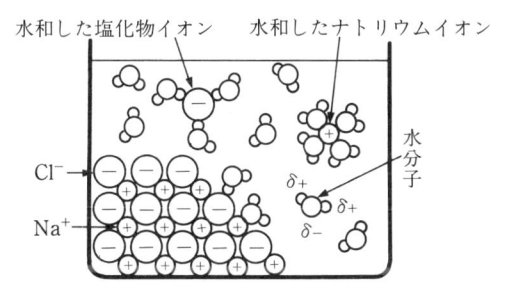

図 3·12 塩化ナトリウムの水への溶解

負の電荷を帯びた酸素原子との引力によって水和し，また，塩化物イオン Cl^- は，水分子内の正の電荷を帯びた水素原子との引力によって水和する．これらの水和したイオンは水の中へ引き込まれ，その結果，イオン結合が切れて Na^+ と Cl^- は図 3·12 に示したように，水和したまま水の中へ拡散していく．ここで，水和している水分子を**水和水**といい，水和しているイオンを**水和イオン**という．無極性溶媒とイオンとの間には上記のような引力がはたらかないので，塩化ナトリウムはベンゼンには溶けない．

イオン結晶でも，酸化アルミニウム Al_2O_3 などのように，イオン結合の強い物質は水に溶けにくい．

2）分子からなる物質の溶解 エタノール C_2H_5OH はエチル基 C_2H_5- とヒドロキシル基 $-OH$ をもった分子からなる物質であり，水によく溶ける．ヒドロキシル基は水分子の中の $-OH$ と同様に極性があるので，エタノールを水の中に入れると，エタノールのヒドロキシル基と水分子が図 3·13 のように水素

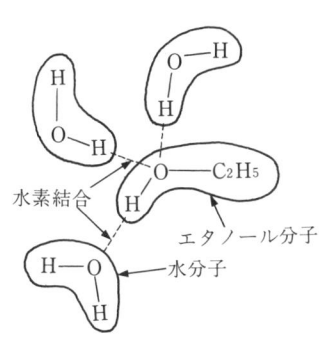

図 3·13 エタノールの水和

結合することによって，エタノールは水和する．その結果，エタノール分子どうしの間の水素結合が切れて，エタノールは水に溶解する．ヒドロキシル基のように，水和しやすい基は**親水基**とよばれ，親水基をもつ物質は水に溶けやすい．これに対して，エチル基のように水和しにくい基は**疎水基**とよばれる．グルコース $C_6H_{12}O_6$，ショ糖（砂糖）$C_{12}H_{22}O_{11}$ などは，ヒドロキシル基を多くもつので，水によく溶ける．

一方，分子結晶のナフタレン $C_{10}H_8$ は親水基をもたないので，水には溶けにくいが，ベンゼンなどのような無極性溶媒にはよく溶ける．ナフタレンの分子間力はあまり強くないが，ナフタレンと水との分子間力は水の分子間力よりもはるかに弱いので，ナフタレン分子は水分子の間に割り込んで拡散することができない．これに対して，ナフタレンとベンゼンとの分子間力はベンゼンの分子間力とあまり差がないため，ナフタレン分子はベンゼン分子中に割り込んで拡散することができる．

一般に，固体でも液体でも極性をもつ溶質は極性溶媒に溶けやすく，無極性の溶質は無極性の溶媒に溶けやすい．また一般に，物質はそれと化学構造の似ている溶媒に溶けやすい傾向がある．

問11 次のどの物質が水によく溶けるか．その理由を説明せよ．
  (1) CH_3OH　(2) $C_{12}H_{25}OH$　(3) ショ糖　(4) C_6H_{14}
  (5) KCl

問12 ヨウ素は次のどの物質によく溶けるか．その理由を説明せよ．
  (1) ベンゼン　(2) 水　(3) 四塩化炭素

(c) 電解質と非電解質

塩化水素 HCl は極性分子で，エタノールと同様，水に溶けやすい．しかし，塩化水素が水に溶けるときは，HとClの共有結合が切れて水素イオン H^+ と塩化物イオン Cl^- に分かれ，それぞれ水和イオン[1]になる（図3・14）．このように，溶解するときイオンに分かれることを**電離**という．

$$HCl \longrightarrow H^+ + Cl^- \qquad (3 \cdot 23)$$

酢酸 CH_3COOH も極性分子で，水によく溶けるが，酢酸は水に溶けるとき，

---

1) 次章（p.116）で詳しく学ぶように，水素イオンは水分子と結合してオキソニウムイオン H_3O^+ になる．

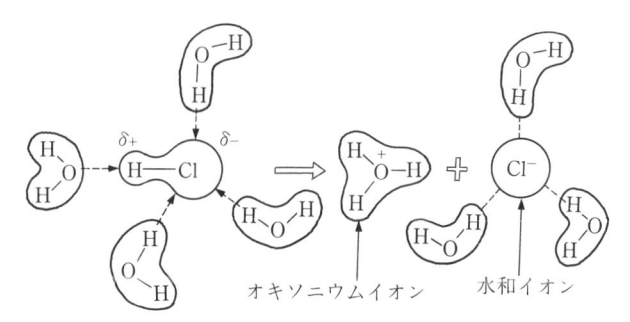

図 3・14 塩化水素の水への溶解

一部しか電離しない。溶液中で溶質が電離する割合を**電離度**という[1]。

$$CH_3COOH \longrightarrow CH_3COO^- + H^+ \tag{3・24}$$

塩化ナトリウムや塩化水素のように、水に溶けて電離する物質を**電解質**という。電解質の水溶液は電流を通し、直流の電流で電気分解される。塩化ナトリウムや塩化水素などのように、電離度が大きい電解質を**強電解質**といい、酢酸などのように、電離度が小さいものを**弱電解質**という。これに対して、エタノールやショ糖のように、水溶液中で電離しない物質を**非電解質**という。非電解質の水溶液は電流を通さず、電気分解もされない。

問13 塩化水素が強電解質、酢酸が弱電解質であることは、どのような実験でわかるか。

問14 酢酸 0.10 mol を水に溶かして、1.0 l とした溶液中の酢酸の電離度は 0.0134 である。この溶液 1.0 l 中の酢酸イオン CH_3COO^- と酢酸分子 CH_3COOH の物質量を求めよ。

(d) 固体の溶解度

ショ糖や塩化ナトリウムは水によく溶けるが、いくらでも溶けるわけではなく、一定の限度がある。ある温度で、一定量の溶媒に溶解できる溶質の最大量を、その温度における**溶解度**という。溶質が溶解度まで溶けている溶液を**飽和溶液**といい、溶解度まで溶けていない溶液を**不飽和溶液**という。高温の飽和溶液を静かに冷却すると、溶質が溶解度以上に溶けた状態をつくり出すことができる。このような溶液を**過飽和溶液**という。過飽和溶液は不安定で、ガラス棒

---

1) 溶質 1 mol のうちの a [mol] が電離した場合、電離度は a である。

などで刺激を与えるとすぐ沈殿ができ，飽和溶液となる．

結晶が溶解するときは，結晶表面から分子やイオンが水中へ溶け出すだけではなく，逆に溶液中から結晶表面へもどってくる分子やイオンもある．このもどってくる分子やイオンの数は溶液が濃くなるにつれて増えてくる．溶け出す分子やイオンの数と，もどってくる分子やイオンの数がつり合って，見かけ上，溶解が停止したような状態を**溶解平衡**という．飽和溶液は溶解平衡の状態にある溶液である．

固体の溶解度は，溶媒 100 g に溶けることのできる溶質の最大質量 [g] の数値で示したり，飽和溶液 100 g 中の溶質の質量 [g] の数値で示したりする．溶解度は溶質と溶媒の種類，および温度によって定まる．固体の溶解度は，表3・4にその一例を示すように，一般に温度が高くなるほど大きくなる[1]．溶解度と温度との関係をグラフで示したものを**溶解度曲線**といい，二，三の例を図3・15に示した．

硫酸銅(II)の結晶は，ふつう $CuSO_4 \cdot 5H_2O$ のように五水和物になっている．このように水和水（結晶水）をもった物質の溶解度は，飽和溶液中の水 100 g あたりに溶けている無水物（硫酸銅(II)五水和物の場合は $CuSO_4$）としての質量 [g] で示される．

温度による溶解度の違いを利用して，物質を精製する方法を**再結晶**という．たとえば，硫酸銅(II)が少量混じっている硝酸カリウムを，少量の加熱した水

表 3・4　種々の温度における固体の水に対する溶解度 [g/100 g H_2O]

温度[°C]	KCl	KNO_3	NaCl	$NaNO_3$	$CuSO_4$	NH_4Cl	H_3BO_3	$Ca(OH)_2$
0	28.1	13.3	35.69	73.0	14.0	29.4	2.77	0.172
10	31.2	22.0	35.70	80.5	17.0	33.2	3.65	0.165
20	34.2	31.6	35.83	88.0	20.2	37.2	4.88	0.155
30	37.2	45.6	36.05	96.1	24.1	41.4	6.77	0.144
40	40.1	63.9	36.33	105	28.7	45.8	8.90	0.132
50	42.9	85.2	36.67	114	33.9	50.4	11.4	0.122
60	45.8	109	37.08	124	39.9	55.3	14.9	0.108
80	51.3	169	38.01	148	56.0	65.6	23.5	0.085
100	56.3	245	39.28	175	77.0	77.3	38.0	0.069

---

1) 表3・4中の $Ca(OH)_2$ のように，温度が高くなるほど溶解度が小さくなる物質もある．

3・3 溶　　液　　77

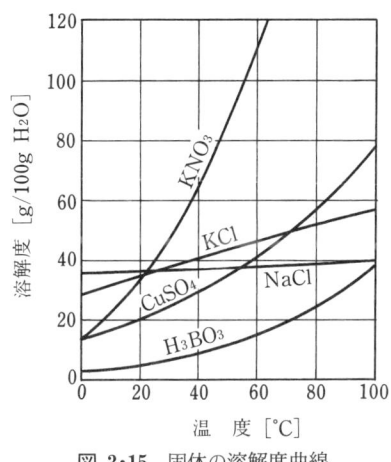

図 3・15　固体の溶解度曲線

水100gに対し，硝酸カリウム a[g]と硫酸銅(II) b[g]を含む溶液を冷やしていった場合
図 3・16　再結晶

に溶かし，熱い溶液をろ過した後ろ液を冷やすと，硝酸カリウムが析出する．不純物として少量含まれている硫酸銅(II)は，溶液を冷やしても飽和溶液にならないので，溶液中に残る（図 3・16）．析出した結晶をろ過して，少量の冷水で洗えば，純粋な無色の硝酸カリウムが得られる．

問15　60℃の水25gに硝酸カリウム15gを溶かした溶液を冷やしていくと，何℃で結晶が析出しはじめるか．図3・16を用いよ．

問16　水50gに，硫酸銅(II)は10℃で何gまで溶けるか．表3・4を参照せよ．

[例題6]　60℃における硝酸カリウムの飽和溶液100gを10℃に冷却すると，何gの結晶が析出するか．表3・4を参照せよ．

解　表より，10℃および60℃の溶解度は，それぞれ22.0および109であるから，60℃の飽和溶液 $(100+109)$ g を 10℃ に冷却すると，$(109-22.0)$ g が析出する．したがって，求める析出量を x[g] とすると，

$$\frac{析出量}{飽和溶液の質量} = \frac{(109-22.0)\text{g}}{(100+109)\text{g}} = \frac{x\,\text{g}}{100\,\text{g}} \qquad \therefore x = 41.6\,\text{g}$$

問17　80℃における塩化カリウムの飽和溶液200gを10℃に冷却すると，塩化カリウムは何g析出するか．表3・4を参照せよ．

[例題 7] 硫酸銅(II)五水和物 $CuSO_4 \cdot 5H_2O$ は，10°C で 50 g の水に何 g まで溶けるか．表 3・4 を参照し，銅の原子量は 64 とする．

解 求める $CuSO_4 \cdot 5H_2O$ の質量を x [g] とすると，その中の $CuSO_4$ の質量は，

$$x \times \frac{CuSO_4}{CuSO_4 \cdot 5H_2O} = \frac{160}{250} x = 0.64\, x$$

$CuSO_4$ は 10°C で水 100 g に 17.0 g まで溶けるから，飽和溶液 $(100 + 17.0)$ g の中に $CuSO_4$ は 17.0 g 含まれる．ゆえに，

$$\frac{CuSO_4 の質量}{飽和溶液の質量} = \frac{17.0}{100 + 17.0} = \frac{0.64\, x}{50 + x} \qquad \therefore x = 14.7 \text{ g}$$

[問 18] 塩化ナトリウムは，飽和水溶液を冷却する再結晶によっては精製しにくい．その理由を説明せよ．図 3・15 を参照せよ．

(e) 気体の溶解度

気体の溶解度は，固体の場合とは逆に，温度が上昇すると減少する．水を加熱していくとき，沸点以下でも水中から気泡が出てくるのは，温度の上昇にともなって空気の溶解度が減少するためである．ある温度における気体の溶解度は，気体の分圧が 1 atm であるとき，溶媒 1 cm³ に溶解する気体の体積を 0°C，1 atm の体積に換算した値で示すことが多い．表 3・5 に，水に対する気体の溶解度と温度の関係を示す．

表 3・5 に示すように，水に対する気体の溶解度は，気体の種類によってかなり違いがある．酸素 O_2，窒素 N_2，水素 H_2 などの無極性の気体は水に溶けにくいが，アンモニア NH_3 や塩化水素 HCl などのように，分子の極性の大きい気体は水によく溶ける．これは水が極性溶媒であるからである．

表 3・5 種々の温度における気体の水に対する溶解度[*]

温度 [°C]	H_2	N_2	O_2	CH_4	CO_2	SO_2	HCl	NH_3
0	0.0214	0.0231	0.0489	0.0556	1.72	—	517	477
20	0.0182	0.0152	0.0310	0.0331	0.873	38.0	442	319
40	0.0161	0.0116	0.0231	0.0237	0.528	20.3	386	206
60	0.0160	0.0102	0.0195	0.0195	0.366	11.7	339	130
80	0.0160	0.0096	0.0176	0.0177	0.283	7.22	—	81.6
100	0.0160	0.0095	0.0170	0.0170	—	4.67	—	50.6

[*] 1 atm で水 1 cm³ に溶ける気体の体積 [cm³] を標準状態に換算した値

表 3・6 種々の圧力における気体の水に対する溶解度*⁾

圧力 [atm]	He	H_2(20℃)	N_2	O_2	CO_2(18℃)
1	0.0095	0.0182	0.0141	0.0283	(0.92)
25	0.216	0.450	0.348	0.70	19.5
50	0.433	0.895	0.674	—	33.0
100	0.849	1.79	1.26	—	34.0
200	1.69	3.50	2.26	—	37.2
300	(2.5)	5.16	3.06	—	39.3

*) 25℃で水1gに溶ける気体の体積 [cm³] を標準状態に換算した値

 気体の溶解度は，圧力が高くなると増加する（表3・6）．ビールやサイダーの栓を抜くと泡が出るのは，二酸化炭素の圧力が減少することによって，その溶解度が減少するためである．イギリスのヘンリーは1803年，気体の溶解度と圧力の間に次のような法則が成りたつことを発見した．

 「**溶解度の小さい気体では，一定温度で，一定量の液体に溶解する気体の質量は，その気体の圧力（混合気体の場合は分圧）に比例する．**」

 これを**ヘンリーの法則**という．塩化水素やアンモニアのように，水に対する溶解度の大きい気体は，ヘンリーの法則にしたがわない．

問19 一定温度で，一定量の液体に溶ける気体の体積は，圧力に無関係に一定であることを，ヘンリーの法則とボイルの法則を用いて説明せよ．

問20 20℃で4.00atmの二酸化炭素が水1.00 l に接しているとき，この水に溶けている二酸化炭素の体積は，標準状態に換算すると何 l になるか．またそれは何gか．表3・5を参照せよ．ただし，このときヘンリーの法則が成立するものとする．

[**例題8**] 40℃で空気が水に接しているとき，水に溶けている窒素と酸素の物質量の比はいくらか．表3・5を参照して計算せよ．ただし，空気中の窒素と酸素の体積比は4：1とする．

 解 40℃，1atmで1 l の水に，窒素および酸素は標準状態に換算してそれぞれ0.0116 l および0.0231 l 溶ける．いま，空気の圧力を p [atm]，この空気に接する水1 l に溶解している窒素および酸素の体積をそれぞれ x [l] および y [l] とすると，窒素の分圧は $(4/5)p$ [atm]，酸素の分圧は $(1/5)p$ [atm] であるから，

$$x = 0.0116 \times \frac{4}{5}p = 9.28 \times 10^{-3}p \quad [l]$$

$$y = 0.0231 \times \frac{1}{5}p = 4.62 \times 10^{-3}p \quad [l]$$

$$x : y = 9.28 \times 10^{-3}p : 4.62 \times 10^{-3}p = 2 : 1$$

物質量の比は体積比と等しいので,答は 2：1

問21 20℃, 2.0atm のもとで水 1.0 l に空気を飽和させたとき,この水に溶けている窒素と酸素はそれぞれ何 mg か. ただし,空気は窒素と酸素が体積比で 4：1 の混合物であるとし,表 3·5 を参照せよ.

(f) 溶液の濃度

溶液の中に溶けている溶質の割合を,その溶液の**濃度**という. 溶液の濃度を表わすには,目的に応じて次のような種々の方法がある.

1) **質量パーセント濃度**[1]　　溶液の質量に対する溶質の質量の割合をパーセントで表わしたもの. 一般に広く用いられる濃度表示法である.

$$\text{質量パーセント濃度 [\%]} = \frac{\text{溶質の質量 [g]}}{\text{溶液の質量 [g]}} \times 100 \quad (3·25)$$

2) **モル濃度**　　溶液 1l 中に溶解している溶質の物質量で表わした濃度. 化学では最も広く使われる濃度表示法である.

$$\text{モル濃度 [mol/}l\text{]} = \frac{\text{溶質の物質量 [mol]}}{\text{溶液の体積 [}l\text{]}} \quad (3·26)$$

3) **質量モル濃度**[2]　　溶媒 1kg 中に溶解している溶質の物質量で表わした濃度.

$$\text{質量モル濃度 [mol/kg]} = \frac{\text{溶質の物質量 [mol]}}{\text{溶媒の質量 [kg]}} \quad (3·27)$$

4) **モル分率**　　n_A[mol] の物質 A と n_B[mol] の物質 B が混合している場合,物質 A, B のモル分率 x_A, x_B はそれぞれ次式で表わされる.

$$\left.\begin{array}{l} x_A = \dfrac{n_A}{n_A + n_B} \\ x_B = \dfrac{n_B}{n_A + n_B} \\ x_A + x_B = 1 \end{array}\right\} \quad (3·28)$$

---

1) 従来,重量パーセント濃度とよばれていた.
2) 従来,重量モル濃度とよばれていた.

5) ppm 濃度　parts per million の略で 100 万分の 1 の意味である．たとえば空気 $1\,\mathrm{m^3}$ 中に二酸化硫黄 SO_2 が $1\,\mathrm{cm^3}$ 存在するとき，SO_2 の濃度は $1\,\mathrm{ppm}$ であり，溶液 $1\,l$ 中に溶質 $1\,\mathrm{mg}$ が存在するときも $1\,\mathrm{ppm}$ である（値が小さいため，一般に密度の差は無視する）．微量成分の濃度を示すのに使われ，公害物質の濃度表示に利用される．また，**ppb 濃度**は parts per billion（10 億分の 1）の略で，さらに低い濃度の場合に使われる．

そのほかに，希釈度や規定度などの濃度表示法がある．

問22　$0.20\,\mathrm{mol}/l$ の水酸化ナトリウム水溶液 $300\,\mathrm{m}l$ をつくるには，水酸化ナトリウムが何 g 必要か．

[**例題 9**]　15.0% の希硫酸の密度は，$25°\mathrm{C}$ で $1.10\,\mathrm{g/cm^3}$ である．この希硫酸のモル濃度はいくらか．

解　この希硫酸 $1\,l$ の質量は $1.10\,\mathrm{g/cm^3} \times 1000\,\mathrm{cm^3} = 1100\,\mathrm{g}$ であり，この中に含まれる硫酸 H_2SO_4 の質量は $1100\,\mathrm{g} \times 0.150 = 165\,\mathrm{g}$ である．H_2SO_4 $1\,\mathrm{mol}$ の質量は $98\,\mathrm{g}$ であるから，その物質量は，

$$\frac{165\,\mathrm{g}}{98\,\mathrm{g/mol}} = 1.68\,\mathrm{mol} \qquad したがって，モル濃度は 1.68\,\mathrm{mol}/l$$

問23　ブドウ糖 $C_6H_{12}O_6$ $3.60\,\mathrm{g}$ を水 $100\,\mathrm{g}$ に溶かした溶液の密度は，$25°\mathrm{C}$ で $1.01\,\mathrm{g/cm^3}$ であった．この溶液の質量パーセント濃度，モル濃度，および質量モル濃度を求めよ．

問24　硝酸銀の 50.0% 水溶液（密度 $1.67\,\mathrm{g/cm^3}$）$100\,\mathrm{cm^3}$ を 20.0% の水溶液に変えるには，水何 g を加えればよいか．

問25　$18.0\,\mathrm{mol}/l$ の濃硫酸を水にうすめて $3.0\,\mathrm{mol}/l$ の希硫酸 $500\,\mathrm{cm^3}$ をつくるには，この濃硫酸が何 $\mathrm{cm^3}$ 必要か．

（2）希薄溶液の性質

（a）蒸気圧降下

液体に不揮発性の物質を溶かして溶液にすると，その蒸気圧は純溶媒の蒸気圧よりも低くなる．これを溶液の**蒸気圧降下**という．たとえば，$18°\mathrm{C}$ で純水の蒸気圧は $2.04 \times 10^{-2}\,\mathrm{atm}$ であるが，同温で食塩水の蒸気圧は，$0.633\,\mathrm{mol/kg}$ の濃度では $2.00 \times 10^{-2}\,\mathrm{atm}$ であり，$2.15\,\mathrm{mol/kg}$ の濃度では $1.88 \times 10^{-2}\,\mathrm{atm}$ である．

参考 **ラウールの法則**

　溶質が不揮発性の溶液の蒸気圧は，空間にとび出す溶媒分子と，溶液中にとびこむ溶媒分子が平衡状態にあるときの溶媒の蒸気圧である．溶液中の溶媒の割合が少なくなれば，とび出す溶媒分子が減少するため，蒸気圧が低くなるのである．溶媒の割合をそのモル分率で示すと，溶液の蒸気圧と溶媒のモル分率との間には次のような関係が成りたつ．

「**溶質が不揮発性，非電解質である希薄溶液の蒸気圧は，溶質の種類に関係なく，溶媒のモル分率に比例し，比例定数は純溶媒の蒸気圧である．**」

　いま，純溶媒の蒸気圧を P_0，溶液中の溶媒の物質量を n_0，溶質の物質量を n とすると，溶液の蒸気圧 P は次式で表わされる．

$$P = \frac{n_0}{n_0 + n} P_0 \tag{3・29}$$

　このことは，とび出す溶媒分子の量が溶液中の溶媒のモル分率に比例することを示している（溶質が電解質のときは，電離によって生じたイオンの物質量も考慮に入れて，溶媒のモル分率を定めれば，この関係が成立する）．

　式 (3・29) を変形すると次のようになる．

$$\frac{P_0 - P}{P_0} = \frac{n}{n_0 + n} \tag{3・30}$$

　この式は次のことを示している．

「**溶質が不揮発性，非電解質であるとき，希薄溶液の蒸気圧の降下度**[1] **と純溶媒の蒸気圧との比は，溶質のモル分率に等しい．**」

　これはフランスのラウールが実験によって見いだしたので，**ラウールの法則**とよばれる．希薄溶液では $n_0 \gg n$，したがって，$n_0 + n \fallingdotseq n_0$ と考えられるので，式 (3・30) は次のようになる．

$$\frac{P_0 - P}{P_0} = \frac{n}{n_0} \tag{3・31}$$

[問26] ある温度における水の蒸気圧は 2.303×10^{-2} atm である．この温度における 10% ショ糖 $C_{12}H_{22}O_{11}$ 水溶液の蒸気圧を求めよ．

（b） 沸点上昇と凝固点降下

　溶媒に不揮発性の溶質を溶かした溶液の沸点は，純溶媒の沸点よりも高い．たとえば 1 atm 下で，純水は 100°C（厳密には 99.974°C）で沸騰するが，1 mol/kg のブドウ糖水溶液は 100.52°C でないと沸騰しない．沸点とは蒸気圧が外圧に等

---

[1] $P_0 - P$ を蒸気圧降下度，$(P_0 - P)/P_0$ を蒸気圧降下率という．

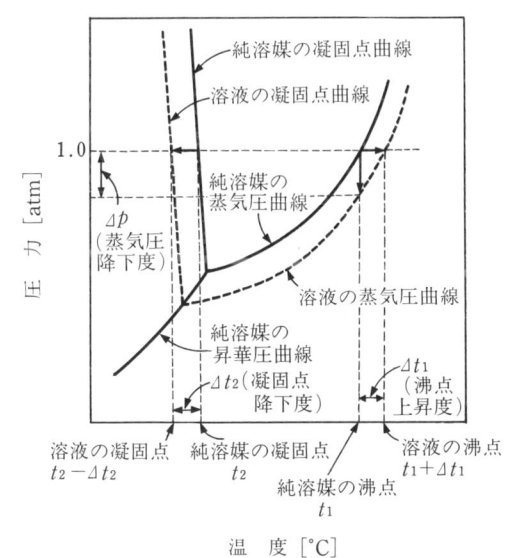

図 3・17 溶液の沸点上昇と凝固点降下

しくなる温度である．前項で述べたように，溶液の蒸気圧は同温の純溶媒の蒸気圧よりも低いので，純溶媒の蒸気圧が外圧に等しくなる温度（すなわち純溶媒の沸点）では，溶液の蒸気圧はまだ外圧より低く，溶液は沸騰しないのである．このように，溶液の沸点が溶媒の沸点よりも上昇する現象を**沸点上昇**といい，これらの沸点の差を**沸点上昇度**という（図3・17）．

また，図3・17において，溶液の凝固点曲線は純溶媒の凝固点曲線より左側にあるので，溶液の凝固点は溶媒の凝固点より低くなる．この現象を**凝固点降下**といい，それらの凝固点の差を**凝固点降下度**という．

ラウールは，溶液の沸点上昇および凝固点降下について，次の規則性を発見した．

「**ある溶媒の一定量に，不揮発性，非電解質の溶質を溶かした希薄溶液の沸点上昇度または凝固点降下度は，溶質の物質量に比例し，溶質の種類には無関係である．**」

いま，ある溶媒 1kg に溶質 1mol を溶かした溶液（質量モル濃度 1mol/kg）の沸点上昇度を K_b，凝固点降下度を K_f とすると，同じ溶媒 1kg に溶質 m [mol] を溶かした溶液（質量モル濃度 m [mol/kg]）の沸点上昇度または凝固

点降下度 Δt は次式で与えられる．

$$\Delta t = K_b \cdot m \quad \text{または} \quad \Delta t = K_f \cdot m \quad (3\cdot32)$$

すなわち，この式は次のことを示している．

「**溶質が不揮発性，非電解質の希薄溶液の沸点上昇度または凝固点降下度は，溶液の質量モル濃度に比例し，溶質の種類には関係しない．**」

K_b, K_f は溶質の種類に関係なく，同じ溶媒なら一定の値であり，それぞれ**モル沸点上昇**，**モル凝固点降下**という（表3·7）．

表 3·7　モル沸点上昇 K_b とモル凝固点降下 K_f

溶媒	沸点 [°C]	K_b [K·kg/mol]	凝固点 [°C]	K_f [K·kg/mol]
水	99.974	0.52	0.00	1.86
ベンゼン	80.1	2.57	5.53	5.12
酢酸	118	3.07	16.6	3.9
ナフタレン	218	5.80	80.5	6.9
ショウノウ	209	6.09	178	40.0

いま，モル質量が M[g/mol] の不揮発性の非電解質 w[g] を，W[kg] の溶媒に溶かした溶液の沸点上昇度または凝固点降下度が Δt[K][1] であったとすると，この溶液の質量モル濃度 m は $(w/M)/W$[mol/kg] となるので，式 (3·32) は次のようになる．

$$\Delta t = K \times \frac{w}{M} \times \frac{1}{W} \quad \text{または} \quad M = \frac{Kw}{\Delta t W} \quad (3\cdot33)$$

K はモル沸点上昇 K_b またはモル凝固点降下 K_f である．Δt, w, W がわかれば，この式から溶質の分子量 M を計算することができる．ナフタレンやショウノウのように，溶媒が固体の場合は，凝固点のかわりに融点を測定してもよい．

電解質の溶液の場合は，溶質が電離してイオンを生じるため，Δt は溶液中のイオンも含めた全溶質粒子の質量モル濃度に比例する．たとえば，塩化ナトリウム NaCl の水溶液では，1 mol の NaCl から Na^+ と Cl^- がそれぞれ 1 mol できるので，溶質粒子は全体で 2 mol となり，同じ質量モル濃度のショ糖水溶液にくらべて，Δt は 2 倍の値を示す．このことは，次の浸透圧の場合にもあてはま

---

[1] ここでは，°C目盛りの温度でも，温度差の単位にはKを用いる．

る．

[**例題 10**] ナフタレン 100 g に，硫黄 2.4 g を溶かすと，ナフタレンの融点は 0.65 K 下がる．これより硫黄の分子式を求めよ．

解 表 3・7 より，ナフタレンのモル凝固点降下は 6.9 K・kg/mol である．硫黄の分子量を M とすると，式 (3・33) より

$$0.65[\text{K}] = 6.9[\text{K·kg/mol}] \times \frac{2.4[\text{g}]}{M[\text{g/mol}]} \times \frac{1}{0.1[\text{kg}]} \quad \therefore M = 255$$

硫黄の原子量は 32.1 であるから，硫黄の分子式を S_x とすると，

$32.1x = 255 \qquad x = 7.94 \qquad x$ は整数であるから，$x = 8$　　答 S_8

問 27 次の溶液について，沸点の高いものから順に並べよ．
 （1） 0.15 mol/kg のショ糖水溶液
 （2） 0.12 mol/kg の塩化ナトリウム水溶液
 （3） 0.10 mol/kg の塩化カルシウム水溶液

問 28 水 50 g にショ糖 $C_{12}H_{22}O_{11}$ 1.71 g を溶かした溶液の沸点および凝固点を求めよ．

問 29 ショウノウ 1.00 g にアセトアニリド 30.0 mg を混合したものの融点は 169.1 ℃ であった．表 3・7 を参照してアセトアニリドの分子量を求めよ．

（c） 浸　透　圧

　溶液中の小さな溶媒分子は通すが，大きな溶質粒子は通さないような膜を **半透膜** といい，植物の細胞膜，動物のボウコウ膜，セロハン，硫酸紙などがある．溶液と純溶媒を同じ容器の中に入れると，かき混ぜなくても溶媒と溶質がともに拡散し，互いによく混じりあって，全体が濃度の等しい均一な溶液となる．しかし，図 3・18 のように，溶液と純溶媒を半透膜でへだてると，溶質は半透膜を通ることができないので，全体の濃度が均一になろうとして，溶媒が半透膜を通って溶液中に拡散していく．この現象を **浸透** という．その結果，溶液側の液面が上昇し，一定の高さ h になると溶媒の浸透は止まる．高さ h の液柱による圧力は溶媒の浸透を阻止するのに必要な圧力で，溶媒が溶液中に浸透しようとする圧力と大きさが等しい．この圧力を **浸透圧** という．

　ドイツのペッファーは実験によって，1887 年，不揮発性，非電解質の溶質を溶かした希薄溶液の浸透圧は，溶液の濃度と絶対温度に比例することを見いだ

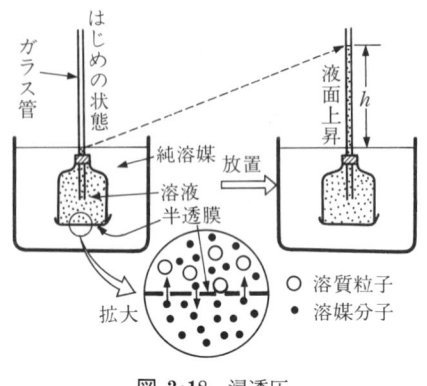

図 3·18　浸透圧

した．その後，1885年にオランダのファントホッフはこの結果をさらに検討し，絶対温度 T [K] において，溶液のモル濃度が c [mol/l] であるとき，溶液の浸透圧 Π [atm] は溶媒や溶質の種類には関係なく，次式で表わされることを導き出した[1]．

$$\Pi = cRT \qquad (3\cdot 34)$$

R は気体定数（0.082 l·atm/K·mol）である．また，V [l] の溶液中に n [mol] の溶質が溶解しているときは，$c = n/V$ であるから，式 (3·34) は

$$\Pi = \frac{n}{V}RT \quad \text{または} \quad \Pi V = nRT \qquad (3\cdot 35)$$

となり，理想気体の状態方程式と同じ形になる．浸透圧におけるこの関係を**ファントホッフの法則**という．

V [l] の溶液中に分子量 M の溶質が w [g] 溶解しているときは，

$$\Pi V = \frac{w}{M}RT \qquad (3\cdot 36)$$

となるので，浸透圧を測定すれば，式 (3·36) から溶質の分子量を求めることができる．この方法は，高分子物質の分子量測定に広く利用されている．

問30　人の正常な血液の浸透圧は 37°C で 7.50 atm である．
（1）この血液の濃度は何 mol/l と考えられるか．
（2）この血液と同じ浸透圧を示すブドウ糖 $C_6H_{12}O_6$ 水溶液，および塩化ナトリ

---

1) 電解質の希薄溶液では，浸透圧はイオンも含めた全溶質粒子のモル濃度に比例する．

ウム水溶液をつくるには，ブドウ糖と塩化ナトリウムをそれぞれ何gずつ水に溶かして1lとすればよいか．ただし，水溶液中の塩化ナトリウムの電離度は1とする．

[問31] ある非電解質の試料とブドウ糖 $C_6H_{12}O_6$ のそれぞれ10gを，水500gに溶かした溶液の浸透圧を比較したところ，試料溶液の方がブドウ糖溶液の3倍であった．次の各問いに答えよ．
（1） この非電解質の分子量はいくらか．
（2） 表3・7を参照して，この試料溶液の凝固点を求めよ．

[問32] 5.0 mol/l の塩化ナトリウム水溶液 $1.0 cm^3$ をビーカーにとり，これを純水でうすめて $500 cm^3$ の希薄水溶液をつくった．27°Cにおけるこの希薄水溶液の浸透圧は何atmか．ただし，塩化ナトリウムの電離度を1とする．

(3) コロイド溶液

(a) コロイド粒子とコロイド状態

セッケンやデンプンなどの水溶液は，わずかに濁って見える．これは，セッケンやデンプンなどがふつうの分子やイオンより大きい粒子となって水中に分散していて，光を乱反射するからである．これらの粒子の大部分は，直径が1〜100nm程度の大きさであり，光学顕微鏡では判別できない．また，ふつうのろ紙の目（1〜10μm）よりも小さいので，ろ紙を通してしまうが，セロハンなどの半透膜は通ることができない[1]．この程度の大きさの粒子を**コロイド粒子**とよび，コロイド粒子が分散した状態を**コロイド状態**，または単に**コロイド**という．コロイド粒子を分散させているものを**分散媒**，分散しているコロイド粒子を**分散質**といい，分散媒が液体で，全体が液状のものを**コロイド溶液**，または**ゾル**という[2]．

コロイドは溶液だけでなく，気体や固体の場合もある．分散媒が気体のコロイドを**エアロゾル**，分散媒が固体のコロイドを**固体コロイド**という．

液体中にコロイド粒子よりやや大きい固体粒子が分散して，沈殿しないものを**懸濁液**（サスペンジョン），液体粒子が分散しているものを**乳濁液**（エマルジ

1） セロハンの目は，直径約3〜4nm程度である．
2） コロイド溶液に対して，ふつうの分子やイオンが溶媒分子の間に均一に分散しているような溶液を**真の溶液**という．

表 3・8 各種コロイドの例

分 類	分散媒	分散質	実 例
エアロゾル	気 体	液 体	雲，霧，硫酸ミスト
		固 体	煙，粉塵
コロイド溶液（ゾル）	液 体	気 体	あわ
		液 体	牛乳，クリーム，マヨネーズ
		固 体	墨汁，濁水，セッケン水
固体コロイド	固 体	気 体	木炭，軽石，シリカゲル
		液 体	バター，水のしみこんだ軽石
		固 体	合金，ルビー，色ガラス

ョン）という．乳濁液をつくることを**乳化**という．通常のどろ水は懸濁液であり，牛乳やゴム液は乳濁液である．懸濁液，乳濁液のどちらもコロイド溶液とよく似た性質を示す．このようなものも含めて，日常見られる各種のコロイドの例が表 3・8 に示してある．

　デンプンやタンパク質の分子は巨大で，分子 1 個がそのままコロイド粒子の大きさになっているので，水に溶かすだけでコロイド溶液になる．このようなコロイドを**分子コロイド**という．これに対して，セッケンのように水溶液中で多数の分子が集まって会合体，すなわちミセルをつくり，それがコロイド粒子の大きさになっているコロイドを**ミセルコロイド**，または**会合コロイド**という．セッケンのミセルコロイドは親水基をもち，水中で安定である．また，セッケンは油などと安定した乳濁液をつくるので，**乳化剤**として使われる．これはセッケンの分子が親水基と疎水（親油）基をもち，水と油を結びつける作用をするためである．一方，水酸化鉄(Ⅲ)や粘土のように，水に溶けにくい物質がコロイド粒子の大きさになることによって水中に分散しているコロイドを**分散コロイド**という．

　寒天やゼラチンなどの濃厚なゾルを冷却すると流動性を失い，半固体状となる．このようにコロイド溶液がゼリー状に固化したものを**ゲル**という．豆腐，こんにゃく，ゼリーなどはゲルの例である．ゲル化は多数のコロイド粒子が密集したり，網目状につらなったりして，運動性を失うことによっておこる．ゲ

ルを乾燥させて分散媒を除いたものを**キセロゲル**（乾燥ゲル）といい，凍豆腐，乾燥した寒天，シリカゲルなどがその例である．

（b） コロイド溶液の性質

1） チンダル現象　コロイド溶液に横から光束をあてると，個々の粒子は見えないが，光の進路が光って見える．これはコロイド粒子が光を散乱させるために起こる現象であって，**チンダル現象**とよばれる（図 3·19）．コロイド粒子はふつうの光学顕微鏡では見ることができないが，チンダル現象を利用して，コロイド粒子に側面から光束をあてながら顕微鏡で観測すると，その存在や運動を見ることができる．このような顕微鏡を**限外顕微鏡**という．

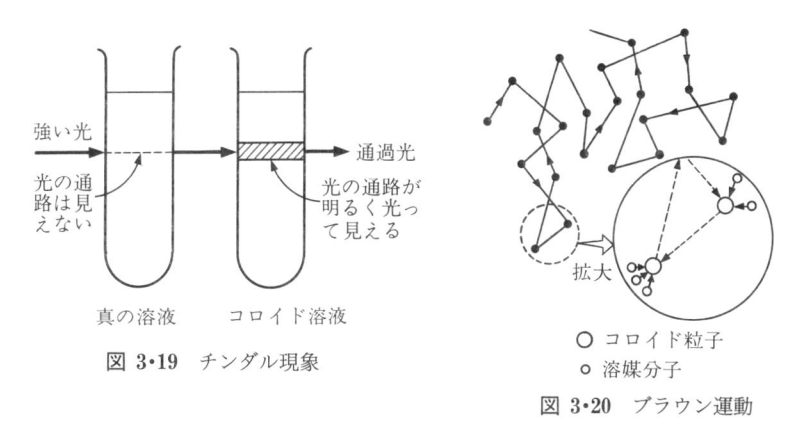

図 3·19　チンダル現象

図 3·20　ブラウン運動

2） ブラウン運動　コロイド溶液を限外顕微鏡で観察すると，光ったコロイド粒子が不規則なジグザグ運動をしているのが見える．このような運動はイギリスのブラウンが初めて発見したもので，**ブラウン運動**とよばれる．ブラウン運動は，熱運動をしている溶媒分子がコロイド粒子にあらゆる方向から不規則に衝突するためにおこる現象で，直接には見ることのできない溶媒分子の運動を間接的に示している（図 3·20）．

3） 透　析　コロイド溶液にふつうの分子やイオンが含まれているとき，これをセロハンのような半透膜に入れて純水中に浸しておくと，溶液中の分子やイオンは膜を通って純水中に拡散していくが，コロイド粒子は通らない．このことを利用して，コロイド粒子を分子やイオンから分離精製することができる．この操作を**透析**という（図 3·21）．

図 3·21 透析　　　図 3·22 電気泳動

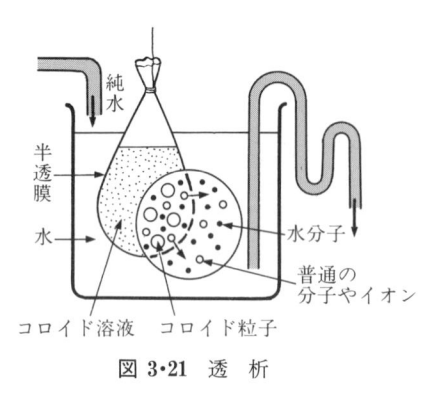

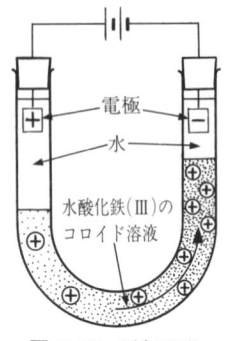

4) 電気泳動　コロイド溶液に2本の電極を入れて直流電圧をかけると，コロイド粒子は一方の極へと移動する．これはコロイド粒子が正または負の同種の電荷を帯びていて，反対符号の電極に引かれるためである．この現象を**電気泳動**という（図3·22）．たとえば，水酸化鉄(III)やタンパク質のコロイド粒子は，正の電荷を帯びているため陰極の方へ移動し，金，銀，硫黄，粘土などのコロイド粒子は，負の電荷を帯びているため陽極の方へ移動する．このように，コロイド粒子がもっている電荷の符号は，電気泳動の方向によって知ることができる．

5) 凝析と塩析　硫黄や水酸化鉄(III)などのコロイド溶液が沈殿しにくい原因の1つは，同種のコロイド粒子が同種の電荷を帯びているため，互いに反発しあって大きくなることができないからである．そこで，これに少量の電解質を加えると，コロイド粒子は反対符号のイオンを吸着して電荷を失うため，互いに反発力を失ってくっつきあい，大きな粒子となって沈殿する．この現象を**凝析**という．凝析をおこさせるには，コロイド粒子のもつ電荷と反対符号のイオンで，その価数が大きいものほどより有効である．たとえば，水酸化鉄(III)のコロイド粒子は正の電荷を帯びているので，SO_4^{2-} や PO_4^{3-} を含む水溶液を加える方が，2〜3倍のモル濃度の Cl^- や I^- を含む水溶液を加えるよりはるかに少量で凝析する．濁り水を清澄にするのに，よくミョウバン $KAl(SO_4)_2 \cdot 12H_2O$ が使用されるのはこのためである．

　デンプンやタンパク質を水に溶かしてつくったコロイド溶液は，少量の電解質を加えても凝析しない．これらの分子は極性の強い親水基を多くもち，分子

の周りに多数の水分子が強く水和していて，イオンがコロイド粒子に直接作用しにくいためである．このようなコロイドを**親水コロイド**という．これに対して，硫黄や水酸化鉄(III)などのコロイドは，水との親和力が小さいので水和しにくく，少量の電解質によって容易に沈殿する．このようなコロイドを**疎水コロイド**という[1]．

親水コロイドでも，多量の電解質を加えると，コロイド粒子に水和している水が引き離されると同時に，粒子の電荷が中和され，コロイドは沈殿する．この現象を**塩析**という．セッケンを固めるのに食塩を加えるのは塩析を利用したものである．

疎水コロイドに親水コロイドを加えると，疎水コロイド粒子が親水コロイド粒子に取り囲まれて安定化し，電解質を加えても凝析しにくくなる．親水コロイドのこのようなはたらきを**保護作用**といい，保護作用をしている親水コロイドを**保護コロイド**という（図3・23）．墨汁は，疎水コロイドである炭素のコロイドににかわなどの親水コロイドを保護コロイドとして加えたものである．

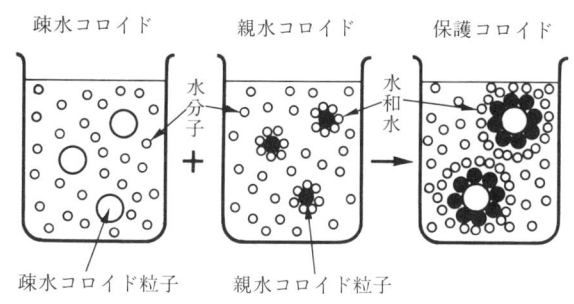

図 3・23 疎水コロイド・親水コロイド・保護コロイド

6) 吸　　　着　ある物質の表面に他の物質が吸いつけられて集まる現象を**吸着**という．同一物質の場合，表面積の大きいものほど吸着量は大きくなる．また，物質を細分化するほど単位質量あたりの表面積は大きくなる．分子やイオンを吸着するにはコロイド粒子程度の大きさがもっとも適している．

活性炭や，キセロゲルであるシリカゲルなどは，小さな粒子の中に微細な空間が多数あって，その表面積は $1g$ あたり $5\times10^2 \sim 1\times10^3 m^2$ と極めて大きいた

---

[1]　一般に，分散媒とコロイド粒子間の親和力の強いコロイドを**親液コロイド**，親和力の弱いものを**疎液コロイド**という．

め，吸着力が強く，食品，精密器具などの脱臭・脱色，乾燥保全などに広く使用されている．

問33　濁り水を清澄にするのに，ミョウバンを加えるのが有効であるのはなぜか．また，ミョウバンと同様に有効と推定される物質をあげよ．

演習問題

1　標準状態で，$400\,dm^3$ を占める二酸化炭素がある．これについて，以下の問いに答えよ．
　（1）温度一定のまま，圧力を $1.25\,atm$ にすると体積は何 dm^3 になるか．
　（2）圧力一定のままで，体積を1.5倍にするためには温度を何 ℃ にするとよいか．
　（3）体積を一定に保ったまま，47℃ にすると圧力は何 atm になるか．
　（4）この二酸化炭素の物質量 [mol] と質量を求めよ．

2　$0.85\,g$ のアンモニアは，27℃，$810.6\,hPa$（ヘクトパスカル）の下で，何 l を占めるか．なお $1\,hPa = 100\,Pa$ であることに注意せよ．

3　ある気体 $1\,g$ は，20℃，$2\,atm$ の下で $3\,l$ の体積を占めた．これについて以下の問いに答えよ．
　（1）標準状態におけるこの気体の密度を求めよ．
　（2）この気体の酸素に対する比重を求めよ．

4　ある気体を水上捕集したところ，20℃，$0.98\,atm$ で $440\,cm^3$ の体積を占め，その重量は，$0.561\,g$ であった．この気体の分子量を求めよ．ただし，20℃ における水の飽和蒸気圧を，$2.30 \times 10^{-2}\,atm$ とし，水蒸気の重量は無視してよい．

5　27℃，$1.05\,atm$ において $2\,m^3$ を占める空気がある．空気の体積組成を窒素80％，酸素20％として，以下の問いに答えよ．
　（1）この空気中の窒素の分圧を求めよ．
　（2）この空気中に酸素は何 mol 含まれているか．
　（3）この空気で，標準状態のプロパンを何 l 燃焼することができるか．

6　硝酸カリウムの水溶液について，表3・4を参照して次の各問いに答えよ．
　（1）20℃ における飽和溶液（密度 $1.16\,g/cm^3$）の質量パーセント濃度とモル濃度を求めよ．
　（2）80℃ における飽和溶液 $100\,g$ を加熱して水を蒸発させたのち，20℃ に冷却し

たら，60.0 g の硝酸カリウムが析出した．何 g の水を蒸発させたことになるか．

7　硫酸銅(II)五水和物 $CuSO_4 \cdot 5H_2O$ は，60 °C で 100 g の水に 80.4 g まで溶ける．これより，60 °C における硫酸銅(II)(無水物) $CuSO_4$ の溶解度を計算せよ．

8　表 3・4 を参照して次の各問いに答えよ．
（1）80 °C で水 100 g に硫酸銅(II)五水和物 $CuSO_4 \cdot 5H_2O$ を何 g 溶かせば飽和溶液になるか．
（2）80 °C における硫酸銅(II)の飽和水溶液 100 g を 20 °C に冷却したとき，硫酸銅(II)五水和物は何 g 析出するか．

9　濃度がともに 0.500 mol/l である塩化カリウム水溶液 75.0 cm³ と塩化カルシウム水溶液 25.0 cm³ とを混合した．この混合溶液中の塩化物イオン Cl^- のモル濃度を求めよ．ただし，溶液中の溶質の電離度は 1 とする．

10　水 100 g に，ある非電解質 0.30 g を溶かした溶液の沸点上昇度は 0.026 K であった．表 3・7 を参照して，この物質の分子量を求めよ．

11　ブドウ糖 $C_6H_{12}O_6$ とショ糖 $C_{12}H_{22}O_{11}$ の混合物 50 g を水 500 g に溶かした溶液の凝固点は －0.64 °C であった．表 3・7 を参照して，混合物中のブドウ糖とショ糖の比率を質量パーセントで表わせ．

12　ブドウ糖 $C_6H_{12}O_6$ 1.00 g をある量の水に溶かした溶液の浸透圧が，20 °C で 0.666 atm であった．この溶液の体積は何 l か．

13　ある非電解質 1.00 g を水に溶かして 200 cm³ にした溶液の浸透圧は 27 °C で 2.50×10^{-2} atm であった．この物質の分子量はいくらか．

14　ある疎水コロイド溶液の電気泳動をしらべた結果，コロイド粒子は陰極の方へ移動することが確認された．これについて次の各問いに答えよ．
（1）このことからこのコロイド溶液についてどのようなことがわかるか．
（2）このコロイド溶液を凝析させるのに，次の塩のうちで最も有効なものはどれか．
（a）塩化ナトリウム $NaCl$　　　（b）硫酸アルミニウム $Al_2(SO_4)_3$
（c）硝酸カルシウム $Ca(NO_3)_2$　（d）リン酸カリウム K_3PO_4

第4章 物質の変化

　前章では，物質を構成する分子やイオンなどの粒子の集合状態の変化，すなわち物理変化について気体および溶液を中心に学んだ．

　この章では，物質そのものの変化，すなわち化学変化にともなって変化するエネルギーと化学変化のしくみや化学反応の速さについて学ぶ．さらに水素イオンが中心的な役割をはたす酸・塩基反応と，電子の授受反応とみなすことのできる酸化還元反応についても学ぶ．

演示実験4
燃える不思議な角砂糖

（1）　角砂糖をピンセットでつまみ上げ，マッチで火をつけようとしても燃えないことを確かめる．

（2）　次に，角砂糖の上にアルコールを数滴注ぎ，火をつけてみるが燃えない．

（3）　そこであらかじめ用意した角砂糖に火をつけると，突然青い炎を出して燃えだす．

● (種あかし) 角砂糖にあらかじめタバコの灰をつけておくと，それが触媒のはたらきをして角砂糖の燃焼を助ける．

---── **演示実験5** ───
　　　時計反応[1)]

（1）ペルオキソ二硫酸カリウム（0.02 mol/l），チオ硫酸ナトリウム（0.1 mol/l），ヨウ化カリウム（1.0 mol/l），デンプン（0.5%）の各水溶液（順に，A，B，C，D液とする）をつくる．

（2）3本の試験管を用意し，そのすべてにA液を5 ml，D液を1 ml ずつ入れ，次にB液をそれぞれに 1.0 ml，1.4 ml，1.8 ml 加える．最後に，C液を15 ml ずつすべてに加え，よく振って混合してから静置する．

（3）約2分後，無色の溶液が数分おきに次々と青色に変化する．

● この反応はヨウ素デンプン反応による呈色反応を利用したもので，濃度変化や温度変化により呈色の時間が異なり，化学反応の速度を実感することができる．

4・1　化学反応と熱

物質の状態変化にともなう熱の出入りについては前章で学んだ．ここでは，化学変化にともなう反応熱についての法則，反応熱を含めた化学反応の表わし方，化学結合エネルギーと反応熱の関係などについて学ぶ．

（1）反応熱と物質のもつエネルギー
（a）反　応　熱

炭素やプロパンが燃えると熱を発生する．窒素と酸素から一酸化窒素が生成すると熱を吸収する．このように，化学反応には必ず熱の発生または吸収がともなう．このような化学反応にともなう熱を**反応熱**という．熱を発生する化学反応を**発熱反応**といい，周囲から熱を吸収する化学反応を**吸熱反応**という．

炭素を空気中で燃焼させると酸素と化合して二酸化炭素となり，同時に熱を発生する．また，窒素と酸素から一酸化窒素（NO）が生成する反応（$N_2 + O_2 \longrightarrow 2NO$）では一酸化窒素の生成と同時に周囲から熱を吸収する．

---

1) 日本化学会編「教師と学生のための化学実験」p. 42, 東京化学同人, 1987.

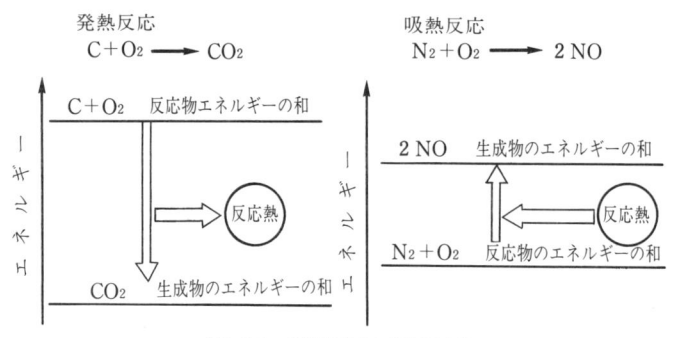

発熱反応
$C + O_2 \longrightarrow CO_2$

吸熱反応
$N_2 + O_2 \longrightarrow 2\,NO$

図 4·1 発熱反応と吸熱反応

　これらの反応をエネルギーの面からみると図 4·1 に示すように考えることができる。すなわち，炭素 1 mol と酸素 1 mol がもつエネルギーの和が二酸化炭素 1 mol のもつエネルギーより大きいので，その差を熱として放出し，一方では窒素 1 mol と酸素 1 mol のもつエネルギーが一酸化窒素 2 mol のもつエネルギーより小さいので，その差を周囲から熱エネルギーとして吸収したと考えられる。このような物質のもつエネルギーを**内部エネルギー**といい，物質は一定条件のもとでは一定の内部エネルギーをもっている。

　化学変化がおこると，物質中の原子の組み合せが変わり，内部エネルギーの異なる物質となる。反応熱はそのときの反応物質と生成物質の内部エネルギーの差に相当する。

（b） 反応熱の種類

反応熱は，反応の種類によって次のようにいろいろと名前がつけられている。

生成熱　　化合物 1 mol が，その成分元素の単体から生成するときの熱量。

表 4·1　生成熱 [kJ/mol]

物　質*)	生成熱	物　質*)	生成熱	物　質*)	生成熱
AgCl(固)	127.1	HI(気)	－26.4	NO(気)	－90.3
CH_4(気)	74.9	H_2O(液)	285.8	NO_2(気)	－33.2
C_2H_6(気)	84.7	H_2O(気)	241.8	N_2O_5(固)	43.1
CO(気)	110.5	H_2O_2(液)	187.8	NaCl(固)	411.1
CO_2(気)	393.5	H_2SO_4(液)	814.0	NaOH(固)	426.4
CS_2(液)	－89.7	NH_3(気)	45.9	O_3(気)	－142.7
HCl(気)	92.3	NH_4Cl(固)	314.6	SO_2(気)	296.8

＊）（固）：固体，（液）：液体，（気）：気体

燃焼熱　物質1molが，完全に燃焼したときの熱量．

表 4·2　燃焼熱 [kJ/mol]

物質	燃焼熱	物質	燃焼熱	物質	燃焼熱
CH_4(気)	890.3	C_3H_8(気)	2220.0	CH_3OH(液)	726.3
C_2H_4(気)	1411.8	C_4H_{10}(気)	2876.2	C_2H_5OH(液)	1367.6
C_2H_6(気)	1559.8	C_6H_6(液)	3267.6	C_3H_7OH(液)	2020.5

中和熱　水溶液中で酸と塩基が反応して，水が1mol生じるときの熱量．

表 4·3　中和熱 [kJ/mol]

塩基＼酸	HCl	HNO_3	H_2SO_4
NaOH	56.4	57.2	66.5
NH_3	51.3	51.5	56.9

溶解熱　物質1molが，多量の溶媒に溶けるときの熱量．

表 4·4　溶解熱 [kJ/mol]

物質	溶解熱	物質	溶解熱	物質	溶解熱
CH_3COOH(液)	1.7	H_2SO_4(液)	95.3	NaOH(固)	44.5
C_2H_5OH(液)	10.5	KCl(固)	−17.2	NH_3(気)	34.2
CO_2(気)	20.3	NaCl(固)	−3.9	NH_4Cl(固)	−14.8

(2) 熱化学方程式とヘスの法則

(a) 熱化学方程式

化学反応式に反応熱をかき加えた式を**熱化学方程式**という．熱化学方程式をつくるには，

（1）まず，化学反応式の左辺と右辺を等号＝で結ぶ．

（2）次に蒸発熱や融解熱などのように状態の変化によっても熱の出入りがあるので，各物質の化学式のあとに固体(solid)には(固)または(s)，液体(liquid)には(液)または(l)，気体(gas)には(気)または(g)などをつけ

てその物質の状態を示す．また，多量の水はラテン語の aqua（水）の略である aq で表わし，希薄溶液には化学式に aq をつける．たとえば，NaOHaq は水酸化ナトリウムのうすい水溶液を意味する．なお，これらの物質の状態は，明記しないでもはっきりわかる場合には省略される．

（3）さらに，生成熱や燃焼熱を表わすためには，生成する物質や燃焼する物質の係数を1とする．このさい，他の物質の係数が分数となってもよい．

（4）最後に，反応熱Qを，発熱反応の場合には＋符号，吸熱反応の場合には－符号をつけ，化学反応式の右辺の最後につける．熱量の単位としては古くからカロリー[cal]が用いられてきたが，現在は国際単位系（SI 単位）のエネルギーの単位であるジュール[J]あるいはその10^3倍の kJ が用いられている．これらの間には 1 cal ＝ 4.184 J の関係がある．

反応熱を熱化学反応式では，次のように表わす．

生成熱：H_2(気) ＋ $\frac{1}{2}O_2$(気) ＝ H_2O(気) ＋ 241.8 kJ (4・1)

燃焼熱：CH_4(気) ＋ $2O_2$(気) ＝ CO_2(気) ＋ $2H_2O$(液) ＋ 890.3 kJ (4・2)

中和熱：HClaq ＋ NaOHaq ＝ NaClaq ＋ H_2O(液) ＋ 56.4 kJ (4・3)

溶解熱：NaOH(固) ＋ aq ＝ NaOHaq ＋ 44.5 kJ (4・4)

そのほか，蒸発熱や融解熱なども熱化学方程式で表わす．

蒸発熱：H_2O(液) ＝ H_2O(気) － 44.0 kJ (4・5)

融解熱：H_2O(固) ＝ H_2O(液) － 6.01 kJ (4・6)

問1 表 4・1～表 4・4 を参照して，次の化学反応を熱化学方程式で示せ．
（1）窒素と水素からアンモニア NH_3 が生成した．
（2）メタノール CH_3OH が完全に燃焼して二酸化炭素と水が生成した．
（3）硫酸を多量の水でうすめた．

問2 炭素 3g を完全燃焼させたとき，発生する熱量を求めよ．ただし，炭素の燃焼熱を 394 kJ/mol とする．

（b）ヘスの法則

黒鉛の酸化反応を例にあげ説明する．黒鉛 1 mol と酸素 1 mol とが反応して二酸化炭素 CO_2 1 mol が生成する反応の経路には，次の二通りがある．

経路Ⅰ：

$$C(黒鉛) + \frac{1}{2}O_2(気) = CO(気) + 110.5 \text{ kJ} \qquad (4 \cdot 7)$$

$$CO(気) + \frac{1}{2}O_2(気) = CO_2(気) + 283.0 \text{ kJ} \qquad (4 \cdot 8)$$

経路 II:

$$C(黒鉛) + O_2(気) = CO_2(気) + 393.5 \text{ kJ} \qquad (4 \cdot 9)$$

経路 I を通る場合の式 ($4 \cdot 7$) と式 ($4 \cdot 8$) を加えると式 ($4 \cdot 9$) になり, 経路 II を通る場合の反応熱に等しくなる. したがって「**物質が変化するときの反応熱の総和は, 変化の前後の物質の状態だけで決まり, 変化の経路や方法には関係しない**」といえる. これは**総熱量保存の法則**とよばれ, スイスの化学者ヘスにより 1840 年に実験的に見いだされたので, **ヘスの法則**ともよばれる.

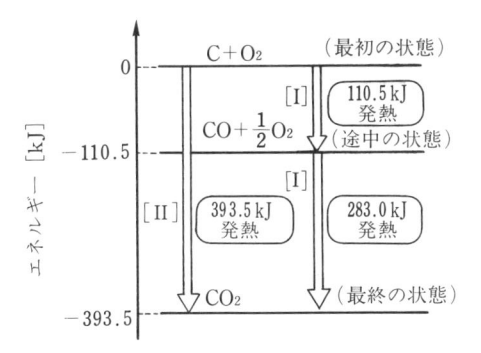

図 4・2 ヘスの法則と物質のもつエネルギー
(単体のもつエネルギーを 0 とする)

また, ヘスの法則にもとづき, 熱化学方程式は代数方程式のように加減することができるので, 実験で直接測定することができない反応熱を, 反応熱のわかっている熱化学方程式から計算によって求めることができる.

[**例題 1**]　次の熱化学方程式からメタン CH_4 の生成熱を求めよ.

$$H_2(気) + \frac{1}{2}O_2(気) = H_2O(液) + 285.8 \text{ kJ} \qquad ①$$

$$C(黒鉛) + O_2(気) = CO_2(気) + 393.5 \text{ kJ} \qquad ②$$

$$CH_4(気) + 2O_2(気) = CO_2(気) + 2H_2O(液) + 890.3 \text{ kJ} \qquad ③$$

解 式を加減して，メタンの生成熱を表わす下記の熱化学方程式，
$$2H_2(気) + C(黒鉛) = CH_4(気) + Q\,kJ$$
をつくるには，式① × 2 ＋ 式② － 式③とすればよい．
$$2H_2(気) + C(黒鉛) - CH_4(気) = 74.8\,kJ$$
となるので CH_4 を右辺に移項すると，
$$2H_2(気) + C(黒鉛) = CH_4(気) + 74.8\,kJ$$
となり，メタンの生成熱は 74.8 kJ/mol となる．

問3 つぎの熱化学方程式を使って，水の気化熱を求めよ．

$$H_2(気) + \tfrac{1}{2}O_2(気) = H_2O(液) + 285.8\,kJ \qquad ①$$

$$H_2(気) + \tfrac{1}{2}O_2(気) = H_2O(気) + 241.8\,kJ \qquad ②$$

（c） 結合エネルギー

分子内の共有結合を切るのに必要なエネルギーを**結合エネルギー**という．また，共有結合からなる分子が成分原子に分解するのに必要なエネルギーを**解離エネルギー**という．解離エネルギーは分子の中の原子間の結合エネルギーの和となる．結合エネルギーは結合 1 mol あたりの熱量で示され，たとえば，H-H の結合エネルギーは熱化学方程式では

$$\mathbf{H_2(気) = 2H(気)} - 436\,\mathrm{kJ} \qquad (4\cdot10)$$

と表わされる．なお，結合エネルギーは下表のように通常正の値で示される．

表 4·5 結合エネルギー [kJ/mol]

結 合	結合エネルギー	結 合	結合エネルギー	結 合	結合エネルギー
C—C	347.7	C—O	351.5	N—H	390.8
C=C	607	C=O	724	N≡N	941.8
C≡C	828	Cl—Cl	242.7	O—H	462.8
C—Cl	328.4	H—Cl	431.8	O—O	138.9
C—H	413.4	H—H	436.0	O=O	490.4

[**例題2**] O-H, H-H, O=O の結合エネルギーは各々 463 kJ, 436 kJ, 490 kJ である．水蒸気 H_2O(気) の生成熱を求めよ．

解 H_2O(気) は H-O-H であるから，その解離エネルギーは O-H の結合エネルギ

ーの2倍となる．解離エネルギー，結合エネルギーを表わす熱化学方程式は次のようになる．

$$H_2O(気) = 2H(気) + O(気) - 2 \times 463\,kJ \qquad ①$$
$$H_2(気) = 2H(気) - 436\,kJ \qquad ②$$
$$O_2(気) = 2O(気) - 490\,kJ \qquad ③$$

式② − 式① + $\frac{1}{2}$ × 式③を計算し，移項すると

$$H_2(気) + \frac{1}{2}O_2(気) = H_2O(気) + 245\,kJ$$

となり，水蒸気の生成熱は 245 kJ/mol となる．

問4 表4・5の結合エネルギーからアンモニアの生成熱を求めよ．

参考 反応熱

反応熱は反応物質と生成物質の内部エネルギーの差であるが，反応が一定体積のもとで行なわれるか，一定圧力のもとで行なわれるかによって，その値は異なる．

物質系がある状態Aから他の状態Bに変化したとき，系が外から受け取った熱を q，仕事を w とすると，状態Bにおける系の内部エネルギー U_B と状態Aにおける系の内部エネルギー U_A の差は $q + w$ に等しい．なお，熱も仕事も系が外から受け取るときにその符号を正とする．

$$U_B - U_A = q + w \qquad (4\cdot 11)$$

ここでは仕事として体積変化の仕事を考える．

反応系の体積一定という条件のもとでの反応を**定積反応**といい，定積反応では仕事は0であるから $w = 0$ とおくと，定積反応の反応熱 q_V は式 $(4\cdot 11)$ から

$$q_V = U_B - U_A \qquad (4\cdot 12)$$

となる．すなわち，定積反応では反応熱 q_V は系の内部エネルギーの差に等しい．

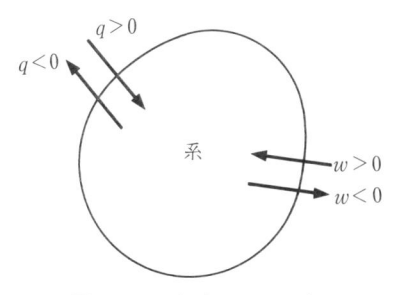

図 4・3 反応系のエネルギー

反応系の圧力一定という条件のもとでの反応を**定圧反応**という．定圧反応では系が外にした体積変化の仕事wは系の圧力をP，体積の変化を$V_B - V_A$とすれば下式のようになる．

$$w = -P(V_B - V_A) \tag{4・13}$$

式 (4・11) と式 (4・13) から定圧反応の反応熱 q_P は

$$q_P = (U_B + PV_B) - (U_A + PV_A) \tag{4・14}$$

となる．ここで，$U + PV$を**エンタルピー**Hと定義すると，

$$q_P = H_B - H_A \tag{4・15}$$

となり，定圧反応では反応熱はエンタルピーの差 $\Delta H = H_B - H_A$ に等しい．このエンタルピーを用いると，熱化学方程式は次のように表わすことができる．

$$\mathrm{C}(黒鉛) + \mathrm{O}_2(\mathrm{g}) = \mathrm{CO}_2(\mathrm{g}) \quad \Delta H = -393.5\,\mathrm{kJ/mol} \tag{4・16}$$

反応熱は温度によって変わり，定積反応か定圧反応かでも変わる．われわれが取り扱う反応の多くは定圧下でなされるので 25℃，1 atm での定圧反応熱が測定値としてよく用いられる．

定積反応熱と定圧反応熱は式 (4・12) と式 (4・14) から

$$q_P = q_V + P(V_B - V_A) \tag{4・17}$$

となる．q の符号は吸熱反応のとき正であったが，熱化学方程式では発熱反応の場合に反応熱を正とするのでqとQは符号が逆となり，式 (4・17) は

$$Q_V = Q_P + P(V_B - V_A) \tag{4・18}$$

となる．体積変化のない反応では Q_P と Q_V は等しく，体積が増加するような反応では定積反応熱が定圧反応熱よりも大きくなる．

また，単体のエンタルピーをエンタルピーの基準と考え，その値を 0 にとれば，化合物の生成熱はその化合物のエンタルピーに等しくなる．そこで，化学反応に関係する各物質の生成熱がわかっていれば，その反応の反応熱は

$$\Delta H = (生成物質の生成熱の和) - (反応物質の生成熱の和)$$

として求めることができる．

一例として下式で示されるメタンの燃焼熱 ΔH の場合を図 4・4 に示す．

$$\mathrm{CH}_4(\mathrm{g}) + 2\mathrm{O}_2(\mathrm{g}) = \mathrm{CO}_2(\mathrm{g}) + 2\mathrm{H}_2\mathrm{O}(\mathrm{l}) \quad \Delta H \tag{4・19}$$

図からわかるように，ΔH は CH_4，CO_2，$\mathrm{H}_2\mathrm{O}$ のそれぞれの生成熱 ΔH_1，ΔH_2，ΔH_3．

$$\mathrm{C}(黒鉛) + 2\mathrm{H}_2(\mathrm{g}) = \mathrm{CH}_4(\mathrm{g}), \quad \Delta H_1 = -74.9\,\mathrm{kJ/mol} \tag{4・20}$$

$$\mathrm{C}(黒鉛) + \mathrm{O}_2(\mathrm{g}) = \mathrm{CO}_2(\mathrm{g}), \quad \Delta H_2 = -393.5\,\mathrm{kJ/mol} \tag{4・21}$$

$$\mathrm{H}_2(\mathrm{g}) + \frac{1}{2}\mathrm{O}_2(\mathrm{g}) = \mathrm{H}_2\mathrm{O}(\mathrm{l}) \quad \Delta H_3 = -285.8\,\mathrm{kJ/mol} \tag{4・22}$$

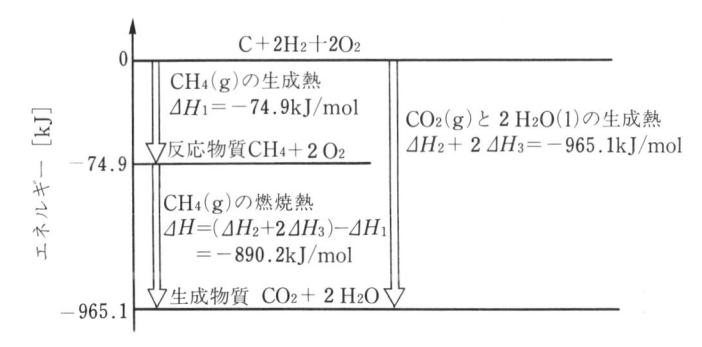

```
                    C+2H₂+2O₂
         0  ─────────────────────────
            │ CH₄(g)の生成熱
            │ ΔH₁=−74.9kJ/mol    CO₂(g)と2H₂O(l)の生成熱
            ▽反応物質CH₄+2O₂      ΔH₂+2ΔH₃=−965.1kJ/mol
       −74.9 ────────────────
            │ CH₄(g)の燃焼熱
            │ ΔH=(ΔH₂+2ΔH₃)−ΔH₁
            │   =−890.2kJ/mol
            ▽生成物質 CO₂+2H₂O   ▽
       −965.1 ───────────────────────
```

図 4·4 メタンの燃焼反応における各物質の生成熱と反応熱との関係
       (単体のエンタルピーを0とする)

を用いて次のように求めることができる．

$$\Delta H = (\Delta H_2 + 2\Delta H_3) - \Delta H_1 = -890.2 \text{kJ/mol} \quad (4\cdot23)$$

問5 表4·1を参照して，次の反応の反応熱を求めよ．

$$NH_3(g) + HCl(g) = NH_4Cl(s)$$

4·2 化学反応の速さと化学平衡

　化学反応には，塩酸と水酸化ナトリウムの中和反応や，火薬の爆発などのようにほとんど瞬間的におこる速い反応もあれば，空気中での鉄の酸化のように徐々に進む反応もある．また，同じ反応でも条件を変えると，その速さが変わる場合がある．ここでは，化学反応の進み方について学ぶ．

(1) 化学反応の速さ
(a) 化学反応の速さの表わし方

　化学反応の速さは，単位時間に減少する反応物質の濃度，または単位時間に増加する生成物質の濃度で表わされる．

　いま，時刻 t_1 から t_2 までの間に，反応物質の濃度が C_1 から C_2 に減少し，生成物質の濃度が C_1' から C_2' に増加した場合，その時間内での反応物質からみた平均の**反応速度** v と生成物質からみた平均の反応速度 v' はそれぞれ次式で表わされる．

$$v = \frac{C_1 - C_2}{t_2 - t_1} \tag{4·24}$$

$$v' = \frac{C_2' - C_1'}{t_2 - t_1} \tag{4·25}$$

時間 $(t_2 - t_1)$ を小さくすると，その時刻での反応速度になる．

[問6] 密閉容器に 1 mol のヨウ素 I_2 と 1 mol の水素 H_2 を入れた後，加熱して反応を開始させたら 10 秒後にヨウ化水素 HI が 0.2 mol 生じた．この場合の反応物質からみた反応速度 v と生成物質からみた反応速度 v' との関係を求めよ．

(b) 反応速度と濃度

化学反応は，2つ以上の反応物質粒子が衝突しておこる．粒子どうしの衝突回数が多いほど反応は速く進む．炭が空気中よりも純酸素中でよく燃えるのは，空気中よりも酸素の濃度が大きく，単位時間あたりの炭素と酸素分子の衝突回数が多いからである．反応物質の濃度（気体の場合には分圧）が増加すれば，反応速度は大きくなる．

たとえば，次に示す五酸化二窒素 N_2O_5 の分解反応では，

$$2N_2O_5 \longrightarrow 4NO_2 + O_2 \tag{4·26}$$

表 4·6 から明らかなように，平均反応速度は N_2O_5 の濃度にほぼ比例している．したがって N_2O_5 の濃度を $[N_2O_5]$ で表わすと，反応速度 v は

$$v = k[N_2O_5] \tag{4·27}$$

となる．このように各成分の濃度を変数として v をかき表わした式を**反応速度**

表 4·6 N_2O_5 の分解反応にともなう N_2O_5 の濃度変化 (35 ℃)

測定値		測定データの整理				
経過時間 t [s]	N_2O_5 の濃度 [mol/l]	反応時間 $t_2 - t_1$ [s]	濃度変化 $c_2 - c_1$ [mol/l]	平均反応速度 v [mol/l·s]	平均濃度 [mol/l]	速度定数 k 式 (4·27)
0	10.00	—	—	—	—	—
510	9.34	510	-0.66	1.29×10^{-3}	9.67	1.33×10^{-4}
1023	8.70	513	-0.64	1.25×10^{-3}	9.02	1.39×10^{-4}
3157	6.75	2134	-1.95	9.14×10^{-4}	7.73	1.18×10^{-4}
6084	4.63	2927	-2.12	7.24×10^{-4}	5.69	1.27×10^{-4}
9330	2.88	3246	-1.75	5.39×10^{-4}	3.75	1.44×10^{-4}
13568	1.78	4238	-1.10	2.60×10^{-4}	2.33	1.11×10^{-4}

式といい，比例定数kを**速度定数**という．速度定数は温度や触媒によって変わるが，濃度には無関係である．他の反応例であるヨウ化水素の生成反応（$H_2 + I_2 \longrightarrow 2HI$）において，反応速度$v$は次式のように$H_2$の濃度と$I_2$の濃度に比例することがわかっている．

$$v = k[H_2][I_2] \qquad (4 \cdot 28)$$

式（4・27）のように反応速度が濃度の1乗に比例する反応を**一次反応**，式（4・28）のように濃度の2乗に比例する反応を**二次反応**という．このように，反応速度が濃度のN乗に比例するとき，Nをその**反応の次数**という．反応の次数は実験によって求められるもので，化学反応式の係数とは必ずしも一致しない．

問7　ある物質の分解速度を測定したところ，次のような結果を得た．この反応は一次反応か二次反応か．

時間 [秒]	0	50	100	200	300	500
濃度 [mol/l]	3.43	2.88	2.45	1.89	1.50	1.12

（c）　反応速度と温度

紙を燃やすには，まず点火する必要がある．また，二液性接着剤の固化時間は，温度が高いほど速い．このように，化学反応の速さは，一般に温度が高くなるほど速くなる．温度が10℃上がるごとに2～3倍になる反応が多い．つまり，速度定数kは温度が高くなると大きくなる．

スウエーデンの化学者アレニウス（S.A. Arrhenius）は，化学反応は分子間の衝突によっておこるが，ある一定以上のエネルギーをもつ分子間の衝突でなければ，反応はおきないと考えた（1889年）．この一定のエネルギーを**活性化エ**

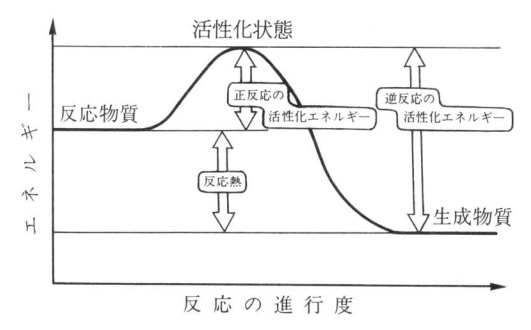

図4・5　活性化エネルギー

ネルギーという．活性化エネルギーをもつ分子どうしが衝突して生じた高いエネルギー状態を**活性化状態**といい，活性化状態にある中間物質を**活性錯合体**という．温度が高くなると，図4・6に示すように，ある反応の活性化エネルギーよりも大きなエネルギーをもつ分子の数がふえるので，反応が速くなると考えられる．

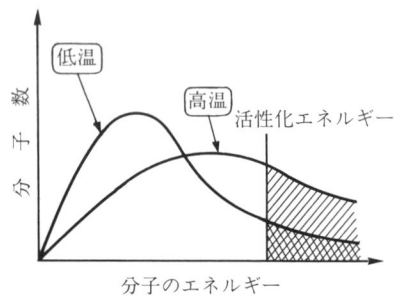

図 4・6　分子の運動エネルギー分布

問8　五酸化二窒素の分解速度は温度が10℃上昇すると3倍速くなる．温度を30℃上げると反応速度は何倍になるか．

（d）反応速度と触媒

過酸化水素 H_2O_2 のうすい水溶液は，室温ではほとんど変化が見られないが，二酸化マンガン MnO_2 を加えると激しく分解して酸素を発生する．また，ヨウ素と水素からヨウ化水素が生成する反応では，白金を入れると反応速度が速くなる．

$$2H_2O_2 \xrightarrow{MnO_2 触媒} 2H_2O + O_2 \qquad (4・29)$$

$$H_2 + I_2 \xrightarrow{Pt 触媒} 2HI \qquad (4・30)$$

このとき，二酸化マンガンも白金も反応の前後で質量に変化はない．このように，それ自身は変化せず，少量で化学反応の速さを大きく変える物質を**触媒**という．反応を速くするものを**正触媒**，反応を遅くするものを**負触媒**という．単に触媒というときは正触媒をさす．

触媒を使った反応では，触媒と反応物質で触媒のない場合とは異なる活性化

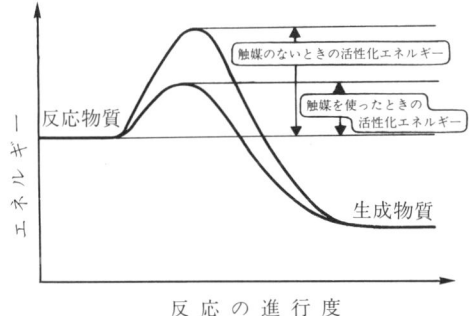

図 4·7 触媒と活性化エネルギー

状態ができる．

（e） 反応速度を変えるその他の要因

反応速度は，濃度，温度，触媒などで変わるが，光や電気などのエネルギーの供給，反応物質の形状などによっても変わる．

たとえば，水素と塩素の混合気体は，紫外線を当てると爆発的に反応する．また，写真の原理となっているハロゲン化銀の光による分解などは光エネルギーの供給によって引きおこされるので光化学反応とよばれる．電気分解など電気エネルギーによっておこる電気化学反応などもエネルギーの供給によって引きおこされる．また，石炭はそのままでは着火しにくいが，粉末にして空気とよく混合すると爆発（炭じん爆発）する．まきなども細かくしたりして空気との反応面積を大きくすると燃焼速度が速くなる．このように，反応物質の形や大きさも反応速度に影響する．そのほか，反応容器の形（ガソリンエンジンの燃焼室の形など）も反応速度に影響する要因としてあげられる．

（2） 化 学 平 衡

（a） 化 学 平 衡

ヨウ化水素を密閉容器に入れて加熱すると，$2HI \longrightarrow H_2 + I_2$ の反応により水素とヨウ素とができる．次に，これを冷却すると，逆の反応がおこり，ヨウ化水素ができる．

このように，条件によってどちらの方向へも進む反応を**可逆反応**という．一方，塩酸と水酸化ナトリウムは反応して塩化ナトリウムと水ができる．しかし，

逆の反応は実際上ほとんど進行しない．理論上はすべての反応が可逆反応と考えられるが，このように実際上一方向にだけしか進まない反応を**不可逆反応**という．

次式で示されるヨウ化水素の分解反応は可逆反応の1つで，左辺から右辺への反応を**正反応**，右辺から左辺への反応を**逆反応**という．

$$2\text{HI} \underset{\text{逆反応}}{\overset{\text{正反応}}{\rightleftarrows}} \text{H}_2 + \text{I}_2 \qquad (4\cdot 31)$$

一定条件のもとで，ヨウ化水素を密閉容器に入れると，正反応の速さ v_1 は

$$v_1 = k_1[\text{HI}]^2 \qquad (4\cdot 32)$$

で表わされ，正反応によってヨウ化水素は減少するので，v_1 はしだいに小さくなる．一方，逆反応の速さ v_2 は

$$v_2 = k_2[\text{H}_2][\text{I}_2] \qquad (4\cdot 33)$$

で表わされ，最初は0であるが，正反応によって生じた水素とヨウ素が増加するのでしだいに大きくなる．ついには，正反応と逆反応の速さが等しくなり，見かけのうえで反応が停止したように見える．この状態を**化学平衡**の状態という．

平衡状態では，ヨウ化水素，水素，ヨウ素の各気体の濃度が一定の割合で共存し，それらのモル濃度 [mol/l] の間には，次の関係が成りたつ．

$$\frac{[\text{H}_2][\text{I}_2]}{[\text{HI}]^2} = K_c \qquad (一定) \qquad (4\cdot 34)$$

この K_c を**濃度平衡定数**あるいは単に**平衡定数**といい，一定温度では一定の値をとる．K_c の c は濃度 (concentration) を意味する．

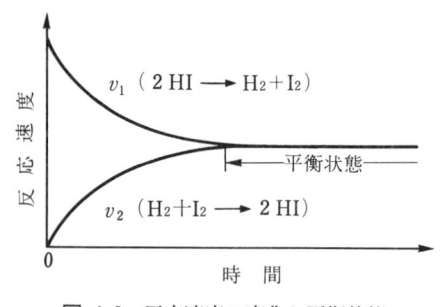

図 4·8 反応速度の変化と平衡状態

一般に,次に示す可逆反応(a, b, …, x, y, …は,それぞれ化学式 A, B, …, X, Y, …の係数)に対し,

$$aA + bB + \cdots \rightleftarrows xX + yY + \cdots$$

平衡状態では,

$$\frac{[X]^x[Y]^y\cdots}{[A]^a[B]^b\cdots} = K_c \quad (一定) \tag{4・35}$$

が成りたつ.このような反応物質と生成物質の濃度の関係を**質量作用の法則**という.

[**例題 3**] $2\,l$ の容器を一定温度 (420 °C) に保って,1.2 mol の水素と 0.4 mol のヨウ素を入れたところ,ヨウ化水素が 0.76 mol 生成して平衡に達した.次の各問いに答えよ.
(1) 平衡状態では水素とヨウ素は何 mol あるか.
(2) 濃度平衡定数を求めよ.
(3) ヨウ素をさらに 0.4 mol 加えて新しい平衡状態にしたとき,ヨウ化水素は何 mol 存在するか.

解 $H_2 + I_2 \rightleftarrows 2HI$

(1) 化学反応式より 0.76 mol の HI が生成したということは,H_2 と I_2 とが 0.38 mol ずつ反応したことになる.したがって,平衡状態では水素は 1.2−0.38=0.82 mol,ヨウ素は 0.4−0.38=0.02 mol 存在する.

(2) $K_c = \dfrac{[HI]^2}{[H_2][I_2]} = \dfrac{(0.76/2)^2}{(0.82/2)(0.02/2)} \fallingdotseq 35.2$

(3)

	H_2	I_2	HI
最初の物質量 [mol]	1.2	0.4 + 0.4 = 0.8	0
反応により消失あるいは生成した物質量 [mol]	$-x$	$-x$	$2x$
平衡状態での物質量 [mol]	$1.2 - x$	$0.8 - x$	$2x$

平衡定数は温度が一定ならば一定 (= 35.2) なので次式が成りたつ.

$$K_c = \frac{[HI]^2}{[H_2][I_2]} = \frac{(2x/2)^2}{\{(1.2-x)/2\}\{(0.8-x)/2\}} = 35.2$$

これを解くと,$x \fallingdotseq 0.69$ したがって,HI は $2 \times 0.69 = 1.38$ mol 存在する.

反応に関係する物質がすべて気体の場合は，モル濃度は分圧に比例するので，濃度の代わりに各成分気体の分圧を用いてもよい．このときの平衡定数を**圧平衡定数**K_pという．K_pのpは圧力 (pressure) を意味する．

$$\frac{p_X^x \cdot p_Y^y \cdot \cdots\cdots}{p_A^a \cdot p_B^b \cdot \cdots\cdots} = K_p \quad (一定) \tag{4・36}$$

$p_A, p_B, \cdots, p_X, p_Y, \cdots$は各成分気体の分圧を示す．

[**例題4**] 一定温度に保たれた容器に窒素 2.5 mol，水素 3.5 mol を入れたところ，$N_2 + 3H_2 \rightleftarrows 2NH_3$ で示される反応平衡に達し，アンモニアが 1 mol できた．このときの容器の圧力を 5 atm として圧平衡定数を求めよ．

解

	N_2	H_2	NH_3
最初の物質量 [mol]	2.5	3.5	0
反応により消失あるいは生成した物質量 [mol]	-0.5	-1.5	1.0
平衡状態での物質量 [mol]	2.0	2.0	1.0

平衡状態での全物質量は 5.0 mol．したがって，各分圧は

$$p_{N_2} = 5\,\text{atm} \times \frac{2.0}{5.0} = 2\,\text{atm}, \quad 同様に \quad p_{H_2} = 2\,\text{atm}, \quad p_{NH_3} = 1\,\text{atm}$$

$$\therefore K_p = \frac{(p_{NH_3})^2}{(p_{N_2})(p_{H_2})^3} = 6.25 \times 10^{-2} \quad \text{atm}^{-2}$$

また，電解質水溶液中のイオンと，電離していない電解質の間に成りたつ平衡を**電離平衡**といい，電離平衡の平衡定数を**電離定数**K_aという．K_aのaは酸 (acid) を意味し，塩基 (base) のときはK_bとする．

酢酸 CH_3COOH の電離反応では次のようになる．

$$CH_3COOH \rightleftarrows H^+ + CH_3COO^-$$

$$\frac{[CH_3COO^-][H^+]}{[CH_3COOH]} = K_a \quad (一定) \tag{4・37}$$

難溶性の塩の場合には，ごくわずかに電離して**溶解平衡**の状態になる．たとえば，塩化銀 $AgCl$ は次のように電離する．

$$AgCl(s) \rightleftarrows Ag^+ + Cl^-$$

$$\frac{[Ag^+][Cl^-]}{[AgCl]} = K \quad (一定) \tag{4・38}$$

表 4·7 難溶性塩の溶解度積

塩	溶解度積 $[mol/l]^2$	塩	溶解度積 $[mol/l]^2$
AgBr	5.2×10^{-13}	CdS	2×10^{-28}
AgCl	8.2×10^{-11}	CuS	6×10^{-23}
$BaCO_3$	5.1×10^{-9}	$Fe(OH)_2$	8×10^{-16} *)
$BaSO_4$	1.3×10^{-10}	HgS	4×10^{-53}
$CaCO_3$	4.8×10^{-9}	PbS	1×10^{-28}

*) $[mol/l]^3$

ほとんど溶けないので [AgCl] は一定と見なされる．したがって，

$$[Ag^+][Cl^-] = K_{sp} \quad (一定) \tag{4·39}$$

この K_{sp} を溶解度積といい，一定温度では一定の値をとる．K_{sp} の s は溶解度 (solubility) を意味する．

一般に，難溶性の塩 X_mY_n に対しては

$$X_mY_n \rightleftharpoons mX^{n+} + nY^{m-}$$

$$[X^{n+}]^m[Y^{m-}]^n = K_{sp} \quad (一定) \tag{4·40}$$

となり，$[X^{n+}]^m[Y^{m-}]^n > K_{sp}$ になると沈殿が生じる．

問9 酢酸 CH_3COOH 2 mol とエタノール C_2H_5OH 3 mol を下式のように反応させた．

$$CH_3COOH + C_2H_5OH \rightleftharpoons CH_3COOC_2H_5 + H_2O$$

溶液の全量を 1.5 l，この温度での濃度平衡定数を 3 として平衡状態での酢酸エチル $CH_3COOC_2H_5$ の物質量を求めよ．

問10 容器に 10 mol のヨウ化水素を入れ，温度を 300 °C に保ったところ，一部が分解して平衡に達した．反応式(4·31)に対する K_p を 0.0144 とすると，水素は何 mol できるか．

(b) 平衡状態の変化

化学反応が平衡状態にあるとき，濃度，温度，圧力などの条件を変えると，平衡状態が正反応の方向，または逆反応の方向へ変化して，最初とは違った新しい平衡状態になる．この現象を**平衡の移動**という．ル・シャトリエは 1884 年に「**平衡状態にあるとき，濃度，温度，圧力などの条件を変えると，外部から加えられた条件の変化をさまたげる方向へ変化がおこり，新しい平衡状態になる**」という経験則を発表した．これを**ル・シャトリエの平衡移動の法則**という．

(c) 濃度変化と平衡移動

可逆反応が平衡状態にあるとき，反応にかかわる物質を加えてその濃度を増加させようとすると，平衡移動の法則から，その物質の増加をさまたげる反応がおこる．濃度の増加をさまたげるために，その物質が減少する方向の反応がおこる．逆に，ある物質を取り去って，濃度を減少させようとすると，その物質が生成して増加する方向の反応がおこり，新しい平衡に達する．

いま，密閉容器中で窒素と水素からアンモニアが生成するときの化学平衡を考えてみよう．

$$N_2 + 3H_2 \rightleftarrows 2NH_3 \tag{4・41}$$

この反応が平衡状態にあるとき，反応にかかわる物質の濃度の変化に対しては，表4・8のような平衡の移動がおこる．

この平衡では，質量作用の法則から次式が成りたつ．

$$\frac{[NH_3]^2}{[N_2][H_2]^3} = K_c(一定) \tag{4・42}$$

窒素を加えると，$[N_2]$ が大きくなる．K_c を一定に保つには，$[NH_3]$ が大きく，$[H_2]$ が小さくならなければならない．したがって，K_c の値が一定になるまで平衡は右へ移動する．他の物質の濃度の変化に対しても同様に説明される．

表4・8 $N_2 + 3H_2 \rightleftarrows 2NH_3$ での濃度変化に対する平衡移動の方向

濃度変化	系内での変化	平衡移動の方向
N_2, H_2 を加える	N_2, H_2 が反応して減少	右へ移動
N_2, H_2 を減らす	N_2, H_2 が生成して増加	左へ移動
NH_3 を加える	NH_3 が反応して減少	左へ移動
NH_3 を減らす	NH_3 が生成して増加	右へ移動

(d) 温度変化と平衡移動

可逆反応が平衡状態にあるとき，熱を加えて温度を上げようとすると，平衡移動の法則から，温度上昇をさまたげるために温度を下げる方向の反応である吸熱反応がおこる．逆に温度を下げようとすると，発熱反応がおこり，新しい平衡状態に達する．

アンモニアの生成反応を熱化学方程式でかくと次式となる．

$$N_2(気) + 3H_2(気) = 2NH_3(気) + 92kJ \tag{4・43}$$

平衡状態にあるこの反応に熱を加えて温度を上げると，平衡は吸熱反応の方向である右辺から左辺へ移動する．熱を奪って温度を下げようとすると発熱反応の方向である左辺から右辺へ平衡が移動する．

一般に平衡定数は，発熱反応であれば，温度の上昇とともに減少し，吸熱反応であれば，温度の上昇とともに増大する．アンモニアの生成反応は発熱反応であるから，式 ($4 \cdot 42$) で示される平衡定数 K_c は温度の上昇とともに小さくなる．平衡定数が小さくなるためには，$[NH_3]$ が小さくなり，$[N_2]$ と $[H_2]$ が大きくならなければならない．つまり，右辺から左辺の方向（吸熱反応の方向）へ平衡が移動する．逆に温度を下げると，平衡定数が大きくなるので $[NH_3]$ が大きくなり，$[N_2]$ と $[H_2]$ が小さくなる方向，すなわち，左辺から右辺の方向（発熱反応の方向）へと平衡が移動する．

（e） 圧力変化と平衡移動

気体だけがかかわる可逆反応が平衡状態にあるとき，圧力を加えると，平衡移動の法則から，圧力の増加をさまたげるために圧力を小さくする反応がおこる．気体は分子の数が減少すると体積が減少し，圧力が下がるので，化学反応式の右辺と左辺で係数の和が小さい方へ平衡が移動する．また，圧力を減ずると，圧力を上げるために，分子数が増加する方向である係数の和が大きい方へ平衡が移動して新しい平衡状態に達する．係数の和が等しいときには，圧力の変化による平衡の移動はない．また，固体がかかわるような反応では，固体の体積は気体に比べて非常に小さいので固体物質の係数を 0 と見なす．

アンモニアの生成反応が平衡状態にあるとき，窒素，水素，アンモニアの各分圧を p_{N_2}，p_{H_2}，p_{NH_3} とすると，式 ($4 \cdot 41$) に対応する圧平衡定数 K_p は次式で示される．

$$\frac{(p_{NH_3})^2}{(p_{N_2})(p_{H_2})^3} = K_p \qquad (4 \cdot 44)$$

いま，圧力だけを n 倍にすると，その瞬間には各分圧も n 倍になるので

$$\frac{(np_{NH_3})^2}{(np_{N_2})(np_{H_2})^3} = \frac{(p_{NH_3})^2}{(p_{N_2})(p_{H_2})^3} \cdot \frac{1}{n^2} = \frac{K_p}{n^2} \qquad (4 \cdot 45)$$

となる．

圧力を大きくする（$n > 1$）と，$K_p/n^2 < K_p$ となる．圧平衡定数を一定に保

つために，p_{NH_3} が大きくなり，p_{N_2} と p_{H_2} が小さくなる方向である左辺から右辺へ平衡が移動する．圧力を小さくする ($n<1$) と，$K_p/n^2 > K_p$ となるので，p_{NH_3} が小さくなり，p_{N_2} と p_{H_2} が大きくなる方向である右辺から左辺へ平衡が移動する．

（f） アンモニアの合成

アンモニアの合成反応における正反応は，分子数が減少し，発熱する反応である．アンモニアの生成量を多くするには，平衡移動の法則から温度が低いほど，圧力が高いほどよいことになる．しかし，あまり温度が低いと，平衡状態でのアンモニアの生成量は多いが，反応速度がおそく，平衡状態に達するのに長い時間を要する．そこで，ある程度温度を高くし，四酸化三鉄 Fe_3O_4 を主体とする触媒を用いて反応速度を速め，高圧下で合成することが行なわれている．

実際の生産工場では，温度 400〜600°C，圧力 200〜1000 atm の条件で操業されている（5・4 (2)(c)参照）．

|問11| 次の反応の平衡を右に移動させるには，外部からどのような条件の変化を加えればよいか． $2SO_3(g) \rightleftarrows 2SO_2(g) + O_2(g) - 197 kJ$

参考 エントロピー

化学変化や物理変化には，変化が自然に進行するものとそうでないものがある．水は高い所から低い方へ自然に流れる．砂糖は水に入れると自然に溶けて均一な溶液となる．しかし，逆の変化は自然には進行しない．

このような変化の方向を決める因子の1つはエネルギーである．一般に物質はより**エネルギーの低い状態（安定した状態）になろうとする傾向**がある．したがって，エネルギーの面からだけ考えると，発熱反応の方向にだけ自然に進行すると考えられる．しかし，塩化カリウムの水への溶解のように自然に進行する吸熱反応もある．これは，エネルギー以外にも自然変化の方向を決める因子があることを示している．

このもう1つの因子を**乱雑さ**または**エントロピー**とよんでいる．そして，自然界ではこの乱雑さはより大きくなろうとする傾向がある．自然に進行する変化は，粒子がばらばらになったり，より広い空間に広がったり，粒子が混じり合ったりする方向へ進もうとする．この傾向を**乱雑さの増大（エントロピー増大）の傾向**という．

このように，化学変化の方向はエネルギーと乱雑さの2つの因子によって決められる．2つの因子によってつぎの3つの場合が考えられる．

（1）エネルギーが減少し，乱雑さが増大する変化は2つの因子が反応を進めるの

で自然に進行する．

（2） エネルギーも乱雑さも減少する変化，またはエネルギーも乱雑さも増大する変化では2つの因子が反する方向へ進めるので，どちらの変化量が大きいかで反応の進む方向が決まる．2つの因子の変化量がつり合った状態が平衡状態である．

（3） エネルギーが増大し，乱雑さが減少する変化では，2つの因子とも反応を進めるのに反するので，反応は自然には進行しない．

コラム　火のないところで暖をとる！　―使い捨てカイロの不思議―

「火のないところで暖をとる」といっても，エアコンがあたりまえの世の中では別段不思議でもない．でも，一歩野外へ出るとそうはいかない．寒い冬の，外での仕事や遊びの合間には，落ち葉や枯れ木を集めて火をたき，暖をとったものである．湿った木でも上手に燃やす反応速度コントロールの達人もいた．

しかし，近年「使い捨てカイロ」なるものが登場して事情は変わった．外袋を破るだけでいつでも暖まることができる．便利な世の中になったものだ．

使い捨てカイロの原理は，鉄がさびるときに熱を出すことを利用したものである．鉄は自然にさびて熱を出すが，反応が非常にゆっくり進むので発熱を感じることはできない．

$$Fe + \frac{3}{4}O_2 + \frac{3}{2}H_2O = Fe(OH)_3 + 403 \text{kJ}$$

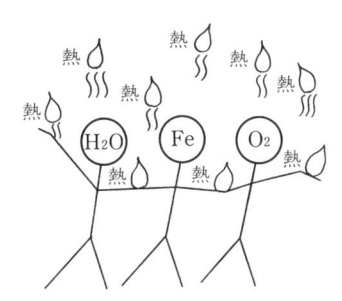

鉄1mol（55.8g）が反応して出す403kJの熱量は，0℃，1l の水を96℃まで上げることのできる熱量である．そこで，この反応速度をコントロールして，熱を効率よく取り出し，適温を一定の時間保つようにしたのが使い捨てカイロである．

使い捨てカイロの成分は，反応面積を広くするために粉末にした鉄粉と水，反応を速めるための食塩などの塩類，酸素を吸着し酸素濃度を高める活性炭，水をたくさん保持するための保水剤などである．これらを通気性のある内袋で包み，さらに空気を通さない特殊フィルムの外袋で包んである．

外袋がある間は酸素がないので反応はおきないが，外袋を破ると酸素が供給され，反応が始まる．最初に内袋をもんで酸素の供給を多くしたり，少し暖めると反応も速く進み，発熱してすぐ暖かくなる．あまり保温をよくすると，温度が上がり，反応速度がますます速くなり，思わぬ高温になることもある．

使い捨てカイロはまさに，反応速度コントロールの成果である．

4・3 酸と塩基の反応

酸・塩基は古くから知られている物質で，酢やレモンには酸が含まれ，せっけんやアンモニア水は塩基性を示す．ここでは酸や塩基の性質や，それらの反応について学ぶ．

(1) 酸・塩基
(a) 酸・塩基と水素イオン，水酸化物イオン

塩酸や硫酸は酸味があり，リトマスを赤変させ，マグネシウムや亜鉛などの金属と反応して水素を発生する．このような性質を示す物質が**酸**であり，これは水溶液中で生じた**オキソニウムイオン** H_3O^+ のためである．塩酸の場合，塩化水素が次のように水と反応してオキソニウムイオンが生じている．

$$HCl + H_2O \rightleftarrows H_3O^+ + Cl^- \qquad (4\cdot 46)$$

このオキソニウムイオンは塩化水素から生じた H^+ と，水の分子 H_2O が結合したもので，一般には次のように簡単に H^+ のみで表わす．

$$HCl \rightleftarrows H^+ + Cl^- \qquad (4\cdot 47)$$

このように分子がイオンに分かれることを**電離**という．

硝酸，硫酸，リン酸などの酸の電離も，次のように示される．

硝酸 　　$HNO_3 \rightleftarrows H^+ + NO_3^-$ 　　$(4\cdot 48)$

硫酸 　　$\left. \begin{array}{l} H_2SO_4 \rightleftarrows H^+ + HSO_4^- \\ HSO_4^- \rightleftarrows H^+ + SO_4^{2-} \end{array} \right\}$ 　$(4\cdot 49)$

リン酸 　$\left. \begin{array}{l} H_3PO_4 \rightleftarrows H^+ + H_2PO_4^- \\ H_2PO_4^- \rightleftarrows H^+ + HPO_4^{2-} \\ HPO_4^{2-} \rightleftarrows H^+ + PO_4^{3-} \end{array} \right\}$ $(4\cdot 50)$

硫酸には電離できる水素が2個あり，リン酸には3個あるので，電離の程度は

異なるが，それぞれ2段階，3段階の電離をして各段階ごとに H^+ を生じる．

水酸化ナトリウム NaOH，水酸化カルシウム $Ca(OH)_2$ などの水溶液は苦味があり，リトマスを青変させ，酸とよく反応し，互いにその性質を打ち消し合う．このような性質を示す物質が**塩基**であり，その性質を**塩基性**または**アルカリ性**という．NaOH や $Ca(OH)_2$ は水溶液中で次のように電離し，水酸化物イオン OH^- を生じる．

$$NaOH \rightleftarrows Na^+ + OH^- \tag{4・51}$$

$$Ca(OH)_2 \rightleftarrows Ca^{2+} + 2OH^- \tag{4・52}$$

このように，水溶液中で水酸化物イオンを生じる物質を**塩基**といい，塩基のうち水に溶けやすいものを**アルカリ**という．

酸や塩基について明確な定義を与えたのはアレニウスで，「**酸は水溶液中で電離して水素イオンを生じる物質であり，塩基は水酸化物イオンを生じる物質である**」とした（1887年）．この定義は水溶液中での酸・塩基の反応の説明に広く用いられている．

(b) 酸・塩基と水素イオンの授受

ブレンステッドは，上記のアレニウスの酸・塩基の定義を拡張し，水溶液以外にも適用できるような，より広い定義を1923年に提唱した．ブレンステッドによれば，「**酸は水素イオン H^+ を与えることができる物質であり，塩基は H^+ を受け取ることができる物質である**」と定義される．

この定義によると，HCl の電離は次のように説明される．

$$\underset{酸}{HCl} + \underset{塩基}{H_2O} \rightleftarrows \underset{塩基}{Cl^-} + \underset{酸}{H_3O^+} \tag{4・53}$$

この電離で，右向きの反応（→）に注目すると，HCl は H^+ を与えているので酸であり，H_2O は H^+ を受け取っているので塩基である．左向きの反応（←）に注目すると，H_3O^+ は H^+ を与えているので酸であり，Cl^- は H^+ を受け取っているので塩基である．

NH_3 の場合も同じように H^+ の授受から，式（4・54）の右向きの反応では

$$\underset{塩基}{NH_3} + \underset{酸}{H_2O} \rightleftarrows \underset{酸}{NH_4^+} + \underset{塩基}{OH^-} \tag{4・54}$$

NH_3 は塩基，H_2O は酸，左向きの反応では NH_4^+ は酸，OH^- は塩基となる．

この2つの反応から明らかなように，ブレンステッドの定義でも，HCl は酸で，NH_3 は塩基であり，アレニウスの定義の場合と同じである．しかし，ブレンステッドの定義では，H_2O が式 (4・53) では塩基であるのに対し，式 (4・54) では酸であり，H_2O は単なる溶媒ではなく，直接反応に関与する物質になっている．ブレンステッドの定義では酸・塩基は相対的なもので，反応の相手により酸になることも，塩基になることもある．

アレニウスやブレンステッドの酸・塩基以外に，電子対の授受から定義されるルイスの酸・塩基がある．

問12 次の反応の左辺の物質について，酸，塩基のいずれであるかを示せ．
(1) $H_2O + HS^- \longrightarrow H_3O^+ + S^{2-}$
(2) $CH_3COO^- + H_2O \longrightarrow CH_3COOH + OH^-$
(3) $NH_4^+ + H_2O \longrightarrow NH_3 + H_3O^+$
(4) $SO_3^{2-} + H_2O \longrightarrow HSO_3^- + OH^-$

参考 共役の酸・塩基

HCl の電離の式 (4・53) で HCl と Cl^- の関係をみると，

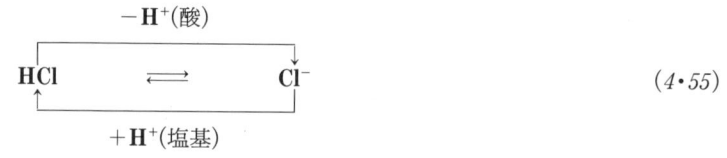

$$\text{HCl} \underset{+H^+(\text{塩基})}{\overset{-H^+(\text{酸})}{\rightleftarrows}} Cl^- \qquad (4・55)$$

式 (4・55) のように H^+ を与えるか (→)，受け取るか (←) によって，酸，塩基に相互に変わりうる一組の酸・塩基を**共役の酸・塩基**という．

おもな共役の酸・塩基を酸の強さの順に並べると表 4・9 のようになる．表 4・9 の左上が強い酸で，H^+ を他の物質に与えて右側の共役の塩基になろうとする傾向が強い．また，左下の方は弱い酸で，この場合は右側の共役の塩基が他の物質から H^+ を受け取って，左側の酸になろうとする傾向が強い．酸と塩基の反応の方向は，酸の強さの順によって決まる．酸・塩基の強さは，電離平衡のかたよりの度合いから決めることができる．

HCl と NH_3 の反応式を表 4・9 の酸・塩基の強さの順にもとづいて，つくってみよう．表から HCl と NH_4^+ の酸として働くときの反応式は次のようになる．

$$\text{HCl} \longrightarrow Cl^- + H^+ \qquad (4・56)$$
$$NH_4^+ \longrightarrow NH_3 + H^+ \qquad (4・57)$$

酸の強さの順から，式 (4・56) は右へ，式 (4・57) は左へ反応が進むから，式 (4・56)

表 4·9　共役の酸・塩基

酸の強さ	酸		塩基			塩基の強さ
強 ↑ ↓ 弱	H_2SO_4	⇌	HSO_4^-	+	H^+	弱 ↑ ↓ 強
	HCl	⇌	Cl^-	+	H^+	
	HNO_3	⇌	NO_3^-	+	H^+	
	H_3O^+	⇌	H_2O	+	H^+	
	H_3PO_4	⇌	$H_2PO_4^-$	+	H^+	
	CH_3COOH	⇌	CH_3COO^-	+	H^+	
	H_2CO_3	⇌	HCO_3^-	+	H^+	
	NH_4^+	⇌	NH_3	+	H^+	
	HCO_3^-	⇌	CO_3^{2-}	+	H^+	

と，式 (4·57) を逆にした式を組み合わせて H^+ を消去すれば，次の式が得られる．

$$NH_3 + HCl \longrightarrow NH_4^+ + Cl^- \tag{4·58}$$

この式からもわかるように，HCl は酸として働き，NH_3 は塩基として働いている．

(c) 酸・塩基の強さ

同じ濃度の酸でも，酸の種類によりその強さは異なる．たとえば，塩酸，硫酸は強酸で，酢酸 CH_3COOH や炭酸 H_2CO_3 は弱酸である．これは各酸によって，水に溶解したときに生じる H^+ の濃度が異なるためである．溶解した酸の濃度に対する，電離している酸の濃度の割合を**電離度**という．

$$\text{酸の電離度}(\alpha) = \frac{\text{電離している酸の濃度}}{\text{溶解した酸の濃度}} \tag{4·59}$$

強酸は電離度が 1 に近いので，生じる H^+ の濃度は溶解したときの酸の濃度に近くなる．弱酸の場合はもとの濃度がこくても，電離度が 1 よりはるかに小さいので H^+ の濃度はうすくなる．塩基の場合，たとえば，水酸化ナトリウム，水

表 4·10　酸・塩基の電離度 ($0.1\,mol/l$, ＊印は $0.05\,mol/l$, 18℃)

酸	電離度	塩基	電離度
HCl	0.92	NaOH	0.91
HNO_3	0.92	KOH	0.91
H_2SO_4＊	0.61	$Ca(OH)_2$＊	0.90
CH_3COOH	0.013	$Ba(OH)_2$＊	0.77
H_2CO_3＊	0.0017	NH_3	0.013
H_2S＊	0.0007		

表 4・11 酢酸の電離

濃度 [mol/l]	電離度
1	0.005
0.1	0.013
0.01	0.043
0.001	0.15
0.0001	0.75

酸化カルシウムは強塩基で，アンモニアは弱塩基である．

表 4・10 に酸・塩基の電離度を示す．電離度は酸，塩基の強弱で大きく異なる．電離度は濃度によって変化し，一例として，酢酸の場合の濃度と電離度の関係を表 4・11 に示す．一般に濃度がうすくなると電離度は大きくなる．

問13 0.05 mol/l のギ酸（HCOOH）水溶液の水素イオン濃度を求めよ．電離度は 0.0723 とする．

（d） 酸・塩基の価数

酸の 1 分子中に含まれている水素原子のうち，電離して水素イオンになることができる水素原子の数を**酸の価数**という．酸を価数により分類すると次のようになる．

　　　　1 価の酸　　HCl，　　HNO$_3$，　CH$_3$COOH
　　　　2 価の酸　　H$_2$SO$_4$，　H$_2$CO$_3$，　H$_2$C$_2$O$_4$
　　　　3 価の酸　　H$_3$PO$_4$，　H$_3$BO$_3$

この分類からもわかるように，価数は酸の強弱には関係がない．価数が多くても電離して水素イオンを生じなければ，強い酸とはならない．同じように，塩基についても電離可能な水酸化物イオンの数により，1 価から 3 価の塩基に分類される．

　　　　1 価の塩基　　NaOH，　　KOH，　　NH$_3$
　　　　2 価の塩基　　Ca(OH)$_2$，　Ba(OH)$_2$，　Cu(OH)$_2$
　　　　3 価の塩基　　Al(OH)$_3$，　Fe(OH)$_3$

参考　弱酸，弱塩基と電離平衡

弱酸や弱塩基は電離度が小さいので，それらの分子と電離によって生じたイオンの

間には，化学平衡が成立している．たとえば，酢酸の場合，次のような平衡が成立している．

$$CH_3COOH \rightleftharpoons CH_3COO^- + H^+ \qquad (4・60)$$

この平衡に質量作用の法則[1]を適用すると，次の式が得られる．

$$K_a = \frac{[CH_3COO^-][H^+]}{[CH_3COOH]} = 1.7 \times 10^{-5} \qquad (4・61)$$

[ ] は各物質のモル濃度 $[mol/l]$ を表わす．この時の平衡定数 K_a は**電離定数**とよばれ，電離定数が大きい方がより強い酸である．この値は酸や塩基の濃度が変わっても，温度が一定であれば常に一定に保たれる．電離定数を用いると弱酸，弱塩基の電離度や，水素イオン濃度を求めることができる．

電離定数により電離度と濃度の関係を調べてみよう．濃度 $C[mol/l]$ の酢酸の電離度を α として，電離後，平衡が成立しているときに質量作用の法則を適用する．

	CH_3COOH	$\rightleftharpoons$	CH_3COO^-	$+$	H^+
電離前	C $[mol/l]$		0 $[mol/l]$		0 $[mol/l]$
電離後	$(C-C\alpha)[mol/l]$		$C\alpha[mol/l]$		$C\alpha[mol/l]$

$$K_a = \frac{C^2\alpha^2}{C(1-\alpha)} = \frac{C\alpha^2}{1-\alpha} \qquad (4・62)$$

α は弱酸の場合，1よりはるかに小さいので $1-\alpha \fallingdotseq 1$ とすると，上式より

$$\alpha = \sqrt{\frac{K_a}{C}} \qquad (4・63)$$

となり，濃度が濃くなれば電離度は小さくなることがわかる．

問14 $0.1\,mol/l$ の酢酸水溶液と $0.01\,mol/l$ の酢酸水溶液の水素イオン濃度，電離度を電離定数を用いて求めよ．ただし，$K_a = 1.7 \times 10^{-5}$ とする．

(e) 酸化物の分類

酸化物の中には水と反応して，酸や塩基の性質を示すものがある．酸の性質を示すものには二酸化炭素 CO_2，二酸化硫黄 SO_2，など非金属の酸化物が多い．これらの酸化物は，**酸性酸化物**とよばれ，次のように水と反応して酸を生じ，また，酸のように塩基と反応する．

水との反応の例： $CO_2 + H_2O \longrightarrow H_2CO_3$ $\qquad (4・64)$

$SO_3 + H_2O \longrightarrow H_2SO_4$ $\qquad (4・65)$

塩基との反応の例： $CO_2 + 2NaOH \longrightarrow Na_2CO_3 + H_2O$ $\qquad (4・66)$

---

[1] 式 (4・35) を参照のこと．

$$SO_3 + 2NaOH \longrightarrow Na_2SO_4 + H_2O \quad (4\cdot67)$$

塩基の性質を示す酸化物には酸化ナトリウム Na_2O，酸化カルシウム CaO など金属の酸化物が多い．これらは，**塩基性酸化物**とよばれ，水と反応して塩基を生じ，塩基のように酸と反応する．

水との反応の例：
$$Na_2O + H_2O \longrightarrow 2NaOH \quad (4\cdot68)$$
$$CaO + H_2O \longrightarrow Ca(OH)_2 \quad (4\cdot69)$$

酸との反応の例：
$$Na_2O + 2HCl \longrightarrow 2NaCl + H_2O \quad (4\cdot70)$$
$$CaO + 2HCl \longrightarrow CaCl_2 + H_2O \quad (4\cdot71)$$

酸化アルミニウム Al_2O_3，酸化亜鉛 ZnO，酸化鉛(II) PbO など，両性元素の酸化物は，酸とも塩基とも反応するので，**両性酸化物**とよばれる．

酸との反応の例：
$$Al_2O_3 + 6HCl \longrightarrow 2AlCl_3 + 3H_2O \quad (4\cdot72)$$

塩基との反応の例：
$$Al_2O_3 + 2NaOH \longrightarrow 2NaAlO_2 + H_2O \quad (4\cdot73)$$

問15 次の反応を化学反応式で示せ．
(1) 酸化アルミニウムに硫酸を加える．
(2) 二酸化硫黄を水に溶かす．

(f) 水 の 電 離

1870年代にドイツの物理学者コールラウシュは，水から完全に不純物を取り除けば電気を通さないはずであると予想して，何度も水の蒸留を繰り返したが，電気伝導度は 0 にならず，一定値を示した．この原因は水に含まれている不純物によるものではなく，水そのものが次のように，極めてわずかであるが電離していると考えた．

$$H_2O \rightleftarrows H^+ + OH^- \quad (4\cdot74)$$

この反応の正方向と逆方向の反応の速さが等しくなり，H_2O, H^+, OH^- の間に**化学平衡**が成りたっていると，質量作用の法則を適用することができる．

$$K = \frac{[H^+][OH^-]}{[H_2O]} \quad (4\cdot75)$$

水の電離は極めて小さいので，平衡が成りたっているときの $[H_2O]$ はもとの水の濃度と変わらず，一定とみなすことができる．したがって，式 $(4\cdot75)$ は次のようにかきかえることができる．

$$K_w = K[H_2O] = [H^+][OH^-] \quad (4\cdot76)$$

この K_w は**水のイオン積**とよばれ，純水だけでなく，酸や塩基を加えた水溶液でも一定に保たれている．水溶液中では，H^+ が増加すれば OH^- が減少し，また H^+ が減少すれば OH^- が増加する．純粋な水では $[H^+]$ と $[OH^-]$ は等しく，25℃では 10^{-7} mol/l であるので，K_w の値は式 (4・76) から次のようになる．

$$K_w = (10^{-7} \mathrm{mol}/l)^2 = 10^{-14} (\mathrm{mol}/l)^2 \qquad (4・77)$$

K_w の値は温度が一定であれば，一定値をとるが，温度が上がれば少し大きくなる（表 4・12）．

表 4・12 水のイオン積

温度 [℃]	$K_w(\times 10^{-14})[(\mathrm{mol}/l)^2]$
0	0.185
10	0.292
15	0.451
20	0.682
25	1.01

[問 16] 次の各溶液の $[H^+]$ を求めよ．
(1) 0.02 mol/l の塩酸　　　　(2) 0.1 mol/l の硫酸
(3) $[OH^-] = 2 \times 10^{-3}$ mol/l の溶液
(4) 0.05 mol/l の水酸化ナトリウム水溶液
(5) 0.1 mol/l のアンモニア水（電離度 0.013）

(g) 水素イオン指数

水溶液中では $[H^+]$ と $[OH^-]$ の積は一定であり，中性では $[H^+]$ と $[OH^-]$ は等しい．したがって，水溶液の酸性，中性，塩基性などの性質と水素イオン濃度，水酸化物イオン濃度との関係は次のようになる．

酸性　　　$[H^+] > 10^{-7}$ mol/l $> [OH^-]$
中性　　　$[H^+] = 10^{-7}$ mol/l $= [OH^-]$
塩基性　　$[H^+] < 10^{-7}$ mol/l $< [OH^-]$

この関係からわかるように，水溶液の酸性，塩基性の度合いは $[H^+]$ でも $[OH^-]$ でも表わすことができるが，一般には $[H^+]$ が用いられている．この $[H^+]$ を簡便に表わすために，次のような水素イオン指数，**pH** が用いられている．

$$\mathbf{pH} = -\log[H^+] \qquad (4・78)$$

水素イオン濃度の対数[1]をとると負の数になるので，符号を変えて正の数にしている．pHを用いると水溶液の水素イオン濃度は図4・9のように0から14までの数値で表わすことができる．pH7が中性で，7より下は酸性，7より上は塩基性である．pHが1大きくなると，水素イオン濃度は10分の1になり，逆にpHが1小さくなると10倍になる．

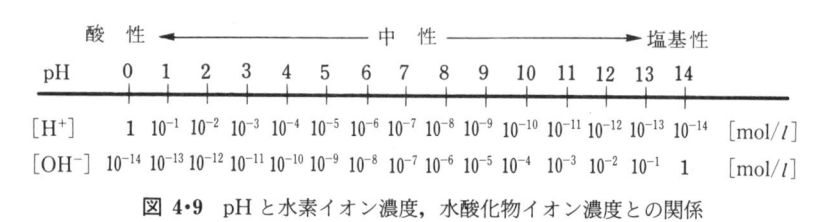

```
      酸 性 ←――――――― 中 性 ―――――――→ 塩基性
pH      0   1   2   3   4   5   6   7   8   9   10   11   12   13   14
```

$[H^+]$	1	10^{-1}	10^{-2}	10^{-3}	10^{-4}	10^{-5}	10^{-6}	10^{-7}	10^{-8}	10^{-9}	10^{-10}	10^{-11}	10^{-12}	10^{-13}	10^{-14}	[mol/l]
$[OH^-]$	10^{-14}	10^{-13}	10^{-12}	10^{-11}	10^{-10}	10^{-9}	10^{-8}	10^{-7}	10^{-6}	10^{-5}	10^{-4}	10^{-3}	10^{-2}	10^{-1}	1	[mol/l]

図 4・9 pHと水素イオン濃度，水酸化物イオン濃度との関係

[問17] 次の各溶液のpHを求めよ．
(1) 0.1 mol/l の塩酸
(2) 0.01 mol/l の水酸化ナトリウム水溶液
(3) 0.1 mol/l の酢酸水溶液（電離度 0.013）

(h) pHの測定と指示薬

朝顔やムラサキキャベツの色素が酸や塩基によって変色するように，多くの色素がpHによって変色する．およそのpHを知るには，このようなpHによる色素の色の変化を利用した**指示薬**が用いられている．表4・13に指示薬の種類，変色域，酸性，塩基性での色などを示す．指示薬の色素は多くの場合，弱酸であり，その分子の色と電離した時のイオンの色が異なるために変色する．指示薬をHIn(Inはindicator，指示薬)とすると，次の平衡が成りたち，水素イオン

表 4・13 指示薬の変色域

指示薬（略称）		酸性色	変色域	塩基性色
メチルオレンジ	(MO)	赤	3.1〜4.4	橙黄
メチルレッド	(MR)	赤	4.2〜6.3	黄
リトマス		赤	4.5〜8.3	青
ブロモチモールブルー	(BTB)	黄	6.0〜7.6	青
フェノールフタレイン	(PP)	無	8.3〜10.0	赤

---

1) 10^{-n} の常用対数は，$\log 10^{-n} = -n$ となる．

の濃度が変化すると平衡が移動し，指示薬の分子とイオンの濃度が変わって変色がおこる．

$$\text{HIn} \rightleftharpoons \text{H}^+ + \text{In}^- \tag{4·79}$$
（酸性時）　　　　　　（塩基性時）

指示薬はそれぞれの溶液としても用いるが，何種類かの指示薬をろ紙にしみこませ，広い pH 領域（たとえば pH1 から 12）で測定できるようにした万能 **pH 試験紙** もある．指示薬による pH の測定は，あくまでも目安である．正確な pH の測定は水素イオンに感応する電極を用いた **pH メーター** によらなければならない．pH メーターは，pH が既知で，pH の値が安定している溶液（緩衝液）を基準にして測定している．pH メーターの一例を図 4·10 に示す．

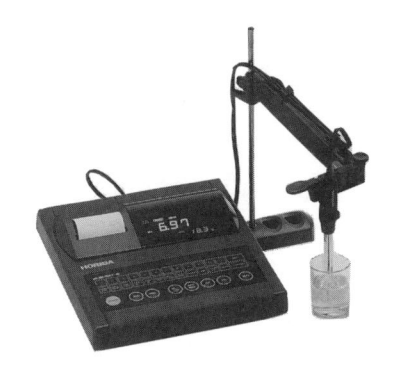

図 4·10　pH メーター

| コラム | 酸性雨 |

　雨水には空気中の CO_2 が溶けているので，雨水はすべて酸性を示す．しかし，これを酸性雨とはいわない．雨水に CO_2 が飽和した場合，その pH は 5.6 となるので，酸性雨は CO_2 以外の要因により，pH が 5.6 以下になった雨のことである．酸性雨の原因は工業の発展とともに，石炭や石油の燃焼により，空気中に排出された硫黄や窒素の酸化物にある．

　酸性雨には NH_4^+, Na^+, Ca^{2+} などの陽イオン，SO_4^{2-}, Cl^-, NO_3^- などの陰イオンなどが含まれ，これらの混合溶液の pH が 5.6 より小さくなっている．この影響は北欧諸国，米国北東部で著しく，森林の衰退，農作物の減収などを招いている．日本での雨水の pH の平均値は 4.4～5.1（1988 年）で，最低値も西ドイツや北米に比べやや高く，酸性雨の影響は顕著にみられないが，近い将来その影響が心配されている．

(2) 中 和 と 塩
(a) 中 和 反 応

塩酸と水酸化ナトリウムが反応すると，酸の性質も塩基の性質も打ち消される．このような酸と塩基の反応を**中和**といい，このときの反応式は次のようになる．

$$\text{HCl} + \text{NaOH} \longrightarrow \text{NaCl} + \text{H}_2\text{O} \qquad (4\cdot 80)$$

この反応では，HCl から電離して生じた H^+ と，NaOH から電離して生じた OH^- とが，次のように反応して水を生じる．

$$\text{H}^+ + \text{OH}^- \longrightarrow \text{H}_2\text{O} \qquad (4\cdot 81)$$

中和により，酸や塩基の性質が打ち消されるのはこのためである．また，このとき残った Na^+ と Cl^- は NaCl となる．これを一般に**塩**とよび，塩は塩基の陽イオンと酸の陰イオンが結合したものである．式 $(4\cdot 81)$ からわかるように，中和のときは H^+ と OH^- は 1 : 1 で反応している．したがって，中和は酸から生じる H^+ と，塩基から生じる OH^- の物質量が等しいときに，過不足なくおこることがわかる．

|問18| 次の酸と塩基の中和反応の反応式を示せ．
 (1) HNO_3 と KOH (2) H_2SO_4 と NaOH (3) HCl と Ca(OH)_2

(b) 塩の種類と性質

1価の酸と1価の塩基が中和すると，1種類の塩しか得られないが，2価以上の酸または塩基が反応すると中和の程度によって，塩の中に酸の H や塩基の OH が残った塩も生じる．たとえば，炭酸が水酸化ナトリウムと反応すると，次のように2種類の塩を生じる．

$$\left.\begin{array}{l}\text{H}_2\text{CO}_3 + \text{NaOH} \longrightarrow \text{NaHCO}_3 + \text{H}_2\text{O} \\ \text{NaHCO}_3 + \text{NaOH} \longrightarrow \text{Na}_2\text{CO}_3 + \text{H}_2\text{O}\end{array}\right\} \qquad (4\cdot 82)$$

また，塩基が2価の場合は OH が残ることもある．塩の中で KNO_3, Na_2SO_4 など電離できる H も OH も残っていない塩を**正塩**という．そして，NaHCO_3 や NaHSO_4 のような，H の残っている塩を**酸性塩**，MgCl(OH) のような OH の残っている塩を**塩基性塩**という．表 4·14 に塩の分類を示す．

表 4・14 塩の分類

塩の種類	塩の例
正塩	NaCl, KNO$_3$, NH$_4$Cl, Na$_2$CO$_3$
酸性塩	NaHCO$_3$, NaHSO$_4$, NaH$_2$PO$_4$
塩基性塩	CuCl(OH), MgCl(OH)

　これらの塩の分類は塩の化学式の組成による分類であって，塩の水溶液の性質（酸性，塩基性）を表わすものではない．たとえば，正塩の NH$_4$Cl は酸性，酸性塩の NaHCO$_3$ は塩基性，塩基性塩の MgCl(OH) は酸性である．塩の水溶液の性質は，塩が水に溶けた時，加水分解するかどうかによって決まる．

　たとえば，弱酸と強塩基の塩である酢酸ナトリウムを水に溶かした場合は次のようになる．酢酸ナトリウムは塩であるから，次の式のように，水に溶かすとほぼ完全に電離している．

$$\text{CH}_3\text{COONa} \longrightarrow \text{CH}_3\text{COO}^- + \text{Na}^+ \tag{4・83}$$

CH$_3$COOH は弱酸であるから，CH$_3$COO$^-$ は水から電離した H$^+$ と次のように反応する．

$$\text{CH}_3\text{COO}^- + \text{H}_2\text{O} \longrightarrow \text{CH}_3\text{COOH} + \text{OH}^- \tag{4・84}$$

この反応で H$^+$ が消費されると，溶液中には OH$^-$ が残るので，溶液は塩基性を示す．これは弱酸の陰イオンが水と反応して，弱酸にもどったもので，これを**加水分解**という．

　塩化アンモニウム水溶液の場合は，次のように電離している．

$$\text{NH}_4\text{Cl} \longrightarrow \text{NH}_4^+ + \text{Cl}^- \tag{4・85}$$

NH$_4^+$ は水と反応して，

$$\text{NH}_4^+ + \text{H}_2\text{O} \longrightarrow \text{NH}_3 + \text{H}_3\text{O}^+ \tag{4・86}$$

となり，この場合は加水分解がおこって，H$_3$O$^+$ が生じて溶液は酸性になる．

　このように弱酸と強塩基の塩の水溶液は，加水分解して塩基性となり，弱塩基と強酸の塩の水溶液は，加水分解して酸性となる．強酸と強塩基の塩の水溶液は，加水分解しないので中性である．

　塩は中和のほか，金属と酸，酸と塩基性酸化物，塩基と酸性酸化物などの反応によっても生じる．

(c) 塩 の 反 応

塩が酸，塩基や他の塩などと反応するとき，次のように反応が進む．

1) 弱酸の塩に強酸が作用すると，弱酸が生じる．

$$CH_3COONa + HCl \longrightarrow CH_3COOH + NaCl \qquad (4\cdot 87)$$

2) 弱塩基の塩に強塩基が作用すると，弱塩基が生じる．

$$NH_4Cl + NaOH \longrightarrow NaCl + H_2O + NH_3 \qquad (4\cdot 88)$$

3) 揮発性の酸の塩に不揮発性の酸が作用すると，揮発性の酸が生じる．

$$NaCl + H_2SO_4 \longrightarrow NaHSO_4 + HCl \qquad (4\cdot 89)$$

4) 塩と塩が反応して，難溶性の塩を生じる．

$$AgNO_3 + NaCl \longrightarrow AgCl\downarrow + NaNO_3 \qquad (4\cdot 90)$$

問19 次の塩は正塩，酸性塩，塩基性塩のいずれに属するか．
(1) $NaHCO_3$ (2) NH_4Cl (3) CH_3COONa (4) $NaHSO_4$
(5) $MgCl(OH)$

問20 次の塩の水溶液は塩基性，中性，酸性のいずれの性質を示すか．
(1) $FeCl_3$ (2) KCl (3) Na_2CO_3 (4) $CuSO_4$
(5) $(NH_4)_2SO_4$

参考 緩 衝 液

pH 変化に対して抵抗性のある溶液を**緩衝液**といい，酸や塩基を加えても pH の変化が少ない溶液である．化学反応を進めるとき，pH の影響を受ける場合は緩衝液を用いて，pH を一定に保って進められる．動植物中には緩衝液が多数あり，血液も pH 7.3 の一種の緩衝液で，pH が大きく変化しないようになっている．

緩衝液は弱酸とその塩，または弱塩基とその塩からつくることができる．酢酸と酢酸ナトリウムからなる緩衝液の場合，pH を一定に保つ緩衝作用は次のとおりである．酢酸と酢酸ナトリウムはそれぞれ次のように電離している．

$$CH_3COOH \rightleftarrows CH_3COO^- + H^+ \qquad (4\cdot 91)$$
$$CH_3COONa \rightleftarrows CH_3COO^- + Na^+ \qquad (4\cdot 92)$$

酢酸は弱酸であるから，式 (4・91) の平衡は左にかたよっている．一方，式 (4・92) の平衡は CH_3COONa が塩であるから右にかたよっている．したがって，この溶液中には式 (4・91) の左辺の CH_3COOH と，式 (4・92) で生じた CH_3COO^- と Na^+ が主として存在する．ここへ酸を加えると，H^+ は CH_3COO^- と結合し，CH_3COOH となり，塩基を加えると OH^- は式 (4・91) で生じた H^+ と結合し，H_2O となる．このとき

のH$^+$は式(4·91)の平衡が右へ移動して補給される．このように，酸を加えても，塩基を加えても，緩衝液中のイオンとの反応でH$^+$やOH$^-$が消費されるので，pHはあまり変化しない．

この緩衝液のpHを求めてみよう．式(4·91)に質量作用の法則を適用する．

$$K_a = \frac{[CH_3COO^-][H^+]}{[CH_3COOH]} \tag{4·93}$$

K_aは酢酸の電離定数であり，この式から[H$^+$]は

$$[H^+] = \frac{[CH_3COOH]}{[CH_3COO^-]} \times K_a \tag{4·94}$$

となる．CH$_3$COOH溶液の初めの濃度をC_A，CH$_3$COONa溶液の初めの濃度をC_Sとすると，[CH$_3$COOH]$\fallingdotseq C_A$，[CH$_3$COO$^-$]$\fallingdotseq C_S$であるから，この緩衝液のpHは

$$\mathrm{pH} = \log\frac{C_S}{C_A} - \log K_a \tag{4·95}$$

となり，CH$_3$COOH溶液とCH$_3$COONa溶液の濃度を選ぶことによって，必要なpHの緩衝液をつくることができる．この緩衝液のpHは酸性側であるが，アルカリ性側では，たとえば，アンモニア水と塩化アンモニウムの混合溶液が用いられる．

(d) 中和反応の量的な関係

塩酸と水酸化カルシウムの中和反応の量の関係を調べてみよう．

$$2HCl + Ca(OH)_2 \longrightarrow CaCl_2 + 2H_2O \tag{4·96}$$

この反応は中和であるから，塩酸から生じるH$^+$の物質量と，水酸化カルシウムから生じるOH$^-$の物質量が等しくなるように反応する．この場合，Ca(OH)$_2$が2価の塩基であるので，Ca(OH)$_2$ 1 molを中和するには2 molのHClが必要になる．この物質量の比は反応式(4·96)の係数の比と一致している．したがって，反応式がわかっていれば，酸，塩基も係数の比と等しい物質量の比で反応すると考えればよい．中和反応の量的な関係も，一般の化学反応の量的な関係と，まったく同じように取り扱うことができる．

酸，塩基が溶液の場合は，溶液に含まれている物質量を求めればよい．M [mol/l]の酸，または塩基の溶液V [ml]中には，$MV/1000$ [mol]の酸または塩基が含まれていることになる．

[**例題5**] (1) 純硫酸14.7 gを含む希硫酸を中和するには，水酸化ナトリウムが何g必要か．

(2) 0.5 mol/l の塩酸 160 ml を中和するには，水酸化カルシウムが何 g 必要か．

解　(1) NaOH が x[g] が必要であるとすると下記の式が成りたつ．

$$H_2SO_4 + 2NaOH \longrightarrow Na_2SO_4 + 2H_2O$$

$$\frac{H_2SO_4 \text{の質量}}{NaOH \text{の質量}} = \frac{98}{2 \times 40} = \frac{14.7}{x}$$

$$\therefore x = 12.0 \qquad \text{(答)}\quad 12.0\,\text{g}$$

(2) 溶液の場合は，溶液中に含まれている物質量を求め質量に直す．Ca(OH)$_2$ が y[g] 必要であるとする．

$$2HCl + Ca(OH)_2 \longrightarrow CaCl_2 + 2H_2O$$

$$\frac{HCl \text{の質量}}{Ca(OH)_2 \text{の質量}} = \frac{2 \times 36.5}{74} = \frac{36.5 \times \dfrac{0.5 \times 160}{1000}}{y}$$

$$\therefore y = 2.96 \qquad \text{(答)}\quad 2.96\,\text{g}$$

(e) 中 和 滴 定

1) 中和時の酸・塩基の濃度と体積の関係　酸と塩基の溶液が中和するときの，酸・塩基の価数，濃度，体積などの関係式を求めてみよう．

M[mol/l] の a 価の酸 V[ml] 中に含まれている H$^+$ の物質量は，次のようになる．

$$\frac{aMV}{1000}\,[\text{mol}] \qquad\qquad (4\cdot 97)$$

また，M'[mol/l] の a' 価の塩基 V'[ml] 中に含まれている OH$^-$ の物質量は，次のようになる．

$$\frac{a'M'V'}{1000}\,[\text{mol}] \qquad\qquad (4\cdot 98)$$

これらの酸と塩基が過不足なく中和すると，式 (4・97) ＝ 式 (4・98) となり，次の式が成りたつ．

$$\frac{aMV}{1000} = \frac{a'M'V'}{1000}$$

これから，

$$aMV = a'M'V' \qquad\qquad (4\cdot 99)$$

が求められる．この式で酸，塩基の価数 a, a' は既知であるから，それ以外の 4

つの未知数 M, V, M', V' のうち3つがわかれば，残りの1つの値を求めることができる．普通，酸や塩基の濃度がこの式により求められている．

問21　$0.1\,\mathrm{mol}/l$ の硫酸 $10\,\mathrm{m}l$ を過不足なく中和するには，$0.2\,\mathrm{mol}/l$ の水酸化ナトリウム水溶液が何 $\mathrm{m}l$ 必要か．

2）中和滴定　中和する時の酸・塩基の濃度と体積の関係式を用いて，濃度未知の酸または塩基の濃度を決めることができる．このときの実験操作を**中和滴定**という．中和滴定の一例として，濃度未知の塩酸の濃度を $0.1\,\mathrm{mol}/l$ の NaOH 水溶液を用いて決定する場合を次に示す．

（1）ビュレットに $0.1\,\mathrm{mol}/l$ の NaOH 水溶液を入れる．

（2）図 4・11（a）に示すように濃度未知の塩酸 $10\,\mathrm{m}l$ をホールピペットでコニカルビーカーに入れ，指示薬としてフェノールフタレイン溶液を数滴加える．

（3）図 4・11（b）に示すようにしてコニカルビーカーの塩酸に，ビュレットから $0.1\,\mathrm{mol}/l$ NaOH 水溶液を少しずつ滴下する．

（4）指示薬が変色して薄い紅色になり，中和点（滴定の終点）に達したら滴下を止め，ビュレットの目盛りを読み取り，滴下した NaOH 水溶液の体積を求める．

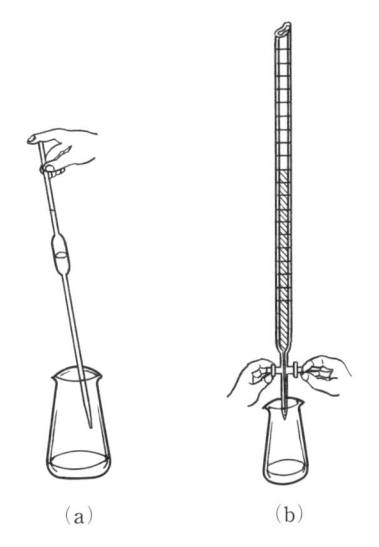

（a）　　　（b）　　図 4・11　中和滴定の操作

以上の中和滴定で，滴下したNaOH水溶液の体積が11.4 mlであったとすると，塩酸の濃度は次のようにして求められる．塩酸，水酸化ナトリウムはともに1価の酸，塩基であるからa, a'は1である．塩酸の濃度と体積，$M = x$ [mol/l]，$V = 10$ ml，および，NaOH水溶液の濃度と体積，$M' = 0.1$ mol/l，$V' = 11.4$ mlを式(4・99)に代入すると，

$$1 \times x \times 10 = 1 \times 0.1 \times 11.4, \qquad x = 0.114$$

となり，xすなわち塩酸の濃度は0.114 mol/lと決定できる．

問22 酢酸水溶液20 mlを，0.1 mol/lの水酸化ナトリウム水溶液で滴定したところ，12.5 mlで中和点に達した．酢酸水溶液の濃度を求めよ．

参考 グラム当量，規定度

酸，塩基の量をそれらから生じるH^+, OH^-の数を基準にして表わすこともできる．1 molのH^+またはOH^-を生じる，酸や塩基の質量を**1グラム当量**という．塩酸は1価であるから，塩酸1グラム当量は1 molに相当し，1グラム当量 = 36.5 gとなる．硫酸は2価で，1グラム当量は0.5 molに相当し，1グラム当量 = 98/2 = 49 gとなる．塩基の場合も，同じようにして求めることができる．

溶液1l中に含まれている酸や塩基の量を，グラム当量で表わす濃度の単位を**規定度[N]**という．この単位を用いて，中和するときの酸・塩基の濃度と体積の関係を調べてみよう．M [mol/l]のa価の酸の濃度を規定度で表わせば，aM[N]となり，M' [mol/l]のa'価の塩基の規定度は$a'M'$[N]となる．したがって，これらの規定度を新しい記号で表わし，$aM = n$, $a'M' = n'$とすると，n[N], V[ml]の酸がn'[N], V'[ml]の塩基と中和するときは，濃度と体積の関係式(4・99)から，次のようになる．

$$nV = n'V' \qquad\qquad (4 \cdot 100)$$

規定度を用いると，この式により酸・塩基の価数に関係なく濃度を求めることができる．

3) 滴定曲線 滴定のさい，滴下した試薬の量と，滴定中の溶液のpHの関係を示した曲線を**滴定曲線**という．滴定中の溶液のpHは，酸・塩基の強弱の組み合わせにより，異なったpH変化の過程をたどる．0.1 mol/lの塩酸10 mlまたは0.1 mol/l酢酸水溶液10 mlを，0.1 mol/lのNaOH水溶液または0.1 mol/lアンモニア水で滴定したときの滴定曲線を図4・12に示す．図の斜線の部分は指示薬の変色域である．pHの急上昇があるところが**中和点**であるから，こ

の点を検出するためには，その pH 領域に合った指示薬を用いる必要がある．

　塩酸のような強酸を水酸化ナトリウムのような強塩基で滴定した場合（曲線 A-C）は，広い pH 範囲にわたり pH の上昇があるので，指示薬はフェノールフタレインでもメチルレッドでもよい．強酸をアンモニアのような弱塩基で滴定した場合（曲線 A-D）は，中和点は酸性側にあるのでメチルレッドが適当であり，酢酸のような弱酸を強塩基で滴定した場合（曲線 B-C）はフェノールフタレインが適当である．

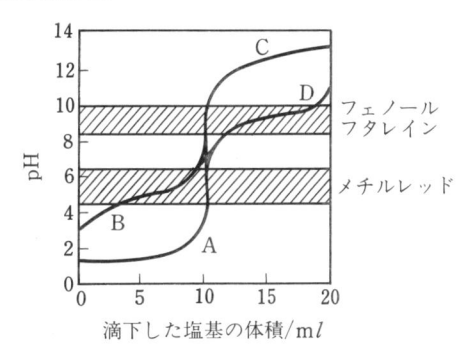

図 4·12　中和滴定の滴定曲線

4·4　酸化還元反応

　空気中で物が燃えることが酸化であり，酸化物から酸素を除くことが還元である．酸化還元は酸素だけでなく，水素や電子の授受からも説明できる．電池も電気分解も酸化，還元反応であり，ここでは広い意味の酸化還元について学ぶ．

（1）酸化還元

（a）酸化還元と酸素，水素

　銅片を空気中で加熱すると，美しい赤銅色は失われ，表面は黒い酸化銅(II)に変化する．これは銅が酸素と化合して酸化物になったためである．このように，物質が酸素と化合したとき，物質は**酸化された**という．

$$2Cu + O_2 \longrightarrow 2CuO \tag{4·101}$$

表面が黒くなった銅片を高温にして水素気流中に置くと，次の反応によりもとの赤銅色にもどる．

$$CuO + H_2 \longrightarrow Cu + H_2O \qquad (4\cdot102)$$

これは酸化銅(II)が酸素を失い，もとの銅にもどったためで，このように酸化物が酸素を失うことを**還元された**という．

　式 (4·102) の反応の水素の働きをみると，式 (4·101) 中の酸素とは逆の働きをしているので，水素を中心にして酸化還元を定義することもできる．この場合は，物質が水素と化合することは還元されることであり，物質が水素を失うことは酸化されることである．

　たとえば，硫化水素と塩素が反応すると，次のように硫黄を生じる．

$$\underset{酸化された}{\overset{還元された}{H_2S + Cl_2 \longrightarrow 2HCl + S}} \qquad (4\cdot103)$$

この反応では，矢印で示されているように，Cl_2 は H 原子と化合して HCl となっているので，Cl_2 は H_2S により還元されている．また，H_2S は H 原子を失って，S となっているので，H_2S は Cl_2 により酸化されていることになる．

(b) 酸化還元と電子

　酸化還元は電子の授受からも説明することができる．たとえば，銅が酸化されて黒色の酸化銅(II)が生じる反応式 (4·101) は，電子の授受という観点から，次式で示される．

$$2Cu \longrightarrow 2Cu^{2+} + 4e^- \qquad (4\cdot104)$$
$$O_2 + 4e^- \longrightarrow 2O^{2-} \qquad (4\cdot105)$$

Cu が酸化されることは，式 (4·104) からわかるように Cu が電子を失うことに相当する．したがって，酸化とは物質が電子を失うことである．また，式 (4·105) で O_2 は電子を受け取っているので，これを O_2 が還元されたという．

　たとえば，銅は塩素中で激しく燃焼して塩化銅(II) $CuCl_2$ を生じる．

$$Cu + Cl_2 \longrightarrow Cu^{2+}(Cl^-)_2 \qquad (4\cdot106)$$

このとき，Cu は電子を失っているので，酸化されていることになり，Cl_2 は電子を受け取っているので，還元されていることになる．この反応には酸素も水

素も関与していないが，電子の授受から酸化や還元がおこっていることがわかる．

(c) 酸化数

銅と塩素が反応して生じる $CuCl_2$ や，マグネシウムが空気中で燃焼して生じる MgO はイオン結合であるから，それらの生成の反応の酸化還元はイオンの生成のときの電子の授受からも判定することができる．しかし，炭素が燃えて CO_2 を生じる反応では，CO_2 が共有結合であるので，電子の授受からは酸化還元の判定はできない．

そこで，イオン結合，共有結合の区別なく，酸化還元を広く説明できるように，関係する物質の原子に酸化数という数値が与えられている．**酸化数**は次のように決められている．

① 単体中の原子の酸化数は 0 とする．
② 単原子イオンの酸化数はイオンの価数に等しい．
③ 化合物中の酸素原子の酸化数は -2，水素原子は $+1$ とする．化合物中の各原子の酸化数の総和は 0 である．金属の水素化物，過酸化物で一部例外がある．
④ 多原子イオン中の原子の酸化数の総和はイオンの価数に等しい．

|問23| 次の化合物またはイオン中の下線を引いた原子の酸化数を求めよ．
 (1) $H\underline{N}O_3$ (2) $\underline{Fe}_2O_3$ (3) $\underline{C}O_3^{2-}$ (4) $\underline{Cl}_2$ (5) $\underline{Cr}_2O_7^{2-}$

|問24| 次の物質中の S 原子の酸化数を求めよ．
 (1) H_2S (2) S_8 (3) SO_2 (4) H_2SO_3 (5) H_2SO_4

(d) 酸化数と酸化還元

酸化鉄(III)は次の反応により，高温の水素気流中で鉄に変化する．

$$Fe_2O_3 + 3H_2 \longrightarrow 2Fe + 3H_2O \qquad (4 \cdot 107)$$

（酸化：$H_2 \to H_2O$，還元：$Fe_2O_3 \to Fe$）

この反応では，矢印で示したとおり，水素は酸化されて H_2O になり，Fe_2O_3 は還元されて Fe になっている．このときの H と Fe 原子の酸化数の変化をみる

と，Hは0から+1へと増加し，Feは+3から0へと減少している．このことから，酸化されると酸化数は増加し，還元されると酸化数は減少していることがわかる．酸化還元は酸素，水素，電子によって説明できるが，酸化数によっても次のように定義される．

「物質中の原子の酸化数が増加したとき，その物質またはその原子が酸化されたといい，物質中の原子の酸化数が減少したとき，還元されたという．」

[問25] 次の化学反応で，酸化または，還元されている物質を式 ($4\cdot 107$) のように矢印で示し，酸化，還元を明示せよ．
(1) $2KI + Cl_2 \longrightarrow 2KCl + I_2$
(2) $2FeCl_3 + SnCl_2 \longrightarrow 2FeCl_2 + SnCl_4$
(3) $2NO + O_2 \longrightarrow 2NO_2$
(4) $Zn + H_2SO_4 \longrightarrow ZnSO_4 + H_2$

(e) 酸化剤，還元剤

　塩素や硝酸など，他の物質を酸化することができる物質を**酸化剤**といい，二酸化硫黄，水素など，他の物質を還元することができる物質を**還元剤**という．酸化剤は還元されやすい物質で，還元剤は酸化されやすい物質である．おもな酸化剤，還元剤の電子に関する反応式を表 $4\cdot 15$ に示す．酸化剤は，この式と，相手の物質が酸化される式とを組み合わし，また，還元剤は相手の物質が還元される式とを組み合わし，酸化還元の反応式をつくることができる．

　表 $4\cdot 15$ は酸化剤，還元剤の主として反応がおこる方向を示している．酸化剤，還元剤の強さは絶対的なものでなく，反応の相手によって決まってくる．たとえば，SO_2 は還元剤であるが，酸化剤になることもある．

$$Br_2 + SO_2 + 2H_2O \longrightarrow 2HBr + H_2SO_4 \quad (4\cdot 108)$$
$$2H_2S + SO_2 \longrightarrow 3S + 2H_2O \quad (4\cdot 109)$$

式 ($4\cdot 108$) では SO_2 は還元剤として働いているが，式 ($4\cdot 109$) では酸化剤として働いている．H_2O_2 も反応する相手の物質により，酸化剤にも還元剤にもなる．

表 4·15　酸化剤，還元剤

	物質	電子に関する式
酸化剤	O_3	$O_3 + 2H^+ + 2e^- \longrightarrow O_2 + H_2O$
	H_2O_2	$H_2O_2 + 2H^+ + 2e^- \longrightarrow 2H_2O$
	$KMnO_4$	$MnO_4^- + 8H^+ + 5e^- \longrightarrow Mn^{2+} + 4H_2O$
	Cl_2	$Cl_2 + 2e^- \longrightarrow 2Cl^-$
	$K_2Cr_2O_7$	$Cr_2O_7^{2-} + 14H^+ + 6e^- \longrightarrow 2Cr^{3+} + 7H_2O$
	HNO_3(希)	$NO_3^- + 4H^+ + 3e^- \longrightarrow NO + 2H_2O$
	HNO_3(濃)	$NO_3^- + 2H^+ + e^- \longrightarrow NO_2 + H_2O$
	H_2SO_4(濃)	$SO_4^{2-} + 4H^+ + 2e^- \longrightarrow SO_2 + 2H_2O$
還元剤	$FeSO_4$	$Fe^{2+} \longrightarrow Fe^{3+} + e^-$
	H_2O_2	$H_2O_2 \longrightarrow O_2 + 2H^+ + 2e^-$
	KI	$2I^- \longrightarrow I_2 + 2e^-$
	SO_2	$SO_2 + 2H_2O \longrightarrow SO_4^{2-} + 4H^+ + 2e^-$
	$SnCl_2$	$Sn^{2+} \longrightarrow Sn^{4+} + 2e^-$
	H_2S	$H_2S \longrightarrow S + 2H^+ + 2e^-$
	H_2	$H_2 \longrightarrow 2H^+ + 2e^-$
	$H_2C_2O_4$	$H_2C_2O_4 \longrightarrow 2CO_2 + 2H^+ + 2e^-$
	Na	$Na \longrightarrow Na^+ + e^-$

酸化還元反応の電子の授受からみた反応式のつくり方[1]

[例1] 濃硫酸の酸化作用

（1）濃硫酸は酸化作用をすると，SO_4^{2-} が SO_2 に変化する．

$$SO_4^{2-} \longrightarrow SO_2 \qquad ①$$

（2）両辺の酸素原子数を等しくするために，右辺に 2H<u>$_2$O</u> を加える．

$$SO_4^{2-} \longrightarrow SO_2 + 2H_2O \qquad ②$$

（3）両辺の水素原子数を等しくするために，左辺に 4<u>H$^+$</u> を加える．

$$SO_4^{2-} + 4H^+ \longrightarrow SO_2 + 2H_2O \qquad ③$$

（4）両辺の電荷を等しくするために，左辺に 2<u>e$^-$</u> を加える．

$$\mathbf{SO_4^{2-} + 4H^+ + 2e^- \longrightarrow SO_2 + 2H_2O} \qquad ④$$

濃硫酸は④の反応式に示されているように，他の物質から電子を受け取り，自らは還元される傾向が強いので酸化剤となる．電子に関する化学反応式は，酸化剤，還元剤とも，この方法によって導くことができる．

1）酸化還元の反応式は電子のほか O，H の授受からもつくることができる．

[例2] 塩素とヨウ化カリウム水溶液との反応

ヨウ化カリウム水溶液に，塩素ガスを通じるとヨウ素が生じる．このとき，塩素は酸化剤として働いている．化学反応式は次のようになる．

（1） Cl_2 の酸化作用を示す電子に関する反応式（表 4・15 参照）
$$Cl_2 + 2e^- \longrightarrow 2Cl^- \qquad ①$$

（2） I^- が酸化されて I_2 になる式（表 4・15 参照）
$$2I^- \longrightarrow I_2 + 2e^- \qquad ②$$

（3） ①＋②により e^- を消去する．
$$Cl_2 + 2I^- \longrightarrow 2Cl^- + I_2 \qquad ③$$

（4） 最初用いたのは KI であるから，この式の両辺に $2K^+$ を加え，イオンの式を普通の式にする．
$$Cl_2 + 2KI \longrightarrow 2KCl + I_2 \qquad ④$$

[例3] 銅と濃硫酸の反応

銅は塩酸や希硫酸には溶けないが，熱濃硫酸には溶ける．これは濃硫酸には酸化作用があるためで，濃硫酸の酸化作用の電子に関する式を用いると，銅と濃硫酸の化学反応式を導くことができる．

（1） 濃硫酸の酸化作用の式（表 4・15 参照）
$$SO_4^{2-} + 4H^+ + 2e^- \longrightarrow SO_2 + 2H_2O \qquad ①$$

（2） 銅が酸化されて，銅イオンになる式
$$Cu \longrightarrow Cu^{2+} + 2e^- \qquad ②$$

（3） ①＋②により e^- を消去する．
$$Cu + 4H^+ + SO_4^{2-} \longrightarrow Cu^{2+} + SO_2 + 2H_2O \qquad ③$$

（4） ③の両辺に SO_4^{2-} を加えて普通の式にする．
$$Cu + 2H_2SO_4 \longrightarrow CuSO_4 + SO_2 + 2H_2O \qquad ④$$

この反応では銅は硫酸により酸化されて硫酸銅になり，硫酸は銅により還元されて二酸化硫黄になっている．

[例4] 硫酸酸性の過マンガン酸カリウムと硫酸鉄(II)の反応

（1） $KMnO_4$ の酸化作用の電子に関する式（表 4・15 参照）
$$MnO_4^- + 8H^+ + 5e^- \longrightarrow Mn^{2+} + 4H_2O \qquad ①$$

（2） Fe^{2+} が酸化されて Fe^{3+} になる式（表 4・15 参照）

$$\text{Fe}^{2+} \longrightarrow \text{Fe}^{3+} + \text{e}^- \qquad ②$$

（3） ① ＋ ② × 5 より e^- を消去する．

$$\text{MnO}_4^- + 8\text{H}^+ + 5\text{Fe}^{2+} \longrightarrow \text{Mn}^{2+} + 5\text{Fe}^{3+} + 4\text{H}_2\text{O} \quad ③$$

（4） この式の両辺を2倍して，はじめに用いた試薬の陽イオン（2K^+），陰イオン（18SO_4^{2-}）を加えて普通の式にする．

$2\text{KMnO}_4 + 8\text{H}_2\text{SO}_4 + 10\text{FeSO}_4$
$$\longrightarrow \mathbf{K_2SO_4 + 2MnSO_4 + 5\,Fe_2(SO_4)_3 + 8H_2O} \quad ④$$

[問26] 次の酸化剤または還元剤の変化を知って，電子の授受に関する反応式をつくれ．
（1） $\text{Cr}_2\text{O}_7^{2-} \longrightarrow \text{Cr}^{3+}$ （2） $\text{SO}_2 \longrightarrow \text{SO}_4^{2-}$

[酸化還元滴定]

酸化還元反応を利用した滴定によって，酸化剤や還元剤の濃度を求めることができる．この操作を酸化還元滴定という．たとえば，$0.1\,\text{mol}/l$ の KMnO_4 水溶液により，濃度未知の過酸化水素水の濃度を求めてみよう．過酸化水素水を20倍にうすめ，その $10\,\text{m}l$ を硫酸酸性にして，$0.1\,\text{mol}/l$ の KMnO_4 水溶液で滴定した．すると，KMnO_4 水溶液 $4.70\,\text{m}l$ の滴下で，酸素の発生はなくなり，紫色も消えなくなった．このときの反応は次の式で表わされる．

$$2\text{KMnO}_4 + 3\text{H}_2\text{SO}_4 + 5\text{H}_2\text{O}_2 \longrightarrow \text{K}_2\text{SO}_4 + 2\text{MnSO}_4 + 8\text{H}_2\text{O} + 5\text{O}_2$$
$$(4 \cdot 110)$$

この反応式から KMnO_4 と H_2O_2 は 2 : 5 の物質量の比で反応していることがわかる．うすめた過酸化水素水の濃度を $x\,\text{mol}/l$ として，滴定により反応した KMnO_4 と H_2O_2 の物質量の比をとると次の式が成りたつ．

$$\frac{\text{KMnO}_4 \text{の物質量}}{\text{H}_2\text{O}_2 \text{の物質量}} = \frac{\dfrac{0.1 \times 4.70}{1000}}{\dfrac{x \times 10}{1000}} = \frac{2}{5}$$

$$\therefore \quad x = 0.118\,\text{mol}/l$$

うすめる前の過酸化水素水の密度を $1\,\text{g/cm}^3$ とすると，その濃度 $y\,[\%]$ は次のようになる．

$$1000 \times \frac{y}{100} \times \frac{1}{34} \times \frac{1}{20} = 0.118$$

$$y = 8.0\%$$

この過酸化水素水の原濃度は 8.0% である．他の酸化還元滴定の場合も，滴定の反応の反応式の物質量の関係から濃度を求めることができる．

（f） 金属のイオン化傾向

金属を水に浸すと金属は溶け出し，イオンになろうとする．これを金属の**イオン化傾向**といい，K や Ca のように水と激しく反応して陽イオンになるものから，ほとんどイオンにならない Au まで，すべての金属は固有のイオン化傾向をもっている．おもな金属のイオン化傾向の順を次に示す．これを**イオン化列**という．

K　Ca　Na　Mg　Al　Zn　Fe　Ni　Sn　Pb　(H)　Cu　Hg　Ag　Pt　Au

大　←────────── イオン化傾向 ──────────→　小

金属イオンを含む溶液にさまざまな金属を浸したとき，反応がおこるかどうかはイオン化傾向により決まる．たとえば，硝酸銀溶液に銅板を入れると，銅が溶け出して溶液が青くなり，銅板の表面には銀が析出する．これは銀より銅の方がイオン化傾向が大きいので，銅がイオンになって溶け出し，銀イオンが金属の銀になるためである．このときの化学反応式は次のようになる．

$$Cu \longrightarrow Cu^{2+} + 2e^- \qquad (4\cdot 111)$$

$$2Ag^+ + 2e^- \longrightarrow 2Ag \qquad (4\cdot 112)$$

式 (4・111) と式 (4・112) の両辺をそれぞれ加えると，次の式が得られる．

$$Cu + 2Ag^+ \longrightarrow Cu^{2+} + 2Ag \qquad (4\cdot 113)$$

この場合，イオン化傾向が，溶液中でイオンになっている金属 (Ag) よりも浸した金属 (Cu) の方が大きいので，上のような反応がおきている．イオン化傾向が逆の場合，たとえば，硫酸銅(II)水溶液に銀板を入れても反応はおきない．

表 4・16 に金属のイオン化傾向と化学的性質の関係を示す．表に示されているように，金属のイオン化傾向と化学的性質には密接な関係があり，イオン化傾向が大きいほど反応性に富むことがよくわかる．

たとえば，金属と水の反応をみると，K，Na，Ca は常温の水と激しく反応

4・4 酸化還元反応

表 4・16 金属のイオン化傾向と化学的性質

	K Ca Na	Mg Al Zn Fe	Ni Sn Pb (H) Cu	Hg Ag	Pt Au
空気中の酸素(常温)	中まで酸化される	表面が酸化物となる		反応しない	
水	常温で反応水素発生	高温の水蒸気と反応し水素発生	反応しない		
酸	希酸と反応し水素を発生する			硝酸などの酸化作用のある酸には溶ける	王水にだけ溶ける

し，水酸化物となり，水素を発生する．

$$2Na + 2H_2O \longrightarrow 2NaOH + H_2\uparrow \qquad (4\cdot114)$$

$$Ca + 2H_2O \longrightarrow Ca(OH)_2 + H_2\uparrow \qquad (4\cdot115)$$

Mg は常温の水とは反応しなくなり，高温の水と反応する．

$$Mg + 2H_2O \longrightarrow Mg(OH)_2 + H_2\uparrow \qquad (4\cdot116)$$

Al, Zn, Fe は高温の水蒸気と反応し，金属の酸化物を生じる．

$$3Fe + 4H_2O \longrightarrow Fe_3O_4 + 4H_2\uparrow \qquad (4\cdot117)$$

Ni よりイオン化傾向の小さい金属は，もはや高温の水蒸気でも反応しない．

　金属と空気中の酸素との反応や，金属と酸との反応もイオン化傾向と深い関係がある．水素よりもイオン化傾向の大きい Fe や Zn などの金属は，希硫酸や塩酸などと反応して水素を発生する．

$$Fe + 2HCl \longrightarrow FeCl_2 + H_2\uparrow \qquad (4\cdot118)$$

$$Zn + H_2SO_4 \longrightarrow ZnSO_4 + H_2\uparrow \qquad (4\cdot119)$$

水素よりもイオン化傾向の小さい Cu, Hg, Ag は，塩酸や希硫酸とは反応しないが，酸化作用のある濃硫酸，希硝酸，濃硝酸とは反応する．

$$Cu + 2H_2SO_4(濃) \longrightarrow CuSO_4 + SO_2 + 2H_2O \qquad (4\cdot120)$$

$$Ag + 2HNO_3(濃) \longrightarrow AgNO_3 + NO_2 + H_2O \qquad (4\cdot121)$$

　イオン化傾向のさらに小さい Pt, Au は，**王水**という濃硝酸と濃塩酸の体積比で1:3の混合物とは反応する．

問27　硫酸銅(II)水溶液に鉄板を浸したとき，および，酢酸鉛水溶液に亜鉛の粒を糸でつるしたときの変化をイオン反応式で示せ．

問28　希硝酸の酸化作用の電子に関する式を用いて，銅と希硝酸の反応式をつくれ．

(2) 電 池

化学変化で発生するエネルギーを電気エネルギーに変えて,電流として取り出す装置が**電池**である.電池は負極,正極の電極と電解液からなり,負極では酸化反応が,正極では還元反応がおきて電流を発生させている.

(a) ボ ル タ 電 池

この電池は図4・13のように電極として亜鉛板(Zn)と銅板(Cu)を,電解液として希硫酸を用いている.この電池を電池の構成を示す図,すなわち**電池図**で書くと次のようになる.縦の線は固体と液体の境界を表わし,起電力はここで発生している.

$$(-)\mathrm{Zn}\,|\,\mathrm{H_2SO_4}\,|\,\mathrm{Cu}(+) \qquad 起電力 1.1\,\mathrm{V} \qquad (4\cdot 122)$$

この電池の電極はZnとCuであるが,電極での反応に関与しているのはZnと硫酸から電離した$\mathrm{H^+}$である.この電池では,Znは水素よりイオン化傾向が大きいので,溶液へイオンとなって溶け出し,電極には電子が残る.Zn板とCu板が電球などでつながれていると,その電子はCu板へ伝わり,Cu板の表面で溶液中の$\mathrm{H^+}$と反応して$\mathrm{H^+}$は気体の水素となる.この電池の両電極での反応は次のとおりである.

$$\left.\begin{array}{ll} 負極 & \mathrm{Zn} \longrightarrow \mathrm{Zn^{2+}} + 2\mathrm{e^-} \\ 正極 & 2\mathrm{H^+} + 2\mathrm{e^-} \longrightarrow \mathrm{H_2} \end{array}\right\} \qquad (4\cdot 123)$$

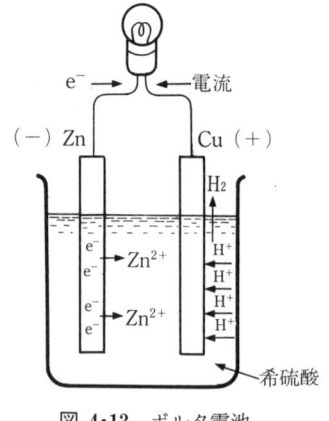

図 4・13 ボルタ電池

この反応が続けば電流も持続するが，豆電球を点灯して，しばらくすると電流は流れなくなる．この原因は Cu 板の表面に発生した H_2 が付着し，Cu 表面での H^+ の反応をさまたげることと，発生した H_2 が $H_2 \longrightarrow 2H^+ + 2e^-$ の反応を起こして，逆起電力を生じるためである．このような現象は**電池の分極**とよばれ，分極を防ぐために，ボルタ電池の場合は，過酸化水素水や二クロム酸カリウム水溶液などの酸化剤が用いられる．このような酸化剤を**減極剤**という．

（b） ダニエル電池

ダニエル電池の電池図は次のとおりで，たて二重線（‖）の記号は素焼板や塩橋を表わし，ここではイオンは移動できるが起電力は発生しない．

$$(-)\mathbf{Zn}|\mathbf{ZnSO_4}\|\mathbf{CuSO_4}|\mathbf{Cu}(+) \qquad \text{起電力 1.1 V} \qquad (4\cdot124)$$

図 4・14 はダニエル電池の原理を示し，左側の容器にはうすい $ZnSO_4$ 溶液と亜鉛板が入り，右側の容器には濃い $CuSO_4$ 溶液と銅板が入っている．これらの容器は**塩橋**という，寒天で固めた KCl などの塩の飽和溶液が入ったガラス管で結ばれている．両極を電球などで結ぶと，Zn 極では Zn が Zn^{2+} になって溶解して，e^- が電極に残る．この e^- は導線により Cu 極へ伝わり，溶液中の Cu^{2+} と反応し Cu を生成する．この e^- の Zn 極から Cu 極への移動は，電流が Cu 極から Zn 極に流れたことになり，Zn 極が負極で Cu 極が正極となる．両極の反応を次に示す．

$$\text{負極} \quad Zn \longrightarrow Zn^{2+} + 2e^- \qquad (4\cdot125)$$

$$\text{正極} \quad Cu^{2+} + 2e^- \longrightarrow Cu \qquad (4\cdot126)$$

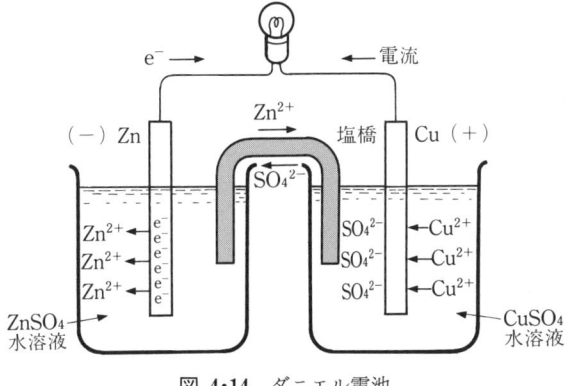

図 4・14 ダニエル電池

式 (4・125) + 式 (4・126) から全体の反応式は次のようになる．

$$Zn + Cu^{2+} \longrightarrow Zn^{2+} + Cu \qquad (4\cdot127)$$

負極側では Zn^{2+} が生成し，正極側では Cu^{2+} が消費されるので，負極側では陰イオンが不足し，正極側では陰イオンがあまる．この電荷の不均衡を解消するために，Zn^{2+} または SO_4^{2-} が塩橋を通じて移動している．

(c) マンガン乾電池

マンガン乾電池は歴史も古く，ルクランシェ電池を携帯用に改良したもので，現在，もっとも広範囲に使用されている大切な電池である．この電池の電解液は1970年代までは NH_4Cl が主成分であったが，今では，ほとんど NH_4Cl(1〜5%)，$ZnCl_2$(25〜35%) の組成となっている．マンガン乾電池の電池図は次のとおりで構造を図 4・15 に示す．

$$(-)Zn\,|\,ZnCl_2,\ NH_4Cl\,|\,MnO_2,\ C(+) \qquad 起電力\ 1.5\,V \qquad (4\cdot128)$$

この電池は円筒状の負電極をかねた Zn の容器の内側に，デンプンを塗った隔離膜を置き，MnO_2 と炭素の粉末を電解液（NH_4Cl，$ZnCl_2$，デンプンを含む）で練りまぜて容器に入れ，導電体として炭素棒（集電棒）が中心に入っている．隔離膜には電解質が浸透し，デンプンにより保持されている．この電池の反応は複雑で，現在わかっているおもな反応は次のとおりである．

$$\left.\begin{array}{ll} 負極 & Zn \longrightarrow Zn^{2+} + 2e^- \\ 正極 & MnO_2 + NH_4^+ + e^- \longrightarrow MnO(OH) + NH_3 \end{array}\right\} \quad (4\cdot129)$$

放電により生成した負極の Zn^{2+}，正極の $MnO(OH)$，NH_3 は，電解液中の

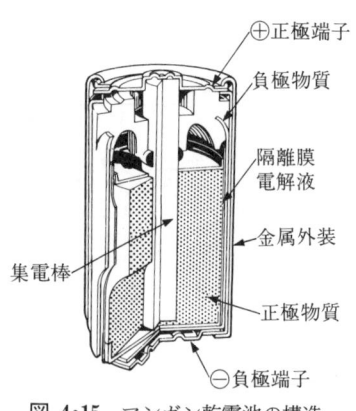

図 4・15 マンガン乾電池の構造

NH₄Cl, ZnCl₂ などと，さらに反応して他の化合物になり，主反応が持続するようになっている．

(d) 鉛 蓄 電 池

マンガン乾電池は一度放電すると，電圧を回復させることはできない．このような電池を**一次電池**といい，充電可能な電池を**二次電池**という．二次電池の代表的なものは，自動車に用いられている**鉛蓄電池**である．この電池の構造を図 4·16 に示す．この電池の電池図は次のとおりである．

$$(-)\mathrm{Pb}\,|\,\mathrm{H_2SO_4}\,|\,\mathrm{PbO_2}(+) \qquad 起電力\ 2.1\,\mathrm{V} \qquad (4\cdot130)$$

この電池は負極の鉛板と正極の酸化鉛(IV)板を隔離膜をへだてて交互に並べ，希硫酸（約 35%，1.26 g/cm³）中に浸したものである．この電池の電極反応は次のとおりである．

$$負極 \quad \mathrm{Pb} + \mathrm{SO_4^{2-}} \rightleftharpoons \mathrm{PbSO_4} + 2e^- \qquad (4\cdot131)$$

$$正極 \quad \mathrm{PbO_2} + 4\mathrm{H}^+ + \mathrm{SO_4^{2-}} + 2e^- \rightleftharpoons \mathrm{PbSO_4} + 2\mathrm{H_2O}$$
$$(4\cdot132)$$

放電すると，これらの反応が右向きに進み，両極とも PbSO₄ が生成し，極板の表面には難溶性の白い PbSO₄ が付着する．同時に，この反応では硫酸を消費するので，電解液の希硫酸の濃度はうすくなり，密度も小さくなる．

この電池の全体の反応は式 (4·131) + 式 (4·132) により，

$$\mathrm{Pb} + \mathrm{PbO_2} + 2\mathrm{H_2SO_4} \rightleftharpoons 2\mathrm{PbSO_4} + 2\mathrm{H_2O} \qquad (4\cdot133)$$

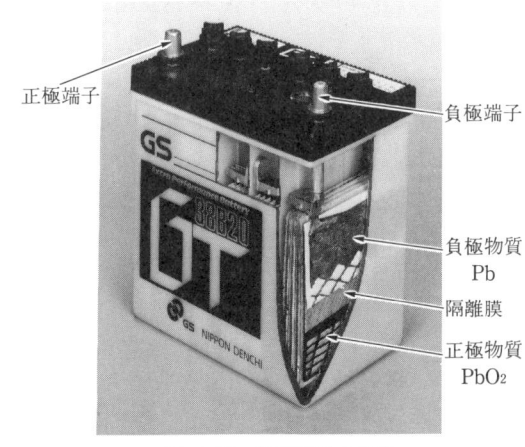

図 4·16 鉛蓄電池の構造

となる．放電が進むと起電力は徐々に下がるが，この電池は放電とは逆方向に電流を流すと，式 (4・133) の反応が逆におこり，起電力は回復する．この操作を**充電**という．

コラム 電池の話

　懐中電灯をはじめ，ヘッドホンステレオ，テレビやエアコンのリモコン，卓上計算器などは電池がなければ，まったく役にたたない．わが国で消費される一次電池の中で，消費量の最も多いのはマンガン乾電池であり，年間1人当り18.6個 (1990年) で世界一である．電池の大きさでみると，需要の中心は単1，単2から単3，単4に移り，徐々に小型化している．これは電気器具，電子機器の小型化，IC化によるものである．

　マンガン乾電池以外にも，機器の進歩に伴って，多くの種類の電池が開発され，電池系で分類しても35種類を超えている．電池の形状も円筒形から，ボタン型，コイン型，ペーパー状などさまざまである．表4・17に電池を示す．アルカリマンガン電池はマンガン乾電池にくらべ，容量が大きく取り出せる電流も大きい．リチウム電池は起電力が高く，保存性が良いので，カメラ，体温計，コンピュータのメモリのバックアップに使われ，酸化銀電池は電圧が安定しているので，時計に使われている．ニッケル・カドミウム電池は充電し，繰返し使用できる代表的な二次電池の1種で，ビデオカメラ，シェーバー，電動工具などに使われている．このように，小さな電池も，我々の生活を快適にするために大変役立つ，大きな縁の下の力もちであるといえる．

表 4・17　おもな電池

電池名	負極	電解質	正極	起電力 [V]
アルカリマンガン電池	Zn	KOH	MnO_2	1.5
リチウム電池	Li	有機溶媒	MnO_2	3
酸化銀電池	Zn	KOH または NaOH	Ag_2O	1.55
ニッケル・カドミウム電池	Cd	KOH	NiO(OH)	1.2

(e) 単 極 電 位

　金属をそのイオンの溶液に浸すと，金属がイオンになり，金属には電子が残って，溶液中の金属の周りは金属の陽イオンで取り囲まれる．そして，次のよ

うな平衡が成立して，金属Mが溶液に対して固有の電位をもつようになる．

$$M^{n+} + ne^- \rightleftarrows M \quad (4\cdot134)$$

この電位を**単極電位**または標準電極電位という．この反応を電池図で示せば，$M|M^{n+}$ となり，これだけでは電池とはならないので，これを**半電池**という．この電位を測定するには，もう1つ対極となる電極が必要である．対極としては**水素電極**が用いられ，この電極の電位を0Vとして，すべての単極電位の基準としている．

図4・17に金属の単極電位を，水素電極を用いて測定するときの模式図を示す．図の左側が測定しようとする金属の半電池で，右側が水素基準電極で，互いに塩橋で結ばれている．水素電極の電池式は $H^+|H_2$, Pt で示され，$1\,\text{mol}/l$ のHCl に Pt 板を浸し，下から1気圧の水素ガスを通じている．このときの反応式は次のとおりで，この単極電位を0Vとしている．

$$2H^+ + 2e^- \longrightarrow H_2 \quad E_{H_2} = 0.00\,\text{V} \quad (4\cdot135)$$

Cu板，Zn板をそれぞれのイオンの $1\,\text{mol}/l$ の溶液に入れ，水素電極を対極として測定したときの反応式と電位は次のようになる．

$$Cu^{2+} + 2e^- \longrightarrow Cu \quad E_{Cu} = +0.337\,\text{V} \quad (4\cdot136)$$

$$Zn^{2+} + 2e^- \longrightarrow Zn \quad E_{Zn} = -0.763\,\text{V} \quad (4\cdot137)$$

これが**単極電位**であり，これを利用すると，電池の反応の方向や**起電力**を求めることができる．式 (4・136) と式 (4・137) を組み合わせて電池を構成すると，単極電位の高い方の反応は右に，低い方は左に進む．したがって，式 (4・136) と，式 (4・137) を逆向きにした反応式を組み合わせて e^- を消去すると，CuとZnで構成した電池の反応は次のように求められる．

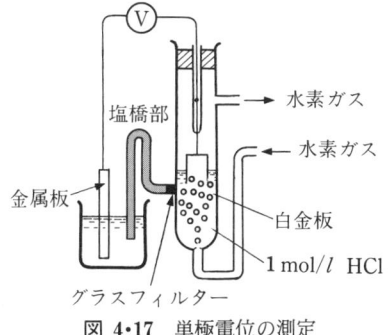

図 4・17　単極電位の測定

$$Cu^{2+} + Zn \longrightarrow Cu + Zn^{2+} \qquad (4 \cdot 138)$$

電位を横軸にした**電位列**でCuとZnの単極電位を示すと次のようになる．

```
          E_Zn                    E_H2           E_Cu
  ─┼──────┼─────────────────────┼──────┼─────────┼─
  -1.0  -0.763 V               0.00 V  +0.337 V  +1.0
```

この電位列からもわかるとおり，この電池の起電力(E)は直接測定しなくても，次のように単極電位の差から求めることができる．

$$E = E_{Cu} - E_{Zn} = +0.337\,\text{V} - (-0.763\,\text{V}) = 1.10\,\text{V}$$

この電位はダニエル電池の起電力に相当する．電池の極性は単極電位の低い方が**負極**，高い方が**正極**となる．

イオン化傾向も単極電位と相関関係があり，単極電位の低い金属がイオン化傾向が大きく，単極電位の高い金属がイオン化傾向が小さい．イオン化列は各金属の単極電位の低い順に並べたものである．表4・18に種々の酸化還元対の単極電位を示す．

[問29] 次の電池の極性を（ ）内に記入し，起電力を求めよ．電解液はすべて1 mol/lとする．
（1）（ ）Zn|ZnSO$_4$‖AgNO$_3$|Ag（ ）　（2）（ ）Ni|NiSO$_4$‖CuSO$_4$|Cu（ ）

参考 酸化剤，還元剤の強さと単極電位

酸化剤，還元剤による反応も，電子が関与する反応であるから，電池を構成することにより，各酸化剤，還元剤の単極電位を測定することができる．そして，その単極電位によって，酸化剤，還元剤の強さの順を決めることができる．それらの単極電位は図4・17の左側の電極の金属板をPt極にして，酸化剤または還元剤の水溶液（1 mol/l）を入れて測定する．たとえば，KMnO$_4$（MnO$_4^-$，硫酸中）とKI（I$^-$）の場合は，それぞれ次のような反応と単極電位となる．

$$MnO_4^- + 8H^+ + 5e^- \longrightarrow Mn^{2+} + 4H_2O \qquad 1.51\,\text{V} \qquad (4 \cdot 139)$$
$$I_2 + 2e^- \longrightarrow 2I^- \qquad 0.54\,\text{V} \qquad (4 \cdot 140)$$

MnO$_4^-$とI$^-$を反応させると，電池の場合と同じで，単極電位の高い方の式（4・139）が右向きに反応してMnO$_4^-$は還元され，酸化剤として働き，式（4・140）は逆向きに反応してI$^-$は酸化され，還元剤として働く．式（4・139）と，式（4・140）の左辺と右辺を逆にした式を組み合わせ，電子を消去すると次の式が得られる．

$$2MnO_4^- + 16H^+ + 10I^- \longrightarrow 2Mn^{2+} + 5I_2 + 8H_2O$$

この式の両辺に，最初用いた試薬の陽イオン，陰イオン（12K$^+$，8SO$_4^{2-}$）を加える

表 4・18　単極電位 (25 ℃)

	酸化された状態		還元された状態		単極電位 [V]
強 ↑ 酸化剤としての強さ ↓ 弱	$O_3 + 2H^+ + 2e^-$	⟶	$H_2O + O_2$	弱 ↑ 還元剤としての強さ ↓ 強	2.07
	$H_2O_2 + 2H^+ + 2e^-$	⟶	$2H_2O$		1.77
	$MnO_4^- + 8H^+ + 5e^-$	⟶	$4H_2O + Mn^{2+}$		1.51
	$Au^{3+} + 3e^-$	⟶	Au		1.50
	$Cl_2 + 2e^-$	⟶	$2Cl^-$		1.36
	$Cr_2O_7^{2-} + 14H^+ + 6e^-$	⟶	$7H_2O + 2Cr^{3+}$		1.33
	$Br_2 + 2e^-$	⟶	$2Br^-$		1.07
	$NO_3^- + 4H^+ + 3e^-$	⟶	$NO + 2H_2O$		0.96
	$Ag^+ + e^-$	⟶	Ag		0.80
	$Hg^{2+} + 2e^-$	⟶	Hg		0.799
	$NO_3^- + 2H^+ + e^-$	⟶	$H_2O + NO_2$		0.78
	$Fe^{3+} + e^-$	⟶	Fe^{2+}		0.77
	$O_2 + 2H^+ + 2e^-$	⟶	H_2O_2		0.68
	$I_2 + 2e^-$	⟶	$2I^-$		0.54
	$SO_2 + 4H^+ + 4e^-$	⟶	$S + 2H_2O$		0.45
	$O_2 + 2H_2O + 4e^-$	⟶	$4OH^-$		0.40
	$Cu^{2+} + 2e^-$	⟶	Cu		0.337
	$Sn^{4+} + 2e^-$	⟶	Sn^{2+}		0.15
	$S + 2H^+ + 2e^-$	⟶	H_2S		0.14
	$2H^+ + 2e^-$	⟶	H_2		0.00
	$Pb^{2+} + 2e^-$	⟶	Pb		-0.13
	$Sn^{2+} + 2e^-$	⟶	Sn		-0.14
	$Ni^{2+} + 2e^-$	⟶	Ni		-0.25
	$Fe^{2+} + 2e^-$	⟶	Fe		-0.44
	$Zn^{2+} + 2e^-$	⟶	Zn		-0.763
	$Al^{3+} + 3e^-$	⟶	Al		-1.66
	$Mg^{2+} + 2e^-$	⟶	Mg		-2.37
	$Na^+ + e^-$	⟶	Na		-2.71
	$Ca^{2+} + 2e^-$	⟶	Ca		-2.87
弱	$K^+ + e^-$	⟶	K	強	-2.93

と，次のような酸化還元の反応式が得られる．

$$10KI + 2KMnO_4 + 8H_2SO_4 \longrightarrow 2MnSO_4 + 6K_2SO_4 + 5I_2 + 8H_2O$$

$$(4 \cdot 141)$$

電池の極性や起電力，金属のイオン化傾向，酸化剤や還元剤の強さなどは，単極電位により決まっている．単極電位は化学反応がおこる方向を決める重要な要素の1つである．

(3) 電気分解

電解質の水溶液や融解した塩類に2つの電極を入れ，電流を通じると，**電気分解**（電解）がおこる．電気分解では，電源の負極に接続されている電極を**陰極**，正極に接続されている電極を**陽極**とよぶ．電流が流れると，溶液中でもっとも酸化されやすい物質（イオン，無機・有機分子など）が陽極で酸化され，他方もっとも還元されやすい物質が陰極で還元される．

(a) 塩化銅(II)水溶液の電気分解

塩化銅(II)水溶液に黒鉛電極（電極物質の反応をさけるために用いる）を浸して電流を流すと，次のような反応によって電気分解がおこる（図4・18）．

$$\text{陰極} \quad Cu^{2+} + 2e^- \longrightarrow Cu \tag{4・142}$$

$$\text{陽極} \quad 2Cl^- \longrightarrow Cl_2 + 2e^- \tag{4・143}$$

陰極では電極の白金板上に銅が析出して赤銅色となり，陽極では塩素が発生し，塩化銅(II)がその成分に分解されたことになる．

この場合，次の反応式のように，電解液は溶かした塩化銅(II)が電離するほか，水もわずかであるが電離している．

$$CuCl_2 \rightleftharpoons Cu^{2+} + 2Cl^- \tag{4・144}$$

$$H_2O \rightleftharpoons H^+ + OH^- \tag{4・145}$$

したがって，陰極で電子を受け取ることができるイオンはH^+とCu^{2+}の2種類あるが，イオン化傾向が Cu の方が小さいために，Cu^{2+} の方が優先的に還元さ

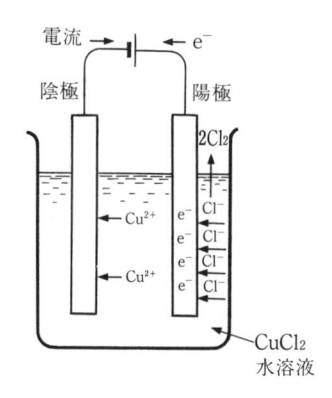

図 4・18　$CuCl_2$ 水溶液の電解

れる．陽極で電子を与えることができるのは Cl^- と OH^- であるが，Cl^- の方が酸化される．単極電位の順では OH^- であるが，Cl^- の濃度が大きいので Cl^- が酸化される．一方，水分子そのものが酸化・還元される場合がある．

(b) 塩化ナトリウム水溶液の電気分解

塩化ナトリウム水溶液の電気分解は工業的にも重要で水酸化ナトリウム，塩素，水素などを製造している．その製法にはいくつかあるが，ここでは，両極での生成物が混じらないように石綿の膜を置いて電解を行なう**隔膜法**の反応を示す（他の方法については，第 5 章参照）．

陰極に鉄を，陽極に黒鉛を用いて，塩化ナトリウム水溶液を電解すると次の反応がおきる．

$$\left. \begin{array}{ll} 陰極 & 2H_2O + 2e^- \longrightarrow H_2 + 2OH^- \\ & (Na^+ + OH^- \longrightarrow NaOH) \\ 陽極 & 2Cl^- \longrightarrow Cl_2 + 2e^- \end{array} \right\} \qquad (4 \cdot 146)$$

この電解の場合も，電解液が水溶液であるから，水から電離した H^+ と OH^- が含まれている．そのため，陰極では H が Na よりイオン化傾向が小さいので，H^+ が還元されて水素が発生する．このとき，H^+ が消費されると，OH^- が電極の近くに残るので，この電解液からは NaOH が得られる．陽極では，$CuCl_2$ の電解の場合と同様に，塩素が発生する．また陰極では水分子そのものが還元される．

(c) 溶 融 塩 電 解

塩化ナトリウムの結晶に炭素棒を入れ，電圧を加えても電流は流れない．しかし，これを加熱して融解すると電流が流れるようになり，電気分解がおこる．このような電解を**溶融塩電解**といい，塩化ナトリウムの場合，次の反応がおこる．

$$\left. \begin{array}{ll} 陰極 & 2Na^+ + 2e^- \longrightarrow 2Na \\ 陽極 & 2Cl^- \longrightarrow Cl_2 + 2e^- \end{array} \right\} \qquad (4 \cdot 147)$$

塩化ナトリウム水溶液の電解では，陰極では水素が発生して，Na^+ は還元されなかった．しかし，溶融塩電解では水を使わないので，H^+ は存在せず，Na のようなイオン化傾向の大きい金属も単体として得られる．陽極の反応は水溶液の場合と同じで，塩素が発生する．

溶融塩電解は 1807 年にデービーによって始められたもので，この方法によりイオン化傾向の大きい K, Ca, Na などの金属が単離された．銅やアルミニウム

の精錬にも，次章で述べられるように，電解法が利用されている．

（d） 電気分解における量の関係

電気分解のさいに通じた電気量と電極で変化する物質の量との関係は，ファラデーにより調べられ，次の法則が発見された（1833年）．

（1） 電気分解により変化する物質の量は，通じた電気量に比例する．

（2） (1/価数)mol のイオンを変化させる電気量は，イオンの種類に関係せず一定である．

これをファラデーの**電気分解の法則**という．

塩化銅(II)水溶液の電解で，通じた電気量と，変化した物質の量の関係を調べてみよう．電極での反応式は，式 ($4 \cdot 142$)，($4 \cdot 143$) に示されているとおりで，陰極で銅が析出し，陽極から塩素が発生する．このときの反応式の係数は，通じた電気量と，変化した物質の量（質量，体積）との関係を示している．式 ($4 \cdot 142$) と式 ($4 \cdot 143$) の係数の比から，1mol の電子で変化する Cu^{2+} と Cu の物質量は，ともに 0.5 mol であり，また，Cl^- は 1 mol，Cl_2 は 0.5 mol である．

1 mol の電子のもつ**電気量**は，電子1個の電気量を $e(= 1.602 \times 10^{-19}$ C［クーロン］)，アボガドロ数を N_A とすると，eN_A[C/mol] となる．1C は 1A の電流が1秒間流れたときの電気量である．したがって，1 mol の電子の電気量は次のようになり，

$$F = eN_A = 9.65 \times 10^4 \mathrm{C/mol}$$

これを**ファラデー定数**という．

電解に要した電気量はファラデー定数と，反応に関与した電子の mol 数の積で求めることができる．塩化銅(II)水溶液の電解では，1 mol の電子すなわち，9.65×10^4 C の電気量で，Cu が 63.5/2 g ((1/価数)mol に相当) と，塩素が標準状態で 22.4/2 l (Cl 原子の (1/価数)mol に相当) 生じる．

ファラデーの法則は，電気分解の電極での反応は，反応式の係数から求めた物質の mol 数や，電子の mol 数の比にしたがって進むことを意味する．

［例題6］ 塩化銅(II)水溶液を白金電極により，5A で2時間電解した．このとき，両極で生成する物質の物質名と，生成する物質が固体の場合はその質量を，気体の場合には標準状態での体積を求めよ．

解 陰極では，式 (4·142) から 2 mol の電子で，1 mol の Cu が生成することがわかる．電子 1 mol の電荷量が 9.65×10^4 C であることに注意し，通じた電気量と生成した Cu の質量の比をとる．x [g] の Cu が生成したとすると次の式が成りたつ．

$$\frac{\text{電気量}}{\text{Cu の質量}} = \frac{9.65 \times 10^4 \times 2}{63.5 \times 1} = \frac{5 \times 2 \times 60 \times 60}{x} \qquad x = 11.8 \text{ g}$$

陽極では，式 (4·143) から 1 mol の Cl_2 が 2 mol の電子により生成しているから，発生した Cl_2 の体積と通じた電気量の比をとる．y [l] の塩素が発生したとする．

$$\frac{Cl_2 \text{ の体積}}{\text{電気量}} = \frac{22.4 \times 1}{9.65 \times 10^4 \times 2} = \frac{y}{5 \times 2 \times 60 \times 60} \qquad y = 4.18\, l$$

（答）陰極に 11.8 g の銅が析出し，陽極に標準状態で 4.18 l の塩素が発生する．

問30 水酸化ナトリウム水溶液を白金電極により，2.5 A で 1 時間電解した．両極で発生する気体の名称と標準状態での体積を求めよ．

問31 白金電極を用いて，硫酸銅(II)水溶液を電解したところ，陽極に標準状態で 4.48 l の酸素が発生した．この電解について，次の問いに答えよ．
（1）両極での反応式をかけ．
（2）通じた電気量を求めよ．
（3）陰極に生成する物質の物質名と，その質量を求めよ．

演習問題

1 プロパンガス C_3H_8 10 g を完全燃焼させた．このことについて，次の問いに答えよ．プロパンの燃焼熱は 2220 kJ/mol とする．
（1）プロパンの燃焼反応を熱化学方程式でかけ．
（2）このとき発生する熱量を求めよ．
（3）この熱量をすべて温度上昇に使うと 10 l の水の水温は何度上がるか．

2 つぎの熱化学方程式を使ってエタノール C_2H_5OH の燃焼熱を求めよ．

$$C(固) + O_2(気) = CO_2(気) + 393.5 \text{ kJ} \qquad ①$$

$$H_2(気) + \frac{1}{2}O_2(気) = H_2O(液) + 285.8 \text{ kJ} \qquad ②$$

$$2C(固) + 3H_2(気) + \frac{1}{2}O_2(気) = C_2H_5OH(液) + 277.0 \text{ kJ} \qquad ③$$

3 H-H, Cl-Cl, H-Cl の結合エネルギーは 436.0 kJ/mol, 242.7 kJ/mol, 431.8 kJ/mol である．この結合エネルギーを用いて塩化水素 HCl の生成熱を求めよ．

4 次の記述に含まれる化学反応速度を変えるのに，最も関係の深い条件を（a）〜（e）の中から選び，記号で答えよ．
  （a）濃度　（b）温度　（c）触媒　（d）光　（e）表面積
  （1）花の写真を撮る．（　　）
  （2）酸素アセチレン炎で鉄を溶かす．（　　）
  （3）炭坑で炭じん爆発があった．（　　）
  （4）過酸化水素水を冷蔵庫に保管する．（　　）
  （5）過酸化水素水に二酸化マンガンを加えて酸素を発生させる．（　　）

5 平衡状態にある次の可逆反応のなかで，圧力を上げたときと，温度を上げたときの平衡の移動が逆向きになるのはどれか．なお，C(固) 以外すべて気体とする．
  （1）$N_2 + O_2 \rightleftharpoons 2NO - 181 kJ$
  （2）$2SO_2 + O_2 \rightleftharpoons 2SO_3 + 197 kJ$
  （3）$N_2O_4 \rightleftharpoons 2NO_2 - 57 kJ$
  （4）$C(固) + CO_2 \rightleftharpoons 2CO - 180 kJ$
  （5）$H_2 + I_2 \rightleftharpoons 2HI - 53 kJ$

6 $50 l$ の容器にヨウ化水素 $3.2 mol$ をいれて，温度を一定に保ったところ平衡状態に達した．平衡状態でのヨウ化水素の mol 数は $1.6 mol$ であった．次の問いに答えよ．
  （1）平衡状態でのヨウ素の物質量を求め，その変化を次のグラフに記入せよ．
  （2）平衡定数を求めよ．
  （3）ヨウ素を $1 mol$ にするにはヨウ化水素を何 mol 加えればよいか．

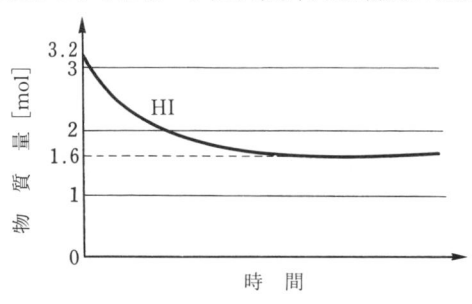

7 次の各溶液の水素イオン濃度と pH を求めよ．
  （1）$0.01 mol/l$ の水酸化ナトリウム水溶液 $10 ml$ に水を加えて $100 ml$ とした溶液．

(2) 0.01 mol/l のアンモニア水 (電離度 0.0418).
(3) 0.1 mol/l の塩酸 10 ml に，0.1 mol/l の水酸化ナトリウム水溶液 9.9 ml を加えた溶液．

⑧ 次の塩の水溶液は酸性，中性，塩基性のいずれの性質を示すか．また，なぜそのような性質になるか，理由も説明せよ．
(1) CH_3COOK　　(2) $CaCl_2$　　(3) NH_4NO_3

⑨ 中和反応について，次の問いに答えよ．
(1) 2 mol/l の硝酸 100 ml を中和するには，固体の水酸化カルシウムが何 g 必要か．
(2) 0.5 mol/l の硫酸 50 ml を中和するには，0.1 mol/l のアンモニア水が何 ml 必要か．

⑩ 次の反応のうち，下線をつけた物質が酸化されているもの，還元されているものはどれか．
(1) 2$\underline{Na}$ + 2H_2O ⟶ 2NaOH + H_2
(2) $\underline{MnO_2}$ + 4HCl ⟶ $MnCl_2$ + Cl_2 + 2H_2O
(3) $\underline{NH_3}$ + HCl ⟶ NH_4Cl
(4) 2$\underline{SnCl_2}$ + 4HCl + O_2 ⟶ 2$SnCl_4$ + 2H_2O
(5) $\underline{H_2O_2}$ + H_2S ⟶ 2H_2O + S

⑪ 次の酸化剤，還元剤の反応を組み合わせて，酸化還元の反応式をつくれ．
(1) Cl_2 + 2e^- ⟶ 2Cl^-
　　Fe^{2+} ⟶ Fe^{3+} + e^-
(2) MnO_4^- + 8H^+ + 5e^- ⟶ Mn^{2+} + 4H_2O
　　SO_2 + 2H_2O ⟶ SO_4^{2-} + 4H^+ + 2e^-

⑫ 次の物質を白金電極を用いて電解したときの，各電極での反応式を書け．また，電子 1 mol で，両極に生成する物質の物質名と標準状態での体積を求めよ．
(1) NaOH 水溶液　　(2) 塩酸

⑬ 硝酸銀水溶液の電解により銀を析出させるとき，1.118 mg の銀を析出させる電気量を求めよ．

第5章 無機物質

　無機物質は，有機化合物と比べて広範囲の元素を含み，多様な性質をもつために，我々の生活に広く利用されている．この章では，周期表の元素を非金属と金属とに分けて，それらの単体や化合物の性質・反応・構造・用途などを系統的に学ぶことにする．

演示実験6

脱酸素剤の酸素吸収性

（1）大型の試験管に，菓子類に使用されている脱酸素剤を入れ，脱脂綿でふたをして，水上に倒立させる．

（2）すると，酸素が減少して，試験管の中に水が上昇してくる．

● 磁石に吸いつくことや試薬（ヘキサシアノ鉄酸カリウム溶液など）を用いた呈色反応から，脱酸素剤の主成分が鉄粉であることが理解できる．

演示実験7

炎色反応

（1）三角フラスコにメタノールを $20\,\mathrm{m}l$ ずつとり，用意した適当な塩類（Li, Na, K, Sr, Ba, Cu などを含む塩）を小さじ一杯ずつ入れて溶かす．

（2） 塩類のメタノール溶液を霧吹きを用いて弱いガスの炎に吹きつける．このさいに，霧吹きのノズルを調節したり，またノズルの先に適当なサイズのパイプを取りつけると噴霧液が飛散しなくてよい．
（3） 明るい有色の炎が尾を引いて持続する．

5・1 非金属元素の単体と化合物

　非金属元素は，本書見開きの周期表に示されるように典型元素として斜め右上に位置し，22種の元素からなる．希ガスを除いて，斜め右上に位置する元素ほど電気陰性度が大きくなり，陰性が強まる．単体や化合物における原子間の結合は，一般に共有結合性やイオン結合性であるため，固体の場合は金属と比べて電気伝導度が非常に小さく，また，もろい．

（1） 水　　素

　水素は，周期表の第一周期の一番目に位置し，最も簡単な電子1個の原子構造をもつ原子番号1の元素である．水素には同族の元素がないが，ここでは仮に第1族（1A族）に入れてある．原子価は1で，化学結合はイオン結合性か共有結合性である．

（a） 存在と製造法

　宇宙に多く存在する．地球上では水，石油や天然ガスの化石燃料，糖などの有機物質に主として含まれているが，最も軽いためにその重量存在量は，表5・1のクラーク数に示されるように，9番目となる．水素ガスの製造は，実験室で

表 5・1　クラーク数

1	酸　　　素	49.5 %	6	ナトリウム	2.63%	11	塩　　　素	0.19%
2	ケ イ 素	25.8	7	カ リ ウ ム	2.40	12	マンガン	0.09
3	アルミニウム	7.56	8	マグネシウム	1.93	13	リ　　　ン	0.08
4	鉄	4.70	9	水　　　素	0.87	14	炭　　　素	0.08
5	カルシウム	3.39	10	チ　タ　ン	0.46	15	硫　　　黄	0.06

　クラーク（1847〜1931）はアメリカの無機・地球化学者で，1924年，地表から16 kmまでの地殻中に含まれる元素の存在量（重量百分率）を算出した．

は，水の電解や亜鉛と希硫酸の反応などによる．工業的には，高温で天然ガス（CH_4）やコークス（C）に水蒸気を反応させて製造する．

$$CH_4 + H_2O \longrightarrow CO + 3H_2 \qquad (5 \cdot 1)$$

$$C + H_2O \longrightarrow CO + H_2 \qquad (5 \cdot 2)$$

（b） 水素の性質と用途

2原子分子の水素は，無色・無臭・無味で，あらゆる物質中で最も軽い．融点と沸点はヘリウムに次いで低い．最も小さい分子であるため，パラジウム Pd などの金属に原子状になって溶けこむ．水には，ほとんど溶けない．

表 5・2 水素の性質

分子式	共有結合半径 [nm]	密度 [g/cm³] (0°C, 1atm)	融点 [°C]	沸点 [°C]	イオン化エネルギー [J]	電気陰性度
H_2	～0.03	0.0899×10^{-3}	−259.1	−252.9	2.179×10^{-18}	2.1

水素は，希ガスを除くほとんどの元素と化合する．電気陰性度の値からみて，金属性の強い元素とは負電荷を帯びて結合し，非金属性の強いハロゲンなどの元素とは正電荷を帯びて結合する傾向がある．炭素・窒素・酸素などとは共有結合をする．水素化合物の中で，メタン，シラン，アンモニア，水，塩化水素などは工業的に広く利用されている．

水素は，低温では他の物質と化合しにくいが，高温にしたり，光を照射したり，触媒を利用すると，容易に反応する．たとえば，加熱した酸化銅（II）に水素を通すと，水素の強い還元作用により銅が遊離する．

水素は，塩化水素，アンモニア，メタノールなどの合成，マーガリンやセッケンなどの製造，燃料電池，酸水素炎による金属溶接など各分野に使用されて

表 5・3 典型元素のおもな水素化合物

周期＼族	1	2	13	14	15	16	17
	1 A	2 A	3 B	4 B	5 B	6 B	7 B
1	H_2						
2	LiH	BeH_2	B_2H_6	CH_4	NH_3	H_2O	HF
3	NaH	MgH_2	Al_2H_6	SiH_4	PH_3	H_2S	HCl
4					AsH_3	H_2Se	HBr
5						H_2Te	HI

いるが，内燃機関の燃料であるガソリンの代用品として注目されつつある．

水素の同位体には，原子番号が1で，質量数（陽子数と中性子数の総和）の異なる3種の同位体（アイソトープ）が存在する．それは，軽水素 H($^1_1$H)，重水素 D($^2_1$H)，三重水素 T($^3_1$H) である．天然同位体として安定に存在する水素は，軽水素が99.985％，重水素が0.015％である．重水素は，水の電解のとき，残部に D_2O がやや多く残るという特性を利用して，水の電解のくり返しにより高濃度の重水をつくり，その重水から電解または金属ナトリウムとの反応でつくられる．重水や重水素は原子炉やトレーサーに利用されている．三重水素（トリチウム）は，重水素化合物やリチウムの核反応でつくられ，著しい同位体効果と放射性があるのでトレーサーとして各分野で使用されている．重水素や三重水素は，核融合して重い原子核をつくるとき，ウランなどの核分裂よりも大きなエネルギーが放出されるので，将来は原子核エネルギー源としての可能性が期待される．

[問1] 工業的水素製造法における4つの化学反応式をかけ．
[問2] 次の水素化合物の中から，水素原子が陰イオン性を帯びて結合している化合物を選べ．
H_2S, NH_3, LiH, SiH_4, H_2O, NaH, HCl, MgH_2

（2）炭素とケイ素

周期表の第2，第3周期の第14族（4B族）に属し，典型元素の中では，中ほどに位置している．したがって，ケイ素は金属と非金属の両性の性質を示す．両元素の電子配置は，内殻では希ガスの安定な電子配置と同じであるが，最外殻には4個の価電子をもっている．原子価は2か4で，反応相手とは共有結合する．

（a）存在と単体の製造法

炭素はクラーク数で0.08％存在し，炭酸塩として石灰石などに広く分布している一方，石炭や石油に偏在している．有機物質中にも多量に存在する．空気には二酸化炭素として0.03体積％含まれる．

ケイ素は，ケイ酸塩として岩石圏の主成分をなす．酸素に次いで2番目の存在量（クラーク数25.8％）を占めている．

表 5·4 空気の組成

成　　分	体積組成 [%]	融　　点 [°C]	沸　点 [°C]
窒　　　素	78.09	－209.86	－195.8
酸　　　素	20.95	－218.4 (1.2 mmHg)*)	－182.96
ア ル ゴ ン	0.93	－189.2	－186.0
二 酸 化 炭 素	0.03	－56.6 (5.2 atm)*)	－78.5 (昇華)
ネ　オ　ン	0.0018	－248.67	－245.9
ヘ リ ウ ム	0.0005	－272.2 (26 atm)*)	－268.9
ク リ プ ト ン	0.0001	－157.2	－152.9
キ セ ノ ン	0.00001	－111.8	－108.1

*)（　）内の圧力下での値

　炭素には，単体として無定形炭素，黒鉛（グラファイト），ダイヤモンドの3種の同素体が存在している．工業的には，石炭・石油のタールやピッチから得られる．ケイ素は，ケイ砂 SiO_2 を高温のもとで炭素によって還元し，酸で洗浄して得られる（純度約98％）．

参考　**炭素とケイ素の単体**

　無定形炭素は，石炭や石油のタールやピッチを熱処理することによってつくられる．黒鉛は天然に産出するほか，工業的には無煙炭やピッチなどに少量の砂や酸化鉄を加え，4100°C程度の高温で加熱するとできるが，無定形炭素を高温に熱して黒鉛化する場合がある．

　ポリアクリロニトリルの高分子や石油・石炭のピッチを適度の条件で熱処理すると炭素繊維ができる．

　ダイヤモンドは，しばしば大きな結晶として天然に産出するが，工業的には黒鉛からNiなどの触媒を用いて1000°C前後の高温と数万気圧の高圧のもとで結晶合成さ

図 5·1　ケイ素の単結晶[1]

1）写真提供：三菱マテリアル株式会社．

れる．また，最近では膜状のダイヤモンドが炭化水素と水素の混合気体から加熱した基板上につくられている．

高純度のケイ素（純度：eleven nine）の製法の1つに，蒸留精製した四塩化ケイ素 $SiCl_4$（または，トリクロロシラン $SiHCl_3$）を水素とともに加熱分解して，ケイ素棒表面に堆積させる方法がある．ダイヤモンド構造をもつ大きなケイ素単結晶は，溶融した高純度ケイ素の中にケイ素の種結晶を入れ，ゆっくりと引き上げることによってつくられる．

（b） 単体の性質と用途

無定形炭素は形の異なった微細な黒鉛結晶の集合したもので，カーボン・ブラックや木炭がそれである．カーボン・ブラックは黒の着色剤やゴムの補強剤などに利用されている．

黒鉛は，炭素原子を骨格として，正六角形の網状平面をつくり，その網面には自由に動くπ電子が存在するために良好な電気伝導度（比抵抗で 10^{-1}〜10^{-4} $\Omega \mathrm{cm}$）を示す．層状に重なっている網状平面間は弱い分子間力で結合しているので，黒鉛の結晶はへき開しやすい．黒鉛は電気伝導のほかに熱伝導もよく，酸素以外の物質と高温でほとんど反応しないので，電極，モーターブラッシュ，高温用るつぼ，電気抵抗加熱体などに利用されている．鉛筆のしんにも用いられている．

炭素繊維は黒鉛構造に近い構造が繊維状になっていると考えられ，耐熱，耐破壊性で，しかも軽量のため航空機材料やスポーツ用具の材料などに使われている．

ダイヤモンドは，図2・1にすでに示したように，各炭素原子が互いに等方向に，そして等間隔に共有結合して，巨大な無機高分子を形成している．すべての物質の中で最も硬く，電気的に絶縁体である．研磨材や切削材などに利用されている．

半導体のケイ素は，電子材料として多く利用されており，とくに太陽電池やLSI（大規模集積回路）などに利用度が高い．ケイ素の結晶構造はダイヤモンド型である．

(c) 炭素の無機化合物

炭素の無機化合物は酸化物，硫化物，ハロゲン化物，シアン化物，炭化物，炭酸塩やそれらの関連化合物として存在する．

1) 二酸化炭素と一酸化炭素 炭素やプロパンなどの有機化合物の完全燃焼で二酸化炭素が生じるが，酸素の供給が少ないと，不完全燃焼して一酸化炭素が生じる．一酸化炭素は，二酸化炭素が高温の炭素と反応しても発生する．二酸化炭素は生物の呼吸や腐敗などでも生じている．

実験室では，二酸化炭素は，主成分が炭酸カルシウム $CaCO_3$ である石灰石に塩酸を反応させて得られる．

$$CaCO_3 + 2HCl \longrightarrow CaCl_2 + CO_2 + H_2O \qquad (5\cdot3)$$

一酸化炭素は，ギ酸 $HCOOH$ を濃硫酸で脱水して得られる．

$$HCOOH \longrightarrow H_2O + CO \qquad (5\cdot4)$$

二酸化炭素は，空気より重い不燃焼の無色・無臭の気体で水に溶けて弱酸性を示す．

$$CO_2 + H_2O \longrightarrow H^+ + HCO_3^- \qquad (5\cdot5)$$

水酸化カルシウム水溶液中では，不溶性の炭酸カルシウム $CaCO_3$ が生じて，水溶液が白濁する．過剰の二酸化炭素を通じると，水溶液の炭酸水素カルシウムが生じて，白濁が消える．

$$Ca(OH)_2 + CO_2 \longrightarrow CaCO_3 + H_2O \qquad (5\cdot6)$$

$$CaCO_3 + CO_2 + H_2O \longrightarrow Ca(HCO_3)_2 \qquad (5\cdot7)$$

二酸化炭素の固体（ドライアイス）は冷却剤として利用されている．

一酸化炭素は無色・無臭の水に不溶性の気体で，血液中のヘモグロビンと結合して，血液の酸素運搬機能を失わせるので，きわめて危険な物質である．

一酸化炭素は水素と同じ程度に還元性が強い．

(d) ケイ素の無機化合物

ケイ素の酸化物は，ほとんどケイ酸塩のかたちで存在している．そのほかのケイ素の無機化合物には，ハロゲン化物，炭化物，窒化物，ホウ化物，水素化物などやそれらに関連した化合物が含まれる．

1) 二酸化ケイ素 SiO_2 とケイ酸塩 ケイ酸塩は，その中に存在する SiO_4 の酸素原子の結合状態によって分類される．二酸化ケイ素の結晶は，

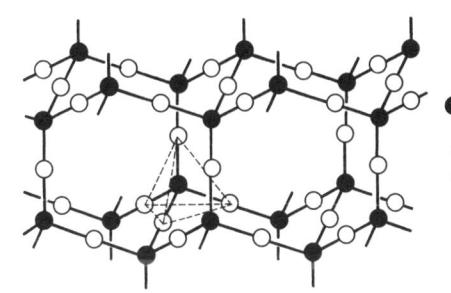

●：ケイ素原子，○：酸素原子
点線での構造はSiO₄の正四面体に対応する．

図 5・2　二酸化ケイ素の結晶構造

SiO_4 の中の4つのすべての酸素原子を共有して三次元に広がった網目構造の無機高分子化合物 $(SiO_2)_n$ である．普通 n をはぶいて SiO_2 で表わす[1]．

二酸化ケイ素の結晶は，融点（約 1700 °C）が高く，硬く，電気絶縁体であり，圧電効果や光の高透過性の特性をもつため，宝石，飾石，光学器械，石英ガラス，水晶発振子，光ファイバーなどに利用されている．耐熱性で耐薬品性の石英ガラスは，二酸化ケイ素の結晶の構造が変形して，不規則な網目構造をしているので一定の融点をもたない．

二酸化ケイ素に適当量の炭酸ナトリウム Na_2CO_3 を加えて高温で融解させると，一般に利用されるソーダケイ酸ガラスができる．

$$SiO_2 + Na_2CO_3 \longrightarrow Na_2SiO_3 + CO_2 \qquad (5\cdot 8)$$

水ガラスは，ケイ酸ナトリウム Na_2SiO_3 に水を加えて，加熱するとできる．粘性のある水ガラスは，ガラスや陶磁器の接着剤に利用される．水ガラスに希塩酸を加えると沈殿が生じ，その沈殿を乾燥させるとシリカゲルができる．多孔質性のシリカゲルは表面積が非常に大きいので乾燥剤に用いられる．

ケイ砂，陶土，粘土などのケイ酸塩を主成分とする原料から，ガラス，陶磁器，セメント，耐火レンガを製造する工業をケイ酸塩工業（窯業(ようぎょう)）という．

問3　次の図は，二酸化ケイ素を主成分とする石英ガラス，ソーダケイ酸ガラスおよび石英の構造を平面的に表わしている．次の各問いに答えよ．

1）天然に産出する石英，水晶，ケイ砂の主成分．四面体 SiO_4 の4つの酸素原子が共有されると，この四面体に関連する酸素原子は，$4 \times (1/2) = 2$ となり，SiO_2 の組成式となる．

(1) 石英ガラス,ソーダケイ酸ガラスおよび石英の構造は上図のどれか.
(2) 上図の中のどの部分がケイ素,酸素,ナトリウムイオンを表わしているか.
(3) 石英ガラス,ソーダケイ酸ガラスおよび石英を加熱した場合,どのような違いが生じるか.その理由も説明せよ.

(3) 窒素とリン

周期表の第2,第3周期の第15族(5B族)に属し,典型元素の中ほどより1つ右側に位置し,少し陰性の傾向をもつ.両原子の電子配置において,内殻は希ガスと同じであるが,最外殻には5個の価電子が存在する.原子価は,一般に3か5である.化学結合は共有性である場合が多い.

(a) 存在と単体の製造法

窒素は,大気中に体積組成で78.09%を占めている.岩石中ではチリ硝石(主成分:硝酸ナトリウム $NaNO_3$)として産出する.リンは,地殻中にリン鉱石の主成分であるリン酸カルシウム $Ca_3(PO_4)_2$ として存在する.動物の骨の中にも存在している.

窒素は,工業的には,空気を圧縮・冷却・断熱膨張を繰り返すことによって,液体空気にした後,分留して得られる.実験室では,亜硝酸アンモニウム NH_4NO_2 を熱分解して得られる.

$$NH_4NO_2 \longrightarrow N_2 + 2H_2O \tag{5・9}$$

リンは,工業的には,リン鉱石を強熱することにより黄リンとして得られる.黄リンは,空気を断って250℃の温度で数10時間加熱すると,赤リンに変化する.

(b) 単体の性質と用途

2原子分子の窒素は,無色・無臭の気体(沸点 $-196℃$)で,常温・常圧では希ガスに次いで不活性で,安定な気体である.しかし,高温で触媒が存在すると多くの元素と容易に反応するので,アンモニア製造などの原料として用いられる.そのほかに窒素は炭酸ガスレーザー用のガスやガスクロマトグラフィー

のキャリアガスとしても多用されている．液体窒素は，超伝導材料などの冷却に使用される．

リンはいくつかの同素体があり，その中で毒性の黄リンは，α型でやわらかく，活性である．空気中で自然発火して，五酸化二リンP_4O_{10}に変化するので水の中に入れて保存する．黄リンの分子形はP_4で正四面体構造をしており，その分子が規則的配列をして黄リンの結晶をつくっている．

無毒の赤リンは，黄リンよりも不活性であるが，260℃近くで発火するので，マッチの材料に使用されている．肥料や半導体材料などにも使われている．赤リンは，P_xの網目状分子であり，それが複雑な層状構造をなして赤リンの固体をつくっている．

(c) **窒素の無機化合物**

窒化チタン TiN などの窒化物，アンモニア NH_3 などの水素化物，二酸化窒素 NO_2 などの酸化物，硝酸 HNO_3 などの無機酸，塩化アンモニウム NH_4Cl や硫酸アンモニウム $(NH_4)_2SO_4$ などの塩やそれらの関連した化合物から成りたっている．

1) 窒素酸化物　窒素の酸化物には，表5・5のように，いろいろな種類がある．一酸化窒素 NO は，高温での窒素の直接酸化や白金触媒下でのアンモニアの酸化でつくられる．

$$4NH_3 + 5O_2 \longrightarrow 4NO + 6H_2O \qquad (5\cdot 10)$$

実験室では，銅に希硝酸を反応させて得られる．

$$3Cu + 8HNO_3 \longrightarrow 3Cu(NO_3)_2 + 4H_2O + 2NO\uparrow \qquad (5\cdot 11)$$

一酸化窒素は，水に不溶性の無色の気体で，酸素とは容易に反応して赤褐色の二酸化窒素 NO_2 になる．

$$2NO + O_2 \longrightarrow 2NO_2 \qquad (5\cdot 12)$$

表 5・5　窒素の酸化物

窒素酸化数	+1	+2	+3	+4	+4	+5
分 子 式	N_2O	NO	N_2O_3	NO_2	N_2O_4	N_2O_5
名　　称	一酸化二窒素	一酸化窒素	三酸化二窒素	二酸化窒素	四酸化二窒素	五酸化二窒素
0℃の状態 (色)	気体 (無色)	気体 (無色)	液体 (青色)	気体 (赤褐色)	液体 (無色)	固体 (無色)

二酸化窒素は，銅と濃硝酸の反応でも得られる．

$$Cu + 4HNO_3 \longrightarrow Cu(NO_3)_2 + 2H_2O + 2NO_2\uparrow \qquad (5\cdot 13)$$

二酸化窒素は赤褐色の有毒な気体で，水に通すと，無色の一酸化窒素に変化すると同時に硝酸ができる．

$$3NO_2 + H_2O \longrightarrow 2HNO_3 + NO\uparrow \qquad (5\cdot 14)$$

室温では，無色の四酸化二窒素 N_2O_4 と平衡状態になっている．

$$2NO_2 \rightleftarrows N_2O_4 \qquad (5\cdot 15)$$

2）**硝酸 HNO_3 とアンモニア NH_3**　硝酸は，工業的には，オストワルド法により，アンモニアから得られる二酸化窒素を水に通すとできる．実験室では，硝酸カリウム KNO_3 に硫酸を加えて加熱する．

$$2KNO_3 + H_2SO_4 \longrightarrow 2HNO_3 + K_2SO_4 \qquad (5\cdot 16)$$

硝酸は，常温，常圧で無色の揮発性の液体であり，普通は $15\,mol/l$ の濃硝酸（約 64%，密度：$1.43\,g/cm^3$）として市販されている．光や熱で分解されやすいので褐色のビンに入れてある．強酸と同時に強酸化剤でもあり，金 Au や白金 Pt などを除いた多くの金属や硫黄と反応する．

$$S + 2HNO_3 \longrightarrow H_2SO_4 + 2NO\uparrow \qquad (5\cdot 17)$$

とくに，**王水**といわれる硝酸と塩酸の混合溶液は酸化力が強い．硝酸は，火薬，染料，医薬，窒素肥料などの製造に使用される．

アンモニアは，工業的には，ハーバー・ボッシュ法により，触媒を用いて高温・高圧で，水素と窒素から直接合成される．実験室では，水酸化カルシウム $Ca(OH)_2$ と塩化アンモニウム NH_4Cl の混合物を加熱すると生じる．

$$Ca(OH)_2 + 2NH_4Cl \longrightarrow CaCl_2 + 2H_2O + 2NH_3\uparrow \qquad (5\cdot 18)$$

アンモニアは，常温で無色・特異臭をもつ気体で，水によく溶け（$0°C$，$1\,atm$ で $447\,cm^3$ / 水 $1\,cm^3$），圧縮すると液化しやすい．液体アンモニアは，沸点が $-33.6°C$ で，気化熱が大きいので製氷機などの冷媒に用いられている．水溶液はアルカリ性を示す．塩化水素にあうと塩化アンモニウムの白煙を生じる．

$$HCl + NH_3 \longrightarrow NH_4Cl \qquad (5\cdot 19)$$

アンモニアは，硝酸などの原料として多く使用されている．

（d）リンの無機化合物

ホスフィン PH_3 などの水素化物，三塩化リン PCl_3 などのハロゲン化物，五

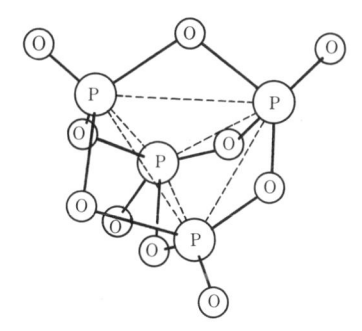

図 5・3 五酸化二リンの分子構造

酸化二リン P_4O_{10} などの酸化物，オルトリン酸 H_3PO_4 などの酸，リン酸二水素カルシウム $Ca(H_2PO_4)_2$ などの塩やそれらの関連した化合物からなる．

1) 五酸化二リン P_4O_{10} とリン酸 H_3PO_4　白色粉末の五酸化二リン[1]は，酸素中でリンを燃焼させると得られる．分子構造は，4個のリン原子が四面体を構成し，それに10個の酸素原子が結合している．

水をよく吸収するので乾燥剤として，また，有機化合物をつくる場合の脱水剤として利用されている．

リン酸素酸には，表5・6のように，いろいろの種類がある．一般に，リン酸といわれるオルトリン酸 H_3PO_4 は，工業的には，リン鉱石の主成分であるリン酸カルシウムと希硫酸の反応で得られる．

$$Ca_3(PO_4)_2 + 3H_2SO_4 \longrightarrow 2H_3PO_4 + 3CaSO_4 \quad (5\cdot20)$$

実験室では，五酸化二リンに水を加えて加熱する．

表 5・6　リンの酸素酸

Pの酸化数	化学式	名称	Pの酸化数	化学式	名称
+1	H_3PO_2	次亜リン酸	+4	$H_4P_2O_6$	次リン酸
+3	H_3PO_3 $H_4P_2O_5$ HPO_2	オルト亜リン酸 ピロ亜リン酸 メタ亜リン酸	+5	H_3PO_4 $H_4P_2O_7$ HPO_3	オルトリン酸 ピロリン酸 メタリン酸

---

1) 五酸化二リン（または五酸化リン）は組成式 P_2O_5 から名づけられた慣用名で十酸化四リンが正しい名称である．酸化リン(V)ともいう．

$$P_4O_{10} + 6H_2O \longrightarrow 4H_3PO_4 \tag{5・21}$$

リン酸は3価の酸で，三段階で電離しているので，水酸化ナトリウムなどの塩基と反応すると，リン酸二水素ナトリウム NaH_2PO_4，リン酸水素二ナトリウム Na_2HPO_4，リン酸ナトリウム Na_3PO_4 の3種の塩をつくる．リン酸二水素カルシウム $Ca(H_2PO_4)_2$ は，植物に重要なリン酸肥料として用いられている．

問4　窒化ホウ素 BN の構造や性質は，その成分元素の周期表の位置からみて，どのようになると考えられるか．

問5　リン酸と水酸化カリウムからできる塩の化学式と名称をかけ．

(4) 酸素と硫黄

周期表の第2，第3周期の第16族（6B族）に属し，典型元素において，中ほどより2つ右側に位置し，負電荷を帯びる陰性傾向が強まる．とくに原子番号の小さい酸素（電気陰性度3.5）において強い．両原子の基底状態の電子配置は，内殻は希ガスと同じであるが，最外殻には6個の価電子をもつ．原子価は2の場合が多い．化学結合は共有性とイオン性をとる．

(a) 存在と単体の製造法

酸素は大気中をはじめ，海水，生物体，岩石などの中に化合物として多く含まれており，地殻・気圏において一番多量（クラーク数49.5％）に存在する元素である．

硫黄は，単体として火山地帯から得られるほか，鉱石の中に硫化物や硫酸塩として含まれる．石炭・石油の化石燃料の中にも存在する．

酸素は，工業的には，液体空気の分留や水の電解で得られる．実験室では，ヨウ化カリウム KI や酸化マンガン(IV) MnO_2 を触媒として過酸化水素 H_2O_2 を分解して得られる．塩素酸カリウム $KClO_3$ からも，酸化マンガン触媒とともに加熱して得られる．

$$2H_2O_2 \longrightarrow 2H_2O + O_2 \uparrow \tag{5・22}$$

$$2KClO_3 \longrightarrow 2KCl + 3O_2 \uparrow \tag{5・23}$$

(b) 単体の性質と用途

2原子分子の酸素 O_2 は，無色・無臭の気体で，ほとんどの元素と反応して酸化物をつくるので，酸化剤としてよく利用される．

水素とアセチレンは，酸素との酸化反応で熱と光を出しながら燃焼し，高温を生じるので，酸水素炎や酸素アセチレン炎が金属の溶接や切断に利用される．酸素は人体のそ生のための吸入用としても利用されている．酸素の同素体としてのオゾン O_3 は，O_2 への無声放電や紫外線などの照射によりつくられる．

$$3O_2 \longrightarrow 2O_3 \tag{5・24}$$

オゾンは，淡い青味がかった気体で，特有の臭いがあり，強力な酸化剤として，空気や水の殺菌に利用されている．また，紫外線のしゃへい効果をもっている．

硫黄は，固体では，斜方硫黄，単斜硫黄，ゴム状硫黄として存在する．これらは，それぞれ硫黄の二硫化炭素（CS_2）溶液の溶媒蒸発，黄色の流動性溶融液の冷却，褐色の粘性溶融液の急冷でつくられる．室温では，斜方硫黄が安定で，他の同素体は斜方硫黄へ徐々に変わっていく．

硫黄は，硫酸の製造のほか，黒色火薬，マッチ，ゴム添加剤，医薬品などに広く用いられている．

(c) **酸素の無機化合物**

酸素はほとんどの元素と反応して，多くの酸化物をつくる．

表 5・7 典型元素のおもな酸化物

周期\族	1	2	13	14	15	16	17
	1 A	2 A	3 B	4 B	5 B	6 B	7 B
1	H_2O						
2	Li_2O	BeO	B_2O_3	CO_2	N_2O_5	O_2	OF_2
3	Na_2O	MgO	Al_2O_3	SiO_2	P_4O_{10}	SO_3	Cl_2O_7
4	K_2O	CaO					

酸素は陽性の強いナトリウム金属と容易に反応して酸化ナトリウム Na_2O となる．

$$4Na + O_2 \longrightarrow 2Na_2O \tag{5・25}$$

酸化ナトリウムは，水と反応して水酸化ナトリウムになり，その水溶液は強塩基性を示す．また，次式に示すように酸と反応するが，塩基とは反応しないので塩基性酸化物である．

$$Na_2O + 2HCl \longrightarrow 2NaCl + H_2O \tag{5・26}$$

二酸化マグネシウム MgO も塩基性酸化物であるが，酸化ナトリウムよりも弱い塩基性である．

周期表の右端に位置する非金属の塩素の酸化物の1つとして七酸化二塩素 Cl_2O_7 がある．この酸化物は水と反応して，過塩素酸 $HClO_4$ になって，その水溶液は強酸性を示す．七酸化二塩素は，酸と反応しないが，塩基とは反応するので酸性酸化物である．

$$Cl_2O_7 + 2NaOH \longrightarrow 2NaClO_4 + H_2O \qquad (5\cdot27)$$

五酸化二リン P_4O_{10} や三酸化硫黄 SO_3 も酸性酸化物であるが，七酸化二塩素よりも酸性は弱い．

アルミニウムの酸化物の1つに γ 形の酸化アルミニウムがある．これは次式のように酸と塩基の両方に反応するので両性酸化物である．

$$\gamma\text{-}Al_2O_3 + 6HCl \longrightarrow 2AlCl_3 + 3H_2O \qquad (5\cdot28)$$

$$\gamma\text{-}Al_2O_3 + 2NaOH \longrightarrow 2NaAlO_2 + H_2O \qquad (5\cdot29)$$

アルミニウムの水酸化物も両性である．

周期表において，同一周期の典型元素の酸化物の性質は，最左端の酸化物は塩基性が強いが，右側に移行するにつれて段階的に弱まり，中ほどで両性となり，右端では酸性が強まる．

問6 (1) 第3周期の各元素の酸化物が水と反応したら，どのような塩基または酸ができるか．(2) また，その生成物を次のように組み合わせて反応させると何が生じるか．
① 第1族と第17族．　② 第1族と第2族．
③ 第13族と第1族．　④ 第13族と第16族．

(d) 硫黄の無機化合物

1) 硫化水素 H_2S　硫化水素は，無色で腐卵臭の有毒気体で，自然界では火山ガスや温泉水に含まれているが，実験室では，硫化鉄(II) FeS と塩酸の反応でできる．

$$FeS + 2HCl \longrightarrow FeCl_2 + H_2S\uparrow \qquad (5\cdot30)$$

硫化鉄(II)は鉄と硫黄の混合粉体を加熱すると得られる．硫化水素は，水に溶けて弱い酸性を示すと同時に硫化物イオン S^{2-} が生じるので，多くの金属イ

オンと化合して，水に不溶性の硫化物ができる．

$$Ni^{2+} + S^{2-} \longrightarrow NiS\downarrow \tag{5・31}$$

硫化水素は還元剤として利用される．ヨウ素と反応すると硫黄が遊離する．

$$H_2S + I_2 \longrightarrow S + 2HI \tag{5・32}$$

2) **硫黄の酸化物と硫酸 H_2SO_4**　二酸化硫黄 SO_2 の製法は，工業的には，黄鉄鉱 FeS_2 などの硫黄を含む鉄鉱石や硫黄と酸素を反応させる．

実験室では，銅を熱濃硫酸で酸化する．

$$Cu + 2H_2SO_4 \longrightarrow CuSO_4 + 2H_2O + SO_2\uparrow \tag{5・33}$$

二酸化硫黄は，無色・刺激臭の有毒気体で，水に溶けると亜硫酸 H_2SO_3 を生じ，酸性を示す．一般には還元剤として紙などの漂白に利用されるが，硫化水素のような強い還元剤にあうと酸化剤として作用する．

$$SO_2 + 2H_2S \longrightarrow 2H_2O + 3S \tag{5・34}$$

三酸化硫黄 SO_3 は，無色の針状結晶で昇華する．二酸化硫黄を触媒の存在下で酸化して得られる．水との激しい発熱反応で硫酸がつくられる．

$$SO_3 + H_2O \longrightarrow H_2SO_4 \tag{5・35}$$

硫酸は，工業的には，後で述べるように，接触法によってつくられる．
濃硫酸は粘性のある無色の不揮発性液体（分解温度：340℃，18℃での密度：1.83 g/cm³）で，強い吸湿作用と脱水作用を示すので，乾燥剤と有機化合物などの脱水剤として利用される．熱濃硫酸は強い酸化作用があり，希硫酸は強い酸性を示す．希硫酸などから生じる硫酸イオン SO_4^{2-} は，Ca^{2+} イオン，Ba^{2+} イオン，鉛(II)イオン Pb^{2+} などの金属イオンと反応して，水に不溶性の硫酸塩をつくる．硫酸は肥料，染料，石油の精製，鉛蓄電池の電解液などに利用されている．

> **問7** 硫黄と乾燥空気と水から純粋の硫酸 8.5 mol をつくる場合，理論的に硫黄は何 g，乾燥空気（25℃で 1 atm）は何 l，水（密度：1 g/cm³）は何 l 必要か．ただし，乾燥空気では窒素と酸素が体積組成で 4 : 1 であるとする．

(5) ハロゲン

第17族（7B族）に属し，周期表の最右端の希ガスの1つ前に位置しており，1価の負電荷を帯びやすい．原子番号が小さいほど，その傾向は強まる．各原

子の基底状態の電子配置は，内殻は希ガスと同じで，最外殻には7個の価電子をもつ．原子価は一般に1である．化学結合はイオン性と共有性をとる．

(a) 存在と単体の製造法

フッ素は，ホタル石（主成分：フッ化カルシウム CaF_2）などの鉱石の中に含まれており，工業的には，鉱石を処理してできるフッ素の融解塩（$KF \cdot 2HF$）を電解して取り出す．

塩素は表 5·8 に示されるように海水に多量に含まれているが，岩塩に集中して存在する．工業的には，食塩水の電解で得られる．実験室では，加熱した酸化マンガン(IV)と濃塩酸を反応させるが，さらし粉 $CaCl(ClO) \cdot H_2O$ に塩酸を反応させてもできる．

$$MnO_2 + 4HCl \longrightarrow MnCl_2 + 2H_2O + Cl_2 \uparrow \qquad (5 \cdot 36)$$

$$CaCl(ClO) \cdot H_2O + 2HCl \longrightarrow CaCl_2 + 2H_2O + Cl_2 \uparrow \qquad (5 \cdot 37)$$

臭素は海水中にわずかに含まれており，その海水中に含まれる臭化物イオンを塩素で酸化して得られる．

ヨウ素は，海藻やチリ硝石などに含まれている．海藻灰の中のヨウ化物の塩を酸性亜硝酸ナトリウム $NaNO_2$ や硫酸酸性の二酸化マンガン(IV) MnO_2 などで酸化してつくられる．

非常に不安定なアスタチンは，人工的にビスマスに高速な α 粒子を衝突させて得られる．

表 5·8 海水のおもな成分

元素	存在量 [mg/l]	元素	存在量 [mg/l]
H	108000	Si	3
B	4.8	S	900
C	28	Cl	19000
O	857000	K	380
F	1.3	Ca	401
Na	10500	Br	65
Mg	1300	Sr	8

(b) 単体の性質と用途

2原子分子のハロゲン単体は，融点と沸点は低いが，原子番号の増加とともに高くなる．この傾向は希ガスの傾向と同じで，アルカリ金属とは逆である．

表 5・9 ハロゲンの性質

元素	分子式	共有結合半径 [nm]	ファンデルワールス半径 [nm]	融点 [°C]	沸点 [°C]	イオン化エネルギー [J]	電気陰性度	色 (常温常圧)
F	F_2	0.064	0.135	-219.6	-188	2.79×10^{-18}	4.0	淡黄色 (気体)
Cl	Cl_2	0.099	0.180	-101	-34.6	2.08×10^{-18}	3.0	黄緑色 (気体)
Br	Br_2	0.114	0.195	-7.2	58.8	1.89×10^{-18}	2.8	赤褐色 (液体)
I	I_2	0.133	0.215	113.6	184.4	1.67×10^{-18}	2.5	黒紫色 (固体)
At	At_2	—	—	—	—	—	2.2	

ハロゲン単体はほとんどの金属，水素などと酸化作用によって反応し，ハロゲン化物をつくる．ハロゲンの中で周期表の一番上にあるフッ素は，最も小さい分子で，電子を取り入れる性質が最も強い（電気陰性度：4.0）．原子番号が大きくなるにつれて分子が大きくなり，酸化性は弱くなる．したがって，酸化力の順序は，$F_2 > Cl_2 > Br_2 > I_2$ である．例として，塩素と臭化物イオンの反応は次のようになる．

$$Cl_2 + 2Br^- \longrightarrow 2Cl^- + Br_2 \qquad (5・38)$$

フッ素は水と激しく反応し，フッ化水素 HF を生じる．

$$2F_2 + 2H_2O \longrightarrow 4HF + O_2\uparrow \qquad (5・39)$$

実験室では，フッ化カルシウム CaF_2 と熱濃硫酸の反応で生じる．

$$CaF_2 + H_2SO_4 \longrightarrow CaSO_4 + 2HF \qquad (5・40)$$

フッ化水素酸はガラスのケイ酸塩と反応し，揮発性のヘキサフルオロケイ酸 H_2SiF_6 を生じてガラスを溶解・腐食するので，ガラスに目盛を付けたり，くもりガラスの製造に利用される．

塩素は，加熱した銅と激しく反応し，塩化銅(II) $CuCl_2$ を生じる．塩素は，水によく溶け，一部は反応して塩化水素と強い酸化作用のある次亜塩素酸 HClO を生じる．このため，水道水の消毒，殺菌や色素の漂白などに利用される．水素とは，紫外線などの光を照射すると爆発的に反応して塩化水素ができる．塩化水素は水によく溶け（1 atm，20°C で 442 cm³/水 1 cm³），その水溶液を塩酸という．塩酸は，金属の溶解，塩化物の製造，デンプンの糖化などに利用されている．塩化水素は，実験室では塩化ナトリウムに濃硫酸を加えて加熱してつくられる．

$$NaCl + H_2SO_4 \longrightarrow NaHSO_4 + HCl \qquad (5・41)$$

ヨウ素は水に溶けにくいが，ヨウ化カリウム KI を入れると，I_3^- が生じて，褐色の水溶液になる．デンプンとは青紫色を示す．

(c) ハロゲンの無機化合物

多くの単体や化合物と反応してハロゲン化物をつくる．

1) 水　素　酸　ハロゲンの水素化合物を水に溶かすと酸性を示す．その水溶液には，塩化水素酸（塩酸），臭化水素酸，ヨウ化水素酸，フッ化水素酸がある．酸性の強さは，HI > HBr > HCl > HF の順である．このようになる理由の1つは，原子番号が小さくなるにつれてハロゲン元素の原子が小さくなるので，水素原子との距離が短くなり，ハロゲンの原子と水素原子が強く結びつき，水溶液中で水素イオンが出にくくなるためである．

2) ハロゲンの酸化物　一例として塩素の酸化物を表 5·10 に示すように，いろいろな酸化状態のハロゲン酸化物がある．

表 5·10 塩素の酸化物と酸素酸

Cl の 酸 化 数	+1	+2	+3	+4	+5	+6	+7
酸化物の 分 子 式	Cl_2O	ClO	Cl_2O_3	ClO_2	—	ClO_3 (Cl_2O_6)	Cl_2O_7
酸化物の 名　　称	一酸化二塩素	一酸化一塩素	三酸化二塩素	二酸化塩素	—	三酸化塩素	七酸化二塩素
酸 素 酸 の分子式	$HClO$	—	$HClO_2$	—	$HClO_3$	—	$HClO_4$
酸 素 酸 の 名 称	次亜塩素酸	—	亜塩素酸	—	塩素酸	—	過塩素酸

3) 塩　塩化ナトリウムは海水や岩塩から得られる．食用として使われるほか，塩素，ナトリウム金属，水酸化ナトリウム，炭酸ナトリウム Na_2CO_3，塩酸などの原料として多く利用されている．塩化マグネシウム $MgCl_2$ はタンパク質の凝固剤に，塩化カルシウム $CaCl_2$ は乾燥剤として用いられている．

臭化銀 AgBr のようなハロゲン化物は，水に不溶性の塩で光化学反応して銀が遊離するので，写真の感光剤として利用されている．

問8　ハロゲン化水素の分子量を横軸に，その沸点を縦軸にとってグラフをかき，フッ化水素の沸点の特異性を考えよ．

ハロゲン化水素	HF	HCl	HBr	HI
沸点 (°C)	20	−85	−67	−35

(6) 希ガス

不活性ガスともいう．周期表の最右端に位置する．第18族（0族）に属し，各元素の原子の電子配置は閉殻状態にある．したがって，価電子はなく，原子価は0である．XeF_x ($x = 2 \sim 6$) を例外として，化合物をほとんどつくらない．単原子の分子状態で安定に存在する．希ガスは，空気中に体積組成で約0.94％存在し，大部分がアルゴンである（表5・4参照）．各種の希ガスは，化学的手段によって空気から窒素，酸素，二酸化炭素などを除去した後，分留して得られる．

ヘリウムは天然ガスなどからも得られる．常温・常圧では無色・無臭の気体で，融点・沸点が非常に低い．水素に次いで軽いので気球などの安全な充てんガスとして利用されている．また，液体ヘリウム（沸点：－268.9℃）は極低温の冷却剤として使われている．ヘリウム以外の希ガスは，低圧で放電させると可視光を放出し，しかも化学的に不活性なので，ネオンサインなどの電飾用や電球の封入ガスとして用いられる．アルゴンはレーザー光の発光に利用されている．

5・2 典型金属元素の単体と化合物

典型金属元素は，周期上で遷移金属元素をはさんで左側と右側に位置し，25元素にのぼる（表見返しの周期表参照）．各元素の原子の基底状態の電子は，内殻は安定な希ガスの電子配置であり，最外殻の価電子は，同周期で原子番号の増加とともに1つずつ増加する．左下に位置する元素ほど電気陰性度は小さくなり，正電荷を帯びる傾向が強くなる．反応相手とは金属結合やイオン結合をするが，共有結合する場合もある．右側の非金属元素との境界近くにある元素は両性が見られる．熱・電気の良伝導性，金属光沢性，展性，延性に富む．

(1) アルカリ金属

第1族（1A族）に属し，周期表の最左端に位置している．容易に1価の正電荷を帯びる．原子番号が大きいほど，その傾向は強まる．各原子の基底状態の電子配置は，内殻は希ガスと同じであるが，最外殻には1個の価電子をもつ．原子価は1であり，通常の化学結合は金属結合とイオン結合である．

(a) 存在と単体の製造法

ナトリウム Na とカリウム K のクラーク数はそれぞれ 2.6% と 2.4% で，岩塩などの中に化合物として多く含まれている．ナトリウムは，ナトリウムイオンとして海水 1 kg 中に約 10.5 g 含まれる．他のアルカリ金属は鉱石や海水中に存在するが，その量は少ない．

アルカリ金属は，工業的には融解電解で製造される．たとえば，ナトリウム金属は溶融食塩の直流電解法で製造され，その陰極に生じる．そのほか還元剤を用いてつくられる場合がある．

(b) 単体の性質と用途

アルカリ金属の単体は，銀白色でやわらかく，ナイフなどで容易に切断できる．

融点は他の金属と比べるとかなり低い．原子番号が大きくなるほどその傾向が強まり，セシウム Cs は 28°C である．

水と激しく反応して水素を発生し，水溶液は塩基性を示す．

$$2Na + 2H_2O \longrightarrow 2NaOH + H_2 \uparrow \qquad (5\cdot 42)$$

空気中で容易に酸化され，酸化リチウム Li_2O や過酸化ナトリウム Na_2O_2 になる．このため，灯油などの中に入れて保存する．適量の酸素で酸化されると酸化ナトリウム Na_2O ができる．

アルカリ金属の蒸気は，バーナーなどの外炎中で炎色反応により表 5・11 に示すように特有の可視光を発光するアルカリ金属は，水素化物，酸化物，塩などの製造や有機化合物の合成に利用されている．

表 5・11　アルカリ金属

元素	原子番号	融点 [°C]	密度 [g/cm³]	炎色反応による色	酸化物
Li	3	181	0.53	赤	Li_2O
Na	11	98	0.97	黄	Na_2O, Na_2O_2
K	19	64	0.86	紫	K_2O, K_2O_2, KO_2
Rb	37	39	1.53	紅紫	Rb_2O_2, RbO_2
Cs	55	28	1.87	青紫	Cs_2O_2, CsO_2

(c) アルカリ金属の無機化合物

水素化物，酸化物，水酸化物，シアン化物，硫化物および塩やそれらに関連

した化合物からなる．

1） 水酸化物と炭酸塩　水酸化ナトリウム NaOH は，工業的には，食塩水の電解や炭酸ナトリウム Na_2CO_3 と水酸化カルシウム $Ca(OH)_2$ の反応でつくられる．

$$Na_2CO_3 + Ca(OH)_2 \longrightarrow 2NaOH + CaCO_3\downarrow \qquad (5\cdot43)$$

水酸化ナトリウムは，白色のイオン結晶（融点：328℃，密度：$2.13\,g/cm^3$）で潮解性があり，水溶液は強い塩基性を示す．二酸化炭素のような酸性酸化物と反応する．

$$CO_2 + 2NaOH \longrightarrow Na_2CO_3 + H_2O \qquad (5\cdot44)$$

パルプ，紙，植物繊維，染料，セッケンなどの製造に利用されている．

炭酸ナトリウムは，水に溶けて塩基性を示し，その水溶液を濃縮すると炭酸ナトリウム十水和物 $Na_2CO_3\cdot10H_2O$ を生じる．この水和物は，空気中に放置すると風解して，白粉状の炭酸ナトリウム一水和物 $Na_2CO_3\cdot H_2O$ になる．塩酸を反応させると二酸化炭素が生じる．

$$Na_2CO_3 + 2HCl \longrightarrow 2NaCl + H_2O + CO_2\uparrow \qquad (5\cdot45)$$

水溶性の炭酸ナトリウムは，工業的には，アンモニア・ソーダ法（ソルベー法）によってつくられ，ガラス，グルタミン酸ナトリウムなどの原料として利用される．また，紙やパルプなどの製造にも用いられる．

炭酸水素ナトリウム $NaHCO_3$ は，工業的には，アンモニア・ソーダ法の途中でできるが，加熱すると炭酸ナトリウムになる．

$$2NaHCO_3 \longrightarrow Na_2CO_3 + H_2O + CO_2\uparrow \qquad (5\cdot46)$$

白色粉末の炭酸水素ナトリウムは，水に少し溶け，弱塩基性を示し，塩酸を加えると二酸化炭素を生じる．医薬，動物繊維の漂白，ベーキングパウダーなどに利用される．カリウムの水酸化物や炭酸塩はナトリウムのものとほとんど同じ性質をもつ．塩化カリウムや硫酸カリウムは植物に重要なカリ肥料として使われている．

問9　原子番号の増加とともにアルカリ金属の融点が下がるのはなぜか．フランシウムの融点を推定せよ．

問10　ナトリウムとカリウムが水と反応する場合，どちらが激しく反応するか．その理由をかけ．

問 11　ナトリウムの水素化物，酸化物，水酸化物，塩化物，シアン化物，硫化物および硫酸塩をそれぞれ1つずつあげ，その化合物名と化学式をかけ．

(2) アルカリ土類金属

第2族（2A族）のうち，カルシウム Ca からラジウム Ra の4元素をアルカリ土類金属とよぶ．周期表の最左端より2番目に位置し，2価の正電荷を帯びやすい．この傾向は原子番号が大きくなるほど強まる．各原子の基底状態の電子配置は，内殻は希ガスと同じであるが，最外殻には2個の価電子をもつ．原子価は2で，金属結合やイオン結合をとりやすい．

(a) 存在と単体の製造法

マグネシウムとカルシウムのクラーク数はそれぞれ 2.09 と 3.63% で岩石中に炭酸カルシウム $CaCO_3$ や炭酸マグネシウム $MgCO_3$ の化合物として含まれる．海水中にもイオンとして存在する．他の 2A 族の元素の存在量は少ない．ストロンチウムやバリウムは鉱石中に偏在する場合がある．

単体は，工業的には，主にハロゲン化物の融解塩を電解してつくられる．

(b) 単体の性質と用途

2A 族の元素の原子は，最外殻に自由になる2個の価電子が存在するので，その単体結晶の原子は強く凝集し，密度や融点はアルカリ金属に比べ大きな値を示す．

単体は銀白色の密度 $4.0\,\text{g/cm}^3$ 以下の軽金属であるが，ラジウムだけが重金属に属し天然放射性元素である．ベリウムとマグネシウムを除いて，特有の炎色反応を示す（表 5・12 参照）．

空気中では酸化されやすい．マグネシウムの場合を次式に示す．

$$2Mg + O_2 \longrightarrow 2MgO \tag{5・47}$$

水との反応は，ベリウムやマグネシウムではほとんど反応しないが，他の金属はかなり容易に反応して水酸化物と水素を生じる．

$$Ca + 2H_2O \longrightarrow Ca(OH)_2 + H_2\uparrow \tag{5・48}$$

水酸化物の塩基性の強さは，その水酸化物に含まれる金属の原子番号が増加するにつれて大きくなる．

マグネシウムは，アルミニウム，亜鉛，マンガン，ジルコニウムなどととも

5・2 典型金属元素の単体と化合物

表 5・12 第2族(2A族)の単体の性質

元素	原子番号	融点[°C]	密度[g/cm^3]	炎色反応による色	塩化物	炭酸塩	水酸化物	硫酸塩
Be	4	1280	1.85	—	BeCl$_2$(溶)	BeCO$_3$(難溶)	Be(OH)$_2$(不溶)	BeSO$_4$(溶)
Mg	12	649	1.74	—	MgCl$_2$(溶)	MgCO$_3$(難溶)	Mg(OH)$_2$(不溶)	MgSO$_4$(溶)
Ca	20	839	1.55	橙赤	CaCl$_2$(溶)	CaCO$_3$(不溶)	Ca(OH)$_2$(難溶)	CaSO$_4$(難溶)
Sr	38	769	2.54	赤	SrCl$_2$(溶)	SrCO$_3$(不溶)	Sr(OH)$_2$(難溶)	SrSO$_4$(難溶)
Ba	56	725	3.5	黄緑	BaCl$_2$(溶)	BaCO$_3$(不溶)	Ba(OH)$_2$(溶)	BaSO$_4$(不溶)
Ra	88	700	5	紅	RaCl$_2$(溶)	RaCO$_3$(不溶)	Ra(OH)$_2$(溶)	RaSO$_4$(不溶)

に軽くて耐食性で高強度の合金をつくるので航空機などの構造用金属に利用されている. そのほかに, 金属精錬の還元剤などに利用される. 金属カルシウムも強力な還元性がある.

(c) アルカリ土類金属の無機化合物

ハロゲン化物, 酸化物, 水酸化物, 炭化物, 水素化物および塩などやそれらに関連した化合物からなる.

1) 炭酸カルシウム CaCO$_3$ と硫酸カルシウム CaSO$_4$　カルシウムの炭酸塩や硫酸塩は, ストロンチウムやバリウムの塩と同じように水に溶けにくい. 炭酸カルシウムは貝がらやさんごなどが集積してできたもので, 石灰岩や大理石の主成分である. 加熱すると白色粉末の酸化カルシウム CaO を生じる. 酸化カルシウムは, 水と反応して水酸化カルシウムを生じ, わずかに溶けて強塩基性を示す.

$$CaCO_3 \longrightarrow CaO + CO_2 \qquad (5・49)$$

$$CaO + H_2O \longrightarrow Ca(OH)_2 \qquad (5・50)$$

水酸化カルシウム水溶液に二酸化炭素を通じると炭酸カルシウムの白色沈殿を生じ, さらに過剰に通じていくと溶ける. 石灰洞(鍾乳洞)などでは, 長い年月の間に炭酸カルシウムが循環して鍾乳石(洞の天井からたれ下がったつらら状の石灰石)や石筍(せきじゅん)(洞の床にたけのこ状に固まった石灰石)をつくっている. 石灰石は, ポルトランドセメント(CaO が約 60% 含まれる), ガラス, 建

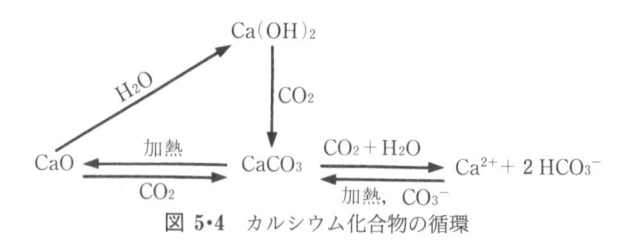

$$CaO \underset{CO_2}{\overset{加熱}{\rightleftarrows}} CaCO_3 \underset{加熱, CO_3^-}{\overset{CO_2+H_2O}{\rightleftarrows}} Ca^{2+} + 2HCO_3^-$$

$CaO \xrightarrow{H_2O} Ca(OH)_2 \xrightarrow{CO_2} CaCO_3$

図 5・4 カルシウム化合物の循環

材の原料として使われる.炭酸カルシウム粉体は,製紙,顔料,ゴム補強材として利用されている.

硫酸カルシウムはセッコウ $CaSO_4 \cdot 2H_2O$ として天然に産出し,150〜200°Cで加熱すると結晶水を失って焼セッコウ $CaSO_4 \cdot 1/2H_2O$ になる.焼セッコウに水を加えると再び硬化してもとのセッコウにかえるので,セメント,セッコウボード,陶磁器成形の型,ギブスなどに利用される.

問12 水酸化カルシウムと水酸化バリウムは,どちらが塩酸と反応しやすいか.その理由も記述せよ.

問13 カルシウムの塩化物,酸化物,水酸化物,炭化物,水素化物および炭酸塩をそれぞれ1つずつあげ,その化合物名と化学式をかけ.

(3) 亜鉛・カドミウム・水銀

第12族(2B族)に属し,周期表の遷移金属元素第11族の右側に位置する.各原子の基底状態の電子配置は,内殻は希ガスと同じであるが,最外殻には2個の価電子をもつ.2価の正電荷を帯びやすい.反応相手とは金属結合やイオン結合をするが,亜鉛は配位結合もする.原子価は普通2である.

(a) 存在と単体の製造法

存在量は非常に少ないが,セン亜鉛鉱(主成分:硫化亜鉛 ZnS),硫化カドミウム鉱(主成分:硫化カドミウム CdS),シン砂(主成分:硫化水銀 HgS)として偏在している.

金属亜鉛は,セン亜鉛鉱を酸化して得られる酸化亜鉛 ZnO や硫酸亜鉛 $ZnSO_4$ を還元してつくられる.カドミウムは硫酸塩水溶液の電解で得られる.水銀の製法はシン砂を加熱蒸留する.

(b) 単体の性質と用途

亜鉛とカドミウムは比較的融点が低く,水銀は常温・常圧でただ1つの重い

液体金属（融点：$-39\,^\circ\mathrm{C}$, 沸点：$357\,^\circ\mathrm{C}$, 密度：$13.5\,\mathrm{g/cm^3}$）である．

亜鉛は，トタン板，乾電池の負極，自動車などの鋳物部品，黄銅などの合金に利用されている．カドミウムは，メッキ，顔料，電池やケイ光体などに利用されている．水銀は，金や銀と容易に合金（アマルガム）をつくるので，金や銀の精錬用に利用される．圧力計や体温計などにも用いられている．

（c） 亜鉛と水銀の無機化合物

亜鉛を空気中で加熱すると白色粉末状の酸化亜鉛 ZnO ができる．酸化亜鉛は両性酸化物なので，塩酸と水酸化ナトリウムの両方に反応し，塩化亜鉛と亜鉛酸ナトリウムの塩を生じる．

$$\mathrm{ZnO + 2HCl \longrightarrow ZnCl_2 + H_2O} \tag{5・51}$$

$$\mathrm{ZnO + 2NaOH \longrightarrow Na_2ZnO_2 + H_2O} \tag{5・52}$$

水酸化ナトリウム水溶液中での反応では，水溶性のテトラヒドロキソ亜鉛酸ナトリウム $\mathrm{Na_2[Zn(OH)_4]}$ を生じる．

$$\mathrm{ZnO + 2NaOH + H_2O \longrightarrow Na_2[Zn(OH)_4]} \tag{5・53}$$

この塩の中の水酸化物イオン $\mathrm{OH^-}$ は配位結合をしている．

白色粉末の酸化亜鉛は，白色顔料，化粧品，タイヤの充てん材などに利用される．塩化亜鉛水溶液にアンモニア水を加えると，不溶性の水酸化亜鉛 $\mathrm{Zn(OH)_2}$ を生じ，過剰に加えると水溶性のテトラアンミン亜鉛(II)イオンの錯イオンを生じる．

$$\mathrm{ZnCl_2 + 2NH_3 + 2H_2O \longrightarrow Zn(OH)_2\downarrow + 2NH_4Cl} \tag{5・54}$$

$$\mathrm{Zn(OH)_2 + 4NH_3 \longrightarrow [Zn(NH_3)_4]^{2+} + 2OH^-} \tag{5・55}$$

テトラアンミン亜鉛(II)イオンの $\mathrm{Zn^{2+}}$ とアンモニア分子は4配位の配位結合をしている．

水銀には，塩化水銀(II) $\mathrm{HgCl_2}$（昇コウ）と塩化水銀(I) $\mathrm{Hg_2Cl_2}$（甘コウ）などの塩化物がある．昇コウは，水に不溶性の白色の昇華性結晶である．その

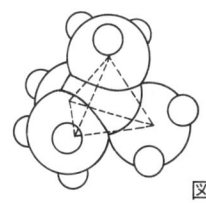

アンモニア分子の窒素原子が正四面体の各頂点に位置して，中心の亜鉛(II)イオンと配位結合している．

図 5・5　テトラアンミン亜鉛(II)イオンの構造

中の水銀(II)イオン Hg^{2+} は非常に毒性があるので強力な殺菌剤などに利用される。甘コウも有毒である。

|問14| 図5・5を参照して，テトラヒドロキソ亜鉛酸イオンの構造を図示せよ。

(4) アルミニウムと鉛

アルミニウム Al と鉛 Pb は第13族（3B族）と第14族（4B族）に属し，それぞれの族には非金属元素を含む。いずれも両性元素である。アルミニウムの電子配置は，内殻は希ガスと同じであるが，最外殻には3個の価電子をもつ。正電荷を帯びやすい。原子価は普通3である。鉛原子は最外殻に4個の価電子をもち，原子価は2と4である場合が多い。

(a) 存在と単体の製造法

アルミニウムは，酸素，ケイ素に次いで地殻に多く存在（クラーク数7.56％）する元素で，ボーキサイト（主成分：酸化アルミニウム Al_2O_3）の鉱物などに多く含まれる。アルミニウム単体は，氷晶石 Na_3AlF_6 とアルミナ（酸化アルミニウムの別名）の融解液を電解して得られる。

鉛の存在量は少ない。方鉛鉱などの鉱石に硫化物として含まれている。この鉱石を酸化して得られる酸化鉛 PbO と方鉛鉱に含まれる硫化鉛 PbS の混合物を加熱すると鉛の単体が得られる。

$$2PbO + PbS \longrightarrow 3Pb + SO_2\uparrow \tag{5・56}$$

鉛は電解で精製され，純度のよいものになる。

(b) 単体の性質と用途

アルミニウムは，還元作用が強く，加熱状態で大きな燃焼熱とともに酸化アルミニウムになる。この還元作用は金属酸化物から金属単体を取り出すのによく使われる（この反応を**テルミット反応**という）。

$$2Al + Fe_2O_3 \longrightarrow 2Fe + Al_2O_3 \tag{5・57}$$

アルミニウムは，両性元素であるので酸と塩基の両方に反応して水素を発生する。

$$2Al + 6HCl \longrightarrow 2AlCl_3 + 3H_2\uparrow \tag{5・58}$$

$$2Al + 2NaOH + 2H_2O \longrightarrow 2NaAlO_2 + 3H_2\uparrow \tag{5・59}$$

アルミニウムは銀白色のやわらかい無毒の金属で，延性・展性に富み電気伝

導性もよい．合金をつくりやすく酸化物被膜は耐食性である．板，棒，箔，線，管などの形状加工しやすいので，日用品，航空機や自動車などの構造材料，建築材料，電気機器，化学器具，電線などに利用されている．原子炉やIC（集積回路）の配線にも用いられている．

鉛は，融点（328°C）が低く，密度（11.4 g/cm^3）が大きい．また，やわらかく摩擦係数が小さい．この特性を利用して，ハンダ，軸受合金，水道用鉛管，蓄電池電極などのほかに放射線しゃへい材にも応用されている．

（c） アルミニウムと鉛の無機化合物

酸化アルミニウムには，α および γ-アルミナとよばれる変態がある．結晶性のわるい γ-アルミナは高温で熱すると結晶性がよくなり，耐食性・耐熱性のよい高硬度の α-アルミナになる．酸などに対してアルミニウム表面の α-アルミナ被膜は，内部の金属を保護する．粉体は研磨材，耐火材，吸着剤に利用される．少量の金属不純物を含んだ大きな α-アルミナ結晶は，ルビーやサファイヤなどの宝石として使われている．

両性酸化物の γ-アルミナ粉体は酸と塩基の両方に反応して，アルミニウム塩とアルミン酸塩を生じる（式（5・28）と式（5・29）参照）．

水酸化ナトリウム水溶液中では，水溶性のテトラヒドロキソアルミン酸ナトリウム Na[Al(OH)$_4$] を生じる．

$$\text{Al}_2\text{O}_3 + 2\text{NaOH} + 3\text{H}_2\text{O} \longrightarrow 2\text{Na[Al(OH)}_4] \qquad (5\cdot60)$$

テトラヒドロキソアルミン酸イオンとアルミン酸イオンは可逆的に変化する．

$$\text{Al(OH)}_4^- \rightleftharpoons \text{AlO}_2^- + 2\text{H}_2\text{O} \qquad (5\cdot61)$$

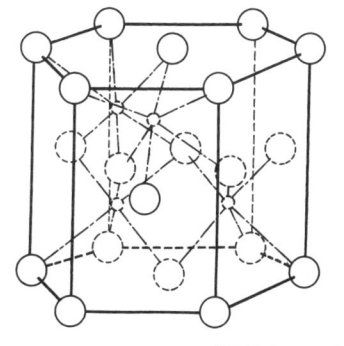

酸素原子が六方最密格子をつくり，そのすき間に入ったアルミニウム原子は6個の酸素原子に取りかこまれている．（図 2・26 C 参照）

◯：酸素
○：アルミニウム

図 5・6　α-アルミナ

塩化アルミニウム水溶液に水酸化ナトリウムを加えると白色沈殿の水酸化アルミニウム $Al(OH)_3$ を生じ，さらに過剰に塩基を追加すると沈殿が溶けてテトラヒドロキソアルミン酸ナトリウムになる．

ミョウバンとよばれている硫酸カリウムアルミニウム十二水和物 $AlK(SO_4)_2・12H_2O$ は，硫酸アルミニウム $Al_2(SO_4)_3$ と硫酸カリウム K_2SO_4 の2種の塩の水溶液から水を蒸発させることによって無色透明な正八面体の大きな結晶として得られる．ミョウバンを水に溶かすとアルミニウムイオン Al^{3+} などの大きな電荷のイオンを生じるため，コロイド凝結剤として利用されている．そのほかに，顔料，製紙，皮革のナメシ剤として用いられる．ある塩を水に溶かしたとき，その塩の構成成分がそのままイオンになるような塩を**複塩**という．ミョウバンは代表的な複塩の1つである．

鉛には，酸化物として酸化鉛(II) PbO や二酸化鉛(IV) PbO_2 がある．これらの酸化物は，顔料，鉛ガラス，鉛蓄電池の電極などに利用されている．鉛は水道管によく利用される．その管面は水に含まれる水酸化物イオンや炭酸イオンと反応して水に不溶性の塩基性炭酸鉛(II) $2PbCO_3・Pb(OH)_2$ の膜でおおわれているために鉛の内部が保護される．また，鉛は，塩酸や希硫酸とは不溶性の塩化鉛(II) $PbCl_2$(熱湯には溶ける) や硫酸鉛(II) $PbSO_4$ の被膜を生じるので見かけ上ほとんど反応は進行しない．

鉛イオン Pb^{2+} は，水酸化物イオン，硫化物イオン，クロム酸イオン CrO_4^- と反応して，不溶性の白色の水酸化鉛(II) $Pb(OH)_2$，黒色の硫化鉛(II) PbS，黄色のクロム酸鉛(II) $PbCrO_4$ を生じる．

問15　アルミニウムの酸・塩基に対する化学反応式から，アルミニウムが両性元素であることを明らかにせよ．

5・3 遷移金属元素の単体と化合物

遷移金属元素は，周期表の中央に位置し，主遷移元素とランタノイド系列・アクチノイド系列の内遷移元素の2つに分けられる．第3族(3A族)元素を特に希土類元素とよぶ．遷移金属元素の中には，鉄・ニッケル・銅などの身近な金属のほかに，原子核エネルギー源のウランやプルトニウムなどが含まれる．

(1) 遷移金属の特徴

　この元素の原子の基底状態における電子配置は，典型金属元素と違って，1～2個の価電子をもつ最外殻に近接する内殻が，安定な希ガスの電子配置状態になっていない部分がある．そのために，遷移金属元素は物理的・化学的に特徴ある性質をもつ．たとえば，融点が1000℃以上の高い値をもつ場合が多い，密度が4.0 g/cm^3以上の重金属である場合が多い，硬度・電気伝導度・熱伝導度などが大きい，常磁性である，有色錯イオンをつくる，いろいろの酸化数をとる，触媒性があるなどである．電気陰性度は1.1から2.4で一般に低い値を示すので陽性の傾向が強い．原子価は2か3をとる場合が多い．

表 5・13　第4周期の遷移金属元素の電子配置と性質

族		3	4	5	6	7	8	9	10	11
		3A	4A	5A	6A	7A	8			1B
元素記号		Sc	Ti	V	Cr	Mn	Fe	Co	Ni	Cu
電子配置	内殻	希ガスのアルゴン Ar 電子配置								
	3d	1	2	3	5	5	6	7	8	10
	4s	2	2	2	1	2	2	2	2	1
融点 [℃]		1540	1660	1890	1860	1240	1540	1490	1450	1083
密度 [g/cm³]		2.99	4.50	6.11	7.19	7.44	7.87	8.9	8.90	8.96
主な酸化数		+3	+2〜+4	+2〜+5	+3, +4, +6	+2〜+4, +6, +7	+2, +3	+2, +3	+2, +4	+1, +2
主な陽イオンの水溶液での色		Sc^{3+} 無色	Ti^{3+} 紫紅	V^{3+} 緑	Cr^{3+} 緑	Mn^{2+} 淡桃	Fe^{3+} 黄褐	Co^{2+} 桃	Ni^{2+} 緑	Cu^{2+} 青

(2) クロム，マンガン，鉄

　クロム Cr，マンガン Mn，鉄 Fe は，周期表で第4周期の第6族（6A），第7族（7A族），第8族に属する代表的な遷移金属元素である．2価や3価の陽イオンになりやすい．

(a) ク ロ ム

　地殻に 0.02%（クラーク数）存在し，鉱石の中の酸化物を還元して得られる．単体の融点（1860℃）や硬度は大きな値を示し，耐食性がある．ニクロムやス

テンレスなどの合金として利用度が高い．クロムメッキにも多く利用される．

クロム化合物は，二炭化三クロム Cr_3C_2 などの炭化物，酸化クロム(II) CrO や酸化クロム(III) Cr_2O_3 などの酸化物，塩化クロム(II) $CrCl_2$ などの塩化物，ヘキサアンミンクロム(III)塩化物一水和物 $[Cr(NH_3)_6]Cl_3 \cdot H_2O$ などの錯塩，クロム酸カリウム K_2CrO_4 や二クロム酸カリウム $K_2Cr_2O_7$ などの塩やそれに関連した化合物からなる．

クロム酸カリウムから出てくる黄色のクロム酸イオンは，酸性水溶液では変化して赤橙色の二クロム酸イオンになる．逆に，二クロム酸イオンは塩基性でクロム酸イオンになる．クロム酸イオンは，鉛イオンや銀イオンと反応して黄色と赤褐色の沈殿物を生じるので，それらのイオンの確認に用いられる．硫酸酸性の赤橙色の二クロム酸カリウムは，強力な酸化剤で，反応すると暗緑色のクロム(III)イオン Cr^{3+} になる．

(b) マンガン

クロムとよく似た性質をもつマンガンは，地殻の岩石中に 0.09% 存在する．

単体は鉱石中の酸化マンガンを硫酸塩水溶液にして電解して得られる．合金や製鉄・製鋼での脱酸剤として多く利用されている．

マンガンの酸化物は，表 5·14 に示すように酸化数 +2〜+7 (+5 を除く) に対応した酸化物が存在する．

表 5·14 マンガンの酸化物

酸化数	+2	+3	+4	+6	+7
化学式	MnO	Mn_2O_3	MnO_2	MnO_3	Mn_2O_7
名称	酸化マンガン(II)	酸化マンガン(III)	酸化マンガン(IV)	三酸化マンガン	酸化マンガン(VII)
結晶の色	灰緑	黒	灰黒	暗赤	暗緑褐

酸化マンガン(IV)はマンガン乾電池の正極での酸化剤として利用されている．過マンガン酸カリウム $KMnO_4$ は水に溶けて赤紫色の過マンガン酸イオン MnO_4^- を生じ，還元剤と反応するとわずかに淡桃色のマンガン(II)イオン Mn^{2+} に変化するので酸化還元滴定に利用される．

(c) 鉄

鉄は，地殻に 4.7% 含まれ，アルミニウムに次いで多く存在する．赤鉄鉱(主成分：酸化鉄(III) Fe_2O_3) などに偏在している．単体は，赤鉄鉱などの酸化鉄

(III)を石灰石とコークスの入った溶鉱炉で還元して銑鉄を取り出し，さらに平炉や転炉で炭素鋼にする．純鉄は，鉄の塩溶液の電解によって得られる．鉄の単体は，白色光沢の展性・延性に富む金属で，融点が高く，電気と熱の伝導性がよく，強磁性である．各種の元素と合金をつくる．

図 5・7 赤鉄鉱

鉄に炭素を加えた炭素鋼や各種の元素の入った特殊鋼が構造材料などに多く利用されている．鉄の酸化物の粉体は特有の色を有する．酸化鉄(III)(α-Fe_2O_3)は，べんがらとして古くから顔料に利用されている．適度の磁性をもつγ-Fe_2O_3はVTRのカセットテープに用いられている．鉄には赤サビと黒サビがある．赤サビの主成分は水酸化鉄(III) $Fe(OH)_3$ と酸化鉄(III) Fe_2O_3 の混合物である．黒サビは四酸化三鉄(Fe_3O_4)と酸化鉄(II) FeO の混合物で，鉄に濃硫酸を反応させると表面にち密な黒サビの被膜ができる．これは不動態として鉄の内部を保護する．

表 5・15 鉄の酸化物

化 学 式	FeO	α-Fe_2O_3	Fe_3O_4
名 称	酸化鉄(II)	酸化鉄(III)	四酸化三鉄
色(粉末)	黒色	赤褐色 (べんがら)	黒色

表 5・16 鉄イオンの呈色

加えられる試薬 (水溶液) 鉄イオン 水溶液	塩基 NH_3 または NaOH	ヘキサシアノ鉄 (II)酸カリウム (黄血カリ) $K_4[Fe(CN)_6]$	ヘキサシアノ鉄 (III)酸カリウム (赤血カリ) $K_3[Fe(CN)_6]$	チオシアン酸カリウム KSCN
Fe^{2+} 淡緑色	緑白色(沈殿)	青白色(沈殿)	濃青色(沈殿) (ターンブルブルー)	―
Fe^{3+} 黄褐色	赤褐色(沈殿)	濃青色(沈殿) (ベルリンブルー)	暗褐色(溶液)	血赤色(溶液)

鉄は，淡緑色の鉄(II)イオン Fe^{2+} と黄褐色の鉄(III)イオン Fe^{3+} になり，孤立電子対をもつ分子やイオンと配位結合をして有色の化合物をつくる。顔料などに用いられる。水溶液中の Fe^{2+} と Fe^{3+} の確認は，表5・16に示すように塩基，黄血カリ，赤血カリなどを利用して簡単に行なえる。

問16 マンガンの酸化物の名称と化学式をかけ。

問17 Fe^{2+} と Fe^{3+} を含む水溶液をつくって，2個のビーカーに別々に入れていたが，ラベルがはがれてしまった。2個のビーカーの中にどのイオンが含まれるかを確認する方法を5つあげて説明せよ。

(3) 銅 と 銀

第11族(1B族)に属し，周期表上で第12族の典型金属元素と接している。銅と銀の基底状態の電子配置は，最外殻には1個の電子を配置しているが，内殻は希ガスと異なる。原子価は，銅の場合は1か2で，銀は1である。

(a) 銅

地殻にはわずかしか存在しないが，黄銅鉱(主成分：$CuFeS_2$)やくじゃく石(主成分：$CuCO_3 \cdot Cu(OH)_2$)などの鉱石に偏在している。銅の単体は，黄銅鉱を石灰石・ケイ酸鉱・コークスなどとともに溶鉱炉中で30〜40％の硫化銅(I)Cu_2S(銅かわ)にしたあと，転炉で還元して粗銅を取り出す。

$$2Cu_2S + 3O_2 \longrightarrow 2Cu_2O + 2SO_2 \uparrow \qquad (5 \cdot 62)$$

$$2Cu_2O + Cu_2S \longrightarrow 6Cu + SO_2 \uparrow \qquad (5 \cdot 63)$$

純銅は粗銅を硫酸銅水溶液中で電解して得る。銅は延性・展性に富み，電気や熱の良伝導体で，美しい金属光沢の合金をつくるので，電線，建築材料，青銅(ブロンズ)・黄銅(しんちゅう)の合金などに用いられている。銅の酸化物は，酸化銅(I)Cu_2O(暗赤色粉末)や酸化銅(II)(黒色粉末)などがある。酸化銅(II)は塩基性酸化物で，希硫酸に溶けて青色の硫酸銅(II)$CuSO_4$ 溶液になる。

$$CuO + H_2SO_4 \longrightarrow CuSO_4 + H_2O \qquad (5 \cdot 64)$$

硫酸銅(II)五水和物 $CuSO_4 \cdot 5H_2O$ の結晶(青色)は，硫酸銅(II)水溶液から徐々に水を蒸発することによって得られる。この水和物は加熱すると無水の白色の硫酸銅(II)粉末になるが，わずかな水が存在すると再びもとの青色水和物になる。銅(II)イオン Cu^{2+} を含む水溶液に，硫化物イオンや水酸化物イオ

ンを加えると有色の沈殿物を生じる．

$$Cu^{2+} + S^{2-} \longrightarrow CuS\downarrow \quad (黒色) \qquad (5\cdot65)$$
$$Cu^{2+} + 2OH^- \longrightarrow Cu(OH)_2 \quad (青白色) \qquad (5\cdot66)$$

沈殿物の水酸化銅(II)に過剰のアンモニア水を加えると，錯イオンとしての青色のテトラアンミン銅(II)イオン $[Cu(NH_3)_4]^{2+}$ を生じて溶ける．

銅は，室温でかわいた空気中ではおかされないが，酸化力の強い硝酸や熱濃硫酸には溶けて窒素や硫黄の酸化物を生じる．湿った空気中では，青緑色の銅サビである緑青（ろくしょう）いわゆる炭酸二水酸化二銅（または，塩基性炭酸銅(II)）$Cu_2(OH)_2CO_3$ になる．

(b) 銀

銀は，地殻にわずかしか存在しない．鉱石中に硫化物やテルル化物の化合物として存在するほか，単体や金の合金として産出する．鉱石からの単体の製法は，銅の場合と同じように，酸化銀と硫化銀の反応で粗銀をつくり，電解分解する．粗銅から純銅の電解製錬の場合にも副産物としてできる．

銀は，延性・展性に富み，電気・熱の最良の良導体で美しい金属光沢をもつ．耐摩耗性・加工性にすぐれている．貨幣，食器，装飾品，歯科材料，メッキ，合金などに利用されている．また酸化作用の強い硝酸や熱濃硫酸と反応して，銅と同じように窒素と硫黄の酸化物を生じる．

銀の塩として無色結晶の硝酸銀 $AgNO_3$ がある．この塩は，水によく溶け，ハロゲン化物イオンと反応して有色沈殿物を生じる．ハロゲン化銀は，可視光があたると，次式に臭化銀の例を示したように，光化学反応をおこして銀を遊離するので写真の感光剤として利用される．

$$2AgBr \xrightarrow{光} 2Ag + Br_2 \qquad (5\cdot67)$$

ハロゲン化銀は，アンモニア水やチオ硫酸ナトリウム $Na_2S_2O_3$ 水溶液に溶けて，ジアンミン銀(I)イオンやビス(チオスルファト)銀(I)酸イオンの錯イオンになる．

$$Ag^+ + 2NH_3 \longrightarrow [Ag(NH_3)_2]^+ \qquad (5\cdot68)$$
$$Ag^+ + 2S_2O_3^{2-} \longrightarrow [Ag(S_2O_3)_2]^{3-} \qquad (5\cdot69)$$

チオ硫酸ナトリウムは，写真フィルム上の未感光の臭化銀を溶かすので定着

液に使われる．銀イオンは水酸化物と反応して，暗褐色沈殿物の Ag_2O を生じるが，過剰のアンモニア水を加えると溶ける．

$$2Ag^+ + 2OH^- \longrightarrow Ag_2O\downarrow + H_2O \qquad (5\cdot70)$$

$$Ag_2O + 4NH_3 + H_2O \longrightarrow 2[Ag(NH_3)_2]^+ + 2OH^- \qquad (5\cdot71)$$

問18 銀と希硝酸の反応式をかけ．

参考 錯イオン

遷移金属のイオンは，孤立電子対をもつ極性分子やイオンと配位結合して錯イオンをつくる．

例として，鉄(II)イオンとシアン化物イオンの錯イオンについて考える．

鉄原子の基底状態では，内殻の電子配置は，$1s^2 2s^2 2p^6 3s^2 3p^6$ で安定な希ガスの電子配置と同じであるが，外殻の 3d や 4s の電子は活性で安定化していない．

鉄原子が鉄(II)イオンになると，その外殻の電子配置は次のようになる．

```
           3d              4s      4p
Fe²⁺ :  [↑↓|↑|↑|↑|↑]      [ ]    [ | | ]
```

また，鉄(II)イオンに配位するシアン化物イオン CN^- は電子式で表わすと，$[:C::N:]^-$ となる．

孤立電子対をもつシアン化物イオンが鉄(II)イオンに近接すると，その電場などの電気的影響により，鉄(II)イオン Fe^{2+} の 2 個の 3d と 1 個の 4s と 3 個の 4p の電子軌道が混成され，新しい電子軌道ができる．これを d^2sp^3 混成軌道という．この新しい 6 個の電子軌道の中へ，シアン化物イオンの炭素原子に存在する孤立電子対が入り，配位結合をして，ヘキサシアノ鉄(II)酸イオン $[Fe(CN)_6]^{4-}$ の錯イオンができる．

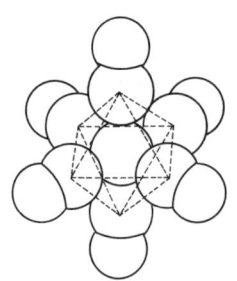

シアン化物イオンの炭素原子が正八面体の各頂点に位置して，中心の鉄(II)イオンと配位結合している．

図 5・8 ヘキサシアノ鉄(II)酸イオンの構造

                        3d   d²sp³
[Fe(CN)₆]⁴⁻ : | ↑↓ | ↑↓ | ↑↓ | | ↑↓ | ↑↓ | ↑↓ | ↑↓ | ↑↓ | ↑↓ |
                                  C⁻ C⁻ C⁻ C⁻ C⁻ C⁻
                                  N   N   N   N   N   N

d²sp³混成軌道の異方性により，この錯イオンの形状は図5・8のように正八面体をつくる．シアン化物イオンのように配位結合するイオンや分子を**配位子**といい，配位結合するその数を**配位数**という．配位子は，シアン化物イオンのほかに，水，アンモニア，塩化物イオンなどがある．錯イオンの例を表5・17に示す．

表 5・17 錯イオン

名　称	錯イオン式	構造	金属陽イオンの配位数	色（水溶液）
ジアンミン銀(Ⅰ)イオン	[Ag(NH₃)₂]⁺	直線形	2	無色
テトラアンミン銅(Ⅱ)イオン	[Cu(NH₃)₄]²⁺	正方形	4	濃青色
テトラアンミン亜鉛(Ⅱ)イオン	[Zn(NH₃)₄]²⁺	正四面体形	4	無色
ヘキサシアノ鉄(Ⅲ)酸イオン	[Fe(CN)₆]³⁻	正八面体形	6	黄色
テトラクロロコバルト(Ⅱ)酸イオン	[CoCl₄]²⁻	正四面体形	4	赤色

問19 ナトリウムイオンと鉄(Ⅱ)イオンの各イオンがシアン化物イオン CN^- と結合する場合にどのような特長が出るか．

（4） 金属イオンの分離

物質をつくっている成分の種類や組成を確認するために**化学分析**が行なわれる．

化学分析には成分の種類を知るためになされる定性分析と，組成まで求める定量分析とがある．定性分析の1つに，未知のいろいろの金属イオンを含む水溶液から適当な試薬を用いて，沈殿反応により各金属イオンを系統的に分離・確認する方法がある．この定性分析に使用する試薬は，希塩酸 HCl ⟶ 硫化水素 H_2S ⟶ アンモニア水 $(NH_3 + H_2O)$ ⟶ 硫化アンモニウム $(NH_4)_2S$ ⟶ 炭酸アンモニウム $(NH_4)_2CO_3$ の順序で加えられる（表5・18参照）．

上記の沈殿反応による各金属イオンの分離は，生成する塩の溶解度差によって行なわれる．たとえば，銅(Ⅱ)イオン Cu^{2+} と亜鉛(Ⅱ)イオン Zn^{2+} が含まれている酸性水溶液に硫化水素ガスを通じると，その水溶液は酸性のために硫化物イオンが少なく，溶解度の非常に小さい黒色の硫化銅(Ⅱ) CuS のみが沈殿す

表 5・18 金属の陽イオンの系統的分離

グループ	加える試薬	グループイオン	沈殿物（色）
1	塩酸 HCl	Ag^+, Pb^{2+}, Hg_2^{2+} など	$AgCl$(灰白), $PbCl_2$(白, 熱湯に可溶) Hg_2Cl_2(白)
2	硫化水素水 H_2S （酸性水溶液）	Cu^{2+}, Hg^{2+}, Cd^{2+}, Sn^{2+}, Sn^{4+} など	CuS(黒), HgS(黒), CdS(黄), SnS(茶黒), SnS_2(黄金)
3	(HNO_3 を加えて煮沸) 塩化アンモニウムと アンモニア水 $NH_4Cl + NH_3$	Fe^{3+}, Al^{3+}, Cr^{3+} など	$Fe(OH)_3$(赤褐), $Al(OH)_3$(白), $Cr(OH)_3$(黒褐)
4	硫化アンモニウム $(NH_4)_2S$ （塩基性水溶液）	Zn^{2+}, Mn^{2+}, Ni^{2+}, Co^{2+} など	ZnS(白), MnS(淡赤), NiS(黒), CoS(黒)
5	炭酸アンモニウム $(NH_4)_2CO_3$	Ca^{2+}, Sr^{2+}, Ba^{2+} など	$CaCO_3$(白), $SrCO_3$(白), $BaCO_3$(白)
6	な し	Na^+, K^+, など	―

る．溶解度積の大きい白色の硫化亜鉛(II) ZnS は沈殿しないで，ほとんど亜鉛(II)イオンの状態で水溶液に存在する．したがって，水溶液をろ過することによって沈殿物に含まれる銅(II)イオンと溶液中の亜鉛(II)イオンを分けることができる．亜鉛(II)イオンは，塩基性の水溶液に硫化アンモニウムを加えると硫化物イオンが多くなり，白色の硫化亜鉛(II)になって沈殿する．

[問20] Ag^+, Cu^{2+}, Fe^{3+}, Ca^{2+} の金属イオンを含む水溶液から，各イオンを分離する方法を記述せよ．

5・4 無機化合物の工業的製法

約100種類の元素の組合わせで，多種多様の無機化合物ができる可能性をもっているが，現在知られている無機化合物は50万前後の数にのぼる．
　これらの化合物は我々の生活のあらゆる分野にその特性を生かしながら用いられている．工業的製法で最も重要なことは，目的とする無機化合物を効率よ

く安価につくることである．ここでは，代表的な金属や酸・塩基・塩の工業的製法について考える．

(1) 金属の製錬

自然界の金属元素は，金や白金などの非常にイオン化傾向の小さい金属元素以外は，酸化物，硫化物，塩などの化合物として鉱石中に含まれている．そこで，還元することによって多くの金属が得られている．この方法を**製錬**といい，より純度を高くする方法を精錬という．製錬方法には，炭素や一酸化炭素などの還元剤を利用する方法と電気エネルギーを利用する電解法がある．

(a) 鉄の製錬

鉄は還元剤のコークスなどで鉄鉱石から酸素を除いて取り出す．コークスは石炭を空気のない状態で高温加熱すると得られる多孔質の炭素質固体である．取り出された鉄は**銑鉄**(せんてつ)とよばれ，不純物として約4％の炭素のほかケイ素，リン，硫黄などを含み，もろいが溶けやすく，流動性がある．その特性から一部は鋳物(いもの)に利用されている．大部分は鋼として利用されている．

鉄鉱石には，赤鉄鉱（主成分：酸化鉄(III) Fe_2O_3），磁鉄鉱（主成分：四酸化三鉄 Fe_3O_4），褐鉄鉱（主成分：酸化鉄(III) n 水和物 $Fe_2O_3 \cdot nH_2O$）などがある．

鉄鉱石から銑鉄までの過程は次のようになる．細かく粉砕し水分を除いた鉄鉱石とコークスと石灰石（主成分：炭酸カルシウム $CaCO_3$）の混合物を溶鉱炉の上から炉内に入れる．炉の下方から酸素を余分に含む圧縮空気を加熱すると，コークスが燃焼して一酸化炭素を発生して炉内を高温にすると同時に鉱石と反応する．

$$2C + O_2 \longrightarrow 2CO \tag{5・72}$$

$$Fe_2O_3 + 3C \longrightarrow 2Fe + 3CO \tag{5・73}$$

発生した一酸化炭素は鉄の酸化物と反応して二酸化炭素になる．

$$Fe_2O_3 + 3CO \longrightarrow 2Fe + 3CO_2 \tag{5・74}$$

生成した液状の銑鉄は密度が比較的大きく炉底にたまり，炉底に設けた横孔から取り出す．鉱石中の不純物としてのケイ素の酸化物などは石灰石と反応してケイ酸塩をつくり銑鉄の上にスラグとして分離される．スラグはれんがやセメントに利用される．

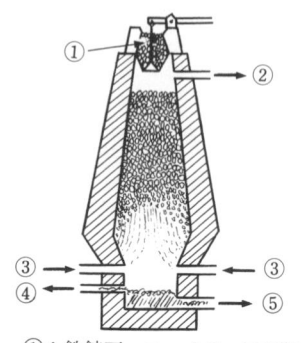

①：鉄鉱石，コークス，石灰石
②：排気ガス ③：加熱した空気
④：スラグ ⑤：銑鉄

図 5・9 溶鉱炉[1]

銑鉄を鋼にする方法は転炉法と平炉法があるが，いずれも液状の銑鉄に生石灰石 CaO やさびた鉄くずなどとともに高温の酸素を送りこむ．銑鉄の不純物のケイ素，リン，硫黄などをスラグとしてその大部分を除去するとともに，炭素含有量を調節することにより**炭素鋼**ができる．炭素含有量が0.5％の軟鋼は軟らかく展性・延性があるので板材，管材，線材などに用いられ，0.5％以上の硬鋼は硬く弾性にとむのでレール，刃物，工具，ばねなどに利用されている．炭素以外の元素を炭素鋼に加えた**特殊鋼**がある．その代表的なものにクロムを12％以上含む鉄合金のステンレス鋼があり，極めて耐食性にすぐれている．また耐熱鋼としても重要である．

(b) 銅 の 製 錬

鉱石中に硫化物として存在する銅は，イオン化傾向が小さいので比較的容易に取り出すことができる．硫化物の硫黄は二酸化硫黄として除去される．

鉱石は主に黄銅鉱（主成分：$CuFeS_2$）が使用される．鉱石から粗銅と純銅を得る過程は次のようになる．黄銅鉱粉末を起泡剤などで吸着分離した硫化物（この方法を浮遊選鉱法という）と石灰石とコークスの混合物を溶鉱炉で加熱すると，大部分の鉄はケイ酸塩のスラグとして分離される．炉底には，硫化鉄（II）を不純物として含む硫化銅（I）Cu_2S がたまる．さらに，転炉でその硫化銅（I）をケイ酸塩とともに酸素で加熱すると炉底に約99％の粗銅が生成する．

1) 写真提供：川崎製鉄株式会社．

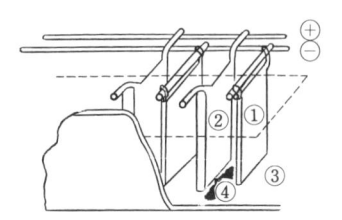

① : 純銅(陰極)　　② : 粗銅(陽極)
③ : 硫酸酸性の硫酸銅(II)水溶液
④ : 陽極泥(金, 銀)

図 5・10　銅の電解法 [1]

$$2Cu_2S + 3O_2 \longrightarrow 2Cu_2O + 2SO_2 \tag{5・75}$$

$$Cu_2S + 2Cu_2O \longrightarrow 6Cu + SO_2 \tag{5・76}$$

約 99.99% の純銅は電解法でつくられる．この電解は次のようにして行なわれる．硫酸酸性の硫酸銅(II)水溶液中に，粗銅板を陽極に純銅板を陰極にして約 0.2～0.4 V の低電圧で電気分解すると，粗銅中の銅が銅(II)イオンとして溶解して陰極に移動する．陰極では銅が析出され純銅ができる．

陽極：　$Cu \longrightarrow Cu^{2+} + 2e^-$ 　　　　　　　　(5・77)

陰極：　$Cu^{2+} + 2e^- \longrightarrow Cu$ 　　　　　　　　(5・78)

銅よりイオン化傾向の大きい鉄などは，イオンのままで水溶液中に存在する．粗銅に含まれる金や銀は，銅よりイオン化傾向が小さいためにイオンにならないで陽極の下に陽極泥としてたまる．

(c)　アルミニウムの製錬

鉱石中に酸化物として含まれるアルミニウムは，比較的イオン化傾向が大きいので，還元剤を用いて酸素を除去するのは困難である．この場合には，酸化物を融解した状態で電気分解すると，陰極にアルミニウムの単体が得られる．多量の電気エネルギーが必要である．この方法を**融解電解法**という．

鉱石はボーキサイト（主成分：$Al_2O_3 \cdot nH_2O$）が利用される．鉱石からアルミニウムを取り出す方法は次のような過程で行なわれる．

精製された酸化アルミニウムを電解に用いるために，前処理として，粉砕した鉱石を濃い水酸化ナトリウム水溶液と反応させると溶解性のアルミン酸ナト

---

[1] 藤原鎮男他：化学（第 4 版），p. 157, 図 12（写真），三省堂, 1991.

リウムが生成され，ケイ酸塩などは沈殿する．ろ液を取り出し多量の水を加えると水酸化アルミニウムが沈殿する．その沈殿物の水酸化物をろ過して取り出し加熱すると純度のよい酸化アルミニウムが得られる．

$$2Al(OH)_3 \longrightarrow Al_2O_3 + 3H_2O \qquad (5\cdot79)$$

2015°Cの高い融点をもつ酸化アルミニウムを低温で融解させるために，氷晶石 Na_3AlF_6 を混ぜて加熱すると約1000°Cで融解液になる．この融解液が，炭素陽極と炭素で内ばりした陰極の電解槽からなる装置で電解される．融解液の中の酸化アルミニウムは，一部電離してアルミニウム(III)イオンと酸化物イオンになっている．

$$Al_2O_3 \rightleftharpoons 2Al^{3+} + 3O^{2-} \qquad (5\cdot80)$$

陰極で，アルミニウム(III)イオンが還元され液状のアルミニウムになり，それを電解槽の横孔から取り出す．

$$Al^{3+} + 3e^- \longrightarrow Al \qquad (5\cdot81)$$

陽極では酸化物イオンが陽極炭素と反応して一酸化炭素が生じる．

$$O^{2-} + C \longrightarrow CO + 2e^- \qquad (5\cdot82)$$

陽極炭素は一酸化炭素に変化するので，たえず補給する必要がある．

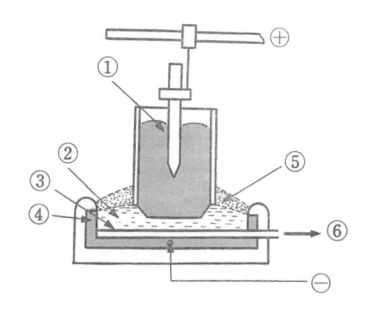

図 5・11 アルミニウムの精錬

①：炭素(陽極)
②：融解した酸化アルミニウムと氷晶石
③：融解したアルミニウム
④：炭素(陰極)
⑤：酸化アルミニウム
⑥：アルミニウム取り出し口

[問21] 酸化鉄(III)が99%含まれる赤鉄鉱10tから純鉄を取り出すのに，少なくとも何tのコークスが理論的に必要か．純鉄ができるまでの各反応は同等に行なわれるものとする．

(2) 酸・塩基・塩の合成

酸と塩基を合成する場合に，酸は水溶液中で水素イオンを生じたり，プロト

ン (H^+) を与えたり，電子対を受け取る構造にする．塩基は水酸化物イオンを生じたり，プロトン (H^+) を受け取ったり，電子対を与える構造にする．

塩の場合は，酸の陰性成分と塩基の陽性成分を含む必要がある．

ここでは，化学工業に重要な硫酸，硝酸，塩酸，アンモニア，水酸化ナトリウムおよび炭酸ナトリウムの工業的製法について記述する．

(a) 硫酸 H_2SO_4 の工業的製法

硫酸の工業的製法には接触法と鉛室法がある．

接触法は冷却塔，洗浄塔，乾燥塔，接触塔，吸収塔などから成りたち，次の過程で純度のよい濃硫酸，発煙硫酸がつくられる．まず，粉砕された硫化鉄鉱（主成分：FeS_2）を過剰の空気を送りながら燃焼炉中で燃やすと二酸化硫黄が生じる．硫化鉄鉱のかわりに硫黄単体が用いられる場合がある．

$$4FeS_2 + 11O_2 \longrightarrow 2Fe_2O_3 + 8SO_2 \qquad (5 \cdot 83)$$

燃焼炉から出た二酸化硫黄と空気の混合気体は除じん器で不純物の微細な粉じんが取り除かれ，冷却塔で冷やされた後，洗浄塔で水を噴霧することによって不純物を取り除く．霧除去器とフィルタを通した混合気体は，乾燥塔で濃硫酸によって完全に乾燥され，精製される．予熱器や熱交換器で適度な温度に調整された乾燥混合気体は，400～500℃で加熱された接触塔へ送風機で送りこまれる．混合気体は，接触塔の五酸化バナジウム (V)，V_2O_5，を主体とする触媒に接すると三酸化硫黄になる．

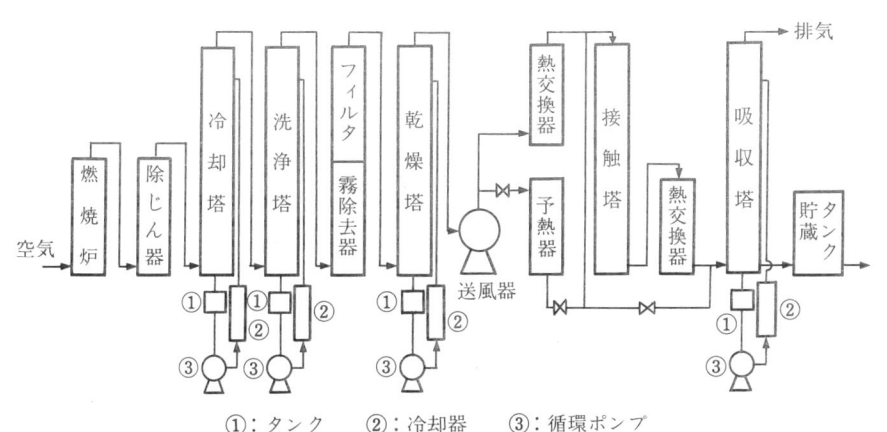

①：タンク　②：冷却器　③：循環ポンプ

図 5·12　硫酸の製造工程

$$2SO_2 + O_2 \longrightarrow 2SO_3 \tag{5・84}$$

吸収塔では，三酸化硫黄は濃硫酸を噴霧することによって吸収されて発煙硫酸になる．発煙硫酸は常に三酸化硫黄の蒸気を発し空気中で白煙をだす．発煙硫酸に希硫酸を加えることによって適度の濃硫酸ができる．

(b) 硝酸と塩酸の製法

硝酸は，オストワルド法ではアンモニア・空気・水の出発原料を使ってつくられる．出発原料から硝酸への過程は次のようになる．アンモニアと空気の混合気体は，赤熱した白金触媒のある反応塔の中に送りこまれると，アンモニアは酸化されて一酸化窒素になり，冷却塔に入る前に二酸化窒素と水になる．冷却塔で冷却された二酸化窒素は吸収塔で水と反応して硝酸になる．硝酸は発煙硫酸で濃縮される．

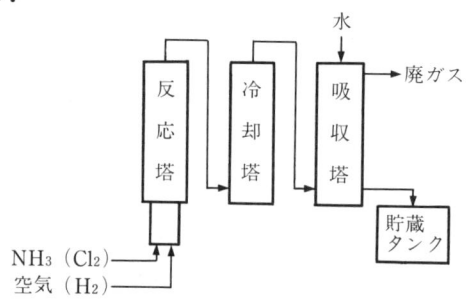

図 5・13 硝酸と塩酸の製造工程

塩酸は食塩水の電解でつくられる水素と塩素を利用して合成される．爆発の危険性をさけるために過剰の水素が加えられている塩素ガスを炭素構造材でつくられている反応塔中へ入れ，塩素をその中で燃焼させると塩化水素を生じ，発熱する．塩化水素は冷却塔でらせん管を通して効率よく冷却した後，吸収塔で水を加えることにより濃塩酸になる．

問22 0.50 atm, $27°C$, $10\,l$ のアンモニアガスから $1.5\,mol/l$ の硝酸が約何 cm^3 できるか．

(c) アンモニアの製法（ハーバー・ボッシュ法）

ハーバーとボッシュが協力して，1923年に最初のアンモニアの工業的合成を行なった．このハーバー・ボッシュ法は次の過程で行なわれる．

液体空気の分留から得られた窒素と重油・天然ガス・水の電解などから得ら

[製造工程]　　　　　[合成塔]　　　　　　　[外　観]

①：合成塔　　②：冷却器　　③：熱交換器　　④：低温冷却器　　⑤：分離器
⑥：循環ポンプ　⑦：電熱器　　⑧：触媒　　　⑨：熱交換器

図 5・14　ハーバー・ボッシュ法[1]

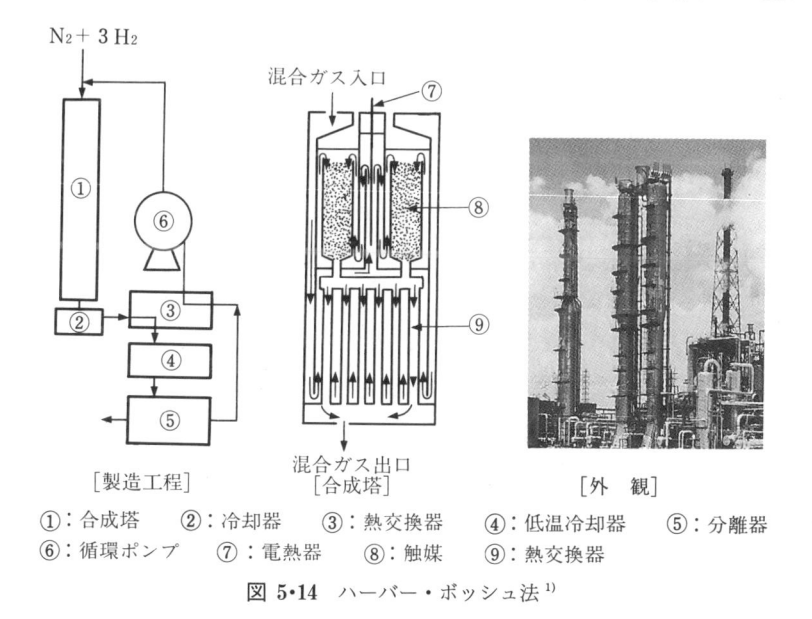

れた水素を 1：3 のモル比で混ぜた混合気体を合成塔へ送りこむ．合成塔では，混合気体が，四酸化三鉄 Fe_3O_4 に少量の酸化アルミニウム(III)と酸化カリウムを含む触媒に接触し，約 400～600 ℃，200～1000 atm のもとで反応して，平衡状態で収率約 30% でアンモニアが得られる．いったん反応がはじまると反応熱により合成塔の温度が上昇するので，合成塔の温度を冷却して適度に調整する．合成されたアンモニアは未反応の窒素と水素の混合ガスとともに熱交換器や冷却器を通して分離器の中の寒剤によって液化されて取り出される．未反応の窒素と水素と一部のアンモニア蒸気は熱交換器を通して循環ポンプで再び合成塔へ送り込まれる．合成塔での窒素と水素からアンモニアのできる反応は可逆反応であるので，ル・シャトリエの平衡移動の法則にそって，合成塔での反応系の温度と圧力と濃度が調整され，アンモニアが最も経済的に得られるようになっている．

（d）水酸化ナトリウム NaOH の製法

電解法には水銀法，隔膜法およびイオン交換膜法があるが，いずれも食塩水を電気分解して水酸化ナトリウムをつくる．水酸化ナトリウムとともに水素と

1）藤原鎭男他：化学（第 4 版），p. 118，図 16（写真），三省堂，1991．

塩素が生成する．水銀法と隔膜法の場合，水酸化ナトリウムと塩素や，水素と塩素が混ざると反応するので，これらの生成物が別々に取り出せるように工夫されている．水銀法は電解槽と解コウ槽から成りたつ．電解槽の陰極には水銀が，陽極には黒鉛が用いられている．水銀陰極では，水素は発生しないでナトリウム金属が生成されて，ただちに水銀に溶けてアマルガムになる．このアマルガムが解コウ槽に送りこまれ，そこでアマルガムの中のナトリウムが水と反応して水酸化ナトリウムと水素が生成する．ナトリウムが除かれた水銀はポンプで再び電解槽に送りこまれる．黒鉛陽極では塩素が生じる．水銀法は，優れた方法であるが水銀に毒性があるのでわが国では隔膜法とイオン交換膜法への転換が急速になされ，現在ほとんど使用されていない．隔膜法は生成物が混ざらないように両極間を隔膜でしきっている．イオン交換膜法は隔膜に Na^+ イオンだけを通すイオン交換膜を用いるもので，純度が隔膜法より高い．

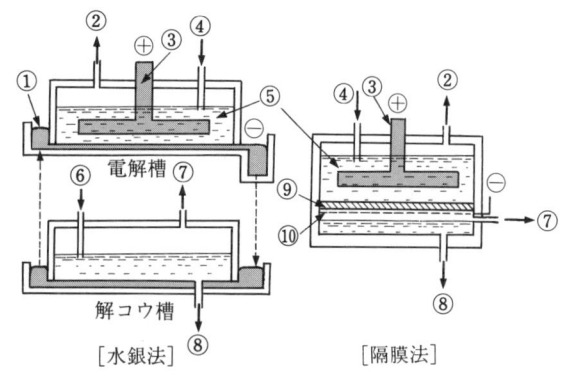

①：水銀陰極　②：塩素ガス出口　③：黒鉛陽極　④：食塩水入口
⑤：食塩水　⑥：水入口　⑦：水素ガス出口　⑧：水酸化ナトリウム出口
⑨：石綿製隔膜　⑩：鉄製陰極

図 5・15　水銀法と隔膜法

（e）炭酸ナトリウム Na_2CO_3 の製法

炭酸ナトリウムはソーダ灰ともいわれ，食塩水と石灰石からつくられる．中間段階でアンモニアを利用する．この方法を**アンモニア・ソーダ法**または**ソルベー法**という．この過程は次のようにして行なわれる．

炭酸化塔で，アンモニア吸収塔からのアンモニアを十分含んだ食塩飽和水溶液を上部から流し，下部から石灰炉と回転炉からの二酸化炭素を通して，溶解

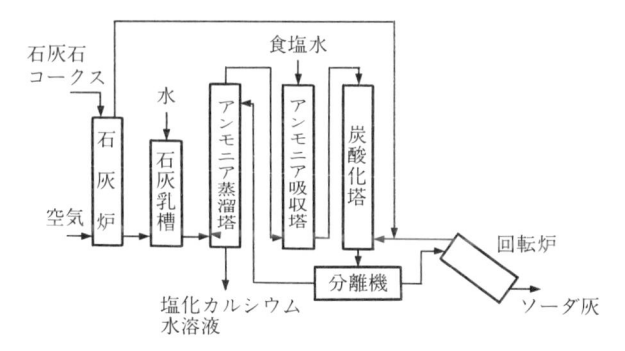

図 5・16 アンモニア・ソーダ法の製造工程

度の小さい炭酸水素ナトリウム（重曹ともいう）$NaHCO_3$ が生成されると同時に塩化アンモニウム NH_4Cl も生じる．

$$NaCl + NH_3 + H_2O + CO_2 \longrightarrow NaHCO_3\downarrow + NH_4Cl \quad (5\cdot 85)$$

次に，この混合物は分離機で分離され，塩化アンモニウム水溶液はアンモニア蒸留塔へ，炭酸水素ナトリウムは回転炉へ移される．回転炉では炭酸水素ナトリウムが加熱され，炭酸ナトリウムと二酸化炭素が生じる（式 (5・46) 参照）．

二酸化炭素は炭酸化塔へ送られ再利用される．アンモニア蒸留塔では石灰乳槽からの水酸化カルシウムと塩化アンモニウムの反応でアンモニアが再び生成され再利用される（式 (5・18) 参照）．

石灰炉では，石灰石を焼くことによって炭酸ガスと酸化カルシウム（生石灰）が得られる．

石灰乳槽では，生石灰が水と反応して水酸化カルシウムができる（式 (5・49) と式 (5・50) 参照）．

問23 アンモニア・ソーダ法の過程で行なわれる反応を1つの反応式でまとめよ．

演習問題

1 次に示した気体の中から (1)〜(5) に該当するものを選び出せ．
　水素　二酸化炭素　一酸化炭素　窒素　二酸化窒素　アンモニア

酸素　オゾン　二酸化硫黄　塩素　アルゴン
(1) 無色・無臭で，水に溶けにくく，血液中のヘモグロビンと結合して，血液の酸素運搬機能を失わせる．還元性が強い．
(2) 褐色の有毒な気体で，水に通すと無色の気体が発生し，水溶液は酸性になる．
(3) 単原子分子からなり，無色・無臭で非常に安定なので他の物質と反応しない．低圧で放電させると，青い光を発する．
(4) 無色で特有の刺激臭がする．水溶液は塩基性を示す．圧縮すると液化しやすい．
(5) 黄緑色の刺激臭のある気体で，水に溶けるとさらに酸化作用が強まる．

2　ケイ素と二酸化ケイ素について，下の語句から選んで文章を完成せよ．
　ケイ素は（　）塩として岩石圏の主成分をなし，（　）に次いで2番目の（　）数25.8%を示す．約98%の純度の単体は（　）を高温のもとで炭素によって還元し，酸で洗浄して得られる．高純度のケイ素は（　）を水素とともに加熱分解してケイ素棒表面に堆積して得られる．単結晶は（　）法で得られる．
　ケイ素は半導体材料として用いられ，（　）や（　）に応用されている．
　二酸化ケイ素の結晶は，融点が（　）く，（　）く，（　）であり，圧電効果や光の高透過性を有するため，（　），（　），（　），（　），（　）などに利用される．

[絶縁体　太陽電池　高　クラーク　ケイ酸　光学機械　ケイ砂
　硬　酸素　宝石　水晶発振子　引上げ　石英ガラス　LSI
　四塩化ケイ素　光ファイバー]

3　18molのアンモニアをつくるために，理論的に乾燥空気が0℃，1atmで何 l，水が何g必要か．ただし，空気は体積比で1:4の酸素と窒素からなり，反応は完全に行なわれるものとする．

4　ハロゲンについて下の文章を完成せよ．
(1) ハロゲンは（　）族に属し，各原子は最外殻に（　）個の価電子をもち，（　）価の（　）イオンになって安定状態になる．したがって，自然界には単体としては存在しない．フッ素は（　）石などの鉱石，塩素は（　）または（　）塩，臭素は（　），ヨウ素は海藻や（　）石などに含まれる．
　塩素の単体は，（　）の電解などでつくられる．
(2) ハロゲン分子は（　）分子を形成しており，いずれも酸化作用を示すが，その酸化力は（　）番号が（　）くなるにつれて強まる．したがって，その強さの順は（　）>（　）>（　）>（　）>（　）になる．たとえば，($2Cl^- + F_2$) や ($2Br^- + Cl_2$) の反応は（　）が，($Cl_2 + 2F^-$) や ($Br_2 + 2Cl^-$) の反応は（　）．

5　実験室での塩素の製法を2つあげ，その化学反応式をかけ．

6 アルカリ金属について，下の文章を完成せよ．
　アルカリ金属は（　）族に属し，周期表の（　）端に位置する．最外殻には（　）個の価電子をもち，（　）の陽イオンになりやすい．陽イオンへのなりやすさは（　）が増加すると，その傾向が強まる．天然には海水や岩石の中に存在するので，単体として取り出すには，（　）した塩の（　）で行なう．
　たとえば，ナトリウムは（　）塩の（　）で行なわれ，（　）極に生じる．アルカリ金属は密度が（　）以下の軽金属で，融点は他の金属と比べると（　）い．
　炎色反応では，リチウムは（　）色，ナトリウムは（　）色，カリウムは（　）色，ルビジウムは（　）色，セシウムは（　）色を示す．

7 遷移金属について，下の文章を完成せよ．
　遷移金属元素は（　）金属元素と違って，一般に（　）点や（　）点が高く，密度が $4.0 g/cm^3$ 以上の（　）金属である．また，硬度や（　）・（　）の伝導度が大きく，常磁性である場合が多い．さらに，（　）色の錯イオンをつくりやすく，いろいろの（　）数をとり，触媒性がある．これらの物理的・化学的性質の特徴は，遷移金属の原子の電子状態に結びつけられる．最外殻は（　）〜（　）個の電子をもち，内殻は安定な（　）の電子配置状態になっていない．

8 次の化合物の名称と色をかけ．
MnO_2　Fe_2O_3　CuO　$AgCl$　$AgBr$　Hg_2Cl_2
CuS　Cu_2O　$Fe(OH)_3$　$Cu(OH)_2$

9 Cu^{2+} と Zn^{2+} を含む水溶液から，硫化水素を使って，この2つのイオンを分離する方法を記述せよ．

第6章 有機化合物

　私たちの身のまわりにある新聞，机，本，衣類，医薬品，塗料，ワックス，洗剤，化粧品などは，炭素をつらねた化合物すなわち有機化合物からなり，おもに炭素，水素，酸素，窒素などの元素から構成されている。その数は現在約1000万種知られている。これらの化合物は植物や動物などの生体だけがつくりだすことができ，人工的にはつくりだせないものと考えられて有機化合物と名づけられたが，ウェーラーにより，無機化合物から有機化合物が合成されることが示された。新しい有機化合物が毎年30万種以上も次々と合成されている。今後ますます有機化合物の重要性が増すことは確かである。

演示実験8
　　アルコールの爆発的燃然
（1）蒸発皿にメタノールまたはエタノールを入れて燃やすと，おだやかに燃える。
（2）次に，清涼飲料水またはコーヒーの空かん（内容積250ml程度のもの）を用意し，その上部をかん切りでくり抜き，下部に着火用の小さな穴（直径5mm位）をあける。
（3）この着火用の穴から香水吹きなどでアルコールを吹き込み，紙コップでふたをし，かんを2～3回転倒させた後，マッチで点火する。
（4）爆発音とともに紙コップが飛ぶ。

● アルコールランプ用の燃料でも，状況が異なれば，爆発する危険があることがわかる．

　(注)　この実験は危険であるので，絶対にまねをして行なってはならない．

6・1　有機化合物の構造

　有機化合物は炭素の化合物である．炭素は原子価電子が4個であるので，結合の手を4本もち，次々と炭素原子が共有結合でつらなって数多くの化合物をつくる．炭素原子は炭素のほか，酸素，窒素，イオウ，リン，ハロゲンなどとも共有結合して，多種多様な化合物を与える．このようにしてできた有機化合物は一般的には無機化合物と比べて融点や沸点が低く，300℃をこえると多くのものが分解する．燃焼すると二酸化炭素や水を生成する．水に溶けにくく，有機溶剤に溶けるものが多い．

　炭素と水素のみからできている化合物は**炭化水素**である．その骨格が鎖状につらなっていると，**鎖式炭化水素**または**脂肪族炭化水素**という．環状の炭化水素を**環式炭化水素**という．このうちすべて単結合であるものを飽和炭化水素，二重結合や三重結合を含む化合物を不飽和炭化水素という．とくにベンゼンのように環状六員環化合物を含む化合物を**芳香族炭化水素**という．

炭素原子の結合様式

結合の配列	結合の種類と数	化合物の例
$-\overset{\|}{\underset{\|}{C}}-$	4つの単結合	$H-\overset{H}{\underset{H}{C}}-\overset{H}{\underset{H}{C}}-\overset{H}{\underset{H}{C}}-H$ プロパン
$\diagdown C=C\diagup$	1つの二重結合と2つの単結合	$\overset{H}{\underset{H}{C}}=\overset{H}{\underset{H}{C}}-\overset{H}{\underset{H}{C}}-H$ プロペン
$-C\equiv C-$	1つの三重結合と1つの単結合	$H-C\equiv C-CH_3$ プロピン

炭素原子がどのようにつらなっているか，という結合様式の違いにより炭化水素を次のように分類できる．

炭化水素の分類

鎖式炭化水素（脂肪族炭化水素）

	C—C 結合	一般名	例
飽和炭化水素	単結合	アルカン	エタン
不飽和炭化水素	二重結合	アルケン	エチレン
	三重結合	アルキン	アセチレン

環式炭化水素

脂環式炭化水素
- 飽和炭化水素……単 結 合…シクロアルカン　シクロヘキサン
- 不飽和炭化水素…二重結合…シクロアルケン　シクロヘキセン

芳香族炭化水素………………ベンゼン環　　　　　ベンゼン

(1) 飽和炭化水素

最も簡単な炭化水素はメタンである．メタンの水素原子を炭素原子に置換すると，エタン，次いでプロパンが得られる．

$$\begin{array}{ccc} \text{H} & \text{H H} & \text{H H H} \\ | & | \; | & | \; | \; | \\ \text{H—C—H} & \text{H—C—C—H} & \text{H—C—C—C—H} \\ | & | \; | & | \; | \; | \\ \text{H} & \text{H H} & \text{H H H} \\ \text{メタン} & \text{エタン} & \text{プロパン} \end{array}$$

このように炭素が1つ増加するごとにC-H結合の間にメチレングループ -CH$_2$- がはいる．この種の化合物は炭素の数をnとすると，分子式は一般にはC_nH_{2n+2}で表わされる．プロパンの場合に，端のC-H部とまん中のC-H部にメチレングループを入れる場合とでは下図に示すように違った炭化水素となる．

$$\begin{array}{cc} \text{H H H H} & \text{H H H} \\ | \; | \; | \; | & | \; | \; | \\ \text{H—C—C—C—C—H} & \text{H—C—C—C—H} \\ | \; | \; | \; | & | \; | \; | \\ \text{H H H H} & \text{H} \; \; \text{H} \\ \text{ブタン（直線状）} & \text{H—C—H} \\ & | \\ & \text{H} \\ & \text{2-メチルプロパン（分岐状）} \end{array}$$

この場合に直線状でも分岐状でも，ともに分子式は C_4H_{10} である．このようなものを，後に述べるように異性体という．

Cが20までの直鎖型の炭化水素の名称などを表6・1にまとめた．

分子式が C_nH_{2n+2} で表わされる炭化水素は，飽和炭化水素でアルカン (alkane) と総称する．アルカンの化合物名は鎖式炭化水素化合物名の基本となっている．いずれもその語尾が-ane（アン）でalkaneの語尾と対応している．この飽和炭化水素から水素原子を1個取り除いた残りの炭化水素グループ（$-C_nH_{2n+1}$）のことをアルキル基alkylとよぶ．

(2) 飽和炭化水素の命名法

アルカンの命名には，次に例を示すように，基本骨格のアルカン，アルキル基と数を表わす接頭語を組み合わせて命名する（巻末の付録参照）．

$CH_3-CH_2-CH_2-CH_2-CH_2-CH_3$
　　　　　　　　a

$CH_3-CH_2-CH_2-CH_2-CH_2$
　　　　　　　　　　　　　$|$
　　　　　　　　　　　　　CH_3
　　　　　　　　b

CH_3
$|$
$CH_2-CH_2-CH_2-CH_2$
　　　　　　　　　　$|$
　　　　　　　　　　CH_3
　　　　　c

$\overset{1}{CH_3}-\overset{\overset{CH_3}{|}}{\underset{\underset{CH_3}{|}}{C}}-\overset{3}{CH_2}-\overset{\overset{CH_3}{|}}{\overset{4}{CH}}-\overset{5}{CH_2}-\overset{6}{CH_3}$
　　　　　　　　　　　　d

2,2,4-トリ　メチル　ヘキサン
　　　　　　　　　　　　　　基本骨格名
　　　　　　　　　　置換基名
　　　　　　　置換基数
　　　置換基の位置

bやcのように折れ曲がっていてもよく見るとすべての構造で炭素原子は枝分かれなくつらなっている．分子は常にすべての結合のところで回転，伸縮，屈曲をしているので，結局a，b，cの3つはすべて同じ構造のヘキサンである．構造dは，炭素が直鎖状に6個つらなっているので基本骨格はヘキサンであり，また置換基メチル基は3個でその位置は端から2番目と2番目と4番目にある．したがって，2,2,4-トリメチルヘキサンと命名できる．

[問1] 次の構造の化合物を命名せよ．

(1)　　　　　　　CH_3
　　　　　　　　　$|$
　$CH_3-CH-CH_2-CH-CH_2-CH_3$
　　　　$|$
　　　　CH_3

(2)　　　　　　CH_3　　　C_2H_5
　　　　　　　　$|$　　　　　$|$
　$CH_3-CH-CH-CH_2-CH-CH_3$
　　　　　　　$|$
　　　　　　　CH_3

表 6・1 直鎖式脂肪族飽和炭化水素

分子式	名称	融点 [°C]	沸点 [°C]	20°Cでの密度 [g/cm³]	名称の由来*)	状態	用途
CH_4	メタン	−182.6	−161.7		"ワイン"と"木"	気	都
C_2H_6	エタン	−172.0	−88.6		"燃える"		市
C_3H_8	プロパン	−187.1	−42.2		"最初の"と"脂肪"	体	ガス
C_4H_{10}	ブタン	−135.0	−0.5		ラテン語の"バター"		
C_5H_{12}	ペンタン	−129.7	36.1	0.6238	数詞の5	液	ガソリンの成分
C_6H_{14}	ヘキサン	−94.0	68.7	0.660	数詞の6		
C_7H_{16}	ヘプタン	−90.5	98.4	0.684	数詞の7		
C_8H_{18}	オクタン	−56.8	125.6	0.7028	数詞の8	体	
C_9H_{20}	ノナン	−53.7	150.7	0.7176	数詞の9		
$C_{10}H_{22}$	デカン	−29.7	174.0	0.7300	数詞の10		
$C_{18}H_{38}$	オクタデカン	28.0	308		数詞の18	固	潤
$C_{19}H_{40}$	ノナデカン	32.1	320		数詞の19		滑
$C_{20}H_{42}$	エイコサン	36.8	149.5		数詞の20	体	油

*) ブタン以外すべてギリシア語由来

(3)
$$CH_3-\underset{\underset{CH_3}{|}}{\overset{\overset{CH_3}{|}}{CH}}-CH-CH_2-\underset{\underset{C_2H_5}{|}}{CH}-CH_2-CH_2-CH_3$$

(3) 不飽和炭化水素

二重結合および三重結合をもつ炭化水素は不飽和炭化水素とよばれ，アルケン，アルキンという．これらの物理的性質はアルカンとほとんど変わらないが，化学的性質は大きく異なる．アルケンはアルカン (alkane) の語尾-ane (アン) を-ene (エン)，アルキンはアルカンの語尾を-yne (イン) に代え，その不飽和結合の位置を番号で表わして命名する．

問2 次の分子式の化合物には二重結合がいくつあるか．
(1) C_4H_8 (2) シクロ—C_8H_{12} (3) $C_{12}H_{22}$

参考 炭素原子の電子構造と立体構造
(1) メタンの結合
メタンの2つの水素原子を塩素原子で置きかえたジクロロメタン CH_2Cl_2 の構造は，

紙面上には次の図 (a) のように 2 通りにかけるので,

（a）ジクロロメタン　　　（b）メタンの立体構造

2 種類の化合物が存在するように思える．しかし，ジクロロメタンにはただ 1 つの化合物しか存在しない．その理由は，メタンが上の図 (b) に示すように正四面体構造をとることを考えれば明らかである．炭素原子の 1 つの 2s 軌道と 3 つの 2p 軌道が混合して，4 つの等価な sp^3 混成軌道をつくる (p.45 の「参考」を参照のこと)．メタンの場合には，これらの軌道に 1 個ずつ入った電子が，4 つの水素原子の 1s 軌道の電子と対となって共有結合をつくる．この結合（2 つの軌道の重なり）は 2 つの原子を結ぶ軸上にある．このような結合を σ 結合という．メタンの 4 つの共有結合はすべて同じで，C-H 結合距離は 0.109 nm，∠HCH 結合角は 109.5° である．

（2） エチレンの結合

エテン（エチレン）$CH_2 = CH_2$ を構成する 6 つのすべての原子は同一平面上に存在し，120° の角度をなしている．1 つの 2s 軌道と 2 つの 2p 軌道が混合して，3 つの等価な sp^2 混成軌道をつくる．そして，これらの軌道にそれぞれ 1 つずつ入った 3 つの電子は，2 つの水素原子の 1s 軌道の電子や他の 1 つの炭素原子の sp^2 軌道に入った電子と共有結合（σ 結合）をつくる．残る炭素原子の $2p_z$ 軌道の電子は，他の炭素の $2p_z$ 軌道の電子と共有結合をつくる．この結合は C-C 結合軸上にはない．このような結合を π 結合という．炭素の二重結合は 1 つの σ 結合と 1 つの π 結合からできている．

（3） アセチレンの結合

エチン（アセチレン）$HC \equiv CH$ の 4 つの原子は一直線上に並んで結合している．2s 軌道と 2p 軌道各 1 つが混合した等価な 2 つの sp 混成軌道をつくり，1 つの水素原子の 1s 電子ともう 1 つの炭素の sp 混成軌道の電子と σ 共有結合をする．残る 2 つの 2p 電子，$2p_y$ と $2p_z$ 電子との間でそれぞれ 2 つの π 結合をする．三重結合は 1 つの σ 結合と 2 つの π 結合からできている．

6・2 官能基による化合物の分類

炭化水素は多くの試薬に対して安定で反応しにくい化合物である．その炭化水素の水素原子1個をある特定の原子団で置きかえた化合物は，置換した原子団（基）の化学的性質に大きく影響を受けることになる．この原子団は**官能基**とよばれる．官能基をもとに有機化合物を表6・2のように分類できる．

官能基により化合物をアルコール，ケトン，カルボン酸などと分類できる．なぜなら，炭化水素の部分が大きい分子であっても，その化学反応性はほとんど置換基に依存するからである．複雑な化合物では官能基が2つ以上入っていたり，2種類以上の官能基が入っていることがある．その例として，ヒドロキ

表 6・2 おもな官能基とそれによる化合物の分類

官能基		一般名	例	脂肪族化合物（上段） 芳香族化合物（下段）
ヒドロキシル基 （水酸基）	—OH	アルコール フェノール	C_2H_5—OH	エタノール
			C_6H_5—OH	フェノール
ホルミル基 （アルデヒド基）	—CHO	アルデヒド	CH_3—CHO	アセトアルデヒド
			C_6H_5—CHO	ベンズアルデヒド
カルボニル基	$>C=O$	ケトン	CH_3COCH_3	アセトン
			C_6H_5—$COCH_3$	アセトフェノン
カルボキシル基	—COOH	カルボン酸	CH_3—COOH	酢酸
			C_6H_5—COOH	安息香酸
エステル結合	—COO—	エステル	$CH_3COOC_2H_5$	酢酸エチル
			$C_6H_5COOC_2H_5$	安息香酸エチル
ニトロ基	—NO_2	ニトロ化合物	CH_3—NO_2	ニトロメタン
			C_6H_5—NO_2	ニトロベンゼン
アミノ基	—NH_2	アミン	CH_3—NH_2	メチルアミン
			C_6H_5—NH_2	アニリン
エーテル結合	—O—	エーテル	C_2H_5—O—C_2H_5	ジエチルエーテル
			C_6H_5—O—CH_3	アニソール
アゾ結合	—N=N—	アゾ化合物	C_6H_5—N=N—C_6H_5	アゾベンゼン
フェニル基	C_6H_5—	ベンゼン誘導体	C_6H_5—C_2H_5	エチルベンゼン
ビニル基	CH_2=CH—	ビニル化合物	CH_2=CHC_4H_9	1-ヘキセン
			C_6H_5—CH=CH_2	スチレン

シル基を3個含む3価のアルコールであるグリセリンやアミノ基とカルボキシル基を含むグリシン（アミノ基とカルボキシル基を含む酸であるのでアミノ酸といわれる）があげられる．これらの化合物では官能基が同じものが3つあればその特徴が強く現われ，異なった官能基の場合には両方の性質が現われ，複雑な性質をもつことになる．

6・3 異 性 体

炭素は共有結合で炭素-炭素結合をつらねることができる．たとえば，炭素数6のヘキサンを考える．炭素原子が分岐なく直線状につらなっている場合には，ただ1種の化合物 a しかない．しかし，分岐ができると4種の化合物 b, c, d, e が存在する．

$$CH_3-CH_2-CH_2-CH_2-CH_2-CH_3$$
a：ヘキサン

$$CH_3-CH-CH_2-CH_2-CH_3$$
$$|$$
$$CH_3$$
b：2-メチルペンタン

$$CH_3-CH_2-CH-CH_2-CH_3$$
$$|$$
$$CH_3$$
c：3-メチルペンタン

$$CH_3$$
$$|$$
$$CH_3-C-CH_2-CH_3$$
$$|$$
$$CH_3$$
d：2,2-ジメチルブタン

$$CH_3\ CH_3$$
$$||$$
$$CH_3-CH-CH-CH_3$$
e：2,3-ジメチルブタン

このような分子式は同じでも構造が異なるものを**異性体**といい，とくにこのように炭素連鎖の仕方が異なるものを**構造異性体**という．C_3 までの炭化水素は，1種しかないが，C_4〜C_{10} まで炭素数がふえるにしたがって，異性体は，それぞれ2, 3, 5, 9, 18, 35, 75. C_{15} では 4300, C_{20} では 360000 とまさに天文学的数字となる．有機化合物の数がばく大なのも納得できる．

二重結合が1つ含まれるブテン C_4H_8 には，3種 **a**：1-ブテン，**b**：2-ブテン，**c**：2-メチルプロペンの異性体がある．**a** と **c** は二重結合の一方には2個の

同じ水素原子が結合している．二重結合で回転させても同じ化合物である．しかし，C=C二重結合は単結合のように回転できないので，**b**には2つの構造をかくことができる．

$$
\begin{array}{cc}
\mathbf{b}_1：シス-2-ブテン & \mathbf{b}_2：トランス-2-ブテン
\end{array}
$$

事実，沸点も異なる二種類の化合物が存在する（表6・3参照）．$\mathbf{b}_1$のように立体的にかさ高い2つのメチル基が同じ方向にある場合と，$\mathbf{b}_2$のように反対の方向にある場合がある．これらをそれぞれシス異性体とトランス異性体といい，**幾何異性体**という．

ベンゼン環に2つの置換基がある場合には3つの異性体が存在する．炭素連鎖は同一であるが置換基の位置が異なるものを**位置異性体**といい，キシレン$C_6H_4(CH_3)_2$の場合，オルト（o-），メタ（m-），パラ（p-）の位置異性体がある．

$$
\begin{array}{ccc}
o\text{-キシレン} & m\text{-キシレン} & p\text{-キシレン}
\end{array}
$$

6・4 炭化水素の反応

（1）アルカン

不飽和結合がないアルカンはほとんど天然ガスや石油から得られる．また炭素数の大きいアルカンは密ロウやリンゴの表皮から得られる．この系列の化合物をその名称とともに物理定数を表6・1にすでに示した．炭素数の増加とともに融点，沸点は上昇する．比重は約0.8で水より軽い．無極性化合物で水には溶解しないが有機溶剤には溶ける．また，C_7のヘプタンは分子量が100，沸点も約100℃である．記憶しておくと便利である．

アルカンが分岐すると沸点や融点は低くなり，ガソリンのオクタン価[1]が高くなるので石油を熱分解してより分岐があるように改質している．

環状のアルカンはアルカンと化学的に類似している．その分子式はC_nH_{2n}でアルカンより水素が2少ない．この中で最も主要な化合物はシクロヘキサンである．その構造には次の2種の構造があることが知られている．

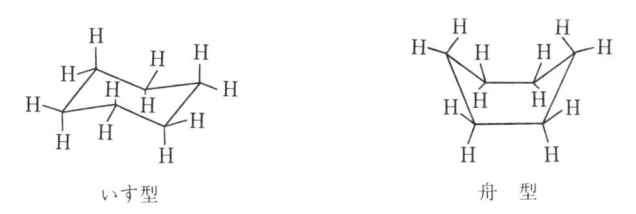

いす型　　　　　　　　　　　舟型

図 6・1　シクロヘキサンの構造

（2）アルケンとアルキン

アルケンは石炭や木炭の乾留，石油の熱分解のさいにアルカンとともに生成する．表6・3にアルケンとアルキンの物理的性質を示す．エテン（エチレン）やプロペン（プロピレン）はエタノールやプロパノールから水が脱離すると容易に得られる．さらに，炭素数の大きなアルケンでも同様にアルコールから得られる．

炭素－炭素二重結合は反応性の高い部分で，種々の試薬と反応する．その中で重要なものは二重結合への付加である．エテンに水素や臭化水素，臭素が付加して，エタン，ブロモエタン，1,2-ジブロモエタンが生成する．

$$CH_2=CH_2 + H_2 \longrightarrow CH_3-CH_3 \qquad (6・1)$$

$$CH_2=CH_2 + HBr \longrightarrow CH_3-CH_2Br \qquad (6・2)$$

$$CH_2=CH_2 + Br_2 \longrightarrow CH_2Br-CH_2Br \qquad (6・3)$$

アルカンと違ってアルケンは，塩素と暗所でも室温で容易に付加反応する．これらの反応はアルキンでも同様におこる．

過マンガン酸カリウムやオゾンによってアルケンは酸化され，グリコールやアルデヒド，ケトンが生成する．アルキンの場合にはカルボン酸が生成する．これらの反応は二重結合や三重結合の位置の決定に応用できる．

---

[1] ガソリンの爆燃（ノッキング）速度をイソオクタン（2,2,4-トリメチルペンタン）とn-ヘプタンとの任意の割合の混合物の標準燃料のノッキングと比較して，定量的に表わした指数．

表 6·3 アルケンとアルキン

アルケン	構造式	融点 [°C]	沸点 [°C]	密度 [g/cm³]
エテン（エチレン）	$CH_2=CH_2$	-169.2	-103.7	
プロペン（プロピレン）	$CH_2=CHCH_3$	-185.2	-47.0	
1-ブテン	$CH_2=CHC_2H_5$	-185.4	-6.3	0.595
シス-2-ブテン	$CH_3CH=CHCH_3$	-138.9	3.7	0.621
トランス-2-ブテン	$CH_3CH=CHCH_3$	-105.6	0.9	0.604
エチン（アセチレン）	$CH\equiv CH$	-81.8	-83.4	0.618
プロピン	$CH\equiv C-CH_3$	-101.5	-23.3	0.671
1-ブチン	$CH\equiv C-CH_2CH_3$	-122.5	8.6	0.668

エテンやプロペンなどは付加反応がくり返しおこり（重合），ポリエチレンやポリプロピレンが生成する．

$$n\mathrm{CH}_2=\mathrm{CHR} \longrightarrow (-\mathrm{CH}_2-\mathrm{CHR}-)_n \qquad (6·4)$$

アルカン，アルケン，アルキンに共通する反応は充分な空気を用いて燃焼させると，二酸化炭素と水が生成する．C_2 の炭化水素を例としてあげる．

$$2\mathrm{CH}_3-\mathrm{CH}_3 + 7\mathrm{O}_2 = 4\mathrm{CO}_2 + 6\mathrm{H}_2\mathrm{O} + 3121\,\mathrm{kJ} \qquad (6·5)$$
$$\mathrm{CH}_2=\mathrm{CH}_2 + 3\mathrm{O}_2 = 2\mathrm{CO}_2 + 2\mathrm{H}_2\mathrm{O} + 1410\,\mathrm{kJ} \qquad (6·6)$$
$$2\mathrm{CH}\equiv\mathrm{CH} + 5\mathrm{O}_2 = 4\mathrm{CO}_2 + 2\mathrm{H}_2\mathrm{O} + 2602\,\mathrm{kJ} \qquad (6·7)$$

問3　エタン，エテン，エチンを100g燃焼させたとき発生する熱量を求めよ．また，エチンは燃焼すると発熱量は少ないにもかかわらず，高温が得られる．なぜか説明せよ．

6·5　酸素を含む有機化合物

炭化水素骨格に酸素が含まれている化合物にはアルコール，ケトン，アルデヒド，カルボン酸，エステル，エーテルなどがある．これらの構造と反応について述べる．

(1) アルコール

脂肪族炭化水素の水素原子1個をヒドロキシル基（水酸基）で置換した化合物がアルコールである．ヒドロキシル基を1つもつアルコールは一般式が

$C_nH_{2n+1}OH$ で表わされ，炭化水素の語尾-ne（ン）を-nol（ノール）に代えて命名する．

炭素数4のアルコールには次の4つの異性体がある．

$$CH_3-CH_2-CH_2-CH_2-OH$$
a：1-ブタノール

$$CH_3-CH-CH_2-CH_3$$
$$\quad\quad |$$
$$\quad\quad OH$$
b：2-ブタノール

$$CH_3-CH-CH_2-OH$$
$$\quad\quad |$$
$$\quad\quad CH_3$$
c：2-メチル-1-プロパノール

$$\quad\quad CH_3$$
$$\quad\quad |$$
$$CH_3-C-OH$$
$$\quad\quad |$$
$$\quad\quad CH_3$$
d：2-メチル-2-プロパノール

ヒドロキシル基が置換している炭素原子に結合した水素原子の数により**第一アルコール，第二アルコール，第三アルコール**として区別する．aとcが第一アルコール，bが第二アルコール，dが第三アルコールである．分子内に-OH基の数が1個の場合**1価アルコール**，2個あるときは**2価アルコール**，3個あるときには**3価アルコール**といい，その例として次の化合物がある．

$$CH_3-OH$$
メタノール

$$CH_2-CH_2$$
$$|\quad\quad |$$
$$OH\quad OH$$
1,2-エタンジオール

$$CH_2-CH-CH_2$$
$$|\quad\quad |\quad\quad |$$
$$OH\quad OH\quad OH$$
1,2,3-プロパントリオール
（グリセリン）

アルコールは中性の化合物でヒドロキシル基を有する水とは，性質が似ており互いによく溶ける．しかし，炭素数の大きなアルコールでは疎水性部のアルキル基の割合が高くなり次第に溶けにくくなる．分子量が同じ程度のアルカンやエーテルに比べて水素結合のために沸点がかなり高い．表6・4におもな1価アルコールを示す．

アルコールのヒドロキシル基は電気陰性度の大きい酸素原子はややマイナスに，水素はややプラスに帯電しているので反応性が高い．ナトリウムと反応してナトリウムアルコラートと水素が生成する．

$$2R-OH + 2Na \longrightarrow 2R-ONa + H_2 \quad\quad (6\cdot8)$$

クロム酸や二クロム酸カリウム，過マンガン酸カリウムなどの酸化剤で容易に酸化されて，第一アルコールはアルデヒドおよびカルボン酸，第二アルコー

表 6・4　1価アルコール

アルコール	分子式	融点 [°C]	沸点 [°C]	密度 [g/cm³]	溶解度*)
メタノール	CH_3OH	-97	64.7	0.792	∞
エタノール	C_2H_5OH	-114	78.3	0.789	∞
プロパノール	C_3H_7OH	-126	97.2	0.804	∞
2-プロパノール	$(CH_3)_2CHOH$	-88.5	82.3	0.786	∞
ブタノール	C_4H_9OH	-90	117.7	0.810	可
s-ブタノール	$CH_3CH_2CH(OH)CH_3$	-114.7	98.5	0.808	溶
t-ブタノール	$(CH_3)_3COH$	25	82.5	0.789	溶
ヘキサノール	$C_6H_{13}OH$	-46.1	157.9	0.820	微
シクロヘキサノール	$C_6H_{12}OH$	-25.2	161.1	0.962	可
オクタノール	$C_8H_{17}OH$	-15	195.0	0.827	難

*) 水に対する溶解度，難，微，可，溶，の順に大きくなる．∞は任意の割合に溶解することを表わす．

ルはケトンを生成する．しかし，第三アルコールは反応しない．

$$\text{第一アルコール：}\ R-CH_2OH \longrightarrow R-CHO \longrightarrow R-COOH$$
$$\text{アルデヒド　　カルボン酸}$$

$$\text{第二アルコール：}\ \underset{R'}{R-CHOH} \longrightarrow R-CO-R'$$
$$\text{ケトン}$$

酸を触媒としてカルボン酸と加熱するか酸無水物と加熱すると，**エステル**が得られる．

$$R-OH + CH_3COOH \longrightarrow CH_3COOR + H_2O \qquad (6 \cdot 9)$$

$$R-OH + (CH_3CO)_2O \longrightarrow CH_3COOR + CH_3COOH \qquad (6 \cdot 10)$$

濃硫酸を加えて加熱すると，水が脱離してアルケンが得られる．

$$RCH_2-CH_2-OH \longrightarrow RCH=CH_2 + H_2O \qquad (6 \cdot 11)$$

（2）　カルボニル化合物

カルボニル基をもつ化合物を**カルボニル化合物**という．カルボニル基の一方に水素が置換したのが**アルデヒド**，2個のアルキル基が置換したのが**ケトン**である．ともに $>C=O$ を有するのでその反応性は類似する点が多い．カルボニル基は不飽和結合を有することと，極性が高いので反応性が高く，有機合成上重要な化合物である．

(a) アルデヒド

アルデヒドは還元すると第一アルコールを与え、酸化するとカルボン酸を与える．化学的にはアルコールとカルボン酸の中間に位置する．

$$\underset{\text{アルコール}}{R-CH_2OH} \underset{+2H}{\overset{-2H}{\rightleftarrows}} \underset{\text{アルデヒド}}{R-CHO} \underset{-O}{\overset{+O}{\rightleftarrows}} \underset{\text{カルボン酸}}{R-COOH} \quad (6 \cdot 12)$$

アルカンの語尾を -al (アル) に代えて命名する．慣用名は語幹に「アルデヒド」をつけて命名する．

アルデヒドは酸化されやすいので還元性を示し，アンモニア性の硝酸銀溶液を還元して銀鏡をつくり（**銀鏡反応**），またフェーリング溶液を還元して酸化第一銅の赤色沈殿を生じる（**フェーリング液反応**）．これらはアルデヒドの検出に用いられる．

$$Ag_2O + R-CHO \longrightarrow 2Ag + R-COOH \quad (6 \cdot 13)$$

$$2CuO + R-CHO \longrightarrow Cu_2O + R-COOH \quad (6 \cdot 14)$$

表 6·5 おもなアルデヒド

分子式	アルデヒド名		融点 [°C]	沸点 [°C]	水に対する溶解度	密度 [g/cm³]
	万国名	慣用名				
H—CHO	メタナール	ホルムアルデヒド	−117.8	−19.3	溶	0.815
CH_3—CHO	エタナール	アセトアルデヒド	−123.5	20.2	∞	0.788
C_2H_5—CHO	プロパナール	プロピオンアルデヒド	−80.1	47.9	溶	0.8071
C_6H_5—CHO		ベンズアルデヒド	−56.5	178	微	1.050

(b) ケトン

炭化水素の語尾を -one (オン) に代える．慣用名はアルキル基名に「ケトン」をつけて命名する．

アルデヒド，ケトンの二重結合に対する共通の反応は酸性亜硫酸ソーダ，シアン化水素の付加である．

$$\underset{R'}{\overset{R}{\diagdown}}C=O + NaHSO_3 \longrightarrow \underset{R'}{\overset{R}{\diagdown}}C\underset{OSO_2Na}{\overset{OH}{\diagup}} \quad (6 \cdot 15)$$

$$\begin{array}{c}\text{R}\\\text{C=O} + \text{HCN}\\\text{R}'\end{array} \longrightarrow \begin{array}{c}\text{R}\quad\text{OH}\\\diagdown\diagup\\\text{C}\\\diagup\diagdown\\\text{R}'\quad\text{CN}\end{array} \qquad (6\cdot 16)$$

これらの生成物は容易にもとの物質に変換でき，カルボニル化合物の精製，確認，検出に利用される．

ケトンのなかでも最も簡単なアセトンは無色の液体で，工業的にはクメンの空気酸化により生成する物質の酸分解でフェノールとともに得られる．

$$\underset{\text{クメン}}{C_6H_5-\underset{\underset{CH_3}{|}}{\overset{\overset{CH_3}{|}}{CH}}} \longrightarrow C_6H_5-\underset{\underset{CH_3}{|}}{\overset{\overset{CH_3}{|}}{C}}-OOH \longrightarrow \underset{\text{フェノール}}{C_6H_5-OH} + \underset{\text{アセトン}}{CH_3COCH_3} \quad (6\cdot 17)$$

アセトンは溶剤として用いられるほか合成原料として重要な物質である．

表 6・6　おもなケトン

分子式	ケトン名		融点 [°C]	沸点 [°C]	溶解度	密度 [g/cm³]
	万国名	慣用名				
CH_3COCH_3	プロパノン	アセトン	−94.8	56.3	∞	0.788
$CH_3COC_2H_5$	2-ブタノン	エチルメチルケトン	−87.3	79.5	溶	0.805
$C_2H_5COC_2H_5$	3-ペンタノン	ジエチルケトン	−39.8	101.7	可	0.816
$C_6H_5COCH_3$	メチルフェニルケトン	アセトフェノン	19.7	202	微	1.033
$C_6H_5COC_6H_5$	ジフェニルケトン	ベンゾフェノン	48.5	305.9	不	1.111

(3) カルボン酸およびエステル

カルボン酸は炭化水素基にカルボキシル基 −COOH が結合した化合物である．炭化水素の語尾に酸をつけるか，またはカルボキシル基を置換基とみて炭化水素名に「カルボン酸」をつけて命名する．

低級の脂肪酸は刺激臭を有する無色の液体で水に溶けて酸性を示す．高級になるにしたがって水に溶けにくくなり，さらに固体となる．脂肪酸，おもな多価の酸，芳香族酸を表 6・7 にまとめる．とくに，酸には古くからの慣用名が多

く使われている．

表 6·7 おもなカルボン酸

分子式	慣用名	融点 [°C]	沸点 [°C]	溶解度	密度 [g/cm³]
H—COOH	ギ酸	8.4	100.8	∞	1.220
CH_3—COOH	酢酸	16.6	117.8	∞	1.053
C_2H_5—COOH	プロピオン酸	−20.8	140.8	∞	0.993
C_3H_7—COOH	酪酸	−5.3	164.1	∞	0.959
C_4H_9—COOH	吉草酸	−34.5	184	可	0.939
C_5H_{11}—COOH	カプロン酸	−3.4	205.8	微	0.927
C_6H_{13}—COOH	エナント酸	−7.5	223.0	微	0.920
C_7H_{15}—COOH	カプリル酸	16.5	239.3	難，微	0.910
C_9H_{19}—COOH	カプリン酸	31.3	268.4	不	0.878
$C_{11}H_{23}$—COOH	ラウリン酸	44.8	298.9	不	0.869
$C_{13}H_{27}$—COOH	ミリスチン酸	54.1	248.7	不	0.862
COOH | COOH	シュウ酸	187	分解	溶	1.653
CH_2COOH | CH_2COOH	コハク酸	188	235	可，溶	
$CH_3CH(OH)$ | COOH	乳酸	16.8	119	易	
CH_2COOH | C(OH)COOH | CH_2COOH	クエン酸	100	分解	溶	
C_6H_5—COOH	安息香酸	122.5	250.0	微，易	1.070
o-C_6H_4—$(COOH)_2$	フタル酸	234	分解	微，可	
m-C_6H_4—$(COOH)_2$	イソフタル酸	348(封管中)	昇華	難，微	
p-C_6H_4—$(COOH)_2$	テレフタル酸	425(封管中)	昇華	微，不	1.510

(a) 酢　　酸

代表的なカルボン酸として酢酸があげられる．酢酸は食酢のなかに含まれているが，工業的にはアセトアルデヒドの酸化やメタノールと一酸化炭素との反応で合成される．酢酸は溶剤のほか，多くの合成原料として広く利用されている．

(b) エ ス テ ル

アルキル基や芳香核が -COO- と結合した化合物である．水には溶けにくく，多くの有機化合物を溶解させる．分子量の小さなエステルでは芳香性がある．

実験室では酢酸とアルコールを酸触媒で反応させたり，酸無水物と加熱するとエステルが得られる．エタノールから得られる酢酸エチルは溶剤として多く使用されている．アセトアルデヒドからアルミニウム化合物を触媒として合成されている．また，酸やアルカリを触媒として加水分解すると，エステルはカルボン酸とアルコールになる．

$$CH_3-CO\underline{OH + H}O-C_2H_5 \xrightarrow{H_2SO_4} CH_3COOC_2H_5 + H_2O \qquad (6\cdot18)$$
酢酸　　　　　　　　　　　　　　　　　酢酸エチル

なお，エステルは酸の $-OH$ とアルコールの $-OH$ 部のHと反応して水がとれて生成する．

低分子量のエステルは芳香のある液体で合成果実香料として用いられるものが数多くある．

$$CH_3COO-C_5H_{11} \qquad CH_3COO-CH_2CH_2CH(CH_3)_2$$
酢酸ペンチル　　　　　　酢酸イソペンチル
（梨の香り）　　　　　　（バナナの香り）

問4　オレンジやパイナップルの香りがする酢酸オクチル（$CH_3COOC_8H_{17}$）や酪酸ブチル（$C_3H_7COOC_4H_9$）はどのようなアルコールとカルボン酸からなるエステルか．

(c) 酸 無 水 物

2分子のカルボン酸から1分子の水が脱離した化合物が酸無水物で，もとのカルボン酸よりも水に溶け難く，中性の物質である．また，ジカルボン酸では分子内で生ずるものがある．代表的な化合物として，次のようなものがあり，合成中間体として用いられる．

$$2CH_3COOH \longrightarrow (CH_3CO)_2O + H_2O \qquad (6\cdot19)$$
　　　　　　　　　　　無水酢酸

無水コハク酸　　　　　無水マレイン酸　　　　　無水フタル酸

(d) エ ー テ ル

エーテルは2分子のアルコールから水1分子を脱離すると生成する化合物で，アルコールよりも沸点は低く，揮発性の液体である．極性は小さく水には溶け

ないが，有機化合物をよく溶解させる．おもな化合物にジエチルエーテル($C_2H_5OC_2H_5$)，環状エーテルのテトラヒドロフラン(C_4H_8O)，ジオキサン($C_4H_8O_2$)があり溶剤として広く用いられている．メチル t-ブチルエーテルはオクタン価の高い物質でガソリンの添加剤として利用される．

6・6 分子構造の決定

いままで学んだ知識を用いて有機化合物の構造がどのようにして決められるのだろうか．説明を簡潔にするために，化合物が炭素，水素，酸素からできているとして以下その手順を述べる．

1) 純粋な化合物を得る　構造を決定しようとする化合物が混合物であってはならない．そのためには純粋な化合物を混合物のなかから精製して単離する．蒸留，再結晶，昇華などにより，また，各種クロマトグラフィー[1]により，各種操作をくり返し，組み合わせて分離・精製する．得られた化合物が純粋であるかどうかは，液体試料の場合は沸点，固体試料の場合は融点を調べるとわかる．また，クロマトグラフィーでも調べられる．

2) 構成元素とその組成比を調べる　構成元素が C, H, O のみであるときには，燃焼させると二酸化炭素と水が生成する．二酸化炭素は水酸化カルシウム溶液に通すと白い沈殿を与え，水は無水の硫酸銅(II)を青くすることにより確認できる．物質の構成元素比を知るためには，正確に試料，生成する二酸化炭素，水の質量を測定する必要がある．実験室ではCHN-コーダーとよばれるクロマトグラフィーを用いて，炭素，水素，窒素の量が求められている．その分析法を簡単に示す．

正確に秤量した試料を装置の燃焼室に入れて，酸化銅(II)を触媒として酸素を用いて完全に燃焼させる．生成した二酸化炭素と水をまず無水塩化カルシウムの層を通して水を吸収させ，次いで二酸化炭素をソーダ石灰の層を通して吸収させる．二酸化炭素と水の量をそれぞれ質量の増加量から測定する．

---

[1] 固定相のろ紙，シリカゲルなどに混合物質をつけ，それに移動相の液体や気体を通すと，各物質に移動の差が生じ，その差から純物質が分離される．

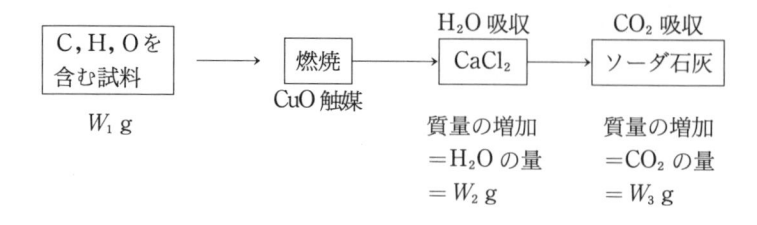

```
C,H,Oを含む試料  →  燃焼      →  H₂O 吸収     →  CO₂ 吸収
   W₁ g            CuO 触媒      CaCl₂            ソーダ石灰

                               質量の増加        質量の増加
                               =H₂O の量        =CO₂ の量
                               = W₂ g           = W₃ g
```

C, H, O の量は,

$$\text{C の量}: W_3 \times \frac{12}{44} \text{g} = W_C \text{[g]} \tag{6·20}$$

$$\text{H の量}: W_2 \times \frac{2}{18} \text{g} = W_H \text{[g]} \tag{6·21}$$

$$\text{O の量}: W_1 - W_C - W_H = W_O \text{[g]} \tag{6·22}$$

と求められ, $\text{C}:\text{H}:\text{O} = \dfrac{W_C}{12} : \dfrac{W_H}{1} : \dfrac{W_O}{16} = a:b:c \tag{6·23}$

組成比から組成式 (実験式) として $C_a H_b O_c$ が得られる.

3) 分子式の決定　分子式は組成式の n 倍である. 分子量を求めれば n の数が決定できる. それは気体分子ならばその体積と質量から, 液体や固体分子ならば凝固点降下, 沸点上昇, 浸透圧などの測定から求められる. 分子式は $(C_a H_b O_c)_n$ と求められる.

4) 構造式の決定　分子中の官能基を決定する. たとえば, 分子式が $C_4H_{10}O$ であるとすると, 官能基は -OH か -O- であり, アルコールかエーテルである. また, 分子式が $C_2H_4O_2$ であれば, 官能基は -COOH, -COO-, -OH, -O- であり, カルボン酸やエステル, アルコール, エーテルなどが考えられる. これらから1つを特定するためには, その物質の反応性を調べたり, 赤外線吸収スペクトルや核磁気吸収スペクトルなど各種スペクトルデータの分析から分子構造を推定する. 最後にその構造が正しいかどうかを調べる. 既知化合物なら試料を混合して, 沸点や融点が変化がなければその分子の構造が正しいと確認できる. 未知試料なら標準試料を合成して同様にして確認する.

|問5|　C, H, O からなる試料 2.960 g を燃焼させると, 二酸化炭素 6.512 g, 水 3.552 g が発生した. ベンゼン 1 g に試料 15.0 mg を溶かして, 凝固点を測定すると, ベンゼンの凝固点が 1.28°C 降下した. さらに, この物質にナトリウムの小片を加えると水素を発生して溶けた. この試料の分子構造を推定せよ. ただし, ベンゼンの

モル凝固点降下は 5.120 K kg/mol である．

6・7 ハロゲン化化合物

炭化水素の水素原子をハロゲン原子で置換したのが**ハロゲン化アルキル**である．この分子は反応性に富み容易にハロゲンとアルキル基に分けることができるので，有機合成上重要な物質である．

ハロゲン化アルキルのうち塩化物は水よりわずかに軽く，臭化物は水より重く，ヨウ化物はさらに重い．また，ハロゲン化アルキルはほとんど水に不溶である．

ハロゲン化アルキルはマグネシウム，水酸化ナトリウム，ナトリウム，ナトリウムアルコラートなど多くの試薬と反応して，グリニヤール試薬，アルコール，炭化水素，エーテルなどが収率よく生成する（下式のRはアルキル基を表わす）．

$$R-Cl + Mg \longrightarrow R-Mg-Cl \text{（グリニヤール試薬）} \quad (6\cdot24)$$

$$R-Br + NaOH \longrightarrow R-OH + NaBr \quad (6\cdot25)$$

$$2R-Cl + 2Na \longrightarrow R-R + 2NaCl \quad (6\cdot26)$$

$$R-Cl + C_2H_5ONa \longrightarrow R-O-C_2H_5 + NaCl \quad (6\cdot27)$$

このようにハロゲン化アルキルは有機合成上非常に重要な化合物である．また，最近オゾン層を破壊する物質として知られているフロンもハロゲン化アルキルの一種である．

参考　有機金属化合物

金属原子が炭素原子と直接結合している化合物を**有機金属化合物**という．金属は電子を炭素のほうに押しだしているので，金属原子は陽性（＋），炭素は陰性（－）であるので，極性の大きい反応性の高い分子である．天然にはみられないもので，近年多くの有機金属化合物が合成されている．現在ほとんどの金属原子との有機金属化合物が知られており，有機合成の中間原料や触媒，農薬など利用されている．

ポリエチレンの触媒であるチーグラー触媒はトリエチルアルミニウム $(C_2H_5)_3Al$，アンチノック剤の四エチル鉛 $(C_2H_5)_4Pb$，グリニヤール試薬 R-MgCl，フェロセン $(C_5H_5)_2Fe$，シリコン樹脂の主原料のケイ素化合物 $(CH_3)_2SiCl_2$ など多種多様な化合

物があり，有機合成や新素材の合成になくてはならないものになっている．

6・8 窒素を含む有機化合物

アンモニアの水素原子をアルキル基で置換した分子を**アミン**といい，水素原子をアルキル基で置換する数によって第一アミン，第二アミン，第三アミンと区別する．置換したアルキル基名に「アミン」をつけて命名する．アミンはアンモニアを基本分子としているので極性をもち，水には溶ける塩基性化合物である．炭素原子にニトロ基が結合している化合物を**ニトロ化合物**という．炭化水素名の前に「ニトロ」を付加して命名する．炭素原子にシアノ基が結合している化合物を**ニトリル**という．アルキル基に接尾語「シアニド」をつけて命名する．アミドはアンモニアの水素をアシル基（カルボン酸のカルボキシル基からOHを除いた残基）で置換したもので，**酸アミド**という場合がある．

これらの化合物はハロゲン化アルキルとアンモニアや亜硝酸金属，青酸カリウムなどとの反応で合成できる．また，アミンやニトロ化合物，シアノ化合物，アミドは互いに容易に変換することができる．有機溶剤や中間化学原料として用いられる．

$$C_2H_5Cl + NH_3 \longrightarrow C_2H_5NH_2 + HCl \qquad (6・28)$$

$$C_2H_5I + AgNO_2 \longrightarrow C_2H_5NO_2 + AgI \qquad (6・29)$$

$$C_2H_5Cl + KCN \longrightarrow C_2H_5CN + KCl \qquad (6・30)$$

6・9 芳香族化合物

（1） ベンゼンの結合状態と構造

芳香族化合物の基本的な化合物であるベンゼンは，化学的に非常に安定な分子である．安定である理由はベンゼンの炭素原子の結合様式と構造とに関連がある．ベンゼンは，図6・2(a)に示すように6個の炭素原子が互いに環状に結合し，さらにその各炭素原子に水素原子が1個ずつ結合した平面分子である．1つの炭素原子はsp^2混成軌道（p.45, p.209参照）にもとづく3つのσ結合により他の2個の炭素原子と1個の水素原子と結合する．各炭素原子の残りの1

つの価電子は$2p_z$電子軌道に存在し,となりあったこの電子の重なりでπ結合をつくる.

ベンゼンは単結合と二重結合が交互になったIやIIのような構造で通常表わされる.炭素-炭素間の距離は0.140nmで通常の単結合(0.154nm)より短く,二重結合(0.134nm)よりも長い.結合角は120°である.ベンゼン環の炭素-炭素間は単結合でも二重結合でもなく中間の結合である.中間の構造として,IとIIを重ね合わせたものと考えられ,IIIのようにベンゼンを表わすこともある.IとIIを重ね合わせたものは,2つの構造を非常に速い速度で取りかえているとも考えられる.この状態をIとIIが**共鳴**しているという.このIとIIは同じ構造であるので当然その分子がもっているエネルギーは等しい.2つ以上の等しいかほぼ等しい構造を含む分子は,それぞれの構造より低いエネルギーをもち,より安定になる.ベンゼンやその誘導体の芳香族化合物が安定なのもそのためと考えられる.ベンゼンの生成熱や水素付加熱の測定から安定である

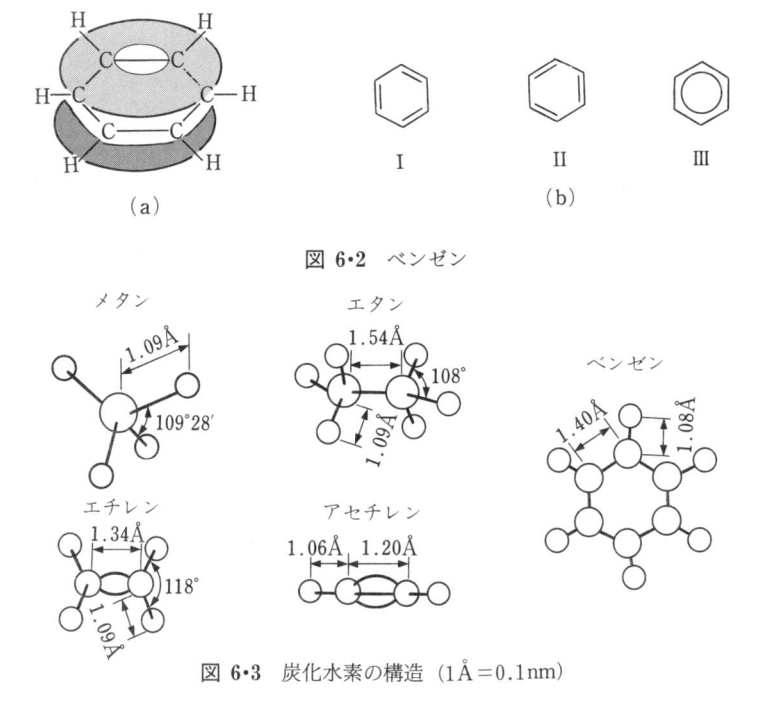

図6・2 ベンゼン

図6・3 炭化水素の構造 (1Å=0.1nm)

ことが確かめられている．

⬡ ⟷共鳴⟶ ⬡

（2） 芳香族炭化水素と反応

ベンゼンなどは非常に安定な環状6員環の分子で，一般には芳香族化合物とよばれる有機化合物のうち，最も重要な化合物である．芳香族化合物のうちおもな炭化水素を表6·8に示す．ベンゼンやトルエン，キシレン，スチレンなどは化学物質の生産量の上位30以内に入るほど多量に生産されており，重要物質であるかがわかる．

表 6·8　主要な芳香族炭化水素

化合物名	分子式	融点 [°C]	沸点 [°C]	密度 [g/cm³]
ベンゼン	C_6H_6	5.5	80.1	0.8787
トルエン	C_7H_8	−95.0	110.6	0.866
o-キシレン	C_8H_{10}	−25.2	144.4	0.8968
m-キシレン	C_8H_{10}	−47.9	139.1	0.8684
p-キシレン	C_8H_{10}	13.3	138.4	0.854
エチルベンゼン	C_8H_{10}	−95.0	136.2	0.866
スチレン	C_8H_8	−30.7	145.2	1.065
クメン	C_9H_{12}	−96.0	152.4	0.864
ナフタレン	$C_{10}H_8$	80.5	218.0	1.162
アントラセン	$C_{14}H_{10}$	216.2	342	1.25

芳香族化合物は従来石炭の乾留から得ていたが，今日その大部分は石油化学工業においてガソリン留分から改質ガソリンを製造するさいに生成する芳香族留分を分離して得られている．密度は1より小さく，ほとんど無色である．燃やすとすすを出して燃える．水には溶けないが，有機溶剤には溶ける．

ベンゼンに対するおもな反応として，まずハロゲン化反応があげられる．その場合ハロゲン原子の二重結合への付加反応よりも置換反応がおこる．

$$C_6H_6 + Br_2 \longrightarrow C_6H_5Br + HBr \qquad (6·31)$$
　　　　　臭素　　　　臭化ベンゼン

また，濃硝酸と濃硫酸との混酸や発煙硫酸を作用させると，ニトロベンゼン，ベンゼンスルホン酸が得られる（ニトロ化，スルホン酸化反応）．

$$C_6H_6 + HNO_3 \xrightarrow{H_2SO_4} C_6H_5-NO_2 + H_2O \qquad (6\cdot32)$$
　　　　　　　　　　　　ニトロベンゼン

$$C_6H_6 + H_2SO_4 \longrightarrow C_6H_5-SO_3H + H_2O \qquad (6\cdot33)$$
　　　　　　　　　　ベンゼンスルホン酸

また，ハロゲン化アルキルやアルコール，オレフィン（アルケン）などを塩化アルミニウム存在下でベンゼンと反応させると，アルキル化物が得られる（アルキル化反応の1つで，フリーデルクラフツ反応とよばれる）．

$$C_6H_6 + C_2H_5Cl \xrightarrow{AlCl_3} C_6H_5-C_2H_5 + HCl \qquad (6\cdot34)$$

このように置換反応がおこりやすいのは，ベンゼンが非常に安定なためである．また，ベンゼンは酸化されにくく，強い酸化剤に対しても極めて安定で容易に反応しない．しかし，トルエンのようにベンゼン環に置換する側鎖は飽和のアルキル基でも酸化され，カルボン酸やカルボニル化合物を生成する．

$$CH_3-C_6H_4-CH_3 \xrightarrow{O_2} CHO-C_6H_4-CHO \xrightarrow{O_2} HOOC-C_6H_4-COOH$$
　　　　　　　　　　　　　　フタルアルデヒド　　　　　　　フタル酸
$$(6\cdot35)$$

ベンゼンに触媒存在下で水素を付加させると，シクロヘキサンが生成する．

$$C_6H_6 + 3H_2 \longrightarrow C_6H_{12} \qquad (6\cdot36)$$
　　　　　　　　　　シクロヘキサン（溶剤，ナイロンの原料）

（3）フェノール

ベンゼン環に直接 $-OH$ 基が置換した化合物はフェノールである．ベンゼン環と酸素間の相互作用により水素が水素イオンとして離れやすくなる．すなわち，H^+ が生じるので酸性物質である．

フェノールはベンゼンスルホン酸からアルカリとの反応や，クメンの酸化によりアセトンとともに得られる．

$$\underset{}{\text{C}_6\text{H}_5\text{SO}_3\text{H}} \longrightarrow \underset{}{\text{C}_6\text{H}_5\text{SO}_3\text{Na}} \longrightarrow \underset{}{\text{C}_6\text{H}_5\text{ONa}} \longrightarrow \underset{}{\text{C}_6\text{H}_5\text{OH}} \qquad (6\cdot37)$$

$$\underset{}{\bigcirc} \xrightarrow{CH_2=CHCH_3} \underset{}{\overset{CH(CH_3)_2}{\bigcirc}} \xrightarrow{O_2} \underset{}{\overset{C(CH_3)_2OOH}{\bigcirc}} \longrightarrow \underset{}{\overset{OH}{\bigcirc}} + CH_3COCH_3 \quad (6\cdot38)$$

フェノールは染料，医薬品，合成樹脂などの原料として重要な化合物である．代表的なフェノール化合物を次に列記する．

| フェノール | o-クレゾール
消毒液 | m-クレゾール | p-クレゾール |

チモール　　ハイドロキノン　α-ナフトール　β-ナフトール
防腐剤　　　（現像剤）　　　色素の原料

アルカリとの反応でフェノラートを生じる．

$$C_6H_5\text{—}OH \xrightarrow{NaOH} C_6H_5\text{—}ONa \quad (6\cdot39)$$
　　　　フェノール　　　　フェノラート

フェノラートと酸無水物や酸塩化物との反応でフェノールエステルが得られる．

$$C_6H_5ONa + (CH_3CO)_2O \longrightarrow C_6H_5OCOCH_3 + CH_3COONa$$
　　　　　　　　無水酢酸　　　　　　酢酸フェニル　　酢酸ナトリウム
$$(6\cdot40)$$

フェノール類は鉄(III)イオンと反応して紫色や緑色など特有の呈色をする．この反応はフェノールの検出に用いられる．

（4）窒素化合物

ベンゼンやトルエン，フェノールをニトロ化して，ニトロベンゼンや爆薬として使用されるトリニトロトルエン，ピクリン酸が得られる．トルエンやフェ

ノールにはニトロ基はオルト，パラ位に置換する．

トリニトロトルエン　　　ピクリン酸

ニトロベンゼンを鉄やスズと塩酸を用いて還元すると，アニリンが得られる．

$$\text{ニトロベンゼン} \longrightarrow \text{アニリン} \qquad (6\cdot41)$$

アニリンは代表的な芳香族アミンでアルカリ性を呈し，水に溶けにくい黄色の液体で，塩酸溶液には塩をつくり溶解する．医薬品や染料の原料である．

6・10　石炭・石油化学工業

石炭や石油はエネルギー源として，また化学原料として重要な地位を占めている．1945年くらいまでは石炭が中心であったが，しだいに石油に比重がうつり，1960年くらいから石油が中心となった．石炭を乾留するとコークスが約70％，タール分が5〜6％生じる．タールから芳香族化合物が得られる．原油から燃料を製造する石油精製工業において原油の分留だけでは需要をみたすことができず，高沸点留分を改質してガソリンの不足分を補っている．そのさいに副生する大量の低級炭化水素（C_2〜C_4）アルケン（またはオレフィン）を主成分とするガスや粗製ガソリン（ナフサ）を原料として，ベンゼンなど芳香族化合物をはじめいろいろな合成品をつくるようになった．現在芳香族化合物の90％は石油から，10％は石炭から得られている．図6・4に石油や天然ガスを原料とする石油化学工業から得られる化学製品の一部を示した．

一方石炭を，コークスの製造，都市ガスおよび化学工業原料ガスの製造を主

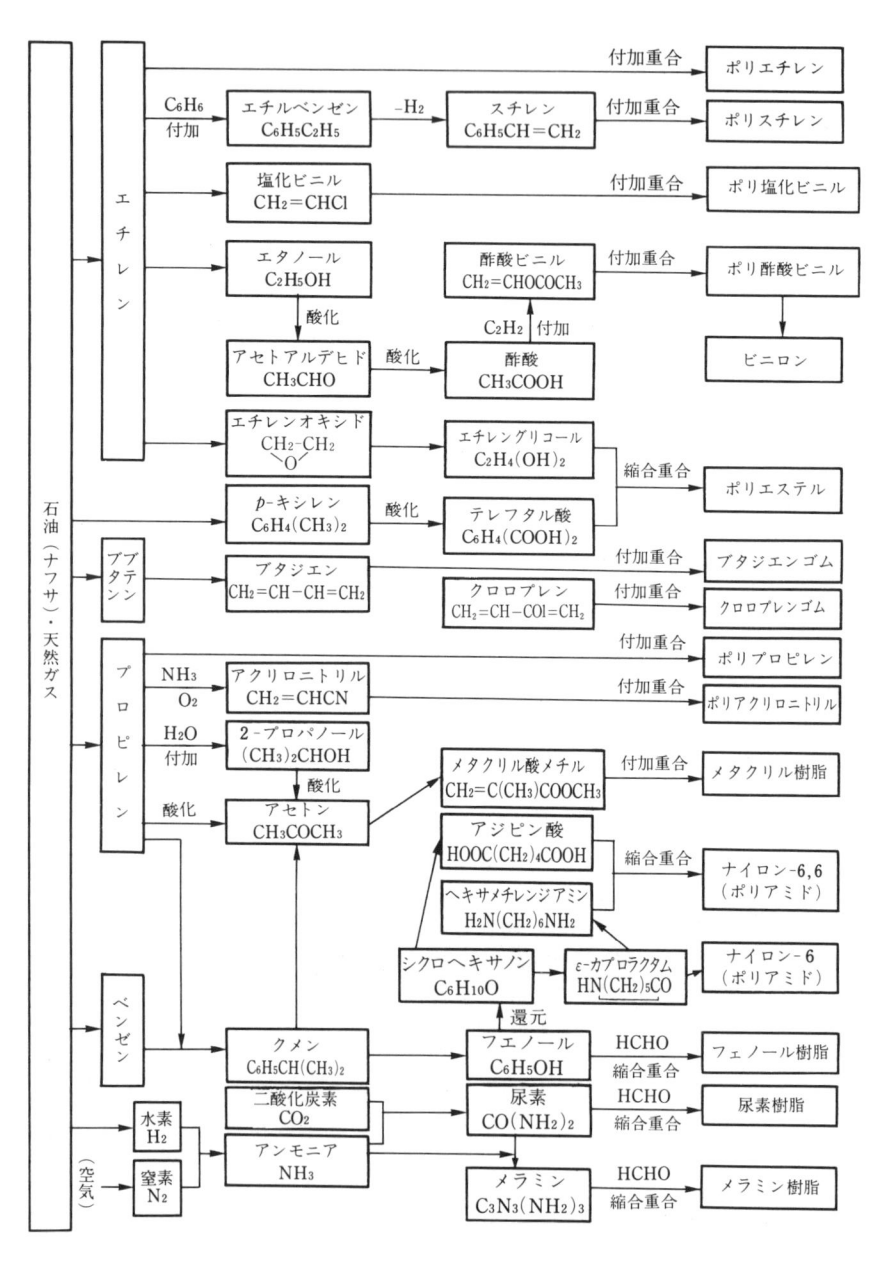

図 6・4　石油(ナフサ)・天然ガスを原料とした合成高分子化合物

目的として乾留すると，コークス炉ガス（10〜20％），コールタール（5〜15％），コークス（65〜75％）が得られる．コークス炉ガスには気体成分として水素，炭化水素，アンモニアが，また液体成分としてベンゼン，トルエン，キシレンなどが含まれている．アンモニアは硫酸と反応させて肥料用の硫安とする．気体成分は燃料のほかアンモニアや尿素の製造に利用する．液体成分はコールタールと合わせて石油化学工業原料にする．

コールタールからは，巻末の付表に示したように，フェノール，クレゾール，キシレン，アントラキノン，ピリジン，ナフタレンなどが得られ，各種の工業原料として利用される．

アントラキノン　　ピリジン　　ナフタレン

6・11 油脂と洗剤

ダイズ油や牛脂などは油脂とよばれる物質で，高級脂肪酸とグリセリンとのエステルである．油脂は無色で水にとけず，ベンゼンやエーテルなどには溶ける．

油脂に水酸化ナトリウム溶液を加えて熱するとけん化されてグリセリンと脂肪酸のナトリウム塩（セッケン）になる．

$$\begin{array}{c}CH_2-O-CO-R_1\\ |\\ CH-O-CO-R_2\\ |\\ CH_2-O-CO-R_3\end{array} + 3NaOH \longrightarrow \begin{array}{c}CH_2-OH\\ |\\ CH-OH\\ |\\ CH_2-OH\end{array} + \begin{array}{c}R_1-COONa\\ R_2-COONa\\ R_3-COONa\end{array}$$

　　油脂　　　　　　　　　　　　　　グリセリン　　脂肪酸のナトリウム塩

$$(6 \cdot 42)$$

油脂 1 g をけん化するのに必要な水酸化カリウム KOH の mg 数をその油脂のけん化価という．油脂を構成する脂肪酸の大きさを知ることができる．けん

化価の大きい油脂は分子量の小さな脂肪酸を多く含む．

油脂中の脂肪酸には，飽和脂肪酸や不飽和脂肪酸が含まれている．不飽和結合にはハロゲン分子が付加することができる．油脂 100 g に付加するヨウ素 I_2 のグラム数を**ヨウ素価**という．ヨウ素価は脂肪酸に不飽和結合がどの程度含むかを知ることができる．

不飽和結合が多く含まれると，酸化されやすく徐々に固まる．このような油脂を**乾性油**といい，塗料として用いられる．アマニ油や大豆油がそれにあたる．一方，オリーブ油やツバキ油は空気中で固化しにくい．このようなものを**不乾性油**という．この中間の油脂を**半乾性油**といい，ゴマ油やナタネ油などがその例である．表 6・9 に代表的な油脂の性質，組成を示す．

乾性油にコバルト，マンガン，鉛などの塩を加えて熱すると早く乾燥する．これをボイル油といい，顔料を加えてペイントの製造に使われる．

魚の油には不飽和脂肪酸が多く含まれるが，ニッケル触媒で水素を付加させると，飽和脂肪酸の固状油脂（脂肪）となり，無臭となる．セッケンやマーガリンの原料として使われる．

油脂をけん化して生成した高級脂肪酸のナトリウム塩はセッケンとよばれ，疎水性のアルキル基と親水性の –COONa からできており，弱アルカリ性を示

表 6・9 食用油脂の特性および脂肪酸組成

	乾性油		半乾性油		不乾性油		脂肪	
	大豆油	サフラワー油	ゴマ油	ナタネ油	オリーブ油	ヤシ油	豚油	牛油
けん化価	189〜195	186〜198	187〜195	168〜181	184〜196	246〜264	192〜203	190〜202
ヨウ素価	120〜143	135〜150	104〜120	94〜120	75〜94	7〜11	45〜70	32〜50
C_{14} 以下[*]	< 1.0	< 1.5	< 1.0	< 1.5	< 1.2	57〜65	< 1.0	< 1.0
パルミチン酸[*]	7〜12	2〜10	7〜12	0.5〜5	7〜16	8〜11	1〜3	1〜9
ステアリン酸[*]	2〜6	1〜6	4〜6	0.5〜3	1〜3	1〜3	20〜32	23〜37
アラキジン酸[*]	< 1.0	< 1.0	< 1.0	< 1.5			5〜18	6〜30
C_{22} 以上[*]	< 0.5	< 1.0	< 1.0	< 1.5			< 1.0	< 1.0
オレイン酸[**]	20〜50	7〜42	35〜50	9〜40	65〜85	5〜8	35〜62	36〜50
リノール酸[**]	35〜65	55〜80	35〜50	11〜29	4〜15	< 2.5	3〜16	1〜5
リノレン酸[**]	2〜13	< 3.0	< 1.0	5〜12			< 2.0	< 1.0

[*] 飽和脂肪酸　　[**] 不飽和脂肪酸

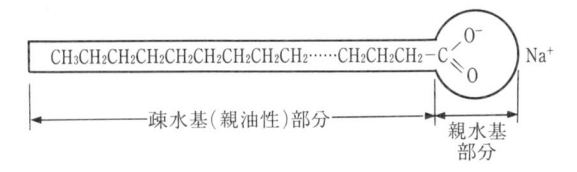

$$\underbrace{\text{CH}_3\text{CH}_2\text{CH}_2\text{CH}_2\text{CH}_2\text{CH}_2\text{CH}_2\text{CH}_2\text{CH}_2\cdots\cdots\text{CH}_2\text{CH}_2\text{CH}_2-\text{C}\overset{\text{O}^-}{\underset{\text{O}}{\diagup}}}_{\text{疎水基(親油性)部分}}\underbrace{}_{\substack{\text{親水基}\\\text{部分}}}\text{Na}^+$$

(a) セッケン（脂肪酸ナトリウム）の構造

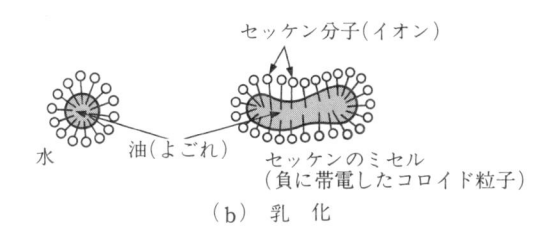

(b) 乳 化

図 6・5 セッケンと乳化作用

す．水に油脂は溶けないがこれにセッケンを加えてかき混ぜると，多くのセッケンの疎水部が油の小滴を取り囲み親水基が水の方向にならび微粒子となって分散する．この現象を**乳化**といい，乳化作用を有する物質を**乳化剤**という．セッケンとして乳化作用が大きい炭素数 $C_{12} \sim C_{20}$ のうち，C_{16} や C_{18} の塩がよく利用される．セッケンはカルシウムやマグネシウムとは水に溶けない塩（R-COO$)_2$Ca，(R-COO$)_2$Mg をつくるので硬水は使えない．また，このような高級脂肪酸の Ca や Mg，Ba，Al などとの塩は金属セッケンといわれ，グリース，塗料乾燥剤，防水剤，殺菌剤などに用いられる．

　高級アルコールの硫酸エステル塩の硫酸アルキルナトリウム R-O-SO$_3^-$-Na$^+$ や長鎖アルキルベンゼンスルホン酸ナトリウム R-C$_6$H$_4$-SO$_3^-$-Na$^+$ はセッケンと同じ作用があり**合成洗剤**とよばれる．また，中性であるので中性洗剤ともよばれる．Ca^{2+}，Mg^{2+} との塩が水溶性なので硬水や海水でも使用できる．

問6　ある油脂がパルミチン酸とオレイン酸が 50% ずつからなるとすると，この油脂のけん化価とヨウ素価はいくらか．

問7　セッケン水は弱アルカリ性を示すが，合成洗剤は中性である．なぜか説明せよ．

6・12 染　　料

19世紀半ば以前はすべての染料は天然物から得ていた。インジゴやアリザリンなどのような色素が大量の植物から抽出された。1856年最初の合成染料モーブがパーキンによって合成された。これを契機に合成染料が作られるとともに有機合成反応が見いだされた。分子構造の理解が深まるにつれて多種多様な染料が合成された。

物質が光を吸収するとその補色が色として観察される。色素は一般に共役二重結合が数多くつらなって、そこに発色団とよばれる不飽和原子団が含まれることが必要である。

発色団：$-N=N-$（アゾ），　$=C=S$（チオ），　$-N=O$（ニトロソ），

$-N=N^+-$（アゾキシ），　$-N^+-O-$（ニトロ），
$\quad\quad\quad |$　　　　　　　　　　$|$
$\quad\quad\ \ O^-$　　　　　　　　　　O

$-CH=N-$（アゾメチン），　$=C=O$（カルボニル），　$C=C$（二重結合）

発色団が多くなるとしだいに色は深い色となる。たとえば、ジフェニルポリイン $C_6H_5(CH=CH)_nC_6H_5$ の炭素鎖の長さが延びると、$n=2$ での 352 nm（無色）から、$n=4$ で 404 nm（黄緑色），$n=6$ で 445 nm（黄褐色），$n=11$ で 530 nm（暗紫色），$n=15$ で 570 nm（暗緑色）と長波長側に吸収帯が移動してしだいに深い色となる。

合成染料として重要なものにアゾ基をもつアゾ染料がある。次の反応式に示すように、アニリンから容易に黄赤色の染料 4-ヒドロキシアゾベンゼンや黄色のスピリットイエロー（4-アミノアゾベンゼン）が得られる。

$C_6H_5-NH_2 + NaNO_2 + 2HCl \longrightarrow C_6H_5-N_2Cl + NaCl + 2H_2O$
アニリン　　　亜硝酸ナトリウム　　　　塩化ベンゼンジアゾニウム　　　　　(6・43)

$C_6H_5-N_2Cl + C_6H_5-OH \longrightarrow C_6H_5-N=N-C_6H_4-OH + HCl$
　　　　　　　　フェノール　　　4-ヒドロキシアゾベンゼン　　　　　(6・44)

$C_6H_5-N_2Cl + C_6H_5-NH_2 \longrightarrow C_6H_5-N=N-C_6H_4-NH_2 + HCl$
　　　　　　　　アニリン　　　　4-アミノアゾベンゼン　　　　　(6・45)

色素が染料となるためには、繊維によく染まるようにした染着性のほか、色

合いをかえる濃色性が必要である．このような特性を付与するための原子団が助色団で，次のようなものがある．

助色団： —NH$_2$，=NHR，—OH，—SO$_3$H，—COOH，—SH

コラム　夢の有機化合物

有機化合物の合成法の進歩により，今日ではほとんど自由に目的の化合物をつくりだすことができる．しかし，長い試みにもかかわらずまだ合成できないものもある．その中には非常に合成が難しいために挑戦するもの，その形が興味のあるもの，物理・化学的性質や機能に興味がもたれているものなどがある．以下，その例をあげよう．

分子の形が美しいものとして，立方体の形をしたキュバン，プロペラの形に似たプロペランがあるが，これらは簡単に合成できる．いまだに合成できていない化合物に正四面体のテトラヘドランがある．これは非常にひずみの大きい3員環が4つで構成されている化合物で，合成には新手法の発見が必要であろう．直接結合していないのにリングでつながっているカテナンは合成されているが，その物理・化学的性質に興味がもたれている．ベンゼン環が垂直につながった層状化合物はこの方向に電気伝導性があるので，有機半導体を目ざして多くの化合物が合成されている．最近サッカーボールの形をした対称性の高い，フラーレン（C$_{60}$，C$_{70}$）が発見された．この化合物は超電導性があることが知られており，この観点からこの球状のかごの中に金属原子を封入した分子の物性に興味がもたれている．ドデカベンゾコロネンは合成されていない化合物であるが，何万光年も離れた恒星にその存在が推定されている．そのほか，最近マイクロマシンを目ざした分子ベアリングの研究がはじめられている．ある部分を回転させると正確にその運動が伝達できる分子歯車となりうる化合物も見いだされている．

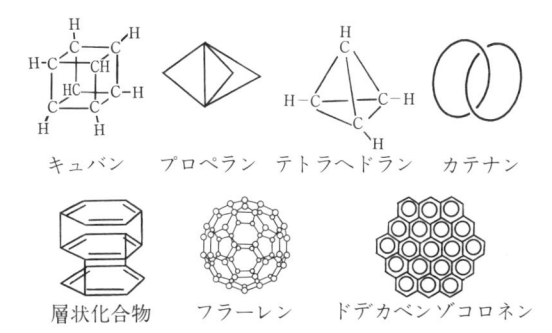

キュバン　プロペラン　テトラヘドラン　カテナン

層状化合物　フラーレン　ドデカベンゾコロネン

演習問題

1. 有機化合物は無機化合物に比べて数が圧倒的に多い．なぜか説明せよ．
2. 次の化合物の構造式を記せ．
   (1) ベンゼン　(2) メチルフェニルエーテル　(3) p-アミノトルエン
   (4) p-クレゾール　(5) 1,2,4-トリメチルベンゼン
3. つぎの化合物の官能基を示し，官能基名を記せ．
   (1) $CH_3CH_2CH_2COOH$　(2) $CH_3-CH_2-CH_2-CH_2-CH_2-OH$
   (3) $HO-C_6H_4-COOH$　(4) $CH_3-CH(NH_2)-COOH$
   (5) $Cl-CH_2-CH_2-CH_3$
4. 次のA群と関連のある事項をB群から選び，記号で記せ．
   A群　メチル基(　)，　カルボン酸(　)，　幾何異性体(　)，
   　　光学異性体(　)，　エーテル(　)，　アルコール(　)，
   　　フェノール(　)，　アルデヒド(　)，　芳香族炭化水素(　)，
   　　脂環式炭化水素(　)，　エステル(　)

   B群　a) シス-ブテン　b) 酢酸エチル　c) ベンゼン　d) 安息香酸
   　　e) $C_2H_5OC_2H_5$　f) R—OH　g) $CH_3-\bigcirc-OH$
   　　h) C_2H_5CHO　i) 不斉炭素原子　j) シクロヘキサン
   　　k) $CH_3-\bigcirc$

5. トリクロロプロパンの異性体をすべて記せ（5種）．
6. 炭素と水素の電気陰性度はほとんど変わらないが，水素と酸素は大きく違う．このことからアルコールと炭化水素はどちらが極性分子か，またどちらが水に溶けやすいか説明せよ．
7. エテンにはハロゲン分子は容易に付加するが，ベンゼンには付加よりも置換反応が起こる．なぜか説明せよ．
8. 炭素，水素，酸素からなるある化合物 2.96 mg を燃焼したところ二酸化炭素 7.04 mg，水 3.60 mg が得られた．次に，ベンゼン 10 g に 50.0 mg を溶解してその凝固点を測定すると，ベンゼンの 5.50 ℃ にたいして 5.15 ℃ であった．この化合物の分子式と，考えられる構造のうちアルコール二種，エーテル一種の構造を記せ．なお，ベンゼンのモル凝固点降下度は 5.12 K kg/mol である．また，このうち 1 つを特定す

る方法を記せ．

9 バナナの人工香料として下の構造式の化合物が使われている．この物質について次の問いに答えよ． $CH_3COO\text{-}CH_2CH_2CH(CH_3)_2$
　（1）この化合物の総称と化合物名
　（2）この化合物を加水分解すると生成するアルコールと酸の構造と名称
　（3）アルコール 176 g と酸 60 g を用いてこの化合物を合成したら 78 g 得られた．この反応の収率を求めよ．

10 次の各組の物質をそれぞれ見分ける方法を下記 a〜f より選び，どのようになるか説明せよ．
　（1）エタノールとジエチルエーテル（　）　（2）エタンとエテン（　）
　（3）ニトロベンゼンとアニリン（　）　（4）セッケンと合成洗剤（　）
　（5）第一アルコールと第三アルコール（　）
　a．塩酸を加える．　　b．過マンガン酸カリウムの硫酸酸性溶液を加える．
　c．臭素水を加える．　　d．水溶液にフェノールフタレイン溶液を加える．
　e．水酸化ナトリウム水溶液を加える．　　f．ナトリウムの小片を加える．

11 シクロアルケン 8.2 g に水素を付加させたところ，0.1 mol の水素を吸収した．このシクロアルケンの分子式を求めよ．

12 プロパンとブタンの混合ガスを完全に燃焼させたところ二酸化炭素 48.4 g，水 25.2 g を生成した．この混合ガスのモル比を求めよ．

13 1 種類の不飽和脂肪酸のみから構成されている油脂がある．この油脂 5.00 g をけん化するのに 0.95 g の水酸化カリウムを要した．また，この油脂 10.0 g に付加するヨウ素は 26.0 g であった．
　（1）この油脂のけん化価を求めよ．
　（2）この油脂の分子量を求めよ．
　（3）構成している脂肪酸の分子量を求めよ．
　（4）この油脂のヨウ素価を求めよ．

第7章 高分子化合物

　分子量が1万以上の化合物を高分子化合物という．高分子化合物は分子量の小さい物質にはみられない性質をもち，デンプン・セルロース・タンパク質などのように天然に存在するものや，プラスチック・合成繊維・合成ゴムなどのように人工的に合成されたものがあり，私達の生活に密接に関係する物質が多い．

　この章ではこのような高分子化合物の種類や構造，合成法や性質などについて学ぶ．

演示実験9

界面重合によるナイロン-6,10の合成

（1）100 ml のビーカーにセバチン酸ジクロリド $ClCO-(CH_2)_8-COCl$ を 1 ml とり，30 ml の四塩化炭素に溶かす．

（2）ヘキサメチレンジアミン $H_2N-(CH_2)_6-NH_2$ 1.5 g を別のビーカーにとり，20 ml の蒸留水で溶かす．

（3）（2）の溶液を（1）のビーカーにゆっくりと加え，水と油の2層にする．

（4）層の界面にナイロン膜ができるのでピンセットで注意深く引き上げ，ガラス棒や試験管壁など

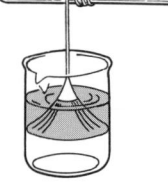

に巻きとる．これをアセトンで洗った後，乾燥する．
- 界面でおこる反応の化学反応式をかき，現象を説明してみよ．

7・1 天然高分子化合物

　天然高分子化合物にはグルコースが多数結合したデンプン，セルロース，グリコーゲンなどの多糖類やいろいろなアミノ酸からなるタンパク質，イソプレンのくり返し単位をもつ天然ゴムなどがあり，いずれも私達の生活に欠かせない重要な物質である．また，多数のヌクレオチドからなる核酸も天然高分子化合物である．

（1）糖　　類

　植物の主要な構成成分であるデンプン，セルロースは $(C_6H_{10}O_5)_n$ の分子式で表わされる天然高分子化合物である．デンプンを加水分解するとマルトース $C_{12}H_{22}O_{11}$ をへてグルコース $C_6H_{12}O_6$ を生じる．セルロースはセロビオース $C_{12}H_{22}O_{11}$ をへてグルコースに加水分解される．このような物質は，$C_m(H_2O)_n$ の一般式で表わされ，**糖類**あるいは**炭水化物**とよばれる．糖類には高分子化合物のほかに分子量の小さい低分子化合物も多数含まれ，表7・1のように，それ以上小さな化合物に加水分解できない単糖類，単糖類が2個結合した形の二糖類，単糖類が多数つらなった多糖類の3つに分類される．

表 7・1　糖類の分類と化合物例

分　類	分子式	加水分解性	化合物例
単糖類	$C_6H_{12}O_6$	加水分解されない	グルコース，フルクトース，ガラクトース
二糖類	$C_{12}H_{22}O_{11}$	加水分解され，単糖類が2分子できる	スクロース（ショ糖），マルトース，ラクトース
多糖類	$(C_6H_{10}O_5)_n$	加水分解され，多数の単糖類ができる	デンプン，セルロース，グリコーゲン

（a）単　糖　類

　グルコース（ブドウ糖）$C_6H_{12}O_6$ は動植物体中に広く存在する代表的な単糖

図 7·1　グルコースの水溶液中での平衡構造

(a) α-グルコース　(b) 鎖状構造　(c) β-グルコース

類で，デンプンを希硫酸と加熱すると得られる．

$$(C_6H_{10}O_5)_n + nH_2O \longrightarrow nC_6H_{12}O_6 \qquad (7\cdot 1)$$

デンプン　　　　　　　グルコース

　グルコースは砂糖の約半分の甘味をもつ白色粉末状の結晶で，分子中にヒドロキシル基-OH が多く含まれているため水にはよく溶けるが有機溶媒には溶けにくく，健康な人の血液中に約 0.1％含まれている．グルコース分子は結晶中では図7·1（a）のような環状構造しているが，水溶液中では（a）〜（c）が共存する平衡混合物となる．（b）の構造中にはアルデヒド基-CHO があるため，グルコースの水溶液は還元性があり，銀鏡反応を示し，フェーリング液を還元する．

　フルクトース（果糖）$C_6H_{12}O_6$ はグルコースの異性体で果実やはちみつに含まれ，甘味の強い白色吸湿性の結晶である．フルクトースは結晶中では図7·2（a）の6員環構造をとるが，水溶液中では（a）のほかに（b）や（c）の構造がまじった平衡状態になっていて，（b）の-CO-CH$_2$OH の部分が酸化されて-CO-CHO になりやすいのでフルクトースの水溶液は還元性を示す．

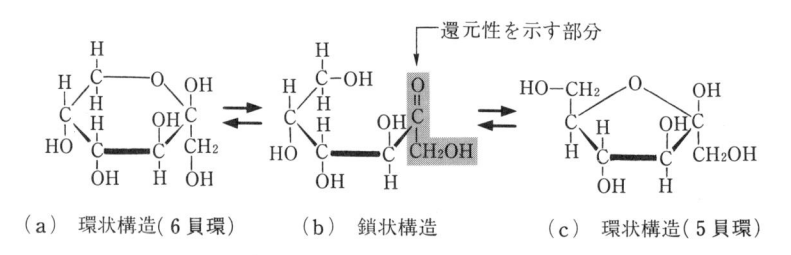

(a) 環状構造(6員環)　(b) 鎖状構造　(c) 環状構造(5員環)

図 7·2　フルクトースの水溶液中での平衡構造

ガラクトース $C_6H_{12}O_6$ は天然には遊離しては存在しないが,寒天などに含まれている多糖類を加水分解すると得られ,アルデヒド基をもち,フェーリング液を還元する.単糖類にはこのほか,**リボース** $C_5H_{10}O_5$ のような炭素原子が5個のものなどもあり,いずれも還元性を示す.

これらの単糖類はチマーゼなどの酵素群によって分解し,エタノールを生じる.これを**アルコール発酵**という.

$$C_6H_{12}O_6 \xrightarrow[発酵]{チマーゼ} 2C_2H_5OH + 2CO_2 \qquad (7\cdot 2)$$
単糖類　　　　　　　　エタノール

(b) 二　糖　類

スクロース(ショ糖) $C_{12}H_{22}O_{11}$ はサトウキビのくきやテンサイの根などから得られる無色の結晶で,日常用いるスクロース製品は砂糖とよばれる甘味剤であり,グラニュー糖や氷砂糖はほぼ純粋なスクロースである.スクロースは図7・3(a)に示すようにグルコースとフルクトースがそれぞれ還元性を示す部分で結合しているために還元反応は示さないが,希酸や酵素インベルターゼを

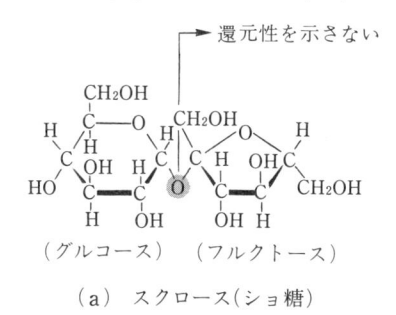

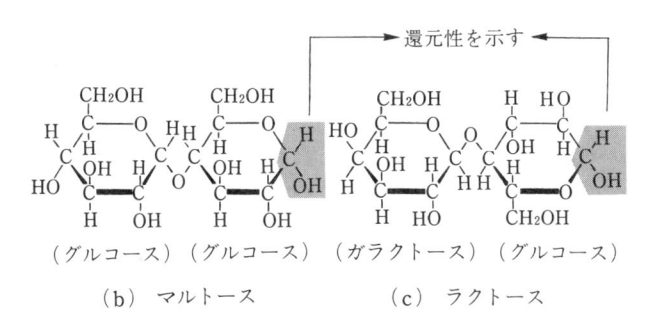

図 7・3　二糖類の構造

用いて加水分解するとグルコースとフルクトースの混合物，すなわち**転化糖**が得られ，その水溶液は還元性を示すようになる．

$$C_{12}H_{22}O_{11} + H_2O \longrightarrow C_6H_{12}O_6 + C_6H_{12}O_6 \qquad (7 \cdot 3)$$
スクロース　　　　　　　グルコース　　フルクトース

マルトース（麦芽糖）$C_{12}H_{22}O_{11}$ はデンプンを酵素アミラーゼで加水分解するとできる．還元性をもつ無色の結晶で，図 7・3（b）のような構造をもち，麦芽中に存在するので麦芽糖ともいう．マルトースは希酸あるいはマルターゼという酵素で加水分解され，その 1 分子からグルコース 2 分子が生成する．

$$C_{12}H_{22}O_{11} + H_2O \longrightarrow 2C_6H_{12}O_6 \qquad (7 \cdot 4)$$
マルトース　　　　　　グルコース

ラクトース（乳糖）$C_{12}H_{22}O_{11}$ はほ乳類の乳，たとえば牛乳中に 4〜5％，人乳では 6〜7％存在するが植物界にはない．図 7・3（c）のような構造をもつので還元性を示し，希酸または酵素ラクターゼで加水分解するとグルコースとガラクトースになる．二糖類にはこのほか，グルコース 2 分子が β 型で結合した図 7・5 のような**セロビオース** $C_{12}H_{22}O_{11}$ があり，これはセルロースを加水分解して得られ，還元性がある．

(c) 多　糖　類

デンプン $(C_6H_{10}O_5)_n$ は植物の光合成でつくられ，種子や根，くきなどにデンプン粒としてたくわえられ，α-グルコース分子が数百から数万個結合した高分子化合物である．デンプン粒は冷水には溶けにくいが温水では粘性の大きい，半透明のコロイド溶液になる．温水に溶けるデンプンを**アミロース**といい，分子量が比較的小さく，直鎖状の構造をもち，ヨウ素ヨウ化カリウム水溶液で濃青色になる．これを**ヨウ素デンプン反応**という．一方，水不溶性のデンプンは**アミロペクチン**とよばれ，比較的分子量が大きく，枝分かれした構造をもち，ヨウ素デンプン反応の色は赤紫色になる．普通のデンプンにはアミロースが 20〜25％，アミロペクチンが 75〜80％程度含まれ，もち米ではアミロペクチンがほぼ 100％である．図 7・4 にアミロースとアミロペクチンの構造を示す．デンプンはアミロペクチンが規則的に配列し，そのすき間にアミロースが入り込んだ構造になっていて，なま米のように分子鎖が密に集合した構造のものを β-デンプンといい，消化が困難である．これに水を加えて加熱すると分子鎖間に水が

(a) アミロースの分子構造

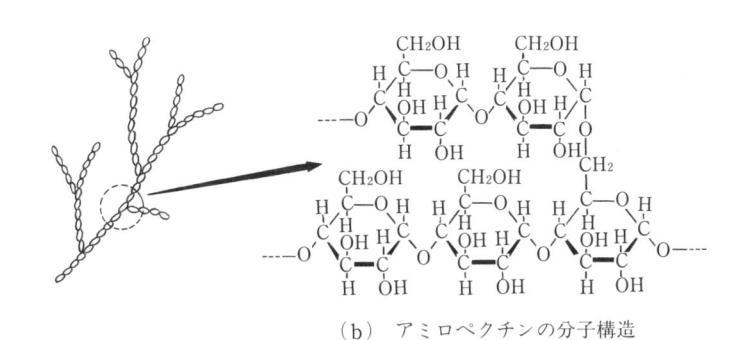

(b) アミロペクチンの分子構造

図 7・4 アミロースとアミロペクチンの構造

入り込み，デンプン分子がバラバラになる．このごはんのような状態のデンプンを α-デンプンといい，徐々に β-デンプンに変化していく．インスタントラーメンやビスケットなどはデンプンを 85°C 以上の温度で急速に脱水，乾燥させた α-デンプンである．

デンプンを希硫酸と加熱すると次第に加水分解されて，より分子量の小さい**デキストリン**やマルトースをへてグルコースになる．このような加水分解反応は生体中でもおこり，デンプンが食物として摂取されると消化液中の酵素アミラーゼによってマルトースに，ついで酵素マルターゼによってグルコースに加水分解されて吸収される．

$$(C_6H_{10}O_5)_n \longrightarrow (C_6H_{10}O_5)_{n'} \longrightarrow C_{12}H_{22}O_{11} \longrightarrow C_6H_{12}O_6$$
　　デンプン　　　　デキストリン　　　マルトース　　　グルコース

デキストリンには分子量がデンプンよりわずかに小さい高分子から低分子量のものまであり，ヨウ素デンプン反応では青色〜褐色を呈するがデンプン，デキストリンの水溶液はともに還元性を示さない．

グリコーゲン $(C_6H_{10}O_5)_n$ は，生体内でグルコースが多数結合した分子量が数百万にもおよぶ高分子化合物で，動物の肝臓や筋肉にたくわえられているの

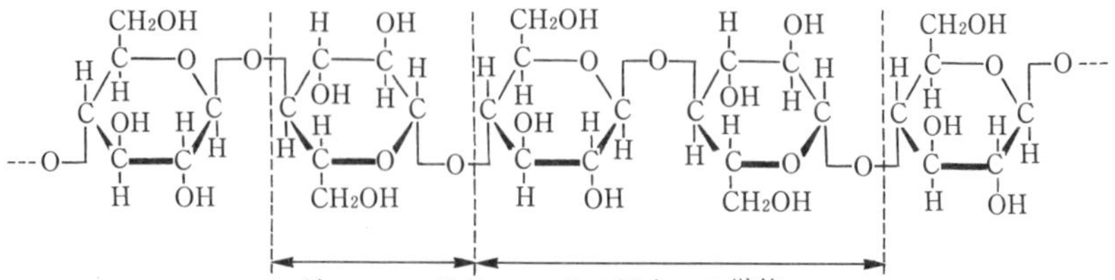

図 7・5 セルロースの構造

で動物デンプンともよばれる．これは必要に応じて体内で加水分解されてグルコースになり，エネルギー源となる．構造はアミロペクチンよりも枝分かれが多く，ヨウ素デンプン反応で赤褐色を示す．

セルロース $(C_6H_{10}O_5)_n$ は植物の細胞壁の主成分をなす多糖類で，図7・5に示すように β-グルコースが多数結合した，分子量20万程度の直鎖状の高分子化合物である．脱脂綿，パルプ，ろ紙などはほとんど純粋なセルロースである．セルロースはデンプンと異なり，水中で加熱しても変化せず，普通の溶媒には溶けない．また，ヨウ素デンプン反応を示さず，還元性もない．セルロースも希硫酸で加水分解すると二糖類のセロビオース $C_{12}H_{22}O_{11}$ を経てグルコースになる．

$$(C_6H_{10}O_5)_n \xrightarrow[\text{またはセルラーゼ}]{\text{希硫酸}} C_{12}H_{22}O_{11} \xrightarrow[\text{またはセルラーゼ}]{\text{希硫酸}} C_6H_{12}O_6$$

セルロース　　　　セロビオース　　　　グルコース

肉食をする人や動物はセルラーゼのような酵素をもたないが，草食性の動物の体内にはこの酵素をもつ微生物が住みついているのでセルロースを消化できる．

（d）　セルロースの用途

セルロースは繊維として衣料や製紙などに多量に使われている．

紙　木材を細かく砕いて薬品で処理したものをパルプといい，これに添加物などを加えてセルロース分子をからみあわせて紙をつくる．

ニトロセルロース　セルロースに濃硝酸と濃硫酸の混合溶液を作用させるとヒドロキシル基の一部または全部が硝酸とエステル化し，非常に燃えやすいニトロセルロースができる．

$$[\mathrm{C_6H_7O_2(OH)_3}]_n + 3n\mathrm{HNO_3} \xrightarrow{\text{エステル化}}$$
セルロース
$$[\mathrm{C_6H_7O_2(ONO_2)_3}]_n + 3n\mathrm{H_2O} \quad (7\cdot5)$$
トリニトロセルロース

ニトロセルロースは火薬やセルロイド,塗料,コロジオン膜などの原料となる.

レーヨン パルプやもめんなどのセルロースを化学的に処理してコロイド溶液にし,これを細い穴(紡糸口)から凝固液中に押し出して繊維にしたものをレーヨンあるいは人造絹糸(人絹)という.レーヨンはもとのセルロースにくらべて分子量は小さくなっているが化学式はセルロースと同じであるので**再生繊維**とよばれ,次の2種類がある.

a) ビスコースレーヨン セルロースを濃い水酸化ナトリウム水溶液で処理してアルカリセルロースとし,次に二硫化炭素と反応させた後,希薄な水酸化ナトリウム水溶液に溶かしたビスコースという溶液を凝固液中に押し出すとセルロースが再生される.繊維状のものをビスコースレーヨン,フィルム状のものをセロハンといい,タイヤコード,ベルトコードなどの工業繊維や包装材などに利用される.

b) 銅アンモニアレーヨン 水酸化銅(II)を濃アンモニア水に溶かした溶液(シュバイツァー試薬)にセルロースを溶かし,これを希硫酸中に押し出して得られる再生繊維を銅アンモニアレーヨンあるいはベンベルグレーヨン,またはキュプラといい,薄地で肌ざわりがよく,ブラウス,裏地などの衣料用に用いられ,現在は人工透析用中空繊維などの医療用にも使われる.

アセテートレーヨン セルロースに濃硫酸を触媒として無水酢酸を反応させるとトリアセチルセルロースというアセトンに溶けないセルロースの酢酸エステルができる.このエステルの一部を加水分解するとアセトンに可溶になり,この溶液を細孔から空気中に押し出して繊維としたもので,天然繊維にアセチル置換基がついた繊維なので**半合成繊維**という.

$$[\mathrm{C_6H_7O_2(OH)_3}]_n + 3n(\mathrm{CH_3CO})_2\mathrm{O} \longrightarrow$$
セルロース　　　　　　無水酢酸
$$[\mathrm{C_6H_7O_2(OCOCH_3)}]_n + 3n\mathrm{CH_3COOH} \quad (7\cdot6)$$
トリアセチルセルロース　　　　酢酸

アセテートレーヨンは外観は絹に似ていて比較的燃えにくく，カーテン生地などに用いられ，また，このアセトン溶液は写真のフィルムや塗料の製造などにも使われる．

問1 グルコース 2.0 kg の発酵から得られるアルコールは何 kg か．
問2 二糖類の還元性および加水分解で得られる単糖類の名称を述べよ．
問3 1500 個のグルコースが結合してできたアミロースの分子量はおよそいくらか．
問4 アミロース，アミロペクチン，グリコーゲンの分子の構造の違いを述べよ．
問5 デンプンとセルロースの共通点，相違点を述べよ．
問6 再生繊維と半合成繊維の違いを述べよ．

コラム 果物は冷やしたほうが本当においしいのか！

よく冷えた果物がおいしいことを私達は経験的には知っているが，このことを化学的に少し考えてみよう．

果物の甘味は主にフルクトースによるもので甘味度はスクロースの約 1.5 倍である．フルクトース分子は果物中の水分に溶けていて図 7・2 に示すような 6 員環，5 員環および開環した構造の平衡混合物になっている．このフルクトースはヒドロキシル基 -OH の分子内の空間的位置によって，さらに下図のように α 型と β 型に分類され，β 型が α 型の 3 倍も甘い．果物を冷やして温度が下ると β 型フルクトースの構造が安定なためにその存在量が多くなり，逆に温度が上ってくると α 型の量が多くなる．このようなことはグルコースでも同様で β 型が α 型よりも少し甘い．だから，**やはり果物はよく冷やして食べたほうが甘くておいしいのだ！**

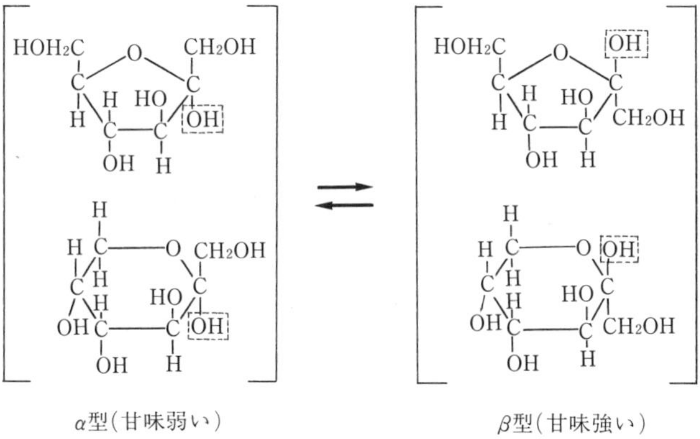

フルクトースの α 型と β 型の分子構造

（2）タンパク質

タンパク質は動物，植物の細胞原形質を構成している最も重要な物質で植物では種子中に，動物では筋肉，臓器，血液などに多く含まれ，いろいろな種類が知られている．たとえば米の中のグルテリン，小麦中のグルテン，軟骨，皮革を構成するコラーゲンや筋肉を構成するアクチン，ミオシン，卵白アルブミン，代謝を調節している各種ホルモンや免疫グロブリンなどもタンパク質である．これらのタンパク質を加水分解すると種々のアミノ酸が得られることから，タンパク質はアミノ酸が多数縮合してできた高分子化合物である．

（a）アミノ酸

アミノ酸は分子中に塩基性のアミノ基$-NH_2$と酸性のカルボキシル基$-COOH$とをもっているものをいい，タンパク質を構成しているアミノ酸はこれらの官能基がすべて同一の炭素原子に結合した**α-アミノ酸**であり，20種知られている．このうち，12種類は体内で他の化合物から合成できるが，残りの8種類は合成できない．この8種類のアミノ酸を**必須アミノ酸**とよび，食物から常に摂取しなければならない．必須アミノ酸は卵や肉などの動物性タンパク質中にバランスよく含まれている．表7・2におもな α-アミノ酸を示す．

$$\begin{array}{c} H \\ | \\ R-C-COOH \\ | \\ NH_2 \end{array}$$
α-アミノ酸

これらのアミノ酸のうち，グリシンを除くアミノ酸の α-位の炭素原子はいずれも異なる4個の原子または置換基をもつ**不斉炭素原子**で，偏光性が異なる**光学異性体（D体，L体）**が存在するが，体内のタンパク質は不思議なことに片方のL体の α-アミノ酸だけでできていて，L-グルタミン酸ナトリウムはうま味を感じるがD-グルタミン酸ナトリウムは調味料にはならない．また，D-アミノ酸は摂取しても消化もされず，栄養にもならない．

アミノ酸は同じ分子中のアミノ基とカルボキシル基との間で塩を形成しているので融点が225℃以上と有機化合物としては高く，有機溶媒には溶けにくいが水には溶けやすく，酸や塩基には次のような塩をつくって溶け，両性である．

$$\begin{array}{ccc} NH_3^+ & NH_3^+ & NH_2 \\ | & | & | \\ R-C-COOH & \xleftarrow{H^+}{酸} R-C-COO^- \xrightarrow{OH^-}{塩基} R-C-COO^- \\ | & | & | \\ H & H & H \end{array}$$

表 7·2　タンパク質から得られるおもな α-アミノ酸

名　称	R の種類	所在・特徴など
グリシン	H—	絹，ゼラチンなどに存在し，構造が最も簡単なアミノ酸
アラニン	CH_3—	ほとんどすべてのタンパク質に含まれるが絹のフィブロイン中にとくに多い
セリン	$HOCH_2$—	絹に多く存在し，—OH 基をもつ
システイン	HS—CH_2—	毛，つめなどに多く含まれ，—SH 基をもつ
グルタミン酸	HOOC—CH_2CH_2—	小麦，大豆などに広く存在し，—COOH 基を2個もつ．ナトリウム塩は化学調味料として用いられる
フェニルアラニン*)	⟨benzene⟩—CH_2—	カボチャの種子に多く存在し，ベンゼン環をもつ
アスパラギン酸	HOOC—CH_2—	植物のタンパク質に広く存在し，—COOH 基をもつ
リシン*)	H_2N—$(CH_2)_4$—	大豆に存在し，—NH_2 基を2個もつ
チロシン	HO—⟨benzene⟩—CH_2—	絹，牛乳に存在する．ベンゼン環をもつ
メチオニン*)	CH_3—S—$(CH_2)_2$—	牛乳中のカゼインに含まれる．硫黄を含む

*) 必須アミノ酸

また，ニンヒドリンの水溶液を加えて加熱すると赤紫色になる．この反応は**ニンヒドリン反応**とよばれ，アミノ酸の検出に用いられる．

(b) タンパク質の構造

アミノ酸どうしが縮合してできるアミド結合-CONH-をとくに**ペプチド結合**といい，2分子の α-アミノ酸からできたものを**ジペプチド**，多数の α-アミノ

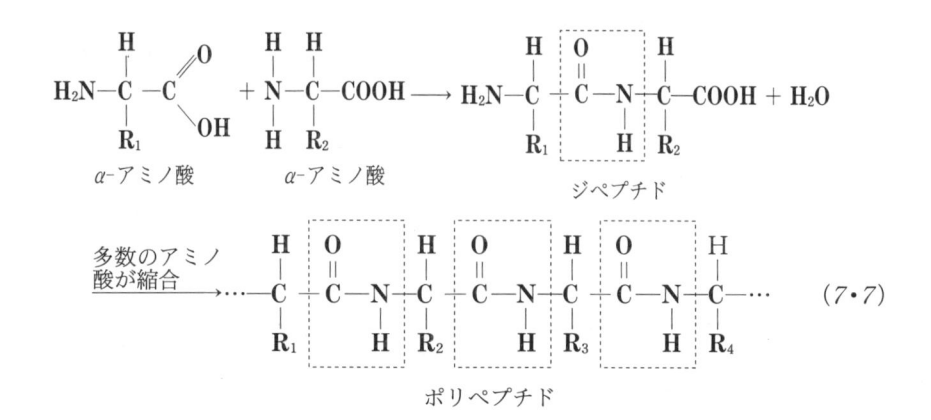

$$H_2N-\underset{R_1}{\underset{|}{C}}\underset{H}{\overset{|}{}}-\overset{O}{\overset{\|}{C}}-OH + \underset{H}{\overset{H}{}}N-\underset{R_2}{\underset{|}{C}}\underset{H}{\overset{|}{}}-COOH \longrightarrow H_2N-\underset{R_1}{\underset{|}{C}}\underset{H}{\overset{|}{}}-\boxed{\overset{O}{\overset{\|}{C}}-N}-\underset{R_2}{\underset{|}{C}}\underset{H}{\overset{|}{}}-COOH + H_2O$$

α-アミノ酸　　α-アミノ酸　　　　　　　　ジペプチド

多数のアミノ酸が縮合 → …—C—[C—N]—C—[C—N]—C—[C—N]—C—… (7·7)

ポリペプチド

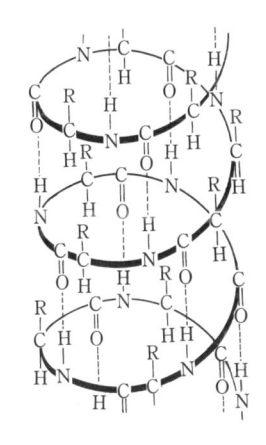

図 7・6 タンパク質のらせん構造

酸が縮合したものを**ポリペプチド**という．

タンパク質はポリペプチドを基本とした複雑な構造をもつ高分子化合物であり，生物の生命活動を支える重要な働きをしている．ポリペプチド鎖は図 7・6 のようにしばしば「らせん構造」をとる．これは「らせん」の各巻きの間でペプチド結合の >N—H と >C=O が水素結合して安定になるため，1 回転のなかに平均約 3.7 個のアミノ酸単位が含まれる．また，平板状や球状の構造をとるものもある．これらのタンパク質はその種類によって成分のアミノ酸の種類と配列が決まっており，近年，多くのタンパク質でその配列順序が明らかにされている．タンパク質のいろいろな機能はペプチド鎖の立体構造と密接な関係にある．

タンパク質にはポリペプチドだけで構成されているアルブミンやグロブリンのような**単純タンパク質**とポリペプチド以外に核酸，リン酸，糖類，色素などを含んだ**複合タンパク質**とがある．ヘモグロビンは色素を含む複合タンパク質であり，牛乳中のカゼインはリン酸を含む複合タンパク質である．

タンパク質の溶液は親水コロイド溶液で無機塩類を多量に加えると塩析がおこって沈殿を生じ，加熱するとタンパク質が凝固する．この現象を**タンパク質の変性**といい，タンパク質の立体構造が破壊されるためにおこり，一度変性したタンパク質はもとに戻らないものが多い．このような変性は酸・塩基やアルコール，銅・鉛などの重金属イオンを加えてもおこる．

タンパク質の検出反応には**ビウレット反応**や**キサントプロテイン反応**などが知られている。ビウレット反応はタンパク質の塩基性水溶液に硫酸銅(II)水溶液を加えると赤紫色になる反応をいい，タンパク質分子中の2個以上のペプチド結合によるものである。キサントプロテイン反応はタンパク質を濃硝酸と加熱すると黄色に，さらにアンモニア水で中和すると橙黄色になるもので，ベンゼン環をもつアミノ酸のニトロ化反応によっておこる。また，タンパク質はアミノ酸と同様にニンヒドリン反応を示す。

(c) 酵　　素

生体内のいろいろな化学変化において触媒の働きをするタンパク質を**酵素**といい，現在までに200種以上の酵素が知られている。表7・3に酵素の例とその働きを示す。酵素は細胞から取り出して純粋にしても一般にその働きを失わず，酵素の触媒作用は無機物質の触媒と違って極めて選択的である。たとえばインベルターゼはスクロースの加水分解の触媒としては働くがデンプンやマルトースには働かない。このように酵素が特定の基質だけにしか作用しないことを**酵素作用の特異性**という。また，酵素には最適の温度（多くの場合 35～55℃）や最適 pH (5～8) が存在する。酵素も高温にしたり，強酸・強塩基，重金属イオンなどを作用させると変性がおこってその触媒作用を失う。

表 7・3　酵素の例とその働き

酵　　素	作用する物質	生　成　物	所　　在
アミラーゼ	デンプン	デキストリン，マルトース	だ液，すい液，麦芽
マルターゼ	マルトース	グルコース	だ液，すい液，腸液，酵母
インベルターゼ	スクロース	グルコース，フルクトース	腸液，酵母
ラクターゼ	ラクトース	グルコース，ガラクトース	すい液，腸液
リパーゼ	脂肪	脂肪酸，グリセリン	すい液，胃液，種子
ペプシン	タンパク質	プロテオース，ペプトン	胃液
トリプシン	タンパク質，プロテオース，ペプトン	ポリペプチド，アミノ酸	すい液
ペプチターゼ	プロテオース，ペプトン	アミノ酸	腸液
チマーゼ	グルコース，フルクトース	エタノール，二酸化炭素	酵母
カタラーゼ	生物体内の過酸化水素	酸素，水	肝臓，赤血球

(d) 動物性繊維

綿，麻，亜麻などの植物繊維はほとんどセルロースからできているのに対し，絹，羊毛などの動物繊維はタンパク質からなる．

生糸（きいと）は長い繊維を何本も束ねたもので，図7・7のように1本のまゆ糸は2本のフィブロインの細い繊維の外側を硬いセリシンが包んでのり付けした構造になっている．セッケン水あるいは弱い塩基性溶液で煮るとセリシンが溶けてフィブロインのみの繊維になり，やわらかい絹糸になる．絹糸は軽いうえに強く，弾性が大きくて光沢があり，美しい．

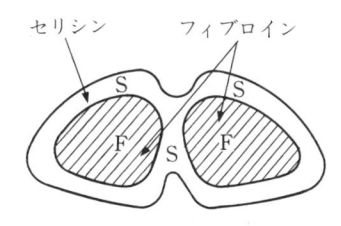

図 7・7 まゆ糸の断面図

羊毛は綿羊（ひつじ）の体毛でタンパク質のケラチンからなるがケラチンにシスチンを含むため羊毛には硫黄が含まれている．ケラチン分子自体が伸びる上に繊維も弾性が大きく，捲縮（けんしゅく）もあるのでやわらかい．羊毛を構成しているペプチド結合に水分子が結合しやすいため吸湿性があり，酸には強いが塩基には弱い．このため，羊毛はセッケンでは洗濯できない．また，両性のため酸性染料にも塩基性染料にもよく染まる．

図7・8にもめんも含めた天然繊維の側面および断面の電子顕微鏡写真を示す．絹の表面には不均一な「むら」があり，三角断面で，この構造により絹独特の風合いをもち，天然繊維では例外的に長繊維である．羊毛の表面には特徴的なスケール（うろこ）があり，断面は円形に近いが2相構造になっていて捲縮やフェルト化しやすい．また，もめんは中空部分をもったリボン状の断面をもち，それがねじれた形をとっていて繊維どうしのからみ合いがよいので紡ぎやすく，強くて，ふっくらとした感じの糸ができる．

問7 アラニンの酸性水溶液中および塩基性水溶液中の構造を構造式で示せ．
問8 グリシン2分子からできるジペプチドの分子構造を示せ．

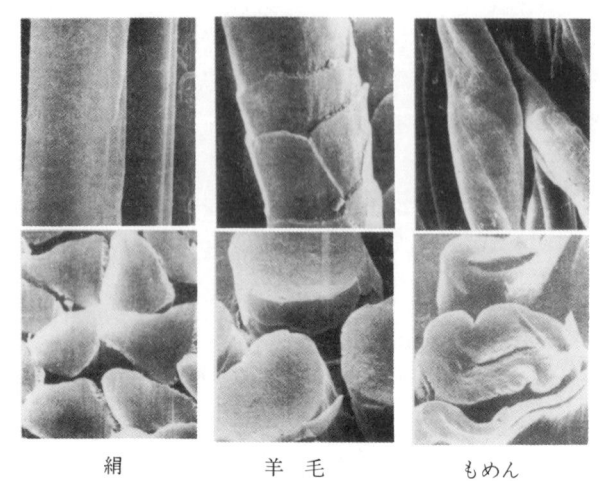

図 7・8 天然繊維の側面と断面 [1]

絹　　　羊毛　　　もめん

問9　次の物質を加水分解するには，どのような酵素を用いればよいか．
(1) マルトース　(2) タンパク質　(3) 脂肪　(4) デンプン
(5) スクロース

問10　タンパク質の検出に使われるおもな反応を説明せよ．

問11　タンパク質は成分元素として窒素を約16%含んでいる．タンパク質を50%含む，ある食品1.0gを水酸化ナトリウムと共に熱して完全分解すると何gのアンモニアを生じるか．

(3) 核　　酸

核酸とはアデニン，グアニン，シトシン，チミン，ウラシルなどの有機塩基性物質とリボースあるいはデオキシリボースの糖，およびリン酸の3種類からなるヌクレオチドが多数縮合してできるポリヌクレオチドという鎖状の高分子化合物であり，図7・9のような構造をしている．

糖がリボースのときは**リボ核酸（RNA）**，デオキシリボースのときを**デオキシリボ核酸（DNA）**という．DNAではアデニン，グアニン，チミン，シトシンの4種の塩基性物質が含まれるが，RNAではチミンのかわりにウラシルが含まれる．

---

1) 標葉二郎：高分子，17巻，870，第1図（1，2，3），高分子学会，1968．

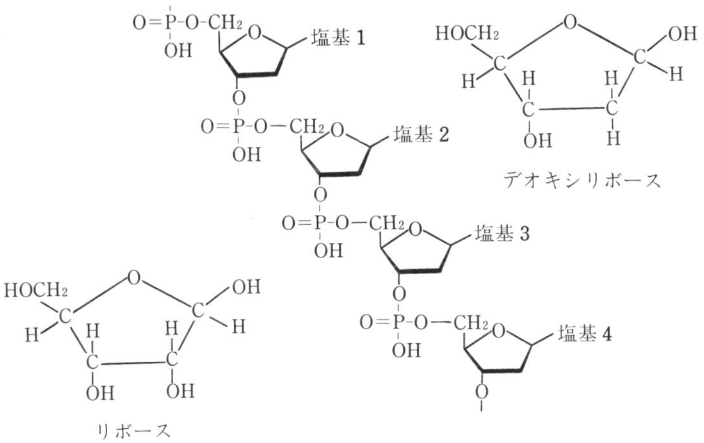

7·1 天然高分子化合物　**253**

図 7·9　核酸の分子構造

DNA は遺伝子の本体で娘細胞の染色体のための新しい DNA を合成することと，タンパク質合成に必要な情報をたくわえ，供給する2つのおもな機能

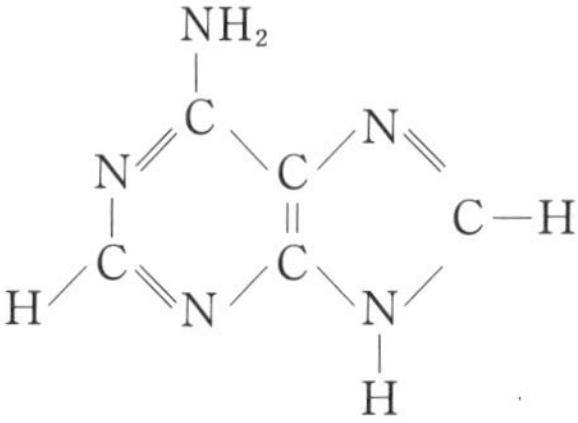

アデニン 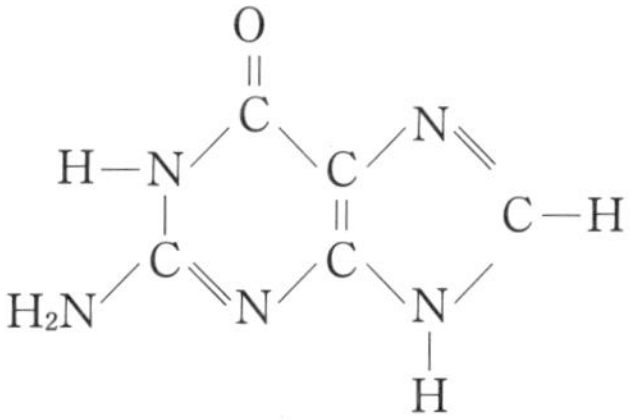　　　　グアニン

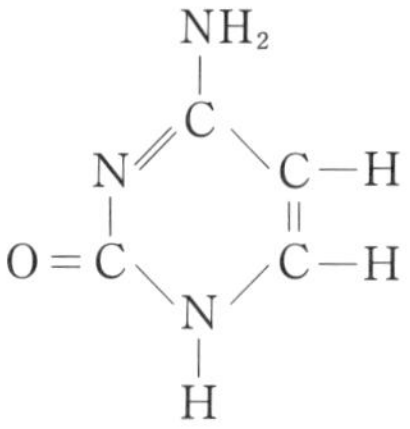

シトシン 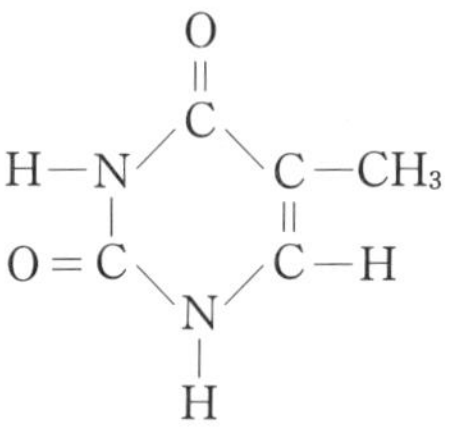　　　　チミン 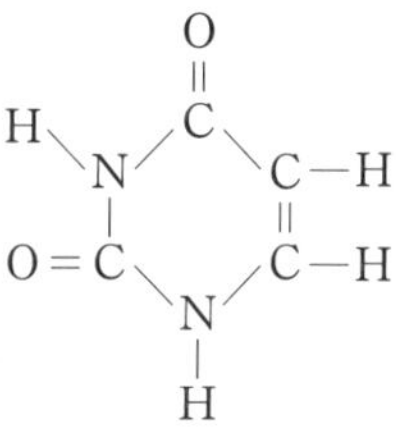　　　　ウラシル

をもっている．複製が行なわれるのは細胞の中心にある細胞核で DNA の「らせん」がほどけ，2本の DNA のひもにそれぞれ自分と対になる DNA を自分と並行に合成し，2つの全く等しい DNA の「らせん」がつくられる．RNA は

DNAからの情報を読みとってリボソーム内でアミノ酸の順序を決めながらタンパク質の合成を行なう。この合成には転移RNA(t-RNA)，メッセンジャーRNA(m-RNA)の2種類のRNAがその役割を果している。

問12 DNAとRNAの構造上の類似点と相違点を述べよ。

(4) 天 然 ゴ ム

熱帯性のゴムの木の幹を傷つけると白色，粘性の大きな液体が得られるが，これをラテックスという。これはゴムの微粒子が帯電して水中に懸濁したものである。このラテックスに酢酸などの酸を加えると粒子は電荷を失って凝固する。これが**生ゴム**である。生ゴムを乾留するとイソプレン C_5H_8 が得られることから生ゴムはイソプレンが多数結合した高分子化合物である。

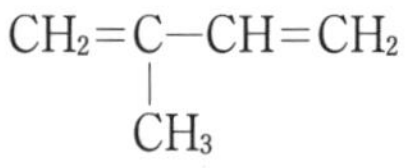

$$CH_2=C-CH=CH_2$$
$$\quad\ |$$
$$\quad CH_3$$
イソプレン

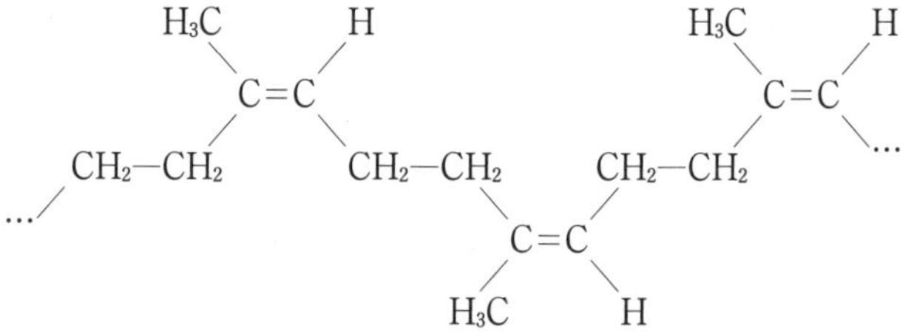

天然ゴムの分子構造

生ゴムは温度が高いとやわらかすぎ，温度が低いと硬くなり，油や溶剤に弱く，分子中に二重結合があるため空気や光，オゾンなどで酸化されて弾性を失って変質しやすいなど欠点が多く，そのままでは実用にならない。これに硫黄を2～3％程度加えて加熱するとゴム分子間に硫黄原子による架橋ができて前述のような欠点がなくなり，弾性をもつようになる。この操作を**加硫**という。また，30～50％もの多量の硫黄を加えるとゴムは弾性を失い，黒色の硬い固体になる。これを**エボナイト**といい，各種のプラスチックが出現するまでは電気絶縁材料として広く用いられた。

問13 加硫について説明せよ。

問14 日常用いるゴムは黒色のものが多いが，ゴムの他にどんな物質が充てんされているのか。

7・2　合成高分子化合物

19世紀後半にはデンプンやセルロースなどのコロイド粒子の分子量がかなり大きいことが知られていたが，これらが分子量の小さい分子の集合体なのか，それとも分子そのものが大きいのか，世界の学者どうしで長い間はげしい論争がたたかわされたすえに，これらの物質は分子量が1万以上の高分子化合物であることが1926年，ドイツの**シュタウディンガー**のち密な研究成果によって初めて明らかにされた．以来，人工的にこのような化合物を合成しようとする研究がドイツやアメリカで盛んに進められた．なかでもアメリカの**カローザス**は1931年にクロロプレンを反応させて合成ゴムを製造し，次いで1937年にアジピン酸とヘキサメチレンジアミンからナイロン-6,6を製造することに成功し，高分子説を実証して高分子化学発展の基礎を固めた．このナイロン-6,6は「石炭と空気と水からつくられ，クモの糸より細く，絹より光沢があり，鋼鉄より強い糸」の有名なキャッチフレーズで翌年発売され，産業界やその後の衣料に画期的な影響をおよぼした．現在では多くの種類の，すぐれたプラスチックや合成繊維あるいは合成ゴムが大量に製造され，いずれも私達の生活必需品になっている．

図 7・10　シュタウディンガー
(H. Staudinger 1881〜1965)
ドイツの化学者．
1953年ノーベル化学賞授賞

図 7・11　カローザス
(W.H. Carothers 1896〜1937)
アメリカの化学者．
ナイロンの発見者

(1) 合成高分子の合成法

合成高分子化合物は分子量の小さい低分子化合物を原料としてこれらを化学反応させて結合し，分子量が1万以上の大きな化合物に合成する．このような反応操作を**重合**といい，大別して**付加重合**によるものと**縮合重合**によるものがある．

(a) 付加重合による合成法

二重結合や三重結合をもつ不飽和炭化水素は反応性に富み，いろいろな化合物の合成原料になる．たとえばエチレンは次のように二重結合のうちの1本の結合が切れて互いに次々と付加反応をくりかえして分子量の大きい，長い鎖状のポリエチレンになる．

$$n(\mathrm{CH_2}\!=\!\mathrm{CH_2}) \xrightarrow{\text{付加重合}} (-\mathrm{CH_2}-\mathrm{CH_2}-)_n \tag{7・8}$$

エチレン　　　　　　　ポリエチレン

エチレンのように高分子を形づくっている単位となる原料物質を**モノマー**（単量体）といい，ポリエチレンのような高分子を**ポリマー**（重合体），モノマーが2種類以上からなるポリマーを**コポリマー**（共重合体）という．n分子のモノマーが重合してポリマーが得られるとき，nを**重合度**とよび，通常の重合反応ではnは一定の値ではなく，いろいろな値をとり，分子量の違う高分子化合物の混合物ができる．天然の高分子化合物のように分子量がそろったポリマーを合成するのはまだかなりむずかしく，分子量も一般には平均分子量の意味で用いられる．

ポリエチレンには透明で比較的強度の小さいものと不透明で丈夫なものとがある．エチレンガスを1000気圧以上の高圧で酸素または有機過酸化物を触媒として重合させると枝分かれの多いポリエチレンが得られる（高圧法）．このポリエチレンは結晶化しにくいために透明で，分子間の結合力も弱いので強度も小さく，ポリ袋などの家庭用品に用いられる．一方，1953年，ドイツの**チーグラー**によって新しいポリエチレンの製造法が発明された．これはエチレンを常圧～100気圧で，アルキルアルミニウム化合物と四塩化チタンからなる触媒（チーグラー触媒）を用いて重合させるもので，枝分かれが少なく，一部結晶化したポリエチレンがえられる（中低圧法）．このポリエチレンは微結晶部分が光を反

射するため白く，不透明で強度も大きく，各種フィルム，パイプ，ボトル，タンクなどとして使用される．このように合成高分子化合物は分子の大きさが不均一であるだけでなく，合成法などによって固体の構造も不規則で，性質も異なる場合が多い．したがって合成高分子化合物は純粋なものにより分けることは全く不可能で，低分子化合物のように固有の融点を示さず，それ以下の温度では分子の活動がほぼ停止した状態となる**ガラス転移温度**（T_g）が存在する．また，高分子固体の変形現象も粘性と弾性体の両方の性質をもち，高分子化合物は粘弾性体である．

エチレン $CH_2=CH_2$ から水素原子を1個取り除いた $CH_2=CH-$ を**ビニル基**といい，この官能基をもつ化合物を**ビニル化合物**という．プロピレンやスチレン，塩化ビニルなどのビニル化合物はエチレンと同様に付加重合してそれぞれ，**ポリプロピレン，ポリスチレン，ポリ塩化ビニル**になる．

$$n\,CH_2=CH\!-\!CH_3 \xrightarrow{\text{付加重合}} (-CH_2-CH(CH_3)-)_n \qquad (7\cdot 9)$$
プロピレン　　　　　　　ポリプロピレン

$$n\,CH_2=CH\!-\!C_6H_5 \xrightarrow{\text{付加重合}} (-CH_2-CH(C_6H_5)-)_n \qquad (7\cdot 10)$$
スチレン　　　　　　　ポリスチレン

$$n\,CH_2=CH\!-\!Cl \xrightarrow{\text{付加重合}} (-CH_2-CH(Cl)-)_n \qquad (7\cdot 11)$$
塩化ビニル　　　　　　ポリ塩化ビニル

現在では各種のビニル化合物の付加重合，共重合反応によってたくさんのポリマー，コポリマーが大量に生産されている．

（b）縮合重合による合成法

1つの分子内に2つの官能基をもつモノマーどうしから水分子をとって鎖状の高分子化合物をつくる反応を**縮合重合**あるいは**縮重合**といい，**ナイロン-6,6** や**ポリエチレンテレフタラート**などの合成例がある．

$$n\text{HOOC}(CH_2)_4\text{COOH} + n\text{H}_2\text{N}(CH_2)_6\text{NH}_2 \xrightarrow{\text{縮合重合}}$$
　　　アジピン酸　　　　　ヘキサメチレンジアミン

$$\text{HO}-(-\overset{O}{\underset{\|}{C}}-(CH_2)_4-\overset{O}{\underset{\|}{C}}-\text{NH}-(CH_2)_6-\text{NH}-)_n-\text{H} + (2n-1)\text{H}_2\text{O}$$
　　　　　　　　　　ナイロン-6,6　　　　　　　　　　　　　　　(7・12)

$$n\text{HOOC}-\bigcirc-\text{COOH} + n\text{HOCH}_2\text{CH}_2\text{OH} \xrightarrow{\text{縮合重合}}$$
　　　テレフタル酸　　　　　　エチレングリコール

$$\text{HO}-(-\overset{O}{\underset{\|}{C}}-\bigcirc-\overset{O}{\underset{\|}{C}}-\text{O}-\text{CH}_2\text{CH}_2-\text{O}-)_n-\text{H} + (2n-1)\text{H}_2\text{O}$$
　　　　　　　　　ポリエチレンテレフタラート　　　　　　　　　(7・13)

ナイロン-6,6の数字は原料となる塩基性物質と酸性物質の炭素数をそれぞれ表わしており，多くのアミド結合をもつので**ポリアミド**ともいう．ポリエチレンテレフタラートのように多くのエステル結合をもつ高分子を**ポリエステル**という．ナイロンにはこのほか，ε-カプロラクタムという環状化合物の環を切って重合させる開環重合による**ナイロン-6**などもある．

$$n\begin{pmatrix}(CH_2)_5-C=O\\ \ \ \ \ \ \ \ \ \ \ \ \ \ |\\ \ \ \ \ \ \ \ \ \ \ \ \ \text{NH}\end{pmatrix} \xrightarrow{\text{開環重合}} (-\overset{}{\underset{\|}{C}}-(CH_2)_5-\text{NH}-)_n \quad (7・14)$$
　　　　ε-カプロラクタム　　　　　　　　　ナイロン-6

一方，フェノール C_6H_5OH とホルムアルデヒド $HCHO$ を触媒の存在下で反応するといろいろな網目状の三次元構造をもつ**フェノール樹脂**ができる．フェノール樹脂はベークライトともよばれる最も歴史のあるプラスチックであり，一般には縮合重合で合成されると考えられている．**尿素樹脂**や**メラミン樹脂**も同じような条件で尿素とホルムアルデヒド，メラミンとホルムアルデヒドから縮合重合によって合成され，いずれも架橋構造をもつ．

問15 ポリエチレンには透明なものと不透明なものとがある．製法上の違いと構造上の違いを述べよ．

問16 縮合重合のモノマーは分子構造上どのような条件を備えているか．

7・2 合成高分子化合物 **259**

問17 ポリエチレン 10.0 kg を合成するには 0°C, 1 atm のエチレンが何 l 必要か．
問18 ポリスチレン 10 g をベンゼンに溶かして 1 l とした溶液の浸透圧は 27°C で 0.005 atm であった．このポリスチレンの分子量および重合度を求めよ．

（2）プラスチック，合成繊維，合成ゴム

　付加重合，縮合重合で合成した高分子化合物はポリスチレンのようにプラスチックとして利用されるものもあればナイロン，ポリエステルのようにプラスチックのほかに合成繊維としても用いられるものやポリブタジエンのようにゴムとして使われるものもある．ある高分子が伸縮自在のやわらかいゴムになったり，数百度に熱しても融けない強靱(きょうじん)な繊維になったりするのを決定する最も

表 7・4　熱可塑性プラスチックの例

プラスチック名	モノマー	特徴	用途
ポリエチレン	エチレン $CH_2=CH_2$	耐薬品性，柔軟性，耐寒性，軽い，高周波絶縁性	フィルム，容器，パイプ，シート，
ポリプロピレン	プロピレン $CH_2=CH(CH_3)$	耐熱性，最も軽い（密度 0.91 g/cm³），強い，耐水性，安価	びん，電気絶縁材料，包装材料，日用雑貨
ポリスチレン	スチレン $CH_2=CH(C_6H_5)$	無色透明，着色性，電気絶縁性，成形性，発泡性	日用品，容器，電気絶縁性材料，包装材料，断熱材，玩具
ポリ塩化ビニル	塩化ビニル $CH_2=CHCl$	難燃性，耐薬品性，耐油性，透明性，軟質と硬質がある重い（密度 1.4 g/cm³）	日用品，フィルム，シート，ホース，パイプ，容器，建築材料，自動車内装材，電線の被覆
メタクリル樹脂	メタクリル酸メチル $CH_2=C(CH_3)-COOCH_3$	透明性最良，屈折率1.5，耐候性，有機ガラスともいう	風防ガラス（航空機など），照明具，めがねレンズ，コンタクトレンズ，レーザーディスク，光ファイバー，塗料
ポリ酢酸ビニル	酢酸ビニル $CH_2=CH-O-COCH_3$	接着・粘着性，無色透明，軟化点が低い (38〜40°C)，安価	接着剤，塗料，繊維（ビニロン）原料，チューインガム
ポリテトラフルオロエチレン（テフロン）	テトラフルオロエチレン $CF_2=CF_2$	耐熱性，耐寒性，耐薬品性，電気絶縁性，摺動性	耐熱・耐薬品被覆，フライパン・アイロン・炊飯器などの被覆，電気絶縁材料，半導体製造装置部品

大きな因子の1つが分子間力であり，繊維になれる物質は分子が配向して結晶化できることが必要で分子間力は最も大きい．ゴムは小さい力で大きく変形することから明らかなように分子間力は最も小さく，プラスチックはこれらの中間の値をもつ物質である．

（a）プラスチック

プラスチックは合成樹脂ともよばれ，全合成高分子製品の約3/4を占める．プラスチックは熱を加えるとやわらかくなり，冷やすと再び硬くなる**熱可塑性プラスチック**と，熱を加えたときに分子の構造が三次元網目状に変化して硬くなり，もとにもどらない**熱硬化性プラスチック**に分類される．表7・4および表7・5におもな熱可塑性プラスチックと熱硬化性プラスチックを示す．

熱可塑性プラスチックはプラスチック全生産量の約80%を占め，たくさんの種類がある．表7・5に示したほかに，ハム・ソーセージなどの食品包装用フィルムに用いる**ポリ塩化ビニリデン**や，旅行カバン，冷蔵庫，道路標識などに使用される**ABS樹脂**（アクリロニトリル-ブタジエン-スチレン樹脂），CD(コンパクトディスク) などに用いる**ポリカーボネート**，ファスナー，歯車などに使われる**ポリアセタール**，フレキシブルプリント配線基板に用いる**ポリイミド**や瞬

表 7・5　熱硬化性プラスチックの例

プラスチック名	モノマー	特徴	用途
フェノール樹脂	フェノール C_6H_5OH ホルムアルデヒド HCHO	耐熱性，耐薬品性，電気絶縁性	電気器具，日用品，食器，接着剤，塗料，プリント配線基板
尿素樹脂	尿素 $(NH_2)_2CO$ ホルムアルデヒド HCHO	透明性，接着性，耐熱性，安価	日用雑貨，食器，容器，合板接着剤，紙・布の加工
メラミン樹脂	メラミン $C_3H_3(NH_2)_3$ ホルムアルデヒド HCHO	透明性，耐薬品性，耐候性，光沢あり	食器，家具，化粧板，電気器具，塗料，接着剤，表面加工剤
不飽和ポリエステル樹脂	フマル酸 　HOOCCH=CHCOOH エチレングリコール 　$HO(CH_2)_2OH$ など	ガラス繊維，スチレンなどを加えて三次元化，硬化させる，強い，耐熱性	ボート，ヨット，ヘルメット，パイプ，建築用材，浴槽，自動車部品
アルキド樹脂	無水フタル酸 グリセリン $C_3H_5(OH)_3$	安価，透明性，着色性，塗装性，歴史の古い樹脂	塗料(自動車用)，接着剤

間接着剤となる**ポリシアノアクリレート**などがある．

一方，熱硬化性プラスチックとしては表7・5に示したもの以外に，接着剤，塗料，電子部品封止材やプリント配線基板などに用いられる**エポキシ樹脂**，合成皮革，発泡体，塗料，接着剤，断熱材などとして使用される**ウレタン樹脂**や耐熱性塗料，電気絶縁材，防水加工剤などに用いる**シリコン樹脂**（ケイ素樹脂）などがある．

これらのプラスチックは軽い，加工しやすい，さびない・くさらない，美しい，電気を通しにくいなどすぐれた特長をもち，さらに最近では触媒作用や分離機能，光・電気エネルギー変換機能などをもつ種々の機能性高分子も続々と出現しており，私達の日常生活はむろん，エレクトロニクス，印刷，土木・建築，農業・漁業，船舶・車両・航空機，医療・人工臓器などほとんどすべての分野で広範囲に利用されている．

一方，都市ゴミ中のプラスチック製品が占める割合も年々増加しており，産業廃棄物やプラスチックのリサイクル問題が新たな社会問題になり始めている．これは生産する側と消費する側の相互理解と協力で早急に解決しなければならない大きな問題である．

(b) 合 成 繊 維

熱可塑性の鎖状高分子を融解または溶解し，細い穴から押し出して固まらせると糸状になる．糸として丈夫で，織物にしたときにすぐれた性質をもつ高分子化合物が合成繊維として用いられる．表7・6におもな合成繊維を示す．

ビニロンは日本が世界にさきがけて開発に成功し，すでに40年の歴史をもつ合成繊維である．合成法は酢酸ビニルを付加重合させてポリ酢酸ビニルをつく

表7・6 おもな合成繊維

合成繊維	性質と用途
ポリプロピレン繊維	水より軽い，吸湿性ない，染めにくい，産業用繊維，漁網
ビニロン繊維	木綿に似た風合い，耐久性がある，作業着，漁網，ロープ
アクリル系繊維	羊毛に似た風合い，ニットウェア，毛布，スポーツウエア
ナイロン系繊維	細くて美しい糸，ストッキング，その他の衣料品，タイヤ・ベルトコード
ポリエステル系繊維	しわになりにくい，丈夫，吸湿性小さい，各種衣料品，天然繊維と混紡

り，これを水酸化ナトリウム水溶液などでけん化するとポリビニルアルコールができる．この水溶液を硫酸ナトリウム水溶液中に細孔から押し出し，ポリビニルアルコールを繊維状にしたあと，熱処理，ホルマリン処理すると熱や水に対して安定なビニロンといわれる合成繊維が得られる．

$$n\text{CH}_2=\underset{\text{OCOCH}_3}{\text{CH}} \xrightarrow{\text{付加重合}} (-\text{CH}_2-\underset{\text{OCOCH}_3}{\text{CH}}-)_n \xrightarrow{\text{けん化}}$$

酢酸ビニル　　　　　　　ポリ酢酸ビニル

$$(-\text{CH}_2-\underset{\text{OH}}{\text{CH}}-)_n \xrightarrow{\text{HCHO}} \cdots\text{CH}_2-\underset{\text{OH}}{\text{CH}}-\text{CH}_2-\underset{\underset{\text{CH}_2}{\diagdown\ \ \diagup}}{\underset{\text{O}}{\text{CH}}}-\text{CH}_2-\underset{\text{O}}{\text{CH}}-\cdots$$

ポリビニルアルコール　　　　　　　　　　　ビニロン　　　　(7・15)

　ホルマリン処理によってポリビニルアルコール分子中のヒドロキシル基は約30〜40％がホルマール化して-O-CH$_2$-O-のような構造に変化し水不溶性になる．ビニロンは残っている親水性のヒドロキシル基のために適当な吸湿性をもっているので木綿によく似た繊維で，摩擦や薬品に対して強く，高弾性率をもち，衣類，テント，産業資材分野，その他に広く用いられている．

　アクリル系繊維はアクリロニトリル CH$_2$=CHCN を付加重合して得たポリアクリロニトリルを溶媒に溶解し，細孔から押し出して繊維状にしたもので羊毛に似た感触があり，毛糸やカーペットなどとして使用される．また，アクリロニトリルを酢酸ビニルや塩化ビニルとともに共重合させた繊維もある．さらに，ポリアクリロニトリルを 200〜300℃ で酸化したのち，不活性気体中で 900〜1500℃ で処理すると高強度，高弾性率の**炭素繊維**が得られ，これは航空機の構造材やスポーツ用品などの新しい複合材料として注目されている．

　ナイロン系合成繊維はポリアミド合成繊維ともいい，ナイロン-6,6やナイロン-6などがあり，絹のような感触をもち，引っ張りや折り曲げ，摩擦などに強く，軽くて弾力性があり，しわになりにくい．

　ポリエステル系合成繊維は前に述べたポリエチレンテレフタラートのように2価アルコールとジカルボン酸との縮合重合でつくられる繊維で，生地は丈夫

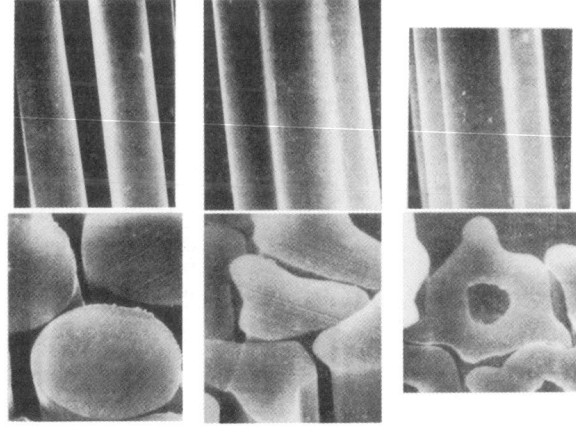

ナイロン　　　　ポリエステル　　　　ポリエステル
　　　　　　　（三角断面系）　　　（異形断面中空系）

図 7・12　合成繊維の側面と断面 [1]

で，摩擦や日光に強く，耐熱性が大きく，しわになりにくいのでワイシャツなどの衣料用に広く用いられている．

図 7・12 に合成繊維の側面および断面の電子顕微鏡写真の一例を示す．図 7・8 で示した天然繊維とは異なり，ほとんどの合成繊維はナイロン繊維のように断面が丸く，まっすぐに長く，表面はなめらかである．このため，からみ合いが悪く，天然繊維のような感触は得られない．これらを改良するために紡糸口の形を三角にした三角断面糸や異形断面中空糸などもつくられるようになり，最近では加工のしやすさ，光沢，強度，風合いなどの点で天然繊維に劣らないすぐれた特長をもつ合成繊維が多くなっている．

(c) 合 成 ゴ ム

先に述べたように天然ゴムの分子構造がある程度明らかにされると，これと同じような合成ゴムをつくろうとする試みが多数行なわれた．とくに第 1 次世界大戦中はゴムの需要が著しく増大し，アメリカではクロロプレンゴム，ドイツではスチレン・ブタジエンゴム (SBR)，アクリロニトリル・ブタジエンゴム (NBR) の製品化に成功し，その後も種々の合成ゴムがつくられるようになっ

---

[1] 標葉二郎：高分子，17 巻，870，第 1 図(5)，第 8 図 (1，2)，高分子学会，1968．

た．これらの合成ゴムは耐油性，耐熱性，耐寒性，耐摩耗性などの点で天然ゴムよりもはるかにすぐれており，現在では合成ゴムの方が天然ゴムよりも消費量が多く，産業や日常生活に広く用いられている．

1) クロロプレンゴム　ネオプレンという名称で最初に商品化された合成ゴムでクロロプレンを付加重合させて合成する．

$$n\text{CH}_2=\text{C}-\text{CH}=\text{CH}_2 \xrightarrow{\text{付加重合}} (-\text{CH}_2-\text{C}=\text{CH}-\text{CH}_2-)_n \quad (7\cdot 16)$$
$$\quad\quad\quad\;\; |\quad\quad\quad\quad\quad\quad\quad\quad\quad\quad\quad\quad |$$
$$\quad\quad\quad\;\; \text{Cl}\quad\quad\quad\quad\quad\quad\quad\quad\quad\quad\quad\;\text{Cl}$$

クロロプレン　　　　　　　　　　　　クロロプレンゴム

このゴムは耐油性，耐熱性，耐老化性が大きく，電線や耐油ホースなどに使われる．

2) スチレン・ブタジエンゴム (SBR)　ブタジエンを主骨格にしてスチレンを24%程度加えて共重合させた合成ゴムである．

$$n\text{CH}_2=\text{CH}-\text{CH}=\text{CH}_2 + n'\text{CH}_2=\text{CH}$$
ブタジエン　　　　　　　　　　　　　　　　　|
　　　　　　　　　　　　　　　　　　　　　　C₆H₅
　　　　　　　　　　　　　　　　　　　　　スチレン

$$\xrightarrow{\text{共重合}} \cdots-\text{CH}_2-\text{CH}=\text{CH}-\text{CH}_2-\text{CH}_2-\text{CH}-\cdots \quad (7\cdot 17)$$
　　　　　　　　　　　　　　　　　　　　　　　　　　　　　　|
　　　　　　　　　　　　　　　　　　　　　　　　　　　　　　C₆H₅

スチレン・ブタジエンゴムの構造の一部

最も大量に生産されている合成ゴムで，一般にはカーボンブラックやシリカなどが補強材として充塡されて天然ゴムに劣らない弾力性，強度をもっており，自動車や航空機のタイヤ，ベルト，ホース，履物，接着剤などとして広く使われている．

3) ニトリルゴム (NBR)　スチレン・ブタジエンゴムと同様にブタジエンを主骨格にしてアクリロニトリルを20〜33%程度加えて共重合させた合成ゴムで，他のゴムと違ってガソリンなどに強く，耐油性，耐熱性が大きく，主として耐油ホースなどに用いられる．

$$n\text{CH}_2=\text{CH}-\text{CH}=\text{CH}_2 + n'\text{CH}_2=\overset{}{\underset{\text{CN}}{\text{CH}}}$$
　　　ブタジエン　　　　　　　アクリロニトリル

$$\xrightarrow{\text{共重合}} \cdots\text{CH}_2-\text{CH}=\text{CH}-\text{CH}_2-\text{CH}_2-\overset{}{\underset{\text{CN}}{\text{CH}}}-\cdots \qquad (7\cdot 18)$$

ニトリルゴムの構造の一部

4) シリコンゴム　ジメチルジクロロシラン $(\text{CH}_3)_2\text{SiCl}_2$ の加水分解により得られる重合度1万前後のポリジメチルシロキサンで耐熱性, 耐寒性にすぐれ, パッキング, オイルシール, ガスケットなどに使用される. この他, ポリメチルフェニルシロキサンやポリメチルビニルシロキサンなどのシリコンゴムもある.

$$(\text{CH}_3)_2\text{-SiCl}_2 \xrightarrow{\text{H}_2\text{O}} \left[\text{Cl}-\overset{\text{CH}_3}{\underset{\text{CH}_3}{\text{Si}}}-\text{OH} \right] \xrightarrow{-\text{HCl}} \left[-\overset{\text{CH}_3}{\underset{\text{CH}_3}{\text{Si}}}-\text{O}- \right]_n \qquad (7\cdot 19)$$

ジメチルジクロロシラン　　　　　　　　　　ポリジメチルシロキサン

(d) イオン交換樹脂・イオン交換膜

水溶液中の各種イオンを交換する働きがある, 水に不溶な球状の合成樹脂を**イオン交換樹脂**という. スチレンにジビニルベンゼンを加えて共重合, 架橋させたものに酸性や塩基性の官能基が置換した構造をもつものが多い.

陽イオン交換樹脂は分子中にスルホ基$-\text{SO}_3\text{H}$やカルボキシル基$-\text{COOH}$などの酸性の原子団をもつ樹脂で, この原子団の電離によって生じる水素イオンと他の陽イオンとを交換することができる.

$$(\text{R}-\text{SO}_3^-\text{H}^+)_n + n\text{Na}^+ \rightleftarrows (\text{R}-\text{SO}_3\text{Na})_n + n\text{H}^+ \qquad (7\cdot 20)$$

陰イオン交換樹脂は分子中に$-\text{N}^+\text{R}'_3\text{OH}^-$などの塩基性の原子団をもつもので, この原子団の電離によって生じる水酸化物イオンと他の陰イオンとを交換できる.

$$(\text{R}-\text{NR}'_3\text{OH}^-)_n + n\text{Cl}^- \rightleftarrows (\text{R}-\text{NR}'_3\text{Cl}^-)_n + n\text{OH}^- \qquad (7\cdot 21)$$

イオンを吸着した陽イオン交換樹脂は塩酸で, 陰イオン交換樹脂は水酸化ナ

トリウムで洗うとそれぞれもとの形にもどり，くりかえし使用できる．このようなイオン交換樹脂は海水の淡水化や工業用水・地下水の脱塩，溶液中の物質の精製，微量物質の分析などに広く利用されている．

イオン交換膜は陽イオンあるいは陰イオンだけを通す機能をもった膜で，わが国ではスチレン-ジビニルベンゼン系のイオン交換膜を用いて年間120万トン以上の食塩が海水から製造されている．また，食塩水の電気分解に用いる隔膜法の膜や各種電池の隔膜としても必要不可欠である．この他，近年では空気から酸素を分けるような気体分離膜，水-アルコール混合物からアルコールを分離できる機能をもつ膜，超純水・無菌水製造用膜や血液透析膜などの機能性高分子膜が続々と誕生している．

問19 分子量20000のポリエチレンテレフタラート分子に含まれるエステル結合の数を求めよ．

問20 熱可塑性プラスチックと熱硬化性プラスチックの違いを具体例をあげて説明せよ．

問21 ポリビニルアルコールがポリ酢酸ビニルを経てつくられるのはなぜか．

問22 ナイロンが絹に似ているといわれる理由を述べよ．

問23 高分子化合物が合成ゴムになるにはどのような条件が必要か．

コラム　紙おむつと超吸水性ポリマー

　従来の「おしめ」は自分の重さの約20倍程度の吸水能力をもつ綿布であったが最近では約1000倍もの水を吸収，保持できる紙おむつや生理用品が登場し，世界で年間約10万トン以上も生産され，日本がその半数を占めている．このような強い吸水力をもち，膨潤するポリマーを**超吸水性ポリマー**とよび，デンプン系，セ

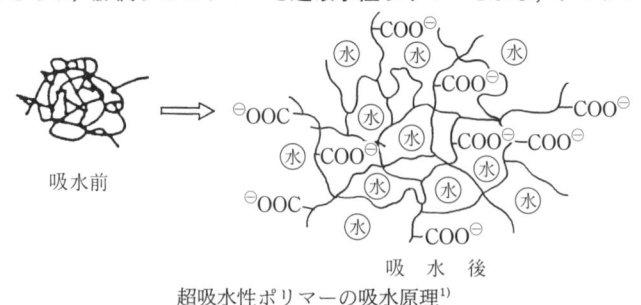

吸水前　⇒　吸水後

超吸水性ポリマーの吸水原理[1]

1) 増田房義：化学教育，33巻，p.37，図1，日本化学会，1985．

ルロース系，合成ポリマー系に大別できるが，デンプンにアクリロニトリルをグラフト重合し，ニトリル基—CN を加水分解してカルボキシル基—COOH に変えたポリマーが代表的なものである．このポリマーは水がないと長い分子鎖がからまり合って密になっているが，水が入るとカルボキシル基が親水性のために水に溶けようとして，あるいは陰イオンどうしの反発で分子がどんどん広がり，あるところまで広がると架橋構造などのために広がりは抑制される．そして図のように広がった間隙に水分子がとり込まれて吸水量が驚異的に大きくなる．このポリマーの粉末をやわらかい紙の間にはさんだり，パルプ繊維の中に混ぜ込んだものが紙おむつや生理用品などの衛生材で日本が世界で最初に開発したものである．その他，農業・園芸用保水材や食品の脱水シート，保冷材，土木用シーリング材，湿布薬，化粧品など幅広い分野での用途開発が進められ，砂漠の緑化対策などでも大変注目されている高分子である．

演 習 問 題

1. 高分子化合物の特徴を低分子化合物と比較して説明せよ．
2. 次の糖類について（1）〜（5）の問いに答えよ．
   a）デンプン，b）スクロース，c）グルコース，d）マルトース，
   e）グリコーゲン，f）フルクトース，g）セルロース，h）ラクトース，
   i）デキストリン，j）ガラクトース
   (1) i) 単糖類，ii) 二糖類，iii) 多糖類に分類せよ．
   (2) 加水分解してグルコースのみを生ずるものはどれか．
   (3) ヨウ素溶液を加えると呈色するものはどれか．
   (4) フェーリング液を還元するものはどれか．
   (5) 銀鏡反応を示さず，分子式が $C_{12}H_{22}O_{11}$ であるものはどれか．
3. デンプン 100 g を加水分解するとグルコースは理論上何 g できるか．
4. 次の（1）〜（6）に該当するものを下記の a）〜j) より選べ．
   (1) 水に溶けやすく，酸，塩基のいずれとも中和反応する．
   (2) 加硫という操作を行なって物性の向上をはかる．
   (3) デンプンを加水分解する酵素である．
   (4) 爆発性があり，ダイナマイトに用いる．

(5) 加熱すると凝固し，冷却してももとにもどらない．
(6) 水に溶けやすい結晶でフェーリング液を還元しないが加水分解されてできる物質はフェーリング液を還元する．

　　a) 天然ゴム，　b) スクロース，　c) アラニン，
　　d) ニトロセルロース，　e) 転化糖，　f) マルターゼ，
　　g) 卵アルブミン，　h) アミラーゼ，　i) フルクトース

5　次の (1)〜(10) の構造をもつ高分子化合物の名称を a)〜j) より選び，それが付加重合によるものはA，縮合重合によるものにはBの記号をつけよ．

(1) $(-CH_2-C(CH_3)-)_n$
　　　　　$\quad\quad\quad |$
　　　　　$\quad\quad\quad COOCH_3$

(2) $-CH_2-$〔OH付きベンゼン環〕$-CH_2-\cdots$
　　（環にさらに $-CH_2-$ 結合）

(3) $(-CH_2-CH=CH-CH_2-)_n$

(4) $(-CH_2-CH_2-)_n$

(5) $(-CH_2-CH-)_n$
　　　　　　　$|$
　　　　　　　Cl

(6) $(-O-(CH_2)_2-O-\underset{\underset{O}{\|}}{C}-$〔ベンゼン環〕$-\underset{\underset{O}{\|}}{C}-)_n$

(7) $\cdots-CH_2-NH-\underset{\underset{O}{\|}}{C}-\underset{\underset{CH_2}{|}}{N}-CH_2-\cdots$

(8) $(-CH_2-CH-)_n$
　　　　　　　　$|$
　　　　　　　　$OCOCH_3$

(9) $(-NH-(CH_2)_6-NH-\underset{\underset{O}{\|}}{C}-(CH_2)_4-\underset{\underset{O}{\|}}{C}-)_n$

(10) $(-CH_2-CH-)_n$
　　　　　　　　$|$
　　　　　　　　CH_3

　　a) ポリエチレン，　b) 尿素樹脂，　c) ポリプロピレン，　d) ポリブタジエン，　e) ポリ塩化ビニル，　f) フェノール樹脂，　g) ポリエチレンテレフタラート，　h) ポリ酢酸ビニル，　i) ナイロン–6,6　j) メタクリル樹脂

6　次の高分子化合物についてA群よりその原料となるモノマーを，B群よりその高分子化合物に相当する記述を選べ．

(a) 尿素樹脂，　(b) ナイロン–6,6，　(c) ポリアクリロニトリル，
(d) ビニロン，　(e) ポリエチレンテレフタラート，　(f) フェノール樹脂，
(g) ポリ塩化ビニル

(A群) (1) ホルマリン，　(2) アクリロニトリル，　(3) 塩化ビニル，

（4）フェノール，（5）アジピン酸，（6）ε-カプロラクタム，（7）酢酸ビニル，（8）テレフタル酸，（9）ヘキサメチレンジアミン，(10) ブタジエン，(11) エチレングリコール，(12) 尿素

(B群)　(ア)　ポリエステル系繊維となり丈夫でしわになりにくい．
　　　 (イ)　ベンゼン環を含み，三次元網目構造を形成している．
　　　 (ウ)　最も早く開発された合成繊維で分子中に多くのアミド結合をもつ．
　　　 (エ)　付加重合によって得られる合成繊維で分子中に-CN 基をもつ．
　　　 (オ)　わが国で最初に開発された合成繊維でポリビニルアルコールを経てつくられる．
　　　 (カ)　熱可塑性プラスチックで密度がやや大きく，燃えにくい．フィルムやパイプなどとして用いられる．
　　　 (キ)　ホルマリンとアミノ基をもつ化合物を縮合重合して得られる．

第8章 これからの化学

　現代文明は私達の生活を豊かにそして快適なものにしているが，同時に資源，エネルギー，人口の増加，地球環境の汚染など多くの問題を抱えている．これらの問題の解決を常に模索しながら，さまざまな研究装置を使って物質の性質と構造の関係をより詳細に明らかにし，真の意味での豊かさと快適さを実現するのがこれからの化学のあり方であろう．

8・1 分析技術の進歩

　物質を構成している化学種（原子，分子，イオンなど）の種類とその含有量（化学組成）を決定する科学的技術および操作を**化学分析**という．物質についてのさまざまな知見を得ることによって，化学は現在のような発展をとげたが，これには化学分析の進歩が重大な貢献をしている．

　分析化学の大きな進歩は1900年代の半ばころから，始まったと考えられる．その頃より新しい分析技術とエレクトロニクスの技術が結びつき，多くの分析装置や分析機器が次々に開発され，さかんに利用されるようになり，化学分析の主役は，ビーカーやフラスコから分析機器へと移行しはじめた．そして固有の機能をもった装置や機器を用いて行なう分析方法を**機器分析**とよび，従来の化学分析と区別するようになった[1]．機器分析は，物質の組成，構造，構成粒子

---

1) 化学分析を機器分析と従来の化学分析（狭義の化学分析）の2つに分類することが多いが，両者の境界は必ずしも明確ではない．また機器分析を物理分析とよぶこともある．

の結合状態を詳細に明らかにしただけではなく，結晶の状態や均質性，酸化状態，配位状態などの測定も可能にし，その結果化学分析の範囲は大きく広がることとなった[1]．

機器分析の一般的な特長を簡単にまとめると，

1) 可視光以外の電磁波と関連する物質の性質や微細構造，瞬間的現象など，人間の五感が対応できない種類の特性によって分析を行なうことができる．

2) 物質固有の特性を検知するので，混合物あるいは化合物の状態であってもよい場合が多く，必ずしも分離や精製を行なう必要がない．この結果，分析に要する時間が大幅に短縮できる．

3) 一般に分析感度がよく，微量分析が可能である．

4) 操作が比較的簡単で，必ずしも熟練者を必要としない．

等である．

現在，機器分析の種類はざっと数えただけでも30種類以上になり，将来はさらに増えることが予想される．このうちいくつかについて簡単に紹介する．

(1) 微細構造を見る

電子線を利用した電子顕微鏡が，物質の微細構造を見るための現代の主たる武器である．電子顕微鏡は，細くしぼった電子線を試料表面上で走査させそのとき放出された二次電子を用いてブラウン管上で画像化する**走査型電子顕微鏡**(SEM) と，試料中を通過した電子線を電子レンズを用いて蛍光板上に像を結ばせる**透過型電子顕微鏡**（TEM）の2種に大別される．また，最近では，電子線を走査させながら試料中を透過させる**走査透過型電子顕微鏡**（STEM）も実用化されている．

これらのなかで，最も使用頻度が高いのはSEMであり，ふつう電子顕微鏡といった場合は，このSEMをさすことが多い．図8·1にその概略図を示した．電子ビーム（電子線）を試料表面に線あるいは面状に順次あてて，そこから発生する二次電子を検出して，表面の画像を得る．ほとんどあらゆる固体物質表面の状態や微細構造を，さまざまな倍率で拡大し観察することができるため応用

---

1) 物質の構造と特性を規定することを"キャラクタリゼーション"とよび，現在は化学分析の重要な目的となっている．

範囲は非常に広い．SEM の分解能は，現在一般的機種で 3〜4 nm，高分解能のものは 1〜1.5 nm に達している．図 8・2 に SEM 像の例を示した．TEM は，電子線を透過する試料しか用いることができないため SEM ほど一般的ではないが，分解能は 0.1〜0.5 nm とかなり高く，現在では分子だけでなく原子そのものを確認できるにいたっている．また，TEM は電子線回折という手法を用いて，原子の配列や構造中の欠陥など結晶構造についての情報を得ることができるため，金属やセラミックスの研究に用いられることが多い．図 8・3 に MgO 結晶格子の TEM 像を示した．

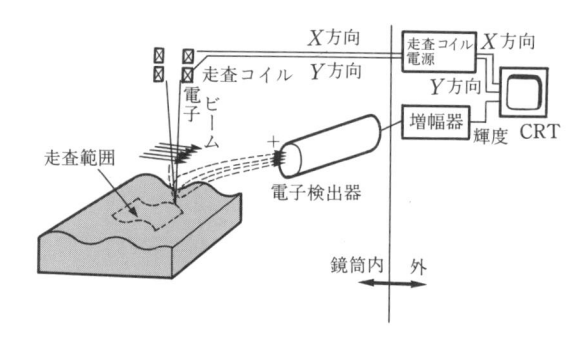

図 8・1 走査型電子顕微鏡の概略 [1]

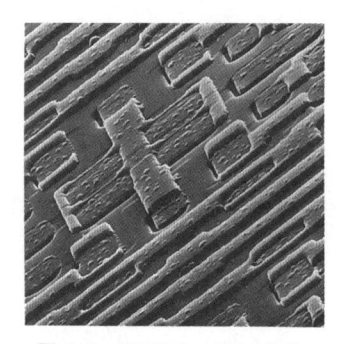

図 8・2 IC 表面の SEM 像 [2]

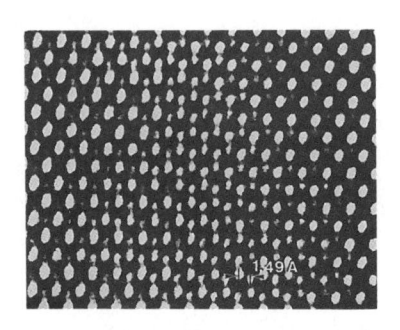

図 8・3 高分解能 TEM による MgO 結晶格子像 [3]

1) 日本セラミックス協会編：セラミックス工学ハンドブック，p. 354, 図 4・112, 技報堂出版, 1992.
2) 日本電子ニュース, Vol. 21, No. 2, 日本電子株式会社, 1981.
3) 日本電子ニュース, Vol. 24, No. 4, p. 9, 図 7 (提供：橋本初次郎), 日本電子株式会社, 1984.

（2） 結晶構造と組成を調べる

　その物質が結晶なのかアモルファスなのかを見分け，さらに結晶の構造の解析を行なう場合は，一般に回折法を用いる．用いる電磁波の種類によってX線回折，電子線回折，中性子回折の3つがあるが，いずれも結晶格子による電磁波の回折現象を利用している．

　X線回折法は，装置や操作が比較的簡便であるため，最も数多く使用されている機器分析法の1つである．結晶物質に特定の波長のX線を照射し，回折したX線の強度と角度から回折図形を得て，そこから他の手段では分析しがたい結晶の状態や構造などを知ることができる．また，回折図形が物質によって異なることから，ほとんどの結晶物質の定性と，かなり計算処理は必要であるが定量も行なうことができる．とくに，定性は，これまで積み重ねられてきた数多くの結晶に関するデータとの比較によって，簡単に行なうことができる．最近では，コンピュータと接続して，操作やデータ処理を自動化したものが主流となっており，定量も迅速化されている．

　電子線回折は，試料が小さいかごく少ない場合，結晶状態がよくない場合などX線回折が困難なときによく用いられる．また微小領域の結晶状態など局所的分析を行ないたい場合にはとくに有効な方法で，数 nm にしぼった電子線を用いて回折を行ない原子の配列や結晶の欠陥の詳細を調べることができる．

（3） 元素組成を分析する

　物質中の化合物や元素の定性および定量を行なうことは化学分析の最も大きな目的であり，現在の機器分析のほとんどがこの中に含まれる．また，方法も，試料の状態，形状，量，成分の種類と量，必要な精度などによってさまざまである．

　試料全体についての物質の組成を分析したい場合は，一般に蛍光X線分析や発光分析が用いられる．**蛍光X線分析**は，物質に強いX線をあてたとき発生する元素に固有のX線（蛍光X線）を利用するもので，その波長と強度から定性と定量ができる．固体ばかりではなく液体試料の分析も可能で，分析にさいして試料を処理する必要や分析によって試料が破壊されることがない，原子番号が Na 以上の多くの元素を同時にしかも迅速に定性および定量することができ

るなど，たくさんの特長がある．感度がやや低いこと，軽元素の分析ができないことなどの欠点があったが，X線の代わりに電子線や陽子線などを用いたり，分光結晶を改良することで，従来できなかったC，O，Fなどの軽元素や微量元素の定量も可能になり，利用範囲はさらに広まりつつある．**発光分光分析**は，熱または電気エネルギーを試料に与えたとき励起された成分元素から放出されるスペクトル線の位置と強度から元素の定性と定量を行なう方法である．試料を励起するには，一般に炎，アーク放電，高圧スパークなどが用いられてきた．固体，液体，気体のいずれの状態の試料も分析できる，分析元素にほとんど制限がない，高感度であるなど多くの利点があるが，定量には標準試料が必要なことが多く，蛍光X線ほど広くは用いられていなかった．最近，高周波プラズマ中で試料を励起させる発光分光分析法（誘導高周波プラズマ発光分光分析，ICPと略す）が開発され，より高感度の多元素同時検出および定量が可能となっている．

物質中の微量元素を選択的に定量する場合は，**原子吸光分析**，**放射化分析**などが用いられる．原子吸光分析は，図8・4に示すように試料を高温に加熱して基底状態の原子蒸気に解離させ，定量を目的とする元素と同種の元素から放射された光をその中に通し，試料中の元素の励起によって吸収されるスペクトルの強度から元素の定量を行なう方法である．定量分析にさいしては，あらかじめ，標準溶液を用いて検量線を作成しておく必要がある．この方法は共存する元素の影響が少なく，目的とする元素を選択的に高感度（0.01 ppm）で定量できるという特長がある．とくに，アルカリ，アルカリ土類，Cu，Zn，Cd，Hg，Agについての感度が高いため，重金属の極微量分析に適している．元素ごとに異なる光源が必要である，非金属元素や高融点の金属酸化物などは一般

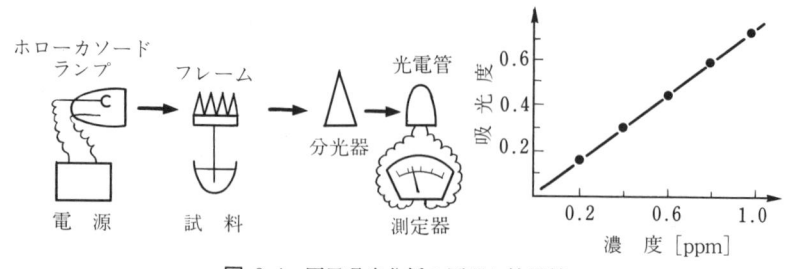

図 8・4　原子吸光分析の原理と検量線

に分析できないなどの短所はあるが，有害重金属の分析など特長をいかした分野で多用されている．

上記以外に広く用いられているものに，**質量分析法**がある．これは本来，原子質量の精密測定によって同位体の存在比を決定するために開発された分析法であったが，有機物の組成分析や構造解析用として発展し，最近は無機固体の分析にも利用されるようになった．高真空中でイオン化した成分を，その質量と電荷の比に応じて電場および磁場により分離し，得られた質量スペクトルから定性，定量を行なう方法である．有機化合物の場合はイオン化しやすい物質が多く，分子量や分子構造の決定，成分化合物の定性，定量などに早くから広く用いられていた．所要試料が少なくてよい，すべての元素の同時検出および定量が可能，高感度で放射化分析にひってきする数 ppb オーダーの微量定量ができる，所要時間が短くデータの解析が簡単であるなど優れた点が多く，スパーク法などで固体を直接イオン化する方法が開発されて以来，固体無機化合物についても利用できるようになった．現在，半導体や金属中の極微量成分の分析などに威力を発揮しており，材料開発や物性研究の発展に大いに貢献している．

（4） 原子の結合状態，分子構造および組成を知る

炭素や水素を主成分とする有機化合物を分析する場合は，元素組成よりも分子の構造，結合状態，官能基の判別などが重要となる．これらの分析には，吸光光度分析，赤外分光分析（IR），紫外分光分析（UV），ラマン分光分析，核磁気共鳴（NMR），ガスクロマトグラフ（GC），光音響分光法（PAS）などの数多くの分析法が用いられる．

赤外分光分析は，分子の振動による赤外線の吸収スペクトルを測定することによってその位置と強度から定性および定量を行なうもので，簡単で迅速なこと，試料が少量で良いことなどの利点から，ガスクロマトグラフとならんで古くから最も良く使用されている．近年，光干渉計を通過させた吸収スペクトルをフーリエ変換することで，より高精度，高分解能になったフーリエ変換赤外分光法（FT-IR）や，全反射光の性質を利用した全反射減衰分光法（ATR法）などが開発され，微量物質の定量などへの応用が広まりつつある．

核磁気共鳴吸収は，磁気モーメントをもつ原子核が磁場中で核磁気共鳴をおこすことを利用したもので，物質中の原子配置，分子構造などの知見が得られる．フーリエ変換NMR，超伝導磁石を利用した高分解能NMRなどの開発によって性能が著しく向上しており，微量試料の分析，複雑な生体関連物質の分析への応用も行なわれているほか，最近ではNMR-CTとして医療にも用いられている．

ガスクロマトグラフは，図8・5に示すように，カラム固定相に対する試料ガスの吸着性や分配係数の違いを利用して混合物を分離し，成分の定性および定量を行なう方法である．多成分が混合した物質の組成，微量成分の定量に威力があり，非常に広く用いられている．通常は，沸点が300℃以下の液体や気体物質だけが分析の対象であるが，最近熱分解ガスクロマトグラフや逆クロマトグラフとよばれる手法が開発され，高分子物質についての分析が可能になっている．また，ガスクロマトグラフによって分離された物質を質量分析法で定性，定量するガスクロマトグラフ質量分析法（GC-MS）も開発され両者の特長を合わせもつ有力な分析法として注目をあびている．

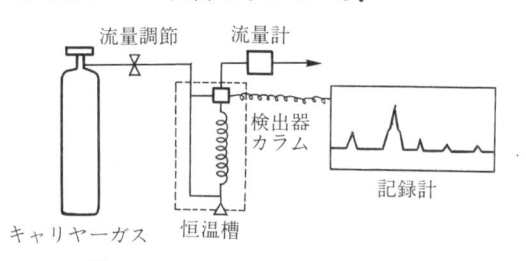

図 8・5　ガスクロマトグラフの原理

（5） 微小領域の分析を行なう

固体の物性は，局所的な元素組成の違いや結晶構造の乱れに左右されることが多く，材料開発や物性研究の分野での微小領域の分析の重要性はますます高まってきている．機器分析においてもこの分野での進歩が最も著しく，組成や構造の局所的分析を高精度で行なうことができる多くの機器が開発されている．

図8・6に示すように，物質に電子線を照射すると電子のエネルギーの大部分はさまざまな電磁波に変換され，物質が充分に薄い場合は一部が透過する．このうち，特性X線を取り出し，その波長と強度から元素組成の定性と定量を行

図 8·6 電子線と物質の相互作用

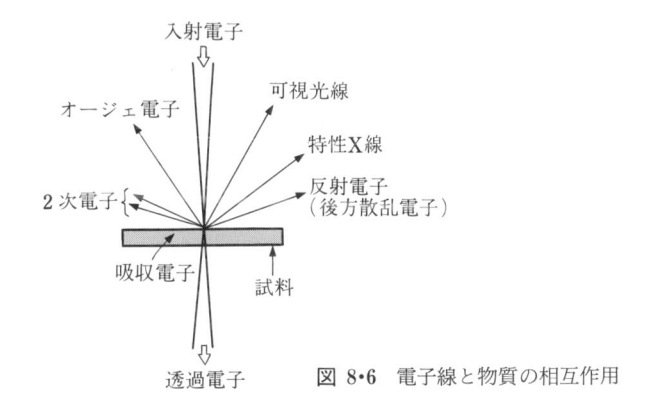

なう方法を**X線マイクロアナリシス**（XMAまたはEPMA）とよぶ．XMAは，最も広く普及している微小領域分析法で，通常はSEMと組み合わせて，測定の位置を観察しながら直径 $1\,\mu m$ 以下の電子線を固定あるいは走査して分析ができるようになっている．H, He, Liを除くすべての元素の分析ができるので，生物学を含めた多くの分野で用いることができる．

そのほか，TEMと組み合わせて透過電子のエネルギー損失状態を測定することによって数十nmの範囲で元素分析を行なうことができる**分析電子顕微鏡**（AEM），オージェ電子を分析に利用した**オージェ電子分光分析**（AES），電子線の代わりにエネルギー幅の狭いX線を試料に照射しこのとき放出される光電子のエネルギーを分析に利用した**X線光電子分光分析**（XPSまたはESCA）などがある．いずれも，装置が高価で定量性がやや悪いため普及率は低いが，極微小部あるいは極表面の分析には有効な分析法として将来が期待されている．

現代では，化学だけでなくほとんどすべての科学技術の分野がなんらかの形で"物質"と関わっており，さまざまな分析技術を用いて必要な情報を求めようとしている．操作の簡便化，スピード化，高分解能，高感度，高精度など，分析技術に対する要求はますます厳しくなりつつあるのが現状である．それに応えるためには，既存の技術や装置の改良やコンピュータの応用に加えて，さまざまな分野の科学技術の知恵を結集した新しい技術や装置の開発が必要である．その要求に応えうるのは技術の粋を集めた多くの分析装置であり，その意味で，現在の分析技術の進歩は機器分析の進歩そのものであるといってもよい．

8・2 新素材開発と化学

　化学の技術は，はるか昔から金属をはじめとする多くの材料を人類に提供し，生活を豊かにすることに大いに役立ってきたが，つい最近までその手法は経験的な技術に頼る部分が多く，得られたものは必ずしも満足のいくものではなかった．一方，学問としての化学は 18 世紀の後半になってようやく体系づけられたが，それまで培われてきた技術と結びつくことによって，化学は学問および技術の両面において急速な発展をとげた．このような化学の発展は，天然の物質から必要なものを分離精製したり，天然の物質と同じ物質あるいは天然には存在しない物質を人工的に合成することを可能にし，プラスチックに代表される多くの優れた化学製品や材料が産み出されるようになった．これらの材料の出現によって，科学技術はその進歩を早め，20 世紀後半以降から宇宙開発，原子力産業，エレクトロニクスなどの急速な発展をもたらしたのである．

　これと並行して化学の技術は，前節で述べたような分析の技術を駆使して，物質の微細な構造を原子や分子の段階まで明らかにし，その物質の示すいろいろな性質（物性）と構造や集合状態との関係を解明することに成功してきた．これらの結果をもとに，性質や機能を人為的に制御した材料の合成が可能となり，材料開発の技術はさらに飛躍的に進歩したのである．科学技術の発展は，あらゆる分野でより優れた性能や機能をもった材料の出現を強く求めはじめ，化学の技術は，その要求に応えて新しい物質や材料をぞくぞくと開発しつつある．このような，従来の材料にない優れた特性をもつ材料およびその材料を作るために必要な素材が "新素材" あるいは "新材料" とよばれる物質の一群である．

　ここ十数年間だけをとっても実に多くの **"新素材"** あるいは **"新材料"** が開発されており，それらの製法，形態，特性，用途はさまざまである．これらすべてが新しい物質というわけではなく，従来からあった物質について新たな材料としての特性が発見されたものや，形態や結晶状態を変えることによって新たな特性が生まれたものも多い．ここではできるだけ新しい物質という点から見た代表的な "新素材" あるいは "新材料" について，それを構成している物

質の種類による分類を行ない，さらにその中からいくつかを選んで"どのようにしてつくられ""どのような性質をもち""何に使われているか"などをごく簡単にまとめてみる。材料を分類する有力な方法の1つは，それをつくりあげている物質の種類によるもので，一般に金属材料，無機材料，有機材料および

表 8·1 新材料および新素材の特性と用途（その1）

分　類	名　称	物質の例	特性または特長	用　途
金属材料	アモルファス金属	Fe—Co—Si—B系合金など	高強度，高磁気特性	高強度材料，磁気ヘッド
	形状記憶合金	Ti—Ni系合金など	温度による形状の復帰	バルブのコネクタ
	超耐熱合金	Ni—Cr—Mo—Fe—Co系合金	高温での強度保持	タービン翼，原子炉
	水素吸蔵合金	La—Ni系，Ti—Fe系合金など	水素の大量吸蔵	水素貯蔵タンク
	超硬合金	コバルト＋タングステンカーバイド	高硬度	切削工具，耐摩耗部品
	金属超伝導材料	Nb—Ti合金，V_3Ga, Nb_3Sn	超伝導性	リニアモーターカー
	希土類磁石	Sm—Co系, Nd—Fe—B系合金	高保磁力	永久磁石
無機材料	人工ダイヤモンド	C	高硬度	切削，研磨用工具
	高温超伝導体	La—Ba—Cu—O系，Y—Ba—Cu—O系	高温での超伝導性	開発中
	アモルファスシリコン	非晶質Si	大面積，薄膜化可能	太陽電池
	バイオセラミックス	アパタイト	生体代替機能	人工歯，人工骨
	カーボン60	C_{60}	球状クラスタ	開発中
	エレクトロセラミックス	$BaTiO_3$系	誘電体	コンデンサ
		$Pb(Ti, Zr)O_3$	圧電体	発振子，各種計測器
		各種金属酸化物	導電性，半導体	センサ
		ZnO—Bi_2O_3, SiCなど	バリスタ特性	避雷針，回路保護素子
		γ—Fe_2O_3, CrO_2	磁気特性	磁気テープ
	光ファイバ	SiO_2系ガラスファイバ	高透過率，超低損失	光通信
	ニューガラス	カルコゲン化物ガラス	光による可逆的色変化	光メモリ

表 8・1 新材料および新素材の特性と用途（その2）

分類	名称	物質の例	特性または特徴	用途
有機材料	ポリマーアロイ	2種以上の高分子	組合せによる新機能	タイヤ，合成皮革
	エンジニアリングプラスチック	ポリアミド，ポリアセタールなど	高強度，高耐熱性	自動車外装，建材
	生分解性プラスチック		微生物による分解	各種プラスチック製品
	高吸水性ポリマー	デンプンとアクリロニトリルの共重合体	高吸水性，高保水性	紙おむつ，砂漠の緑地化
	炭素繊維	C	軽量，高弾性，高強度	各種複合材料
	ポリアセチレン		電導性プラスチック	各種導電材料
	アラミド繊維	芳香族環をもつポリアミド	高強度，高弾性率	海中ケーブル，ブレーキ材
	形状記憶樹脂	ポリウレタンなど	低コスト形状記憶材料	衣服など
複合材料	繊維強化プラスチック	プラスチック＋強化繊維	高強度，高耐久性	ラケット，釣竿，建材など
	サーメット	金属＋セラミックス	低脆性，高耐熱性	切削工具，エンジンノズル
	繊維強化金属	金属＋強化繊維	高強度	航空機用材料

複合材料の4つに大別される．表8・1は，いくつかの材料をこの4つに分類し，特性，用途などをまとめたものである．

（1）金属材料

　金属は，高耐熱性，高強度，粘り強さ，加工性の良さ，電気や熱の高伝導性，磁性など多くの優れた性質を兼備しており，はるか昔から常に材料のチャンピオンとしての位置を保ち続けてきた．しかし，技術の進歩は，より高温に耐え得る金属，より硬い金属を求め，超高純度化，各種合金の開発，希少金属の利用などによって，多くの新材料が生まれている．以下，二三の例について述べる．

　金属は通常結晶状態で存在するが，これを高温で溶融したのち，特殊な方法で急激に冷却すると，非結晶の状態を保ったまま固化させることができる．これらの多くは合金の形で作られるため**アモルファス合金**ともよばれている．非晶質化されたこれらの合金は，一般の金属結晶に比べて，強度や耐食性が高く，優れた磁気特性をもっているため，高強度材料（Fe-Si-B系合金）や磁性材料

(Fe-Co-Si-B 系合金) などとして実用化されつつある．

　ある温度で形成された合金を，別な温度にして変形させても形成されたときの温度にすると再びもとの形にもどる性質を**形状記憶効果**といい，このような性質をもつ合金を**形状記憶合金**とよぶ．Ti-Ni 系の合金が代表的なものであり，温度差による形状の復帰という特性を活かして，信頼性が要求されるパイプの継手（たとえば航空機の燃料パイプ），コネクタなどに利用されている他，ロボット，医療などの材料として期待されている．

　高温においてもその強度を保つ材料の用途は，たとえばジェットエンジン，ガスタービン，ロケットの頭部やエンジンノズルなど広い分野にわたっており，ますます拡大しつつある．従来の鉄を母体とした**耐熱鋼**は，700°C 以上の高温には耐えることができなかったが，ニッケルやコバルトを主体とした合金が開発され耐用温度は 1000°C まで上昇した．その後ニッケルにクロム，モリブデン，チタン，アルミニウムなどを添加した合金が数多く作り出され強度と耐用温度はさらに上昇している．また，タンタルにタングステンとハフニウムを加えた合金のように 2000°C という高温に耐え得るものも開発され，ロケットの燃焼室やエンジンに実用化されている．

（2） 無機材料（セラミックス）

　金属材料を除いたすべての固体無機材料を**セラミックス**とよぶ．セラミックスはさらに，陶磁器，セメント，ガラスなど天然原料を素材としたクラシックセラミックスと，人間の手によって合成された原料を素材としてつくられるニューセラミックスに分けられる．セラミックスの材料としての特質は，金属より高い硬度，強度や耐熱性をもつものが多いこと，優れた電気的特性を示すものが多いことなどがあげられるが，その硬さのために加工が難しく，またその材料の特性が微細構造や微量不純物によって大きく変化するなどの欠点もあり，他の材料分野に比較して発展がやや遅れていた．しかし，物質の微細構造の解明，分離精製技術の発達により，元素組成の高度な制御が可能となり，また加工技術の進歩もあって，新しいセラミックスの開発は，今や産業界において最も精力的に行なわれつつある．図 8・7 に酸化ケイ素製のセラミックローター（ターボチャージャー用）を示した．以下、二三の例について述べる．

図 8・7　自動車エンジン用のセラミックスローター（窒化珪素：Si_3N_4）[1]

図 8・8　人工ダイヤモンドの単結晶（径 3 mm）[2]

ダイヤモンドは，あらゆる物質のなかで最も硬く，切削，研磨用材料として工業的に重要なものであるが，天然にはわずかしか産出しないため，コストが高く，人工的に製造することが古くから望まれていた．最初の**人工ダイヤモンド**は，1950 年台の半ばごろ天然と同じような高温，高圧の条件を与えることによって合成された．当初は，0.1 mm 程度のものであったが，製造方法に改良が加えられ現在は数 mm の大きさの単結晶が得られるようになっている．図 8・8 に人工ダイヤモンドの単結晶の写真を示した．最近では，メタンと水素の混合ガスから，900°C，低圧下で，ダイヤモンドの薄膜を合成する方法が開発され，コストの低さと応用面の拡大などの点から注目をあびている．

　ある温度（臨界温度）以下で電気抵抗が 0 となる現象を**超伝導**といい，この性質をもつ材料を**超伝導材料**という．超伝導状態では，大電流を電力の消費なしで流すことができたり，強い磁界を発生させることができ，電力機器，磁気浮上式リニアモーターカーなどへの超伝導材料の応用が期待されている．超伝導の発見は古く，1915 年にさかのぼるが，材料としての応用はここ 20 年以内のことである．現在用いられている材料はいずれも合金系のもので，ニオブ-チタン系，バナジウム 3 ガリウム（V_3Ga），ニオブ 3 スズ（Nb_3Sn）などがある．しかし，これまで開発された材料はいずれも臨界温度が低く（最高でも 23.2 K）液体ヘリウムや液体水素を用いた極低温を必要とするため，応用面が狭い範囲

---

1) 日経マテリアル&テクノロジー，No. 113，p. 11，図 1 日経 BP 社，1992.
2) 足立・柴山・南共編：化学増刊（104），先端分野における材料技術（福長脩；人工ダイヤモンド），p. 214，図 5，化学同人，1984.

に限られてしまい，臨界温度の高い材料の出現が待たれていた．1986年，金属酸化物を主体とするセラミックス（La-Ba-Cu-O 系酸化物）が，40 K というこれまでにない高温で超伝導を示すことが発見され，一躍脚光をあびた．これを契機としてさまざまな組成のセラミック超伝導体が登場し，現在では 120 K（Y-Ba-Cu-O 系酸化物）までが確認されている．これらのセラミックスからなる超伝導体を高温超伝導体とよぶが，化学的安定性に問題があると同時にさらに臨界温度の上昇が求められており，材料としての実用化にはしばらく時間を要する．

導電性，誘電性，磁性などの電気的特性をもつセラミックスをまとめて**エレクトロセラミックス**または**電子セラミックス**とよぶ．コンデンサとしての使用量が最も多く，チタン酸バリウム（$BaTiO_3$）をはじめとする誘電体セラミックスが電気回路をもつあらゆる製品に用いられている．圧力により高電圧を発生する圧電体材料や，温度によって電気抵抗が急激にかわるサーミスタ，光や気体の吸着によって電気特性が変化するセンサ材料など，非常に多くのセラミックスがこの中に含まれている．

（3）有 機 材 料

プラスチック，合成繊維，合成ゴムなどの合成高分子材料や，セルロース，天然ゴム，タンパク質などの天然高分子材料および天然高分子に化学的処理を加えた紙などの半合成高分子材料をまとめて**有機材料**という．この中でも，合成高分子は，軽量で成形しやすく，化学的に安定で強度も比較的高いことから，現代における材料の主役として，日常製品ばかりではなく，建造物や電子材料部品などに幅広く用いられている．有機物の反応についての研究が進むにつれて，この分野における材料の開発や特性の改良が行なわれ，多くの特殊な機能をもった材料が生まれている．以下，二三の例について述べる．

異なった種類の高分子は一般に均質な混合物とはならないとされていたが，解析技術の進歩とともに，お互いに溶け合ったり均一に混じり合う高分子の存在が確認され研究がさかんになった．このような2種以上の高分子が均一に混合したものは，"高分子の合金"という意味で**ポリマーアロイ**とよばれている．ポリマーアロイは，金属合金と同じように，それぞれ単独の高分子の特性とは

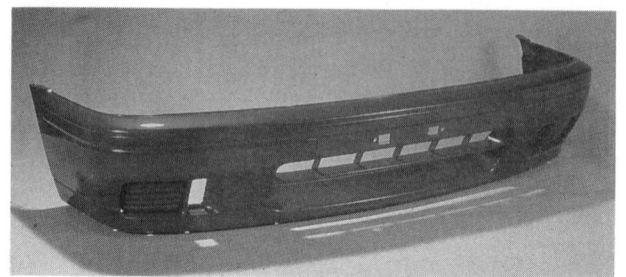

図 8・9 ポリフェニレンオキシド／ポリアミド系アロイの応用例（自動車用バンパー）[1]

異なる特性を示すために，組み合わせによって多くの機能をもたせることが可能であり，夢の材料として期待されている．すでに実用化されたものに，ゴム補強プラスチック，耐衝撃性プラスチック，合成皮革などがある．また，人工血管や人工心臓など生体への利用についての研究も進められている．図 8・9 に自動車用バンパーへの応用例を示した．

　機械的強度や耐熱性，耐久性に優れたプラスチックを**エンジニアリングプラスチック**（略して**エンプラ**ともいう）といい，自動車，機械部品，住宅建材などに用いられている．ポリアセタール，ポリアミド（ナイロン），ポリカーボネイト，ポリフェニレンオキシド，ポリブチレンテレフタレートの5つは，とくに大量に使われているため5大汎用エンジニアリングプラスチックとよばれている．最近エンジニアリングプラスチックを超える優れた強度と耐熱性をもつプラスチックが開発され，スーパーエンジニアリングプラスチックとよばれるようになった．これらの中には，強度，弾性，耐熱性などの点で，金属やセラミックスに近いものもあるが，コストが高いため現在では航空機や電子機器の部品など，高い信頼性と軽量さを要求される分野にしか利用されていない．

　黒鉛構造をもつ炭素からなる繊維を**炭素繊維**または**カーボンファイバ**という．その多くはポリアクリロニトリルの繊維を希ガス中で高温処理することによって作られている．金属よりも軽くかつ強いといわれ，耐熱性，化学的安定性，弾性にも優れた特性を示すため，後述の複合材料用の強化繊維として広い用途をもっている．

---

1) 日経マテリアル&テクノロジー，No. 120，p. 24，図 2，日経 BP 社，1992．

（4）複合材料

　複数の素材を組み合わせることによって単一の素材より優れた性質をもたせた材料を**複合材料**という．一般に，主となる素材に，別の素材を分散させて作られたものが多い．プラスチック，金属，セラミックスなど，素材の組み合わせだけでも無限といえるほどあり，さらに分散素材の形態による効果も考えられ，最も期待される材料分野である．

　プラスチックの中に種々の素材からなる繊維を分散した材料を**繊維強化プラスチック（FRP）**という．ガラス繊維で強化したものが主流であるが，各種有機材料の開発によって，現在では強化用繊維として，ホウ素，炭素，炭化ケイ素，アラミドなども用いられている．強化材を分散させることにより，プラスチック本来がもつ特性（加工性，化学的安定性，軽量）に加えて，耐久性，強度，弾性などをもたせることができるので，建材や日常関係製品の材料として広く用いられている．

　セラミックスは高硬度，高融点など優れた材料特性をもっているが，同時にもろいという欠点もある．セラミックスと金属を組み合わせることによって，この欠点を補い，金属の粘り強さをもたせるために開発された材料を**サーメット**（ceramics と metal）という．主となる素材は，炭化物（WC, TiC, B_4C など）や酸化物（Al_2O_3, ZrO_2 など）などであり，これらの粉体に金属（Fe, Ni, Co, Mo）の粉体を1種あるいは数種混合し，熱処理することによってつくられている．高強度，高耐熱性から，切削工具（TiC-Ni-Mo系）や高温ノズル（Al_2O_3-Fe系）のほか，航空機のブレーキ材として使われている例もある．

　以上，代表的な新素材もしくは新材料のごく一部について紹介したが，このほかにも多くの材料が実用化されつつある．

　材料そのものだけでなく製法の開発も着実に進んでいる．金属材料やセラミックスの製造に欠かすことができない熱処理の温度は，現在プラズマを熱源とすることによって4000℃までに上がり，近い将来さらに高まることが期待されている．超高圧が物質の状態や性質に大きな影響を与えることはすでに知られており，超高圧下における材料の合成についての研究も進められている．また，宇宙開発が進み，スペースシャトルによって無重力下，高真空中での物質の反応も可能となり，その成果は材料開発に大きなヒントを与えてくれるに違

いない．

化学の発展によっていろいろな材料が開発され，それによって科学技術が発展し，そこからまた新しい材料がうまれるというサイクルは，おそらく将来もさらに速度を増しながら続いていくことと思われる．今や科学技術のどの分野においても，技術者は，物質としての材料の知識が必要であり，また化学においても材料を扱うときにはその物性あるいは応用面を考慮しないわけにはいかなくなってきている．また，これからの材料は，単に機能や特性が優れているだけではなく，地球環境全体や生体への影響，資源，エネルギーなどを常に考慮しながら開発される必要がある．

8・3 資源，エネルギー問題と化学

火を利用することのできる人類は，次々と種々のエネルギー資源を発見しその利用法を開発してきた．最も容易に利用できるエネルギー資源と思われる木材の利用から，技術開発のめざましい**化石エネルギー**の利用へと進み，現在に至っている．この有限資源とされる化石燃料の消費については，環境問題を含めて再検討されなければならない時期に至っている．

新しく開発されるエネルギー資源として，**核分裂原子エネルギー**，**核融合エネルギー**，**太陽エネルギー**，**光合成**，**潮せき**および**地熱エネルギー**等が研究されている．現代に生きている私達は，化学の立場から地球全体を考え，そのエネルギーの貯蔵，分配，保存の研究や地球のエネルギーバランスを検討していかなければならない．

(1) 化 石 燃 料

現在の生産と消費の傾向が続く限り，石油および天然ガスの自然資源は21世紀の最初の四半世紀で事実上使いつくされるだろうと，米国科学アカデミーは1975年に警告を行なった．

石炭，石油，天然ガスのような化石燃料の燃焼は，現在のエネルギー供給源の大部分を占めている．また，われわれの身のまわりをうめつくしている合成有機化学製品の原料のほとんどすべてがこれらの**化石燃料**であり，大部分の産

業は化石燃料の利用を中心に設計されている．そして，この資源は地球の46億年の歴史の中で，地質学的に長い年月を経て形成されたものであり，有限であり，現在の人類では再生できない資源である．下図に現在わが国におけるエネルギー消費のエネルギー別構成比を示した．

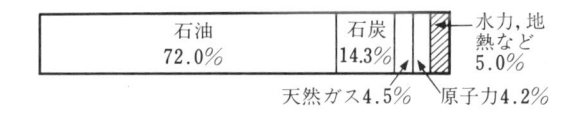

```
石油        石炭      水力,地
72.0%       14.3%     熱など
                      5.0%
      天然ガス4.5%  原子力4.2%
```

図 8・10　エネルギー別，構成比 [1]

(2) 石炭の液化

図8・10からも石油が重要な役割を占めていることがわかる．石油，石炭の資源が有限であるといわれてから，すでにかなりの年月が経過している．いずれにせよ，石油に関する限りかなり短い寿命を考えねばならないことは事実である．

現在，化石燃料としてかなりの量を見積もれるのは，石炭だけであろう．この **石炭の液化** が現在開発され，生産は可能であるが，コストがかなり高いのが欠点である．石炭の液化のおもな方法を次に示す．

石炭を高温，高圧下で水蒸気と酸素の混合物と反応させる．種々の化合物の含まれた混合気体が得られるが，主成分は水素，一酸化炭素，メタン，二酸化炭素である．この中から二酸化炭素を除去し，高圧，高温の反応炉で触媒を用いて反応させると炭化水素の混合物が生成する．代表的な反応を示す．

$$CO + 3H_2 \longrightarrow CH_4 + H_2O \tag{8・1}$$

$$7CO + 15H_2 \longrightarrow C_7H_{16} + 7H_2O \tag{8・2}$$

得られたメタンは燃料として，ヘプタン類は石油と同様に使用される．

(3) 原子エネルギー

(a) 原子核分裂

重い原子核がいくつかの中くらいの重さの核に分裂する現象のことを **核分裂**

---

1) 1981年資源エネルギー年鑑：通産資料調査会 (1981) による．

という．1938年ドイツのカイザー・ウイルヘルム研究所において，ハーンとシュトラスマンはウランに中性子を当てると，ウランの原子核が分裂することを発見した．その後の研究で，この核分裂のさいに巨大なエネルギーが発生することがわかった．その例を下にあげる．

$$^{235}_{92}U + ^{1}_{0}n \longrightarrow ^{144}_{54}Xe + ^{90}_{38}Sr + 2^{1}_{0}n \tag{8・3}$$

$$^{235}_{92}U + ^{1}_{0}n \longrightarrow ^{143}_{56}Ba + ^{90}_{36}Kr + 3^{1}_{0}n \tag{8・4}$$

このように遅い中性子 ($^{1}_{0}n$) が ^{235}U に核分裂をおこさせると，膨大なエネルギーが放出される．このエネルギーは質量エネルギーとよばれ，20世紀初頭にアインシュタインによって提唱されたものである．1gの ^{235}U を核分裂をさせると，発生するエネルギー量は 4.72×10^{23} MeV である．1 MeV $= 1.60 \times 10^{-16}$ kJ であるから，7.55×10^{7} kJ となる．この値は約2トンの石炭の発熱量に相当する．

(b) 原 子 炉

核分裂物質から発生する中性子の量や，速度をコントロールして核分裂の連鎖反応を制御しながらエネルギーを取り出す装置を原子炉という．原子炉の利用は大別して，動力炉（発生するエネルギーを発電等の動力源として用いる）と実験炉（大量に発生する中性子や γ 線を種々の実験に用いる）とに大別される．

(c) 原子力電池

^{90}Sr の半減期は27年と長く，原子力電池の β 線として用いられる．図8・11は ^{90}Sr を用いた電池の簡略図で，p型とn型の半導体を接合したものに β 線をあてると，電子と正孔（ホール）の移動がおこって半導体間に電位差が生じることを利用したものである．この電池は寿命が長いので，遠隔地や宇宙における装置の電源に用いられる．

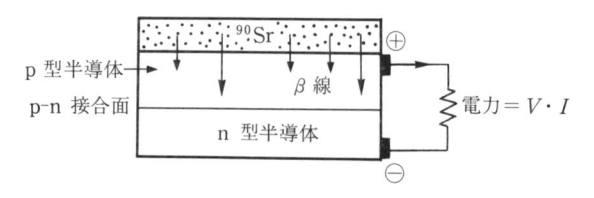

図 8・11 原子力電池

（4） 自然エネルギー

太陽光，潮せき，水力などを自然エネルギーとよび，それらのエネルギー形態から太陽エネルギー，流体エネルギー，地熱エネルギーとの3つに分類できる．

（a） 太陽エネルギー

太陽光を直接集めて熱エネルギーとする利用法，光エネルギーから発電する太陽電池での利用などがあげられる．太陽エネルギーはクリーンでしかも膨大なエネルギー資源である．しかし，現在小規模に利用されているものの，まだまだ活用が不十分であり，今後の開発が望まれる．

（b） 流体エネルギー

水力発電，潮せきによる発電，風力による発電がある．しかし，この流体エネルギーはもとはといえば，太陽エネルギーにより与えられたポテンシャルエネルギーである．

（c） 地熱エネルギー

地熱エネルギーは，地球内部から放出されるエネルギーであり，おもに地下からの熱水あるいは水蒸気の形で供給される．現在の地熱発電所では，およそ1500m程度の井戸を掘り，ここから150〜200℃の熱水，水蒸気を得ている．火山国であるわが国では，このエネルギーをもっと有効に利用することが必要である．最近では3000m程度の深部熱水の利用が計画されている．

ここで，太陽，潮せき，そして地熱エネルギーを利用することは，地球的規模の熱汚染の原因とはならないことを指摘しておかなければならない．

8・4 環境保全と化学

水の惑星・生命の惑星といわれる地球の環境が，どのような特色をもち，どのように変化してきているだろうか．この章では，環境保全と化学の立場から，どのようにしたら自然と調和して人類が平和に生活していけるか考えていきたい．

（1） 地球環境の移り変わり

現在の地球環境は，平均気温15℃付近の温暖でかつ安定したものである．し

かもオゾン層や磁気圏といった特殊な防御壁が地球をとりまき，生物に有害な紫外線等の高エネルギー粒子の地表到達を防いでいる．

　この生命のある安定した地球環境に関する最も重要な物質は，水と二酸化炭素と酸素である．太古の地球において水が集まり海となり，やがてそこから誕生した生物の中から二酸化炭素を取り入れ酸素を放出する光合成植物が出現し，地球は酸素を含む大気をもつに至った．生物のすむ地球は，それから何億万年もの時間をかけて現在のようなバランスのとれた安定した居心地のよい惑星になったのである．

　しかし，この平和な環境は，火を知る人類の出現と，繁栄によって，徐々にそのバランスが崩れ始めている．とくに，産業革命以後の石炭，石油の大量消費と森林破壊は，大気中へ二酸化炭素を放出する一方であり，また光合成による二酸化炭素の酸素への変換をも低下させている．その結果，大気中の二酸化炭素は増加の一途をたどっている．人類の文明発展による自然破壊の進行状況は，1980年代に入り，人工衛星による地表探査や開発途上国における現地調査などから状況が明らかになるにつれ，人類の未来のために早急に解決しなければならない問題として地球環境の危機がさけばれ始めた．今や科学者も政治家も市民も協力して，地球の危機を救うための解決策を見いだしていかなければならないときがきている．

　わが国で，環境問題がクローズアップされ始めたのは，高度成長期の昭和30年頃からである．熊本では水銀汚染が原因とされる神経障害による患者が急増し多くの死者を出した．その頃，富山県においても骨や腎臓を侵すイタイイタイ病が鉱山廃液による重金属に原因するものと明らかにされた．

　現在，環境汚染の防止については，昭和42年に公害対策基本法が成立し，若干の成果があがっているようである．しかし，廃棄物については生活水準の向上とともに増加の一途をたどっている．この環境問題は，この地球上で生活する者としては，さけて通ることのできない問題である．

（2）水　質　汚　染

　元来，水域の自浄作用は物理的作用，化学的作用，生物による消化・同化作用とかなりの余力をもっており，多少の人為的汚染があっても自浄作用の限界

をこえることなく，自然界とのバランスが保たれていた．しかし，近年の人工増加，生活水準の向上のための産業は，エネルギー消費や環境破壊へと進み，水域においては自浄作用の限界をこえてしまっている．

わが国においては，最近，各地でこの自然の力を使った水域の自浄作用の研究が実用化へと進められ，その成果が期待されている．

(3) 水質汚濁物質について
(a) 有 機 物

有機汚染は水質汚濁に直接影響するものであり，その例として産業廃水（パルプ，食品関係），家庭廃水（台所，下水），酪農廃水等があげられる．有機物汚染により，水域の富栄養化 → プランクトンの異常発生 → 酸欠状態と汚濁が進み，ヘドロや発酵した汚泥は悪臭を放ち，環境は最悪となる．

有機汚染物質の中でも，とくに鉱物性油は自然界での分解が遅く問題となり，廃油処理やリサイクルが環境問題の課題として研究されている．

(b) 有 害 物 質

工場から排出される微量の有害重金属は自然界の土壌や食物を通して生物の濃縮機構によって人体に濃縮され，公害問題へと発展していった例が多い．た

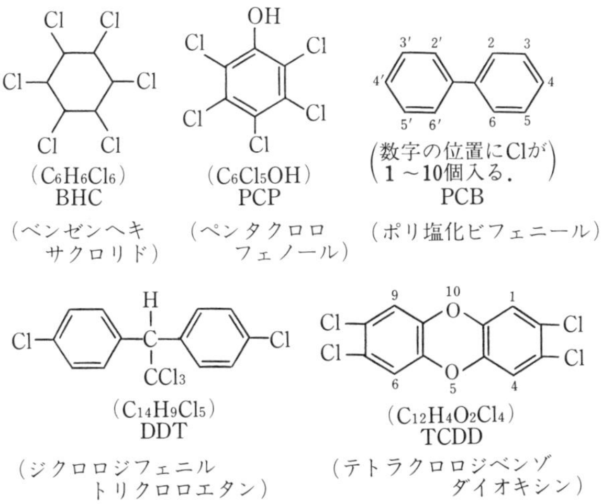

図 8・12 有害有機塩素化合物例

とえば，DDT，BHC，PCB等有機塩素化合物は，過去において殺虫剤，除草剤，電気絶縁体として広く使用されたものである．とくに，DDTやPCBは安定なため長く自然界に残り生物の濃縮機構により蓄積され，動物の神経や肝臓を侵し，免疫低下，奇形発生へと人類をおびやかす状況をつくりだしている．また，脅威なことに発展途上国においては，いまだにこの有害な有機塩素化合物が農業，工業において使用されていることである．これら有機塩素化合物は人工的につくられた物質であるために，自然界ではなかなか分解する能力がなく，蓄積の一途をたどっている．図8・12に有害とされる有機塩素化合物の構造を示した．

(c) 農薬・洗剤汚染

1960～1970年代にかけて環境問題として多くの問題が提起された．その中に農薬，家庭からの洗濯廃水があげられた．農薬，洗剤は製造過程での汚染発生ばかりでなく，使用および使用後にも障害および汚染がある．農薬では水銀汚染，有機塩素剤の残留毒性，生物濃縮が問題とされる．合成洗剤もまた化学的に安定なため，廃水および用水処理への障害があげられる．とくにABS(アルキルベンゼンスルホン酸ナトリウム)は，家庭用，業務用，食品工場での器具洗浄などに多量に用いられ，多方面に影響を及ぼしている．

この洗剤汚染の問題を微生物分解を利用する方法で解決しようとする研究が数多く行なわれている．そして微生物分解が容易な，直鎖のアルキル基をもつソフト型洗剤(LAS)が開発され，ハード型洗剤(ABS)から切りかえられてきた．

(4) 大　　気

原始の地球大気は二酸化炭素と窒素がおもなものであった．二酸化炭素は水に溶けカルシウムイオンと炭酸塩をつくり，大気中から除かれていき，かわりに窒素が増加していった．また，地球上に生命が誕生，そして炭酸同化作用を行なう生物が出現すると二酸化炭素が固定され，酸素が分子の形で大気中へ放出されていった．

現在の大気中の酸素はほとんど植物起源である．今から6億年前の大気中の酸素は現在の100分の1ぐらいしか存在しなかった．その後，4億年前では10

分の1程度に増加し，3億5千年前には現在よりはるかに多い今の3倍ぐらいの酸素が存在していたようである．その後，2億7千年前からは動物の発生とともに増減しながらバランスのとれた現在のような状態になったと考えられている．図 8·13 に地球大気の変動を示す．

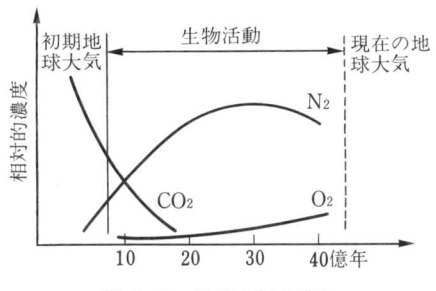

図 8·13　地球大気の変動

（a） 大気汚染物質

人類の文化的生活向上とはうらはらに，農山村では農薬散布，都市では自動車，ボイラー，火力発電所などの排気ガスによる大気汚染が広まっている．ここでは，大気汚染源，汚染物質について考える．大気汚染物質はおもに気管から人体に侵入して呼吸器官を侵し，度をこすと死にいたらしめる．

化石燃料の燃焼は，硫黄酸化物（SO_x），窒素酸化物（NO_x），二酸化炭素などの大気汚染物質を生成する．1952 年 12 月には，ロンドンで石炭による家庭暖房がおもな原因とされるスモッグが発生して，4000 人の死者を出している．このときの二酸化硫黄の濃度は，最高 1.34 ppm に達したといわれている．わが国でも，1960 年頃より三重県四日市，大阪市など工場都市で石油コンビナート，火力発電所等からの排煙による二酸化硫黄被害が現われてきた．その後，大気汚染の対策がさけばれ，排煙からの脱硫法や汚染防止のための研究がなされはじめた．自動車の排気ガス触媒装置の開発，化石燃料の脱硫，排煙の集じん装置の研究など多少ではあるが成果がみられている．

（b） 硫黄酸化物　SO_x

大気中への排出は，石炭，石油，天然ガスの燃焼によっておこり，せき，ぜんそく，呼吸困難，気管支炎をおこし，植物を枯らす原因にもなっている．

二酸化硫黄は酸化されて三酸化硫黄になり，大気中の水と反応して硫酸にな

る．これが酸性雨の原因となり，河川，湖沼の酸性化や金属製品の腐食の問題を引きおこしている．その反応式を以下に示す．

$$S + O_2 \longrightarrow SO_2 \tag{8·5}$$

$$2SO_2 + O_2 \longrightarrow 2SO_3 \tag{8·6}$$

$$SO_3 + H_2O \longrightarrow H_2SO_4 \tag{8·7}$$

（c）窒素酸化物　NO_x

窒素酸化物は自然界でも発生しているものであるが，人類が発生させる窒素酸化物は，自動車・航空機などのエンジンやボイラー・溶鉱炉などの高温燃焼装置の，燃焼にともなう空気中の窒素の酸化によって生じる．

$$N_2 + O_2 \longrightarrow 2NO \tag{8·8}$$

$$2NO + O_2 \longrightarrow 2NO_2 \tag{8·9}$$

上式により大量の NO_x が都市周辺に放出される．また，大気中の水と反応して，

$$3NO_2 + H_2O \longrightarrow 2HNO_3 + NO \tag{8·10}$$

により硝酸を生成する．この硝酸も酸性雨の原因の１つである．

窒素酸化物は光化学スモッグの原因と考えられており，その発生機構がいろいろと論じられている．図 8·14 に光化学スモッグ発生機構を示す．光化学スモッグは東京，ロサンゼルス，シドニー等の大都市におこり，人の目をいためたり，呼吸困難，植物の枯死をもたらす．

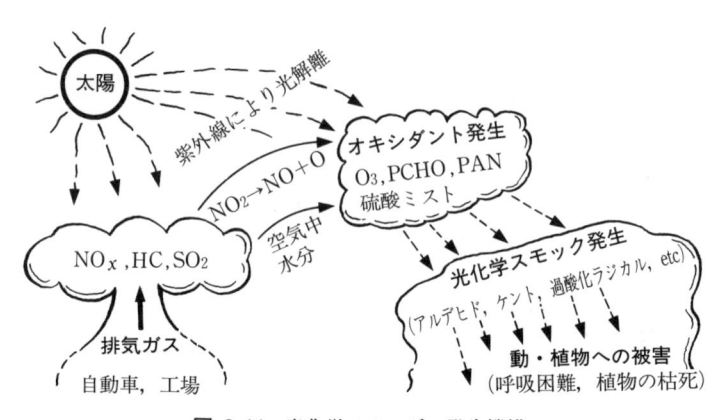

図 8·14　光化学スモッグの発生機構

（d） 二酸化炭素の温室効果

大気中の二酸化炭素濃度は，生物の呼吸，光合成等による二酸化炭素の大気への放出と消費がほぼつり合っているので，一定値を保ってきた．しかし人類が化石燃料を大量に消費するようになってからは，その濃度が非常にわずかではあるが増加しつつあり，それが地球の温暖化の原因となっていると考えられている．なぜならば大気中の二酸化炭素は短い波長のエネルギーは通すが，赤外領域のエネルギーを吸収するため，地球の放熱を抑えることになるからである．この現象を二酸化炭素の温室効果という．参考として，図8・15に地球のエネルギー収支を示す．

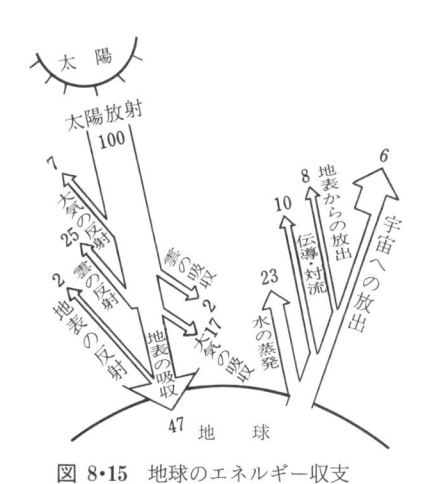

図 8・15 地球のエネルギー収支

（e） フロンと地球環境

無害で安定なフロンが登場したとき，新しい冷媒として非常に重用された．しかし，フロンは化学的に非常に安定な化合物であり，成層圏にきてはじめて紫外線により分解されるため，そのさいの分解生成物がオゾン層のオゾンを破壊し，問題となっている．

（5） ごみ（産業廃棄物と都市廃棄物）

ごみの排出源を大別すると，産業廃棄物と都市廃棄物に分けることができる．おもなごみ処理法としては，埋め立て，焼却および再利用がある．埋め立て，

焼却については環境破壊，大気汚染等二次公害がともなうことが多く，よい解決法を研究することが急務とされている．

再利用例では，古紙の再利用があげられる．わが国のボール紙は90%，新しい紙の40%が再生紙である．そのほか，プラスチック，空き容器類，電化製品，建築廃材の再利用がなされ，少しでもごみを少なくしようとする運動がなされている．図8・16に理想的な農畜廃棄物のリサイクル例を示した．

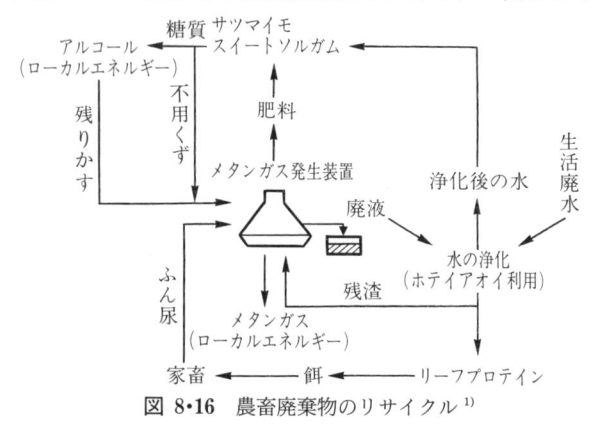

図 8・16 農畜廃棄物のリサイクル[1]

8・5 バイオテクノロジー

現在の文明を支え，すばらしい発展をとげた化学工業は，ほとんどが非常な高温，高圧，強酸性または強アルカリ性，また有機溶剤を使ってさまざまな反応を行なっている．それはまた大量のエネルギーを消費し，公害のもとになる産業廃棄物を大量に放出してきた．

しかし，近年注目を集め，各分野で研究・開発が進められている**バイオテクノロジー**は，酵素や微生物のもつ機能や能力を取入れ，役に立てようとするものであり，上記の同じような反応を非常におだやかな条件（常温・常圧）のもとで行なっている．このバイオテクノロジーは，自然と環境を調和させながら今からの産業を支えていくものになろう．

---

1) 水野謹吾：化学へのアプローチ，p. 201，図19・1，共立出版，1984．

8・5 バイオテクノロジー

1970年代，医薬品の生産から始まったバイオテクノロジーは化学工業，食品工業，エネルギー，資源分野，農業・畜産・水産への応用へと著しく拡大してきた．また，エレクトロニクスとの接点でバイオエレクトロニクスという新しい分野が誕生して，すでに各種のバイオセンサーの実用をみている．

この章では，バイオテクノロジーという新しい分野を理解するために，良く使用する用語について説明し，バイオテクノロジーの現状をは握したい．また，図8・17にバイオテクノロジーの展開を示した．

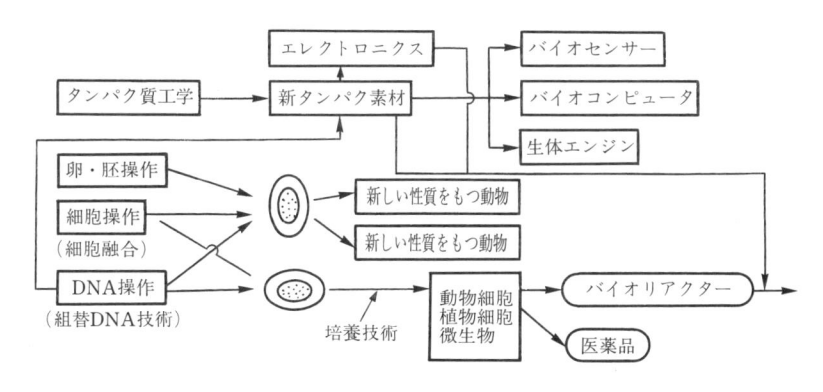

図 8・17 バイオテクノロジーの展開 [1]

(1) 基 礎 技 術
(a) 遺伝子組換え

DNA(遺伝子)の中で，必要な遺伝情報の部分だけを切りばりして，目的の遺伝情報をもったDNAをつくろうというものである．

今のところ**遺伝子組換え技術**が実用化されている分野は，ガンの薬であるインターフェロンや血糖を下げる薬であるインシュリン等の医薬品に集中している．現在，組み換えたDNAを取り込んで増殖させるための宿主として，大腸菌（K-12株）がおもに使用されているが，ほかに酵母菌，枯草菌，好熱性菌などの他の微生物の利用開発も進んでいる．

今後は，より高度な医薬品の製造，植物の品種改良，有用微生物の改良および創造へと応用の可能性は広がっている．

---

1) MME研究ノート（第28号），p.6，図-1，放送教育開発センター，1986．

(b) 細胞融合技術

2種類の違った生物の細胞を合体させ，両方の性質をかね備えた細胞をつくり出す技術である．植物ではジャガイモとトマトを融合した**ポマト**が有名である．

動物の細胞融合の応用例では，病気の診断，治療薬として期待される**モノクローナル抗体**の製造，増殖法の研究開発が行なわれている．

植物細胞の細胞融合の手順は，2つの異なる種の植物の細胞を取り出し，それぞれの細胞壁を分解酵素を使って取り除き，裸の細胞（プロトプラスト）をつくる．そのうえで融合剤（ポリエチレングリコール，センダイウイルス等）で細胞融合する．その後，細胞壁を再生させて増殖する．その結果，両方の植物の特徴をかね備えた新しい植物ができる．1972年にカールソンがタバコの雑種育成に成功したのが第1号である．

(c) 酵素固定

生態反応を連続利用で生産システムの効率をはかる．酵素や微生物を水に溶けない高分子材料に結合したり，包み込んだりして固定する（**固定化酵素**）．化学工業では，この固定化酵素を利用したバイオリアクターで燃料用アルコールの生産が実用化に向けて動いている．また，エレクトロニクスの方面では，**バイオセンサー**の開発が進み，医療面で実用化されている．

(d) 組織培養技術

バイオテクノロジーを飛躍的に発展させたのは，**細胞培養技術**の開発であった．滅菌方法の確立，無菌操作技術，タンク培養，成長点培養等の技術である．動物細胞でも植物細胞でも生体細胞を工業的に利用するためには，大量培養する技術つまり動物や植物の細胞群や組織片を取り出して，大量に増殖させる技術がかかせない．その鍵をにぎるのは，無血清培養や高密度培養などの技術の開発である．

(2) バイオテクノロジー関係用語

(a) 成長点培養

くきの先端から切り取った茎頂分裂組織を培養して**カルス**（未分化の細胞のかたまり）をつくり，これを細分化してそれぞれから植物体を再生するという

技術である．この技術は，ランのように増殖が遅く，優良種の維持が困難である植物に有効で実用化されている．

(b) バイオマス

エネルギー源としての生物資源を意味する．1年間に生産されるバイオマスを炭素基準で比較すると，世界で消費される総エネルギーの約十倍に相当する．この大量のバイオマスをどう利用していくかということが今後の課題である．図 8・18 にバイオマス資源を示す．

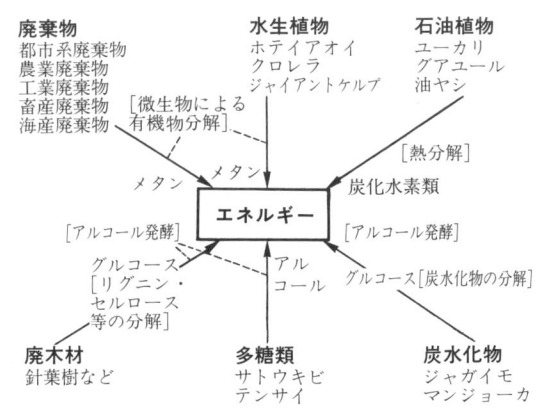

図 8・18 バイオマス資源図[1]

(c) バクテリア・リーチング

日本ではまだ研究段階であるが，アメリカではバクテリア・リーチングによってアメリカの全体の生産量の15％もの粗銅を生産している．バクテリア・リーチングとは，鉱山の抗内にある水中のような特殊な環境下で生育するバクテリアを利用して，鉱石から金属を回収する精錬法である．

(d) バイオセンサー

生物の反応を利用した感知器（センサー）をバイオセンサーという．酵素や微生物を人工膜に固定して，その反応を電気信号や光学的に測定するものである．エレクトロニクスとの共同開発により，酵素センサーや微生物センサーがすでに開発され魚肉の鮮度測定や，血液中の血糖，河川の汚染度測定に使われている．そして，とくにこれからの医療分野では，各種の免疫センサーの開発

---

1) 軽部征夫：バイオのはなし，p 163．日本実業出版社，1991．

が期待されており，今後のより高度なバイオテクノロジーの研究に期待されるものである．

　産業は従来非生物を対象とした高品質品の生産を目的としてきた．しかし，最近の生物科学，生命科学のすばらしい進歩により，工学が生物関係へその対象を拡大してきた．たとえば，生体触媒とよばれる酵素反応を利用した物質生産である．これがバイオテクノロジーといわれる新しい分野である．地球環境問題を最終的に解決するためには，バイオ技術は不可欠であるという考えが強調されるようになり，その進展が期待されている．

問・演習問題の解答

第2章

問1 純物質（2），（3），（5）　　混合物（1），（4）
問2 単体（1），（3），（6），（7）　　化合物（2），（4），（5），（8）
問3 物理変化（1），（3），（4）　　化学変化（2）
問4 （1）C　（2）S　（3）Cl　（4）Zn　（5）Fe　（6）Na　（7）Pt　（8）Cu　（9）Sn　（10）Al
問5 （1）陽子11，中性子12，電子数11　（2）陽子17，中性子18，電子数17　（3）陽子26，中性子30，電子数26　（4）陽子29，中性子35，電子数29
問6 ^{12}C　6個，　^{13}C　7個，　^{14}C　8個
問7 （1）CO　（2）SO_2　（3）CH_4　（4）$C_6H_{12}O_6$
問8 （1）4価　（2）2価　（3）5価
問9 $E = -21.8 \times 10^{-19}/3^2 = -2.42 \times 10^{-19}$ J
問10 （1）$1s^2 2s^2 2p^6 3s^2 3p^4$　（2）$1s^2 2s^2 2p^6 3s^2 3p^6$　（3）$1s^2 2s^2 2p^6 3s^2 3p^6$　（4）$1s^2 2s^2 2p^6 3s^2 3p^6 3d^1 4s^2$　（5）$1s^2 2s^2 2p^6 3s^2 3p^6 3d^2 4s^2$
問11 Mg^{2+}
問12 エタノールは，水素結合により2分子が結びつき，見かけ上より大きな分子になるため．

演習問題

1 （1）2　（2）5　（3）7　（4）3　（5）6
2 （1）Ne　（2）He　（3）Ne　（4）Ar　（5）Ne
3 （2）原子Mの原子番号をxとすると　$x = n - 3$
4 （1）He, Ne, Ar　（2）C, Si　（3）Li, Na　（4）F, Cl
5 （1）Na　（2）S　（3）Mg　（4）Ne
6 2.04×10^{-18} J　　**7** KF > NaF > KCl > NaCl
8 $\{0.096 - 0.074/2\} \times 2 = 0.118$ nm
9 $(3.62 \times 10^{-8})^3 \times 8.92 \times 6.02 \times 10^{23}/4 = 63.7$
10 $CO_2 : 44.0$　　$HCl : 36.5$　　$CaF_2 : 78.1$　　$CuSO_4 \cdot 5H_2O : 249.7$
11 1）342.3　　2）42.1%　　3）$3.4 \times 12 \times 44/342.3 = 5.2$ g
12 $100.09 \times 2.24 \times 10^3/\{(22.4 \times 10^3) \times 11.5\} = 87.0\%$
13 $34.969 \times 0.7577 + 36.966 \times 0.2423 \fallingdotseq 35.45$

第3章

問1 2.4 l **問2** 2.2 l **問3** 3.41%

問4 9.2 l **問5** 1.1 atm   **問6** 53.7 g

問7 (1) 0.125 mol   (2) 32

問8 O_2 の分圧 = 0.51 atm, CO_2 の分圧 = 1.37 atm, 全圧 = 1.88 atm

問9 (1) 0.615 atm   (2) 2.46 atm   (3) 50%

問10 (1) 溶質：塩化水素, 溶媒：水   (3) 溶質：酢酸, 溶媒：水
(4) 溶質：ヨウ素, 溶媒：アルコール

問11 (1), (3), (5)(極性どうし)   **問12** (1), (3)(無極性どうし)

問13 水溶液の電気伝導性の違いを調べる．

問14 CH_3COO^- : 0.00134 mol, CH_3COOH : 0.0987 mol

問15 約 38℃   **問16** 8.5 g   **問17** 26.6 g

問18 温度変化による溶解度の違いがほとんどないから

問19 ある温度で, 一定量の液体に P[atm] で V[cm^3] (w[g]) 溶解するならば, nP [atm] ではヘンリーの法則により nw[g] 溶解する. nw[g] は P[atm] では nV[cm^3] であるが, nP[atm] ではボイルの法則により V[cm^3] である. したがって体積は同じになる.

問20 3.49 l, 6.86 g   **問21** 窒素：30.4 mg, 酸素：17.7 mg

問22 2.4 g   **問23** 3.47%, 0.195 mol/l, 0.200 mol/kg   **問24** 251 g

問25 83 cm^3 **問26** 2.290 × 10^{-2} atm   **問27** (3) > (2) > (1)

問28 沸点：100.026℃ (99.974 + 0.052), 凝固点：−0.186℃   **問29** 135

問30 (1) 0.295 mol/l (2) ブドウ糖：53.1 g, 食塩：8.63 g

問31 (1) 60   (2) −0.62℃   **問32** 0.492 atm

問33 濁り水の粒子は負の電荷を帯びているから．$Al_2(SO_4)_3$, $AlCl_3$

演習問題

[1] (1) 320 dm^3 (2) 136.5℃   (3) 1.17 atm   (4) 17.9 mol, 786.2 g

[2] 1.54 l [3] (1) 0.18 g/l (2) 0.125   [4] 32

[5] (1) 0.84 atm   (2) 17.1 mol   (3) 76.6 l

[6] (1) 24.0%, 2.76 mol/l (2) 28.3 g   [7] 39.9 g/100 g H_2O

[8] (1) 128 g   (2) 40.5 g   [9] 0.625 mol/l [10] 60

[11] ブドウ糖：19.6%, ショ糖：80.4%   [12] 0.200 l [13] 4.92 × 10^3

[14] (1) コロイド粒子が正の電荷を帯びていること   (2) (d) K_3PO_4

第4章

問1 (1) $\frac{1}{2}N_2(g) + \frac{3}{2}H_2(g) = NH_3(g) + 45.9$ kJ

(2) $CH_3OH(l) + \frac{3}{2}O_2(g) = CO_2(g) + 2H_2O(l) + 726.3$ kJ

問・演習問題の解答　303

（3）$H_2SO_4(l) + aq = H_2SO_4aq + 95.3\,kJ$

[問2] $(3/12) \times 394\,kJ = 98.5\,kJ$　[問3] $44.0\,kJ/mol$　[問4] $47.5\,kJ/mol$

[問5] $-314.6 - (-45.9 - 92.3) = -176.4\,kJ$　$\Delta H = -176.4\,kJ$

[問6] $2v = v'$　[問7] 二次反応　[問8] $3^{(30/10)} = 27$ 倍

[問9] $1.5\,mol$　[問10] $0.968\,mol$

[問11] 圧力を下げる。温度を上げる。SO_3を増やす。SO_2，O_2を減らす。

[問12]（1）H_2O：塩基，HS^-：酸　（2）CH_3COO^-：塩基，H_2O：酸
（3）NH_4^+：酸，H_2O：塩基　（4）SO_3^{2-}：塩基，H_2O：酸

[問13] $3.62 \times 10^{-3}\,mol/l$

[問14] ① $0.1\,mol/l$の酢酸：$[H^+] = 1.3 \times 10^{-3}\,mol/l$，$\alpha = 0.013$，
② $0.01\,mol/l$の酢酸：$[H^+] = 4.1 \times 10^{-4}\,mol/l$，$\alpha = 0.041$

[問15]（1）$Al_2O_3 + 3H_2SO_4 \longrightarrow Al_2(SO_4)_3 + 3H_2O$
（2）$SO_2 + H_2O \longrightarrow H_2SO_3$

[問16]（1）$0.02\,mol/l$　（2）$0.2\,mol/l$　（3）$5 \times 10^{-12}\,mol/l$
（4）$2 \times 10^{-13}\,mol/l$　（5）$7.7 \times 10^{-12}\,mol/l$

[問17]（1）1　（2）12　（3）2.9

[問18]（1）$HNO_3 + KOH \longrightarrow KNO_3 + H_2O$
（2）$H_2SO_4 + 2NaOH \longrightarrow Na_2SO_4 + 2H_2O$
（3）$2HCl + Ca(OH)_2 \longrightarrow CaCl_2 + 2H_2O$

[問19]（1）酸性塩　（2）正塩　（4）正塩　（4）酸性塩　（5）塩基性塩

[問20] 2（1）酸性　（2）中性　（3）塩基性　（4）酸性　（5）酸性

[問21] $10\,ml$　[問22] $0.0625\,mol/l$

[問23]（1）+5　（2）+3　（3）+4　（4）0　（5）+6

[問24]（1）-2　（2）0　（3）+4　（4）+4　（5）+6

[問25]（1）

　　　　　　　酸化
　　　　┌─────────┐
　　　　↓　　　　　　　　↓
$2KI + Cl_2 \longrightarrow 2KCl + I_2$
　　　　↑　　　　　　　　↑
　　　　└─────────┘
　　　　　　　還元

（2）

　　　　　　　酸化
　　　　┌─────────┐
　　　　↓　　　　　　　　↓
$2FeCl_3 + SnCl_2 \longrightarrow 2FeCl_2 + SnCl_4$
　　　　↑　　　　　　　　↑
　　　　└─────────┘
　　　　　　　還元

（3）

　　　　　　酸化
　　　　┌─────┐
　　　　↓　　　　↓
$2NO + O_2 \longrightarrow 2NO_2$
　　　　↑　　　　↑
　　　　└─────┘
　　　　　　還元

（4）

　　　　　　　酸化
　　　　┌─────────┐
　　　　↓　　　　　　　　↓
$Zn + H_2SO_4 \longrightarrow ZnSO_4 + H_2$
　　　　↑　　　　　　　　↑
　　　　└─────────┘
　　　　　　　還元

[問26]（1）$Cr_2O_7^{2-} + 14H^+ + 6e^- \longrightarrow 2Cr^{3+} + 7H_2O$
（2）$SO_2 + 2H_2O \longrightarrow SO_4^{2-} + 4H^+ + 2e^-$

[問27] $Cu^{2+} + Fe \longrightarrow Cu + Fe^{2+}$，$Pb^{2+} + Zn \longrightarrow Pb + Zn^{2+}$

問28 $3Cu + 8HNO_3 \longrightarrow 3Cu(NO_3)_2 + 2NO + 4H_2O$

問29 (1) $(-)Zn|ZnSO_4\|AgNO_3|Ag(+)$, 1.56 V
(2) $(-)Ni|NiSO_4\|CuSO_4|Cu(+)$, 0.59 V

問30 陰極：水素 1.04 l, 陽極：酸素 0.522 l

問31 (1) 陰極：$Cu^{2+} + 2e^- \longrightarrow Cu$　　陽極：$2OH^- \longrightarrow \frac{1}{2}O_2 + H_2O + 2e^-$
(2) 7.72×10^4 C　　(3) 銅が 25.4 g 析出

演習問題

[1] (1) $C_3H_8(g) + 5O_2(g) = 3CO_2(g) + 4H_2O(l) + 2220 kJ$
(2) $(10/44) \times 2220 kJ = 504.5 kJ$　　(3) $504.5 \times 10^3/4.184/10^4 = 12.1$ 度

[2] $2 \times ① + 3 \times ② - ③$　　1367.4 kJ/mol

[3] $H_2(g) = 2H(g) - 436.0 kJ \cdots ①$, $Cl_2(g) = 2Cl(g) - 242.7 kJ \cdots ②$,
$HCl(g) = H(g) + Cl(g) - 431.8 kJ \cdots ③$, $(1/2) \times ① + (1/2) \times ② - ③ = 92.5 kJ$

[4] (1) d　(2) a　(3) e　(4) b　(5) c

[5] (2), (3), (4)

[6] (1) I_2 0.8 mol (図省略)　(2) $[H_2][I_2]/[HI]^2 = 0.25$　(3) 0.8 mol

[7] (1) $[H^+] = 10^{-11}$ mol/l,　pH = 11　　(2) $[H^+] = 2.39 \times 10^{-11}$ mol/l,
pH = 10.6　　(3) $[H^+] = 5.0 \times 10^{-4}$ mol/l,　pH = 3.70

[8] (1) 塩基性，次のように加水分解する．
$CH_3COO^- + H_2O \longrightarrow CH_3COOH + OH^-$
(2) 中性，強酸と強塩基の塩であり，加水分解しない．
(3) 酸性，次のように加水分解する．$NH_4^+ + H_2O \longrightarrow NH_3 + H_3O^+$

[9] (1) 7.41 g　(2) 500 ml

[10] 酸化されているもの…(1)と(4)　　還元されているもの…(2)と(5)

[11] (1) $2Fe^{2+} + Cl_2 \longrightarrow 2Fe^{3+} + 2Cl^-$ または, $2FeCl_2 + Cl_2 \longrightarrow 2FeCl_3$
(2) $2MnO_4^- + 5SO_2 + 2H_2O \longrightarrow 2Mn^{2+} + 4H^+ + 5SO_4^{2-}$ または,
$2KMnO_4 + 5SO_2 + 2H_2O \longrightarrow 2MnSO_4 + 2H_2SO_4 + K_2SO_4$

[12] (1) 陰極　$2H_2O + 2e^- \longrightarrow H_2 + 2OH^-$, 水素：$\frac{22.4}{2} = 11.2$ l

陽極　$2OH^- \longrightarrow H_2O + \frac{1}{2}O_2 + 2e^-$, 酸素：$\frac{22.4}{4} = 5.6$ l

(2) 陰極　$2H^+ + 2e^- \longrightarrow H_2$, 水素：$\frac{22.4}{2} = 11.2$ l

陽極　$2Cl^- \longrightarrow Cl_2 + 2e^-$, 塩素：$\frac{22.4}{2} = 11.2$ l

[13] 1.00 C

第5章

問1 （1）$CH_4 + H_2O \longrightarrow CO + 3H_2$　　（2）$C + H_2O \longrightarrow CO + H_2$
（3）電解：$2H_2O \longrightarrow O_2 + 2H_2$
（4）電解：$2NaCl + 2H_2O \longrightarrow 2NaOH + Cl_2 + H_2$

問2 LiH　　NaH　　MgH_2

問3 （1）I：石英　　II：石英ガラス　　III：ソーダケイ酸ガラス
（2）ケイ素：小黒丸，　酸素：白丸，　ナトリウムイオン：大黒丸
（3）解省略

問4 14族のCをはさんで，13族のBと15族のNを合わせると，(13族+15族)/2＝14族という関係でCと類似した構造・性質を示すと予想される．事実，高圧型の立方晶BNはダイヤモンドCと結晶構造が似ていて，極めて硬く，ダイヤモンドと同様に切削工具材料として利用される．

問5 KH_2PO_4：リン酸二水素カリウム，K_2HPO_4：リン酸水素二カリウム，K_3PO_4：リン酸カリウム

問6 （1）解省略　　（2）① 塩基と酸の反応であるから，塩の過塩素酸ナトリウムができる．　② どちらも塩基であるから，一般に反応はおこらない．　③ 両性水酸化物の水酸化アルミニウムは，塩基と反応してアルミン酸ナトリウムができる．　④ 水酸化アルミニウムは酸とも反応して，硫酸アルミニウムができる．

問7 硫酸は，次の反応過程でつくられる．
（1）$S + O_2 \longrightarrow SO_2$　　（2）$2SO_2 + O_2 \longrightarrow 2SO_3$
（3）$SO_3 + H_2O \longrightarrow H_2SO_4$　したがって，(1)，(2)および(3)から，8.5 molのH_2SO_4をつくるには，硫黄は$32 g \times 8.5 = 272 g$．空気は$22.4 l \times 63.75 \times \dfrac{(273 + 25)}{273} = 1559 l$．水は$0.018 l \times 8.5 = 0.153 l$

問8 グラフからフッ化水素の沸点は，約$-90 ℃$と得られるが，実際は$20 ℃$である．これはフッ化水素の分子間に働く力が，ファンデルワールス力以外にかなり強い水素結合が作用しているためである．

問9 原子番号が大きくなるにつれて自由電子の分布密度が下がり，陽イオン間の結合が弱くなる．原子番号と融点の関係グラフからフランシウムの融点を推定すると，約$16 ℃$となる．

問10 NaとKでは，原子番号の大きい陽性の強いKのイオン化傾向が強いため，K^+になりやすく，同時に電子を放出しやすい．したがって，Kの方が水と激しく反応して水素を発生する．

問11 水素化ナトリウム：NaH，酸化ナトリウム：Na_2O，水酸化ナトリウム：$NaOH$，塩化ナトリウム：$NaCl$，シアン化ナトリウム：$NaCN$，硫化ナトリウム：Na_2S，硫酸ナトリウム：Na_2SO_4

問12 この水酸化物の塩基性の強さは，その水酸化物に含まれる金属の原子番号が増加するにつれて大きくなるので，水酸化バリウム $Ba(OH)_2$ の方が塩基性が強く，塩酸と反応しやすい．

問13 塩化カルシウム：$CaCl_2$，酸化カルシウム：CaO，水酸化カルシウム：$Ca(OH)_2$，炭化カルシウム（カーバイド）：CaC_2，水素化カルシウム：CaH_2，炭酸カルシウム：$CaCO_3$

問14

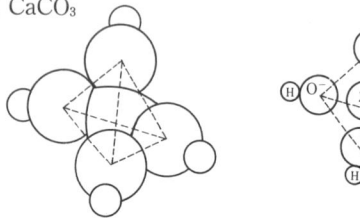

問15 アルミニウムは，次のように酸としての塩酸と塩基としての水酸化ナトリウム水溶液の両方に反応するので両性元素である．$2Al + 6HCl \longrightarrow 2AlCl_3 + 3H_2$　　$2Al + 2NaOH + 2H_2O \longrightarrow 2NaAlO_2 + 3H_2$

問16 酸化マンガン(II)：MnO，酸化マンガン(III)：Mn_2O_3，酸化マンガン(IV)：MnO_2，三酸化マンガン：MnO_3，酸化マンガン(VII)：Mn_2O_7

問17 （1）NH_3 または $NaOH$ の塩基　　（2）$K_4[Fe(CN)_6]$　（3）$K_3[Fe(CN)_6]$　（4）$KSCN$ の各試薬を加えて，沈殿物の色や水溶液の色の違いをみる．　（5）もとの各イオンの水溶液の色の違いをみる．(表5・16を参照)

問18 $3Ag + 4HNO_3 \longrightarrow 3AgNO_3 + NO + 2H_2O$

問19 Na^+ は CN^- とイオン結合してシアン化ナトリウム $NaCN$ になる．Fe^{2+} は CN^- と配位結合してヘキサシアノ鉄(II)酸イオンの錯イオン $[Fe(CN)_6]^{4-}$ を生じる．

問20 本文の表 5・18 参照

問21 式 (5・72), (5・73), (5・74) の反応が同等に進むものとして，$8Fe_2O_3 + 15C + 3O_2 \longrightarrow 16Fe + 15CO_2$ から，$10[t] \times 0.99 \times \left(\dfrac{1}{160}\right) \times \left(\dfrac{15}{8}\right) \times 12 = 1.40 t$.

問22 アンモニアガスの標準体積 V_0 は，$V_0 = 0.50 \times 10 \times (273/300) l$. よって物質量は $(V_0/22.4) = 0.203 mol$. また，$1 mol$ の NH_3 から $1 mol$ の HNO_3 が生成する．$1.5 mol/l$ 濃度の HNO_3 が $x[cm^3]$ できるとすると，$0.203 = 1.5 \times x/1000$ が成りたつ．　　∴ $x \fallingdotseq 135$ cm^3

問23 $2NaCl + CaCO_3 \longrightarrow Na_2CO_3 + CaCl_2$

演習問題

1 （1）一酸化炭素　　（2）二酸化窒素　　（3）アルゴン　　（4）アンモニア　（5）塩素

問・演習問題の解答 **307**

2 ケイ酸, 酸素, クラーク, ケイ砂, 四塩化ケイ素, 引上げ, 太陽電池, LSI, 高, 硬, 絶縁体, 光学機械, 宝石, 水晶発振子, 石英ガラス, 光ファイバー

3 $N_2 \longrightarrow 2NH_3$, $3H_2O \longrightarrow 3H_2 \longrightarrow 2NH_3$ から, 乾燥空気は $22.4\,l \times (18\,\mathrm{mol}/2) \times (5/4) = 252\,l$. 水は $18\,\mathrm{g} \times 18\,\mathrm{mol} \times (3/2) = 486\,\mathrm{g}$

4 (1) 第17 (または7B), 7, 1, 陰, ホタル, 海水, 岩, 海水, チリ硝, 食塩 (または食塩水) (2) 2原子, 原子, 小さ, F_2, Cl_2, Br_2, I_2, At_2, 起こる, 起こらない.

5 酸化マンガン(IV)と濃塩酸の混合物を加熱する:$MnO_2 + 4HCl \longrightarrow MnCl_2 + 2H_2O + Cl_2$. さらし粉に塩酸を加える:$CaCl(ClO) \cdot H_2O + 2HCl \longrightarrow CaCl_2 + 2H_2O + Cl_2$

6 第1 (または1A), 最左, 1, 1価, 原子番号, 融解, 電解, 食, 溶融電解, 陰, $4.0\,\mathrm{g/cm^3}$, 低, 赤, 黄, 紫, 紅紫, 青紫

7 典型, 融, 沸, 重, 電気, 熱, 有, 酸化, 1, 2, 希ガス原子

8 MnO_2:酸化マンガン(IV) 灰黒色, Fe_2O_3:酸化鉄(III) 赤褐色, CuO:酸化銅(II) 黒色, $AgCl$:塩化銀 白色, $AgBr$:臭化銀 淡黄色, Hg_2Cl_2:塩化水銀(I) 白色, CuS:硫化銅(II) 黒色, Cu_2O:酸化銅(I) 暗赤色, $Fe(OH)_3$:水酸化鉄(III) 赤褐色, $Cu(OH)_2$:水酸化銅(II) 青白色

9 混合水溶液を塩酸などを加えて酸性にした後, 硫化水素を通じると溶解度の小さい硫化銅(II) CuS が沈殿し, 亜鉛イオン Zn^{2+} はそのまま溶液中に存在する. したがって, 沈殿物と水溶液をろ別することによって, 沈殿物に銅イオン, ろ液に亜鉛イオンが含まれ, 分離される.

第6章

問1 (1) 2,4-ジメチルヘキサン (2) 2,3,5-トリメチルヘプタン (3) 2,3-ジメチル-5-エチルオクタン

問2 (1) 1個 (2) 2個 (3) 2個

問3 エタン:$\dfrac{30}{100} = \dfrac{373}{x}$ $x = 1243\,\mathrm{kcal}$ エテン:$\dfrac{28}{100} = \dfrac{337}{y}$ $y = 1204\,\mathrm{kcal}$ エチン:$\dfrac{26}{100} = \dfrac{311}{z}$ $z = 1196\,\mathrm{kcal}$ の熱が得られる. しかし発生する水は, それぞれ $\dfrac{100}{30} \times 3 = 10\,\mathrm{mol}$, $\dfrac{100}{28} \times 2 = 7.14\,\mathrm{mol}$, $\dfrac{100}{26} \times 1 = 3.85\,\mathrm{mol}$ である. これを気化するには, $10 \times 18 \times 0.54 = 97.2\,\mathrm{kcal}$, $7.14 \times 18 \times 0.54 = 69.4\,\mathrm{kcal}$, $3.85 \times 18 \times 0.54 = 37.4\,\mathrm{kcal}$ の熱が必要となる. したがって, 100 g 燃焼させると, 1146, 1135, 1159 kcal の熱が得られ, エチンが最も大きい.

問4 酢酸オクチルと酪酸ブチルは, それぞれ, オクタノール $C_8H_{17}OH$ と酢酸 CH_3COOH, ブタノール C_4H_9OH と酪酸 C_3H_7COOH からできている.

問5 Cの量:$6.512 \times \dfrac{12}{44} = 1.776\,\mathrm{g}$, Hの量:$3.552 \times \dfrac{2}{18} = 0.395\,\mathrm{g}$. したがって,

O の量：$2.960 - 1.776 - 0.395 = 0.789\,\text{g}$ ∴ $\text{C}:\text{H}:\text{O} = \dfrac{1.776}{12} : \dfrac{0.395}{1} : \dfrac{0.789}{16} = 0.148 : 0.395 : 0.049 = 3 : 8 : 1$. したがって組成式は $\text{C}_3\text{H}_8\text{O}$ である．分子量はベンゼンの凝固点降下法から，$\dfrac{(M/1000)}{(0.015/1)} = \dfrac{5.12}{1.28}$ $M = 60$ と求まる．したがって分子式は $\text{C}_3\text{H}_8\text{O}$ である．Na と反応させると，水素を発生して溶けるので，次のうちのどれかのアルコールであることがわかる．

$\text{CH}_3\text{—CH}_2\text{—CH}_2\text{—OH}$
　1-プロパノール

$\text{CH}_3\text{—CH—CH}_3$
　　　|
　　　OH
　2-プロパノール

[問 6] パルミチン酸は分子量が 256 の飽和脂肪酸，オレイン酸は二重結合を 1 つもつ分子量 282 の酸であるので，問題の油脂の平均分子量は $92 + \dfrac{3}{2}(256 + 282) - 3 \times 18 = 845$ で，二重結合が平均 1.5 ある．したがって，けん化価は $\dfrac{845}{1000} = \dfrac{3 \times 56}{x}$ $x ≒ 199$，ヨウ素価は $\dfrac{845}{100} = \dfrac{1.5 \times 127 \times 2}{y}$ これを解いて，$y = 45$ と求まる．

[問 7] セッケンは，弱酸のカルボン酸と強塩基の水酸化ナトリウムとの塩であるのでアルカリ性であるが，合成洗剤は強酸のスルホン酸と強塩基の水酸化ナトリウムとの塩と考えられるので中性である．

演習問題

[1] 炭素は多くの元素と共有結合をつくることができる．とくに，炭素どうしで共有結合をくり返すことができて，長鎖の化合物や多くの構造異性体が存在し，その数もばく大なものとなるからである．

[2] (1) ベンゼン環　(2) $\text{CH}_3\text{—O—}$ベンゼン環　(3) CH_3 がついたベンゼン環に NH_2

(4) ベンゼン環に OH と CH_3 (para)　(5) ベンゼン環に CH_3 が 2 つ

[3] (1) $-\text{C}_3\text{H}_7$ (プロピル基) と -COOH (カルボキシル基)　(2) $-\text{C}_5\text{H}_{11}$ (ペンチル基) と -OH (ヒドロキシル基)　(3) -OH と —◯— (フェニル基) と -COOH　(4) $-\text{NH}_2$ (アミノ基) と -COOH　(5) -Cl (クロル基) と $-\text{C}_3\text{H}_7$ (プロピル基)

4 k, d, a, i, e, f, g, h, c, j, b

5

```
   Cl H  H              Cl H  H              Cl H  H
   |  |  |              |  |  |              |  |  |
Cl―C―C―C―H          H―C―C―C―H          H―C―C―C―Cl
   |  |  |              |  |  |              |  |  |
   Cl H  H              Cl Cl H              Cl H  H
 1,1,1-トリクロロプロパン    1,1,2-トリクロロプロパン    1,1,3-トリクロロプロパン

   H  Cl H              H  H  H
   |  |  |              |  |  |
H―C―C―C―H          H―C―C―C―Cl
   |  |  |              |  |  |
   Cl Cl H              Cl Cl H
 1,2,2-トリクロロプロパン    1,2,3-トリクロロプロパン
```

6 アルコールのO-Hと炭化水素のC-H結合を比べると,酸素と水素の電気陰性度の差が,炭素と水素の差よりもかなり大きく,酸素はマイナス,水素はプラスに分極する程度は,炭素,水素の場合よりも大きいので,アルコールがより極性分子である.また,極性分子である水には,アルコールの方がより溶けやすい.

7 ベンゼンは共役二重結合が3つあり,それらの相互作用で非常に安定なため

8 $C : 7.04 \times \frac{12}{44} = 1.92\,mg$, $H : 3.60 \times \frac{2}{18} = 0.40\,mg$,

$O : 2.96 - 1.92 - 0.40 = 0.64\,g$

$C : H : O = \frac{1.92}{12} : \frac{0.40}{1} : \frac{0.64}{16} = 0.16 : 0.40 : 0.04 = 4 : 10 : 1$ 組成式 $C_4H_{10}O$

分子量 $(M/1000)/(0.05/10) = 5.12/0.35$ $M = 73.1 \fallingdotseq 74$ ∴ 分子式 $C_4H_{10}O$

アルコールとしては,C_4H_9OH,$CH_3CH(OH)C_2H_5$ など,エーテルは $C_2H_5OC_2H_5$ などが考えられる.さらに,これらのうちから1つを特定するためには,たとえば,ナトリウムとの反応や,過マンガン酸カリウムなどによる反応などのデータが必要である.

9 (1) -COO-基があるのでエステル,酢酸イソペンチル

(2) $(CH_3)_2CHCH_2CH_2$-OH イソペンタノール,CH_3COOH 酢酸

(3) アルコールの分子量88($C_5H_{12}O$),酸の分子量60($C_2H_4O_2$),エステル130であるので,それぞれの物質量は,$\frac{176}{88} = 2\,mol$,$\frac{60}{60} = 1\,mol$,$\frac{78}{130} = 0.6\,mol$ となる.

ゆえに,収率 $= \frac{0.6}{1} \times 100 = 60\%$

10 (1) f.エタノールはナトリウムと反応して,水素を発生するが,エーテルは反応しない.

(2) c.エテンに臭素を加えると,付加して臭素がなくなり褐色の色が消えるが,エタンは反応しないので色の変化はない.

（3） a．どちらも水に溶けないが，アニリンは塩酸と反応して塩をつくり，水に溶けるが，ニトロベンゼンは変化しない．
（4） d．セッケンは弱アルカリ性で，合成洗剤は中性なので，フェノールフタレインを加えると，セッケンは赤色を呈する．
（5） b．第一アルコールは，過マンガン酸カリウムを還元するので色が消えるが，第三アルコールの場合は反応しないので色は変化しない．

11 シクロアルケンの分子式は$(CH_2)_n-H_2$で分子量は$M/8.2 = 1/0.1$ $M = 82$，$14n - 2 = 82$ ∴ $n = 6$．分子式はC_6H_{10}である．

12 プロパン$x$mol，ブタン$y$mol とすると，$C_3H_8 + 5O_2 \longrightarrow 3CO_2 + 4H_2O$，$C_4H_{10} + \frac{13}{2}O_2 \longrightarrow 4CO_2 + 5H_2O$ より，$3x + 4y = 48.4/44$ また，$4x + 5y = 25.2/18$ より，$x = 0.1$mol，$y = 0.2$mol ∴ $x/y = 0.1/0.2 = 1:2$

13 （1） けん化価xとすると，油脂1000mgに対してKOH $x$mgなので$5.00/1000 = 0.95/x$ $x = 190$
（2） 油脂の分子量Mとすると，油脂1molとKOH 3molが反応するので$M/(3 \times 56) = 5/0.95$ $M = 884$
（3） 脂肪酸の分子量をNとすると，グリセリン$C_3H_8O_3$（分子量92）と3分子の脂肪酸から3分子の水がとれたものが油脂の分子量であるので，$92 + 3 \times N - 3 \times 18 = 884$ ∴$N = 246$
（4） $10/100 = 26/y$ ∴$y = 260$ ヨウ素価260

第7章

問1 $C_6H_{12}O_6 \longrightarrow 2C_2H_5OH + 2CO_2$ より，グルコース1mol(180g)からエタノール2mol(46×2g)できるのでグルコース2.0kgから得られるエタノールは1.0kgである．

問2 スクロース，マルトース，ラクトース，セロビオースのうち，還元性をもたないのはスクロースで，加水分解すると，それぞれ，グルコースとフルクトース，グルコース2分子，グルコースとガラクトース，グルコース2分子になる．

問3 アミロース$(C_6H_{10}O_5)_n$の$n = 1500$だから$162 \times 1500 = 243,000$の分子量になる．

問4 アミロースは分子量が比較的小さく，直鎖状の構造をしているのに対し，アミロペクチンは分子量が比較的大きく，枝分かれしている．グリコーゲンは分子量が非常に大きく，アミロペクチンよりも枝分かれが多い構造になっている．

問5 共通点：共にグルコースが縮合重合した天然高分子化合物で光合成によって作られ，$(C_6H_{10}O_5)_n$の化学式で表わされる．
相違点：構成単位のグルコースがデンプンではα型，セルロースはβ型であり，デンプンを加水分解するとマルトースを経てグルコースになるのに対し，セルロースはセロビオースを経てグルコースになる．デンプンはヨウ素デンプン反応を

示し，一部水に溶けるが，セルロースはヨウ素デンプン反応を示さず，水にも溶けない．また，人間はセルロースは消化できない．

問6　ビスコースレーヨンや銅アンモニアレーヨンのような再生繊維はパルプやもめんを薬品に溶解したものでセルロースの分子量は元のセルロースより少し低下しているものの化学組成は同一なのに対し，アセテートレーヨンのような半合成繊維は元のセルロース分子にアセチル基が導入されている．

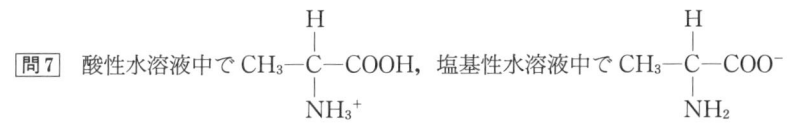

問7　酸性水溶液中で $CH_3-\overset{\overset{H}{|}}{\underset{\underset{NH_3^+}{|}}{C}}-COOH$，塩基性水溶液中で $CH_3-\overset{\overset{H}{|}}{\underset{\underset{NH_2}{|}}{C}}-COO^-$

問8　$H_2N-\overset{\overset{H}{|}}{\underset{\underset{H}{|}}{C}}-\overset{O}{\overset{\|}{C}}-N-\overset{\overset{H}{|}}{\underset{\underset{H}{|}}{C}}-COOH$

問9　（1）マルターゼ　（2）ペプシン，トリプシン　（3）リパーゼ
　　（4）アミラーゼ　（5）インベルターゼ

問10　ビウレット反応：タンパク質を水酸化ナトリウム水溶液と加熱し，硫酸銅水溶液を少量加えると赤紫色になる反応で，タンパク質中の2個以上のペプチド結合によるものである．
　　キサントプロティン反応：タンパク質に濃硝酸を加えて加熱すると黄色になり，さらにアンモニア水を加えると橙黄色になる反応で，タンパク質中のベンゼン環のニトロ化反応によるものである．
　　ニンヒドリン反応：タンパク質にニンヒドリン水溶液を加えて加熱すると赤紫色〜青紫色になる反応で遊離のカルボキシル基，アミノ基によるもので，アミノ酸の検出にも用いられる．

問11　この食品 1.0 g 中には $1.0 \times 0.50 \times 0.16 = 0.08$ g の窒素が含まれているから，アンモニアの量は $N \longrightarrow NH_3$ より $\dfrac{0.08}{14} \times 17 = 0.10$ g

問12　類似点：有機塩基-糖-リン酸からなるヌクレオチドからできたポリヌクレオチドという天然高分子化合物で，いずれも生体の遺伝現象，タンパク質の合成に深く関連している重要な物質である．
　　相違点：DNA を構成する塩基性物質はアデニン，グアニン，チミン，シトシンで糖はデオキシリボースでアデニンとチミン，グアニンとシトシンがそれぞれ対になった二重らせん構造になっているのに対し，RNA はチミンの替わりにウラシルが含まれ，糖はリボースになっていて通常1本鎖ではあるが複雑な高次構造になっている．

問13　生ゴムは長い分子がからみ合ったもので130℃程度で練ると分子相互の架橋が切れて弾性がなくなる．これに硫黄を加えて加熱すると分子間が再び硫黄で架橋されて弾性をもつようになる．この操作を加硫という．

問14 ほとんどのゴムにはカーボンブラックが50%程度充填されて強度などが改善されており、黒色になる。この他、ホワイトカーボンとよばれるシリカなどが加えられる場合もある。

問15 透明なポリエチレンは1000〜2000気圧の高圧で酸素あるいは過酸化物を触媒として作られ、やや低密度（$0.92 \sim 0.94 \, \text{g/cm}^3$）であり、長い線状分子に短い枝が付いた構造をしているため分子の並び方が不規則で非晶質である。一方、不透明なポリエチレンはチーグラー触媒等を用いて中低圧で作られ、やや高密度（$0.94 \sim 0.96 \, \text{g/cm}^3$）であり、線状分子にほとんど枝分かれがなく、分子がかなり規則正しく並び、一部結晶化しているため不透明で強度も大きい。

問16 1つの分子の2箇所以上で酸と塩基、酸とアルコールなどの縮合反応がおこって分子量の大きな高分子化合物にする必要があるから、モノマーは一分子中に2個以上の官能基（OH, COOH, NH_2 など）をもっていなければならない。一分子中に3個以上の官能基があるとポリマーは三次元網目構造になる。

問17 ポリエチレン $10.0 \, \text{kg}$ を得るにはエチレン $CH_2=CH_2$（分子量 28）が $10.0 \, \text{kg}$ 必要で、$0\,°C$、1気圧換算の体積 [l] は $PV = \dfrac{w}{M}RT$ より

$$V = \frac{wRT}{PM} = \frac{10 \times 10^3 \times 0.082 \times 273}{1 \times 28} \fallingdotseq 8000 \, l$$

問18 $\Pi V = \dfrac{w}{M}RT$ より $M = \dfrac{wRT}{\Pi V} = \dfrac{10 \times 0.082 \times 300}{0.005 \times 1} = 49200$、

重合度 = $\dfrac{49200}{\text{スチレンの分子量}} = \dfrac{49200}{104} \fallingdotseq 473$

問19 ポリエチレンテレフタラートのくり返し単位の式量は192で、この中にエステル結合が2個存在するので、エステル結合の数は $20000 \times 2/192 \fallingdotseq 208$ 個となる。

問20 熱可塑性プラスチックにはポリエチレンやナイロンなどがあり、熱を加えると柔らかくなって流動し、成形加工が容易で、その構造は線状である。熱硬化性プラスチックはフェノール樹脂、不飽和ポリエステル樹脂などが該当し、反応の初期には流動するがさらに加熱すると三次元網目構造になり、不溶不融の状態に硬化する。

問21 ポリビニルアルコールをビニルアルコール $CH_2=CH$ というモノマーの付加
$|$
OH
重合で得ることができればよいのだがビニルアルコールはすぐにアセトアルデヒド CH_3CHO に変わってしまい、ほとんど存在できない。このため、やむなく酢酸ビニルを重合して得たポリ酢酸ビニルをけん化して得ているのである。

問22 ナイロンは分子中にアミド結合 -NHCO- を多数含んでおり、一方、タンパク質である絹も同様のペプチド結合 -NHCO- をもっていることが大きな理由である。

問23 合成ゴムになれる条件としては分子が配向せず、結晶化しないこと、分子間力

が小さいこと，分子中に二重結合などをもち加硫などによる結節点を適当につくれることなどがある．

演習問題

1. 高分子化合物は低分子化合物のような気体状態はなく，したがって沸点はない．また，いろいろな分子量をもつ混合物からなり，固有の融点はなく，精製もできない．さらに，低分子化合物と異なり，粘弾性体でガラス転移温度が存在し，特異な変形現象を示し，成形加工が容易である．

2. （1） i) c, f, j   ii) b, d, h   iii) a, e, g, i
   （2） a, d, e, g, i   （3） a, e, i   （4） c, d, f, h, j   （5） b

3. $(C_6H_{10}O_5)_n + nH_2O \longrightarrow nC_6H_{12}O_6$ より $\frac{180}{162} \times 100 = 111\,g$

4. （1）—（c），（2）—（a），（3）—（h），（4）—（d），（5）—（g），（6）—（b）

5. （1）— j ）— A   （2）— f ）— B   （3）— d ）— A   （4）— a ）— A   （5）— e ）— A   （6）— g ）— B   （7）— b ）— B，（8）— h ）— A   （9）— i ）— B   （10）— c ）— A

6. （a）—（1），（12）—（キ）   （b）—（5），（9）—（ウ）   （c）—（2）—（エ）   （d）—（7）—（オ）   （e）—（8），（11）—（ア）   （f）—（1），（4）—（イ）   （g）—（3）—（カ）

付　録

1. 化合物命名法

化合物の名前には，昔から使われている**慣用名**と化合物の構造から組織的につけられた**国際名（組織名）**とがある．この組織名は，IUPAC（国際純正および応用化合連合）の無機化学・有機化学命名法委員会が決めた命名法規則によるものであり，その日本語名は，この命名規則にもとづいて，日本化学会が決めたものである．

(1) 化　学　式

(a) 化合物がはっきりした分子からできている場合には，正しい分子量に相当する分子式を用いる．

[例]　S_8, P_4

もし分子量が温度などによって変わる場合には，もっとも簡単な化学式を用いる．

[例]　S_8, P_4 の代わりに S, P

(b) 化学式を書くときには，電気的陽性の部分（陽イオン）を前に書く．

(c) 2種の非金属元素からできている化合物の場合は，次の系列の前にある元素を先にかく．

　　　　B, Si, C, P, N, H, S, I, Br, Cl, O, F

[例]　NH_3, H_2S, SO_2

(d) 3種以上の元素からできている鎖状の化合物では，実際に結合している順序にかく．

[例]　HOCN（シアン酸）

ただし，HNO_3, H_2SO_4 などは例外である．

(2) 命 名 の 原 則

(a) 化合物の組織名は，成分とそれらの比を示してつくられる．二元素化合物では，化学式のあとにくる元素の語尾を変化させ，——化——とする．

[例]　NaCl　塩化ナトリウム　　　H_2S　硫化水素

(b) 成分比を示すためには，日本語の元素名の前に日本数字を用いる．

[例]　SO_2　二酸化硫黄　　　　NO_2　二酸化窒素
　　　N_2O_4　四酸化二窒素　　　MnO_2　二酸化マンガン

(c) 酸化数は，ローマ数字で示す．

[例]　$FeCl_2$　塩化鉄(II)　　　$FeCl_3$　塩化鉄(III)

　　　　MnO₂　酸化マンガン(IV)
慣用名では，2種の酸化状態に対して，低い方を第一，高い方を第二とよぶ．
（3）イ　オ　ン
（a）陽イオン　　単原子陽イオンは，元素名をそのまま用いる．
　　[例]　Cu⁺　銅(I)イオン　　Cu²⁺　銅(II)イオン
　　　　　Fe²⁺　鉄(II)イオン
（b）陰イオン　　単原子陰イオンは，原則として元素名の語尾を変えて，——化物イオンとよぶ．多原子陰イオンでもほぼ同じである．
　　[例]　Cl⁻　塩化物イオン　　Br⁻　臭化物イオン
　　　　　S²⁻　硫化物イオン　　OH⁻　水酸化物イオン
　　　　　CN⁻　シアン化物イオン
（c）多原子陽イオン
　　[例]　PH₄⁺　ホスホニウムイオン　　H₃O⁺　オキソニウムイオン
例外として，NH₄⁺　アンモニウムイオンとする．
（4）酸（オキソ酸）
（a）酸の大部分は，酸素を含んだオキソ酸（酸素酸）である．
　　[例]　H₃BO₃　ホウ酸　　H₂CO₃　炭酸
　　　　　HNO₃　硝酸　　　H₂SO₄　硫酸
　　　　　HClO₃　塩素酸
（b）オキソ酸の中で，低い酸化状態を示す"次—"，高い酸化状態を示す"過—"という接頭語をつける場合は，次のようなものに限る．
　　[例]　HClO　次亜塩素酸　　HBrO　次亜臭素酸
　　　　　HClO₄　過塩素酸　　　HMnO₄　過マンガン酸
（5）塩
（a）単　塩　　はじめに陰イオン，次に陽イオンで表わす．
　　[例]　FeSO₄　硫酸鉄(II)　　KCl　塩化カリウム
（b）酸性塩　　陰イオンの名のあとに，水素（必要ならばその数を日本数字で入れる）という語を入れる．
　　[例]　NaHCO₃　炭酸水素ナトリウム
　　　　　NaH₂PO₄　リン酸二水素ナトリウム
（c）複　塩　　化学式では，陽イオンを先に，陰イオンをあとにかく．陽イオンが2種以上のときには，元素記号のアルファベット順にかき，名称は陰イオンに近い方からよぶ．陰イオンが2種以上のときは，陽イオンに近い方からよぶ．
　　[例]　KMgF₃　フッ化マグネシウムカリウム
　　　　　NaNH₄HPO₄·4H₂O　リン酸水素アンモニウムナトリウム・4水塩
　　　　　MgCl(OH)　塩化水酸化マグネシウム
（6）錯塩・錯イオン
（a）陰イオン性配位子の名前は，語尾"—オ"で終わる．

[例]　F⁻　フルオロ　　Cl⁻　クロロ　　Br⁻　ブロモ
　　　OH⁻　ヒドロキソ　　CN⁻　シアノ　　$S_2O_3^{2-}$　チオスルファト
（b）中性配位子は，次のようによぶ．
[例]　H_2O　アクア　　NH_3　アンミン
（c）錯体の化学式は，中心原子・陰イオン性配位子・陽イオン性配位子・中性配位子の順にかき，名称は陰・陽イオンおよび中性の配位子，次に中心原子の順によぶ．
[例]　$[Cu(NH_3)_4]SO_4$　　テトラアンミン銅（II）硫酸塩
　　　$K_4[Fe(CN)_6]$　　ヘキサシアノ鉄（II）酸カリウム※
　　　$Na_3[Ag(S_2O_3)_2]$　　ビスチオスルファト銀（I）酸ナトリウム※
　　　$[Ag(NH_3)_2]^+$　　ジアンミン銀（I）イオン
　　　（※錯陰イオンでは中心原子の名称の次に"――酸"をつけてよぶ）

有機化合物命名法

（1）**飽和鎖式炭化水素**　　次表のように命名する．炭素数5以上の炭化水素の名称は，ギリシア語（一部ラテン語）の数詞に接尾語"-ane"（アン）をつける．
アルキル基　飽和鎖式炭化水素の英語名の語尾"-ane"を"-yl"に変える．
[例]　CH_3-　メチル　　C_2H_5-　エチル

炭化水素 C_nH_{2n+2} の名称

n	名　　称	n	名　　称
1	methane（メタン）	13	tridecane（トリデカン）
2	ethane（エタン）	14	tetradecane（テトラデカン）
3	propane（プロパン）	15	pentadecane（ペンタデカン）
4	butane（ブタン）	16	hexadecane（ヘキサデカン）
5	pentane（ペンタン）	17	heptadecane（ヘプタデカン）
6	hexane（ヘキサン）	18	octadecane（オクタデカン）
7	heptane（ヘプタン）	19	nonadecane（ノナデカン）
8	octane（オクタン）	20	eicosane（エイコサン）
9	nonane（ノナン）	21	heneicosane（ヘンエイコサン）
10	decane（デカン）	22	docosane（ドコサン）
11	undecane（ウンデカン）	30	triacontane（トリアコンタン）
12	dodecane（ドデカン）	40	tetracontane（テトラコンタン）

（2）**側鎖のある飽和炭化水素**　　枝のある飽和炭化水素は，飽和鎖式炭化水素の誘導体として命名する．分子内のもっとも長い直鎖の部分に相当する名称の前に，側鎖の基名とその数を接頭語として加える．
[例]　$\overset{1}{C}H_3\overset{2}{C}H\overset{3}{C}H_2\overset{4}{C}H\overset{5}{C}H_2\overset{6}{C}H_3$　　2,4-ジメチルヘキサン
　　　　　　|　　　　|
　　　　　CH_3　CH_3

側鎖の位置は，主鎖の炭素に番号をつけて表わし，その番号は側鎖の位置が最小の番号になるようにする．

（3）不飽和鎖式炭化水素
（a）二重結合をもつ鎖式炭化水素は，相当する飽和炭化水素名の語尾 "-ane" を "-ene"（エン），"-adiene"（アジエン）にかえて命名する．

[例] $CH_3-CH=CH_2$　プロペン
　　　$\overset{1}{C}H_3-\overset{2}{C}H=\overset{3}{C}H-\overset{4}{C}H_3$　2-ブテン
　　　$\overset{1}{C}H_2=\overset{2}{C}H-\overset{3}{C}H=\overset{4}{C}H_2$　1,3-ブタジエン
　　　$\overset{1}{C}H_2=\overset{2}{C}H-\overset{3}{C}H_2-\overset{4}{C}H=\overset{5}{C}H-\overset{6}{C}H_3$　1,4-ヘキサジエン

位置番号は，二重結合が最小の番号で表わされるように選ぶ．
エチレン，アレンの慣用名は，その使用が認められる．

（b）三重結合をもつ鎖式炭化水素は，"-yne"（イン），"-diyne"（ジイン）などの接尾語で命名する．

[例] $CH_3-C\equiv C-CH_3$　2-ブチン

アセチレンの慣用名は，その使用が認められる．

（4）単環炭化水素
（a）同数の炭素原子をもつ鎖式炭化水素名に "cyclo"（シクロ）をつけて命名する．

[例] シクロヘキサン

（b）不飽和単環炭化水素の名称は，（a）の名称の語尾をエン，アジエン，インにかえて命名する．

（c）芳香族単環炭化水素に対するベンゼンの名称は残す．また，トルエン，キシレン，クメン，スチレンの名称も残す．

（5）ハロゲン化物
（a）炭化水素の H をハロゲン原子で置換したものとして命名する（置換命名法）．

[例] C_2H_5Cl　クロロエタン　　$CH_3-\underset{\underset{Br}{|}}{C}H-CH_3$　2-ブロモプロパン
　　　$Cl-CH_2-CH_2-Cl$　1,2-ジクロロエタン

（b）炭化水素基とハロゲン原子とからなるものとして命名する（基官能命名法）．

[例] $CH_3-\underset{\underset{Br}{|}}{C}H-CH_3$　臭化イソプロピル
　　　$Br-CH_2-CH_2-Br$　二臭化エチレン

（6）アルコール
（a）炭化水素の英語名の語尾に "-ol"（オール）をつける．

[例] C_2H_5OH　エタノール
　　　$CH_2(OH)-CH_2(OH)$　エタンジオール

基官能命名法では，
   C_2H_5OH　エチルアルコール
   $CH_3-CH(OH)-CH_3$　イソプロピルアルコール
（7）　アルデヒド，ケトン
アルデヒドは，炭化水素名の語尾に"-al"（アール），ケトンは，"-one"（オン）をつける．
 [例]　CH_3CHO　エタナール
   CH_3COCH_3　プロパノン
慣用名として，ホルムアルデヒド，アセトアルデヒド，ベンズアルデヒドなどは使ってよい．また，アセトンも使ってよい．
（8）　カルボン酸，エステル
（a）　カルボン酸と同じ炭素骨格の炭化水素名に—酸をつける．
 [例]　CH_3COOH　エタン酸（慣用名 酢酸）
（b）　エステルは，酸の名前に炭化水素基名をつける．
 [例]　$CH_3COOC_2H_5$　酢酸エチル
慣用名が認められているカルボン酸として，ギ酸，酢酸，プロピオン酸，パルミチン酸，シュウ酸，マロン酸，アクリル酸，安息香酸などの多くの酸がある．

2.　試薬溶液の調製法

酸・塩基の溶液

試薬	濃度 mol/l (約)	質量% (約)	調製法
塩酸	6	20%	濃塩酸（比重1.19，約37%，約12 mol/l）を2倍にうすめる．
	2	7%	濃塩酸を6倍にうすめる．
硫酸	3	25%	濃硫酸（比重1.84，約96%，約18 mol/l）を6倍にうすめる．
	1	9%	濃硫酸を18倍にうすめる．
硝酸	6	32%	濃硝酸（比重1.42，約64%，約14.5 mol/l）を2.4倍にうすめる．
	2	12%	濃硝酸を7.25倍にうすめる．
酢酸	2	12%	氷酢酸（比重1.05，約99%，約17 mol/l）を8.5倍にうすめる．
水酸化ナトリウム溶液	2	8%	水酸化ナトリウム8gを水に溶かして100 mlとする．

付　録　**319**

酸・塩基の溶液

試薬	濃度 mol/l (約)	濃度 質量% (約)	調製法
アンモニア水	2	3%	濃アンモニア水 (比重0.9, 約28%, 約15 mol/l)を7.5倍にうすめる.
石灰水	0.01	0.1%	水酸化カルシウムに水を加えてよく振り, 1夜放置してその上澄み液を使う.

塩類および特殊試薬の溶液

試薬	濃度	調製法
硝酸銀	0.1 mol/l 1.7%	硝酸銀 1.7 g を水に溶かして 100 ml にする.
硫酸銅	0.1 mol/l 5%	結晶硫酸銅 7.8 g を水に溶かして 100 ml にする.
過マンガン酸カリウム	0.019 mol/l 0.3%	過マンガン酸カリウム 0.3 g を水に溶かして 100 ml とする.
フェノールフタレイン	1%	フェノールフタレイン 1 g を純エタノールに溶かし, 水を加えて 100 ml にする.
リトマス	1%	リトマス 1 g を水に溶かして 100 ml にする.
メチルオレンジ	0.1%	メチルオレンジ 0.1 g を温水に溶かして 100 ml にする.
フェーリング溶液		A液；結晶硫酸銅 7 g を水 100 ml に溶かす. B液；酒石酸カリウムナトリウム 35 g と水酸化ナトリウム 10 g を 100 ml の水にとかす.
ヨウ素-ヨウ化カリウム溶液		ヨウ化カリウム 0.5 g とヨウ素 0.3 g を水 250 ml に溶かし, 褐色のびんに保存する.
デンプン溶液	1%	可溶性デンプン 1 g を水 100 ml に加えて煮沸する.
さらし粉溶液		さらし粉 1 g に水 20 ml を加え練り混ぜ, ろ過する.
シュバイツァー試薬		水酸化銅(II) 3 g を 28% アンモニア水 100 ml に溶かす.

3. 25°C における弱酸・弱塩基の電離定数(K_a)と電離指数(pK_a)

物質名	K_a	pK_a	物質名	K_a	pK_a
ピクリン酸	1.96×10^{-1}	0.708	シアン化水素	4.79×10^{-10} *2)	9.32 *2)
トリクロル酢酸	2.32×10^{-1}	0.635	アンモニウムイオン	5.69×10^{-10}	9.245
ベンゼンスルホン酸	2.0×10^{-1}	0.699	フェノール	1.00×10^{-10}	9.998
シュウ酸*1)	5.36×10^{-2}	1.271	炭酸水素イオン	4.69×10^{-11}	10.329
亜硫酸*1)	1.66×10^{-2} *2)	1.780 *2)	過酸化水素	2.4×10^{-12}	11.62
硫酸水素イオン	1.20×10^{-2}	1.921	水	1.0×10^{-14}	13.996

物質名	K_a	pK_a	物質名	pK_a	pK_b
リン酸*1)	7.11×10^{-3}	2.148			
グリシン(酸)	4.46×10^{-3}	2.350	尿素	0.18	13.82
フッ化水素	6.70×10^{-4}	3.173	アニリン	4.60	9.40
亜硝酸	6.30×10^{-4} *4)	3.22 *4)	ピリジン	5.18	8.82
ギ酸	1.77×10^{-4}	3.752	アンモニア	9.25	4.75
安息香酸	6.31×10^{-5}	4.200	グリシン(塩基)	9.78	4.22
酢酸	1.75×10^{-5}	4.756	メチルアミン	10.62	3.38
炭酸	4.44×10^{-7}	6.352			
硫化水素*1)	8.71×10^{-8} *3)	7.06 *3)			

*1) 第1次の電離定数, *2) 18°C での値, *3) 20°C での値, *4) 30°C での値

4. おもな気体・陽イオン・陰イオンの検出法

気体

気体	製法	性質・検出法
水素 H_2	Zn, Fe などと HCl または H_2SO_4 との反応, 水の電解	軽い, よく燃える. 還元性がある. 空気を混ぜて点火すると, 爆音をたてて燃える.
酸素 O_2	H_2O_2, $KClO_3$ の分解 (MnO_2 触媒)	ものを燃やす, 酸化性がある. マッチの燃えさしを入れると燃えだす.
オゾン O_3	O_2 中で無声放電	特有なにおい, 酸化性がある. KI デンプン紙を青変する. 漂白性がある.
窒素 N_2	NH_4NO_2 の分解, 空気より O_2 を除く	不活性である. 燃焼支持性がない.
塩素 Cl_2	HCl の MnO_2 による酸化または $CaCl_2 \cdot Ca(ClO)_2$ と HCl の反応	黄緑色, 刺激臭がある. 有毒, ほとんどの元素と反応する. リトマスを漂白する. KI 溶液に通ずると I_2 を遊離する.

気体

気体	製法	性質・検出法
硫化水素 H_2S	FeS と HCl との反応	卵の腐ったにおい，強い毒性，還元剤，金属塩水溶液より硫化物を沈殿させる．Pb^{2+} と反応して，黒褐色の PbS を生ずる．
アンモニア NH_3	NH_4Cl と $Ca(OH)_2$ または NaOH との反応	特有なにおい，リトマス紙を青変．水に溶けやすい．濃塩酸と反応して白煙を生ずる．
塩化水素 HCl	NaCl と H_2SO_4 との反応	刺激臭，水溶液は酸性，水に溶けやすい．濃アンモニア水と反応して白煙を生ずる．
フッ化水素 HF	CaF_2 と H_2SO_4 との反応	刺激臭，毒性が強い．SiO_2（ガラス）を溶かす．
二酸化炭素 CO_2	$CaCO_3$ または Na_2CO_3 と HCl との反応 $NaHCO_3$ の分解	水に溶けて弱酸性を示す．石灰水を白濁させる．
一酸化炭素 CO	$(COOH)_2$ または HCOOH と H_2SO_4 との反応	毒性が強い．燃やすと青い炎をあげて燃える．
一酸化窒素 NO	Cu と希 HNO_3 との反応	刺激臭がある．空気と混ぜると褐色の NO_2 になる．
二酸化窒素 NO_2	Cu 濃と HNO_3 との反応	褐色の気体で，刺激臭がある．水に溶けて強酸性を示す．
二酸化硫黄 SO_2	Cu 濃と H_2SO_4 との反応（加熱）	刺激臭がある．水溶液は酸性を示し，漂白性がある．
メタン CH_4	CH_3COONa と NaOH との反応	よく燃える．安定な気体である．
エチレン C_2H_4	C_2H_5OH と濃 H_2SO_4 との反応	特有のにおいをもつ．輝いた炎をだして燃える．臭素水を無色にする．
アセチレン C_2H_2	CaC_2 と H_2O との反応	特異臭をもつ．すすを出してあかるい炎で燃える．臭素水を無色にする．

陽イオン

イオン	試薬	沈殿生成物	沈殿物の性質
Ag^+	$HCl(Cl^-)$	$AgCl$(白↓)	希 HNO_3 に不溶,NH_3 水,$Na_2S_2O_3$,KCN 溶液に溶.光により紫色.
	H_2S	Ag_2S(黒↓)	希 HNO_3 に溶,NH_3 水,NaOH 溶液に不溶.
	K_2CrO_4	Ag_2CrO_4(赤褐↓)(中性溶液から)	NH_3 水,希 HNO_3 に溶.
	KI	AgI(黄↓)	NH_3 水に不溶.$Na_2S_2O_3$,KCN 溶液に溶.
	NaOH	Ag_2O(褐↓)	NaOH の過剰に不溶.NH_3 水,希 HNO_3 に溶.
Hg_2^{2+}	$HCl(Cl^-)$	Hg_2Cl_2(白↓)	NH_3 水により Hg_2O(黒)を生ずる.酸に不溶.
	H_2S	Hg_2S(黒↓)	Hg_2S はすぐに HgS(黒)と Hg に分解.酸に不溶.
	NaOH	Hg_2O(黒↓)	希 HNO_3 に溶.
Hg^{2+}	H_2S	HgS(黒↓)	希 HNO_3 に不溶.
	KI	HgI_2(赤↓)	KI 溶液の過剰に溶$[HgI_4]^{2-}$,無色).
	NaOH	HgO(黄↓)	HCl,希 HNO_3 に溶.
	$SnCl_2$	Hg_2Cl_2(白↓)→Hg(灰↓)	
Pb^{2+}	$HCl(Cl^-)$	$PbCl_2$(白↓)	温湯に溶.
	H_2S	PbS(黒↓)	希 HNO_3 に溶.NaOH 溶液に不溶.
	K_2CrO_4	$PbCrO_4$(黄↓)	希 HNO_3,NaOH 溶液に溶.酢酸に不溶.
	NaOH	$Pb(OH)_2$(白↓)	NaOH 溶液の大過剰に溶.
	$H_2SO_4(SO_4^{2-})$	$PbSO_4$(白↓)	NaOH 溶液に溶.
	KI	PbI_2(黄↓)	KI 溶液の過剰に不溶.
Cu^{2+}	H_2S	CuS(黒↓)(中性・酸性溶液から)	希 HNO_3 に溶.
	NaOH	$Cu(OH)_2$(青白↓)	溶液を煮沸すると CuO(黒)を生ずる.
	NH_3 水	$Cu(OH)_2$(青白↓)	過剰の NH_3 水に溶($[Cu(NH_3)_4]^{2+}$ 濃青色)
Cd^{2+}	H_2S	CdS(黄↓)(弱酸性・中性溶液から)	
	NH_3 水	$Cd(OH)_2$(白↓)	NH_3 水の過剰に溶($[Cd(NH_3)_4]^{2+}$,無色)

陽イオン

イオン	試薬	沈殿生成物	沈殿物の性質
Sn^{2+}	H_2S	SnS（褐↓）	希 HCl に溶，$(NH_4)_2S$ に不溶．
	NaOH	$Sn(OH)_2$（白↓）	NaOH 溶液の過剰に溶．
	$HgCl_2$	Hg_2Cl_2（白↓）	
		→Hg（灰↓）	$HgCl_2$ 溶液過剰のときは HgO（黄↓）．
Sn^{4+}	Zn	Sn（海綿状）	
		（酸性溶液から）	
	H_2S	SnS_2（黄↓）	希 HCl に不溶．$(NH_4)_2S$ に溶．
	NaOH	$Sn(OH)_4$	
		（白，にかわ状↓）	過剰の NaOH 溶液に溶（H_2SnO_3）．
Al^{3+}	NH_3 水	$Al(OH)_3$	過剰の NH_3 水に不溶．
		（白，ゼラチン状↓）	
	NaOH	$Al(OH)_3$（白↓）	過剰の NaOH 溶液に溶（AlO_2^-，無色）．
	オキシン	（黄↓）	強酸，強アルカリに溶．
		（弱酸性で）	
Fe^{2+}	$K_3[Fe(CN)_6]$	$KFe[Fe(CN)_6]$	（ターンブルブルー）
		（濃青↓）	
	$K_4[Fe(CN)_6]$	$K_2Fe[Fe(CN)_6]$（白↓）	
	NaOH	$Fe(OH)_2$（白↓）	空気にふれると青黒色から褐色になる．
Fe^{3+}	$K_3[Fe(CN)_6]$	褐色となるが沈殿しない．	
	$K_4[Fe(CN)_6]$	$KFe[Fe(CN)_6]$（濃青↓）（ベルリンブルー）	
	NaOH	$Fe(OH)_3$（赤褐↓）	
	SCN^-	$Fe(SCN)_3$（血赤色呈色）	
Mn^{2+}	$(NH_4)_2S$	MnS（淡褐↓）	希 HCl に溶．
		（弱アルカリ性溶液から）	
	NaOH	$Mn(OH)_2$（白↓）	H_2O_2 で黒褐色．
Co^{2+}	$(NH_4)_2S$	CoS（黒↓）	希酸に不溶．
Ni^{2+}	リオキシム	（微アルカリ溶液から）	
	NH_3 水	$Ni(OH)_2$（緑↓）	過剰の NH_3 水に溶（$[Ni(NH_3)_4]^{2+}$）．
	$(NH_4)_2S$	NiS（黒↓）	酸に不溶．
Zn^{2+}	H_2S	ZnS（白↓）	酸に溶．
		（中性溶液から）	
	NaOH	$Zn(OH)_2$（白↓）	NaOH 溶液の過剰に溶（ZnO_2^{2-}）．

陽イオン

イオン	試薬	沈殿生成物	沈殿物の性質
Ca^{2+}	CO_3^{2-}	$CaCO_3$(白↓)	希酸に溶.
	$C_2O_4^{2-}$	CaC_2O_4(白↓) (アルカリ性溶液から)	強酸に溶.
	SO_4^{2-}	$CaSO_4$(白↓)	CH_3COONH_4 溶液に溶.
Ba^{2+}	K_2CrO_4	$BaCrO_4$(黄↓) (中性溶液から)	
	CO_3^{2-}	$BaCO_3$(白↓)	酸に溶.
	SO_4^{2-}	$BaSO_4$(白↓)	酸・アルカリに不溶.
	炎色	黄緑色	
Mg^{2+}	NaOH	$Mg(OH)_2$(白↓)	NH_4^+ があると沈殿しない.
	PO_4^{3-}	$MgNH_4PO_4$(白↓) (NH_4Cl, NH_3 水の存在の下で)	酸に溶.
K^+	H_2PtCl_6	K_2PtCl_6(黄↓)	
	炎色	赤紫色	コバルトガラスを通して紫色.
Na^+	炎色	黄色	
NH_4^+	ネスラー試薬	OHg_2NH_2I(黄褐↓, 呈色)	

陰イオン

イオン	試薬	沈殿生成物	沈殿物の性質
SO_4^{2-}	$BaCl_2$	$BaSO_4$(白↓)	酸・アルカリに不溶.
	Pb^{2+}	$PbSO_4$(白↓)	酸に不溶. conc HCl, NaOH 溶液に溶.
$C_2O_4^{2-}$	$AgNO_3$	$Ag_2C_2O_4$(白↓) (中性溶液から)	NH_3 水, HNO_3 に溶.
	$CaCl_2$	CaC_2O_4(白↓) (中性溶液から)	CH_3COOH に不溶.
F^-	$BaCl_2$	BaF_2(白↓) (中性溶液から)	HNO_3 に溶. CH_3COOH に不溶.
	$AgNO_3$	沈殿しない	他のハロゲン化物イオンとの区別となる.
CrO_4^{2-} $Cr_2O_7^{2-}$	$AgNO_3$	Ag_2CrO_4(赤褐↓) (中性溶液から)	HNO_3 に溶. CH_3COOH に不溶.
	$BaCl_2$	$BaCrO_4$(黄↓)	HNO_3 に溶. CH_3COOH に不溶.
	Pb^{2+}	$PbCrO_4$(黄↓)	HNO_3 に溶. CH_3COOH に不溶.
SO_3^{2-}	$AgNO_3$	Ag_2SO_3(白↓)	HNO_3 に溶. CH_3COOH に不溶.
	$BaCl_2$	$BaSO_3$(白↓)	HNO_3, HCl に溶. CH_3COOH に不溶

陰イオン

イオン	試薬	沈殿生成物	沈殿物の性質
$S_2O_3^{2-}$	$AgNO_3$	$Ag_2S_2O_3$(白↓)(中性溶液から)	HNO_3, NH_3水に溶. 沈殿は放置すると, Ag_2Sになる.
	I_2	I^-(中性溶液から)	ヨウ素の色が消える.
PO_4^{3-}	$AgNO_3$	Ag_3PO_4(黄↓)(中性溶液から)またはAg_2HPO_4(白↓)	HNO_3, CH_3COOH, NH_3水に溶.
	マグネシヤ混液	$MgNH_4PO_4$(白↓)	
	$(NH_4)_2MoO_4$	$(NH_4)_3PO_4・12MoO_3$(黄↓)	
CO_3^{2-}	$AgNO_3$	Ag_2CO_3(白↓)	NH_3水の過剰に溶.
	$BaCl_2$	$BaCO_3$(白↓)	CH_3COOHに溶.
	Pb^{2+}	$PbCO_3$(白↓)	CH_3COOHに溶.
Cl^-	$AgNO_3$	$AgCl$(白↓)	HNO_3に不溶. NH_3, KCN, $Na_2S_2O_3$溶液に溶.
	Pb^{2+}	$PbCl_2$(白)	HNO_3, CH_3COOH, 熱水に溶.
Br^-	$AgNO_3$	$AgBr$(黄白↓)	HNO_3に不溶. $Na_2S_2O_3$溶液に溶.
	Pb^{2+}	$PbBr_2$(白↓)	$PbCl_2$ほど熱水に不溶.
I^-	$AgNO_3$	AgI(黄↓)	HNO_3, NH_3水に不溶. $Na_2S_2O_3$溶液に溶.
	Pb^{2+}	PbI_2(黄↓)	熱水にかなり溶.

5. 工業製品系統図

食塩を原料とする工業製品

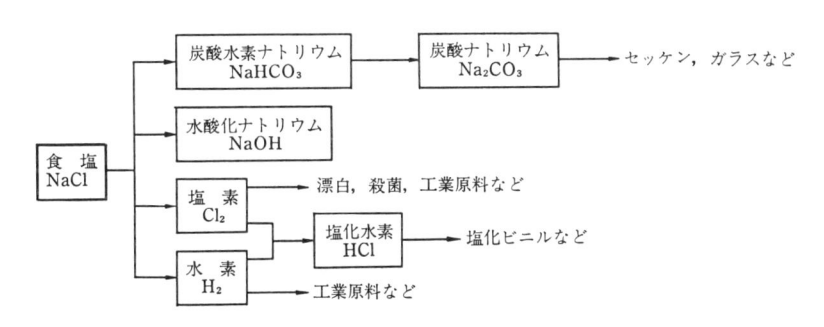

食塩 NaCl
- 炭酸水素ナトリウム $NaHCO_3$ → 炭酸ナトリウム Na_2CO_3 → セッケン, ガラスなど
- 水酸化ナトリウム $NaOH$
- 塩素 Cl_2 → 漂白, 殺菌, 工業原料など
- 塩素 Cl_2 + 水素 H_2 → 塩化水素 HCl → 塩化ビニルなど
- 水素 H_2 → 工業原料など

硫黄, 空気を原料とする工業製品

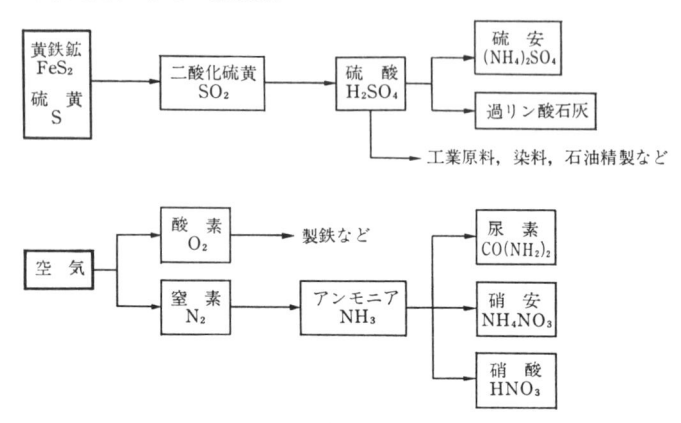

黄鉄鉱 FeS_2 / 硫黄 S → 二酸化硫黄 SO_2 → 硫酸 H_2SO_4 →
- 硫安 $(NH_4)_2SO_4$
- 過リン酸石灰
- 工業原料, 染料, 石油精製など

空気 →
- 酸素 O_2 → 製鉄など
- 窒素 N_2 → アンモニア NH_3 →
  - 尿素 $CO(NH_2)_2$
  - 硝安 NH_4NO_3
  - 硝酸 HNO_3

ケイ酸塩を原料とする工業製品

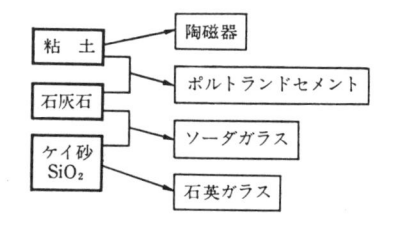

- 粘土 → 陶磁器, ポルトランドセメント
- 石灰石 → ポルトランドセメント
- ケイ砂 SiO_2 → ソーダガラス, 石英ガラス

アセチレンを原料とする工業製品

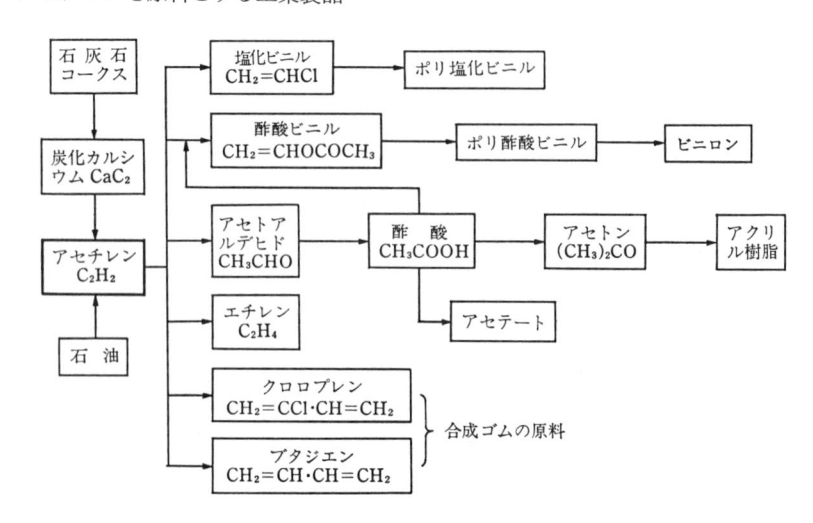

石灰石・コークス → 炭化カルシウム CaC_2 → アセチレン C_2H_2 ← 石油

アセチレン C_2H_2 →
- 塩化ビニル $CH_2=CHCl$ → ポリ塩化ビニル
- 酢酸ビニル $CH_2=CHOCOCH_3$ → ポリ酢酸ビニル → ビニロン
- アセトアルデヒド CH_3CHO → 酢酸 CH_3COOH → アセトン $(CH_3)_2CO$ → アクリル樹脂
- エチレン C_2H_4
- 酢酸 CH_3COOH → アセテート
- クロロプレン $CH_2=CCl\cdot CH=CH_2$ ⎫
- ブタジエン $CH_2=CH\cdot CH=CH_2$ ⎭ 合成ゴムの原料

付　録　**327**

コールタールを原料とする工業製品

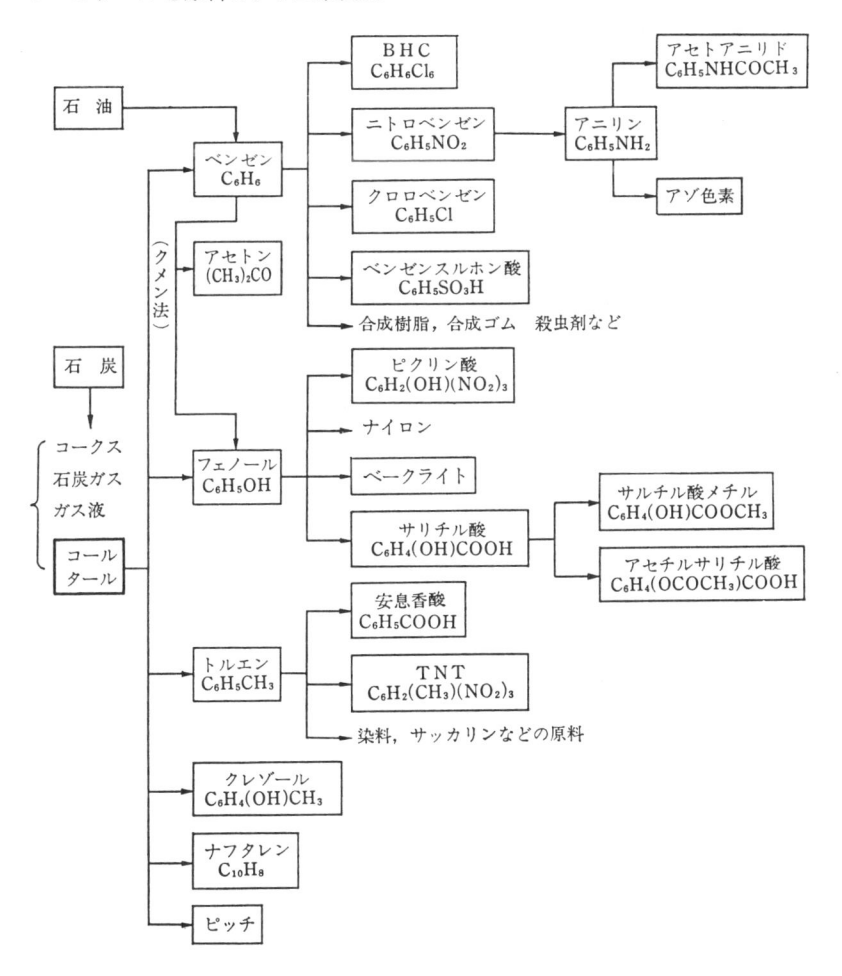

```
石油 ──────┐
           ├─→ ベンゼン ──┬─→ BHC $C_6H_6Cl_6$
           │    $C_6H_6$  ├─→ ニトロベンゼン ──→ アニリン ──┬─→ アセトアニリド
           │              │    $C_6H_5NO_2$      $C_6H_5NH_2$  │   $C_6H_5NHCOCH_3$
           │              │                                     └─→ アゾ色素
           │              ├─→ クロロベンゼン
           │              │    $C_6H_5Cl$
           │  (クメン法)  │
           │   ┌→ アセトン ├─→ ベンゼンスルホン酸
           │   │ $(CH_3)_2CO$ │   $C_6H_5SO_3H$
           │   │              └─→ 合成樹脂, 合成ゴム, 殺虫剤など
石炭       │   │
┌コークス  │   │           ┌─→ ピクリン酸
│石炭ガス  │   │           │   $C_6H_2(OH)(NO_2)_3$
│ガス液    │   │           ├─→ ナイロン
│          └───┴→ フェノール├─→ ベークライト
└コール ────→      $C_6H_5OH$ │                      ┌─→ サルチル酸メチル
  タール                      │                      │   $C_6H_4(OH)COOCH_3$
                              └─→ サリチル酸 ────────┤
                                   $C_6H_4(OH)COOH$  └─→ アセチルサリチル酸
                                                         $C_6H_4(OCOCH_3)COOH$

          ──→ トルエン ──┬─→ 安息香酸
               $C_6H_5CH_3$ │   $C_6H_5COOH$
                            ├─→ TNT
                            │   $C_6H_2(CH_3)(NO_2)_3$
                            └─→ 染料, サッカリンなどの原料

          ──→ クレゾール
               $C_6H_4(OH)CH_3$
          ──→ ナフタレン
               $C_{10}H_8$
          ──→ ピッチ
```

油脂を原料とする工業製品

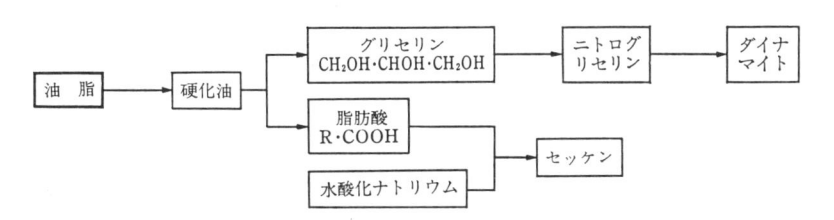

```
油脂 ──→ 硬化油 ──┬─→ グリセリン ──→ ニトログリ ──→ ダイナ
                  │   $CH_2OH・CHOH・CH_2OH$  セリン       マイト
                  └─→ 脂肪酸 ────┐
                      $R・COOH$   ├─→ セッケン
                      水酸化ナトリウム┘
```

6. 原子の核外電子配置

周期	元素	K 1s	L 2s	L 2p	M 3s	M 3p	M 3d	N 4s	N 4p	N 4d	N 4f	O 5s	O 5p	O 5d	O 5f	P 6s	P 6p	P 6d	Q 7s
1	1. H	1																	
1	2. He	2																	
2	3. Li	2	1																
2	4. Be	2	2																
2	5. B	2	2	1															
2	6. C	2	2	2															
2	7. N	2	2	3															
2	8. O	2	2	4															
2	9. F	2	2	5															
2	10. Ne	2	2	6															
3	11. Na	2	2	6	1														
3	12. Mg	2	2	6	2														
3	13. Al	2	2	6	2	1													
3	14. Si	2	2	6	2	2													
3	15. P	2	2	6	2	3													
3	16. S	2	2	6	2	4													
3	17. Cl	2	2	6	2	5													
3	18. Ar	2	2	6	2	6													
4	19. K	2	2	6	2	6		1											
4	20. Ca	2	2	6	2	6		2											
4	21. Sc	2	2	6	2	6	1	2											
4	22. Ti	2	2	6	2	6	2	2											
4	23. V	2	2	6	2	6	3	2											
4	24. Cr	2	2	6	2	6	5	1											
4	25. Mn	2	2	6	2	6	5	2											
4	26. Fe	2	2	6	2	6	6	2											
4	27. Co	2	2	6	2	6	7	2											
4	28. Ni	2	2	6	2	6	8	2											
4	29. Cu	2	2	6	2	6	10	1											
4	30. Zn	2	2	6	2	6	10	2											
4	31. Ga	2	2	6	2	6	10	2	1										
4	32. Ge	2	2	6	2	6	10	2	2										
4	33. As	2	2	6	2	6	10	2	3										
4	34. Se	2	2	6	2	6	10	2	4										
4	35. Br	2	2	6	2	6	10	2	5										
4	36. Kr	2	2	6	2	6	10	2	6										

付　　録　　*329*

周期	元素	K 1s	L 2s	L 2p	M 3s	M 3p	M 3d	N 4s	N 4p	N 4d	N 4f	O 5s	O 5p	O 5d	O 5f	P 6s	P 6p	P 6d	Q 7s
5	37. Rb	2	2	6	2	6	10	2	6			1							
	38. Sr	2	2	6	2	6	10	2	6			2							
	39. Y	2	2	6	2	6	10	2	6	1		2							
	40. Zr	2	2	6	2	6	10	2	6	2		2							
	41. Nb	2	2	6	2	6	10	2	6	4		1							
	42. Mo	2	2	6	2	6	10	2	6	5		1							
	43. Tc	2	2	6	2	6	10	2	6	5		2							
	44. Ru	2	2	6	2	6	10	2	6	7		1							
	45. Rh	2	2	6	2	6	10	2	6	8		1							
	46. Pd	2	2	6	2	6	10	2	6	10									
	47. Ag	2	2	6	2	6	10	2	6	10		1							
	48. Cd	2	2	6	2	6	10	2	6	10		2							
	49. In	2	2	6	2	6	10	2	6	10		2	1						
	50. Sn	2	2	6	2	6	10	2	6	10		2	2						
	51. Sb	2	2	6	2	6	10	2	6	10		2	3						
	52. Te	2	2	6	2	6	10	2	6	10		2	4						
	53. I	2	2	6	2	6	10	2	6	10		2	5						
	54. Xe	2	2	6	2	6	10	2	6	10		2	6						
6	55. Cs	2	2	6	2	6	10	2	6	10		2	6			1			
	56. Ba	2	2	6	2	6	10	2	6	10		2	6			2			
	57. La	2	2	6	2	6	10	2	6	10		2	6	1		2			
	58. Ce	2	2	6	2	6	10	2	6	10	2	2	6			2			
	59. Pr	2	2	6	2	6	10	2	6	10	3	2	6			2			
	60. Nd	2	2	6	2	6	10	2	6	10	4	2	6			2			
	61. Pm	2	2	6	2	6	10	2	6	10	5	2	6			2			
	62. Sm	2	2	6	2	6	10	2	6	10	6	2	6			2			
	63. Eu	2	2	6	2	6	10	2	6	10	7	2	6			2			
	64. Gd	2	2	6	2	6	10	2	6	10	7	2	6	1		2			
	65. Tb	2	2	6	2	6	10	2	6	10	9	2	6			2			
	66. Dy	2	2	6	2	6	10	2	6	10	10	2	6			2			
	67. Ho	2	2	6	2	6	10	2	6	10	11	2	6			2			
	68. Er	2	2	6	2	6	10	2	6	10	12	2	6			2			
	69. Tm	2	2	6	2	6	10	2	6	10	13	2	6			2			
	70. Yb	2	2	6	2	6	10	2	6	10	14	2	6			2			
	71. Lu	2	2	6	2	6	10	2	6	10	14	2	6	1		2			
	72. Hf	2	2	6	2	6	10	2	6	10	14	2	6	2		2			
	73. Ta	2	2	6	2	6	10	2	6	10	14	2	6	3		2			
	74. W	2	2	6	2	6	10	2	6	10	14	2	6	4		2			

周期	元素	K 1s	L 2s	L 2p	M 3s	M 3p	M 3d	N 4s	N 4p	N 4d	N 4f	O 5s	O 5p	O 5d	O 5f	P 6s	P 6p	P 6d	Q 7s
6	75. Re	2	2	6	2	6	10	2	6	10	14	2	6	5		2			
	76. Os	2	2	6	2	6	10	2	6	10	14	2	6	6		2			
	77. Ir	2	2	6	2	6	10	2	6	10	14	2	6	7		2			
	78. Pt	2	2	6	2	6	10	2	6	10	14	2	6	9		1			
	79. Au	2	2	6	2	6	10	2	6	10	14	2	6	10		1			
	80. Hg	2	2	6	2	6	10	2	6	10	14	2	6	10		2			
	81. Tl	2	2	6	2	6	10	2	6	10	14	2	6	10		2	1		
	82. Pb	2	2	6	2	6	10	2	6	10	14	2	6	10		2	2		
	83. Bi	2	2	6	2	6	10	2	6	10	14	2	6	10		2	3		
	84. Po	2	2	6	2	6	10	2	6	10	14	2	6	10		2	4		
	85. At	2	2	6	2	6	10	2	6	10	14	2	6	10		2	5		
	86. Rn	2	2	6	2	6	10	2	6	10	14	2	6	10		2	6		
7	87. Fr	2	2	6	2	6	10	2	6	10	14	2	6	10		2	6		1
	88. Ra	2	2	6	2	6	10	2	6	10	14	2	6	10		2	6		2
	89. Ac	2	2	6	2	6	10	2	6	10	14	2	6	10		2	6	1	2
	90. Th	2	2	6	2	6	10	2	6	10	14	2	6	10		2	6	2	2
	91. Pa	2	2	6	2	6	10	2	6	10	14	2	6	10	2	2	6	1	2
	92. U	2	2	6	2	6	10	2	6	10	14	2	6	10	3	2	6	1	2
	93. Np	2	2	6	2	6	10	2	6	10	14	2	6	10	4	2	6	1	2
	94. Pu	2	2	6	2	6	10	2	6	10	14	2	6	10	5	2	6	1	2
	95. Am	2	2	6	2	6	10	2	6	10	14	2	6	10	7	2	6		2
	96. Cm	2	2	6	2	6	10	2	6	10	14	2	6	10	7	2	6	1	2
	97. Bk	2	2	6	2	6	10	2	6	10	14	2	6	10	8	2	6	1	2
	98. Cf	2	2	6	2	6	10	2	6	10	14	2	6	10	9	2	6	1	2
	99. Es	2	2	6	2	6	10	2	6	10	14	2	6	10	10	2	6	1	2
	100. Fm	2	2	6	2	6	10	2	6	10	14	2	6	10	11	2	6	1	2
	101. Md	2	2	6	2	6	10	2	6	10	14	2	6	10	12	2	6	1	2
	102. No	2	2	6	2	6	10	2	6	10	14	2	6	10	13	2	6	1	2
	103. Lr	2	2	6	2	6	10	2	6	10	14	2	6	10	14	2	6	1	2

7．国際単位系 SI

SI 基本単位の名称と記号

物理量	SI 単位の名称		SI 単位の記号
長さ	メートル	meter	m
質量	キログラム	kilogram	kg
時間	秒	second	s
電流	アンペア	ampere	A
熱力学的温度	ケルビン	kelvin	K
物質量	モル	mole	mol
光度	カンデラ	candela	cd

SI 接頭語

大きさ	接頭語		記号	大きさ	接頭語		記号
10^{-1}	デシ	deci	d	10	デカ	deca	da
10^{-2}	センチ	centi	c	10^2	ヘクト	hecto	h
10^{-3}	ミリ	milli	m	10^3	キロ	kilo	k
10^{-6}	マイクロ	micro	μ	10^6	メガ	mega	M
10^{-9}	ナノ	nano	n	10^9	ギガ	giga	G
10^{-12}	ピコ	pico	p	10^{12}	テラ	tera	T
10^{-15}	フェムト	femto	f	10^{15}	ペタ	peta	P
10^{-18}	アット	atto	a	10^{18}	エクサ	exa	E

特別の名称を持つ SI 誘導単位と記号

物理量	SI 単位の名称		SI 単位の記号	SI 単位の定義
力	ニュートン	newton	N	$m\,kg\,s^{-2}$
圧力，応力	パスカル	pascal	Pa	$m^{-1}kg\,s^{-2}(=Nm^{-2})$
エネルギー	ジュール	joule	J	$m^2 kg\,s^{-2}$
仕事率	ワット	watt	W	$m^2 kg\,s^{-3}(=Js^{-1})$
電荷	クーロン	coulomb	C	sA
電位差	ボルト	volt	V	$m^2 kg\,s^{-3}A^{-1}(=JA^{-1}s^{-1})$
電気抵抗	オーム	ohm	Ω	$m^2 kg\,s^{-3}A^{-2}(=VA^{-1})$
電導度	ジーメンス	siemens	S	$m^{+2}kg^{-1}s^3A^2(=AV^{-1}=\Omega^{-1})$
電気容量	ファラッド	farad	F	$m^{-2}kg^{-1}s^4A^2(=AsV^{-1})$
周波数	ヘルツ	hertz	Hz	s^{-1}

8. 化学に関係の深いできごとの年表

年代	できごと	人名	年代	できごと	人名
1662	ボイルの法則	ボイル	1909	ベークライト	ベークランド
1766	水素の発見	キャベンディッシュ	1909	味の素の工業生産	池田菊苗ら
1774	質量保存の法則	ラボアジエ	1912	ウルシオールの化学構造決定	真島利行
1777	燃焼理論	ラボアジエ	1913	水素スペクトルの解析(原子モデル)	ボーア
1783	空気の組成決定	キャベンディッシュ	1917	KS鋼	本多光太郎
1787	シャルルの法則	シャルル	1925	回転異性体の発見	水島三一郎
1887	電離説	アレニウス	1927	触媒によるガソリンの工業的製法	フードリー
1791	炭酸ナトリウムの工業的製法	ルブラン	1928	ペニシリン発見	フレミング
1799	定比例の法則	プルースト	1930	高分子概念の確立	シュタウディンガー
1799	サラシ粉の製法	テナント			
1800	電池の発明	ボルタ	1932	中性子の発見	チャドウィック
1800	水の電気分解	ニコルソン	1932	電子顕微鏡の製作	ルスカら
1803	原子説	ドルトン	1935	6,6-ナイロン発明	カローザス
1803	ヘンリーの法則	ヘンリー	1939	ビニロン	桜田一郎
1808	気体反応の法則	ゲーリュサック	1951	タンパク質のα-ヘリックス解明	ポーリング・コーリー
1811	アボガドロの法則	アボガドロ			
1825	ベンゼンの発見	ファラデー	1952	フロンティア軌道理論	福井謙一
1826	異性体の提唱	リービッヒ	1953	ポリエチレンの新合成法	チーグラー
1828	尿素の合成	ウェーラー			
1833	電気分解の法則	ファラデー	1953	DNA二重らせんの構造解明	ワトソン,クリック
1837	舎密開宗(化学書)	宇田川榕菴			
1840	ヘスの法則	ヘス	1954	ポリプロピレンの合成	ナッタ
1844	ゴムの加硫法	グッドイヤー			
1856	合成染料モーブ	パーキン	1955	人造ダイヤモンドの製造	GE社(米国)
1859	鉛蓄電池	プランテ			
1865	ベンゼンの構造決定	ケクレ	1955	インシュリンのアミノ酸配列決定	サンガー
1866	アンモニアソーダ法(ソルベー法)	ソルベー	1959	炭素繊維の開発	進藤昭男
1866	ダイナマイト	ノーベル	1960	アモルファス金属	デュエイ
1869	元素の周期律	メンデレーエフ	1961	¹²C基準の原子量	(IUPAC)
1884	平衡移動の法則	ル・シャトリエ	1962	キセノン化合物の合成	バートレット
1886	アルミニウムの工業的製法	ホール,エルー	1974	DNA組み換えの技術開発	コーエン・ボイヤー
1897	電子の発見	トムソン	1974	液晶理論の確立	ドジャンヌ
1898	ラジウムの発見	キュリー夫妻	1986	高温超伝導体発見	ベドノルツら
1900	アドレナリン抽出	高峰譲吉	1987	抗体遺伝子の研究	利根川進
1902	放射性元素の壊変説	ラザフォード,ソディー	2000	導電性ポリマー	白川英樹ら
			2001	触媒不斉合成反応	野依良治
1904	原子の土星モデル	長岡半太郎	2002	生体高分子の解析	田中耕一
1908	アンモニアの工業的製法	ハーバー,ボッシュ	2008	緑色蛍光蛋白質	下村脩

索　引

あ 行

アイソトープ	21
亜　鉛	180, 181
赤サビ	187
アクリル系繊維	262
亜硝酸アンモニウム	164
アセチレン	209
アセテートレーヨン	245
圧平衡定数	110
アトム	62
アボガドロ数	48
アボガドロの法則	19
アマルガム	181, 200
アミノ酸	247
アミロース	241
アミロペクチン	242
アミン	224
アモルファス合金	280
亜硫酸	171
アルカリ金属	175
アルカリ金属元素	35
アルカリ性	117
アルカリ土類金属	178
アルカリ土類金属元素	35
アルカン	207
アルキル基	207
アルケン	208
アルコール	214
アルコール発酵	241
アルデヒド	216
α-アミノ酸	247
アルミナ	182
アルミニウム	182
アルミニウムの製錬	195
アルミン酸イオン	183
アレニウス	117
アンモニア	166
アンモニア・ソーダ法	200
硫　黄	168
硫黄酸化物	293
イオン	23
イオン価	23
イオン化傾向	140
イオン化列	140
イオン結合	38
イオン結晶	38
イオン交換樹脂	265
イオン交換膜	266
イオン交換膜法	199
イオン式	23
イオンの価数	23
異性体	211
位置異性体	212
一次電池	145
一次反応	105
一酸化炭素	162
一酸化窒素	165
遺伝子組換え	297
陰イオン	23
陰イオン交換樹脂	265
陰　極	150
ウレタン樹脂	261
エアロゾル	87
ABS 樹脂	260
s 軌道	30
エステル	216, 219
sp^3 混成軌道	46, 47
X線回折法	273
X線光電子分光分析	277
X線マイクロアナリシス	277
エーテル	220
エポキシ樹脂	261
エボナイト	254
エネルギー準位	29
エレクトロセラミックス	283
塩化アンモニウム	166
塩化鉛（II）	184
塩化水素	173
塩化ナトリウム	174
塩　基	117
塩基性	117
塩基性塩	126
塩基性酸化物	122, 169
塩基性炭酸鉛（II）	184
塩　橋	143
塩　酸	173, 198
エンジニアリングプラスチック	284
炎色反応	176, 178
塩　析	91
塩　素	172, 174
塩素酸カリウム	168
エンタルピー	102
鉛蓄電池	145
エントロピー	114
黄血カリ	188
王　水	141, 166
黄銅鉱	188, 194
黄リン	164
オキソニウムイオン	116
オクテット	33
オージェ電子分光分析	277
オストワルド法	166, 198
オゾン	169
温室効果	295

か 行

会合コロイド	88
海水	172
界面重合	238

334　索引

解離エネルギー	100	気体の状態方程式	66	結合エネルギー	100
過塩素酸	170	気圧の分圧の法則	67	ケトン	216
化学的	24	気体の密度	69	ゲーリュサック	18
化学分析	270	気体の溶解度	78	ゲーリュサック法則	62
化学平衡	108, 122	基底状態	29	ゲル	88
化学変化	16	規定度	132	ケルビン	63
可逆反応	107	起電力	148	限外顕微鏡	89
拡散	60	希土類元素	184	けん化価	231
核酸	252	吸着	91	減極剤	143
核磁気共鳴吸収	276	吸熱反応	95	原子	18, 20
隔膜法	151, 199	凝固	55	原子エネルギー	287
化合	16	凝固点	55	原子価	25
化合物	15	凝固点降下	83	原子核	20
加水分解	127	凝固点降下度	83	原子核分裂	287
ガスクロマトグラフ	276	凝固熱	55	原子軌道	30
化石燃料	286	凝縮	56	原子吸光分析	274
活性化エネルギー	106	凝縮点	57	原子説	17
活性錯合体	106	凝縮熱	58	原子番号	20
褐鉄鉱	193	凝折	90	原子量	47
価電子	33	強電解質	75	原子力電池	288
カドミウム	180, 181	共鳴	225	懸濁液	87
過飽和溶液	75	共役の酸・塩基	118	光学異性体	247
カーボンファイバ	284	共有結合	39	高級脂肪酸	231
カーボン・ブラック	161	銀	189	格子定数	43
過マンガン酸カリウム	186	金属イオンの分離	191	合成高分子化合物	255
紙	244	金属結晶	42	合成ゴム	259
ガラクトース	241	金属元素	35	合成繊維	259
ガラス転移温度	257	空気の見かけの分子量	70	合成洗剤	233
カリ肥料	177	くじゃく石	188	合成塔	199
加硫	254	クラーク	157	輝線スペクトル	28
カルボニル化合物	216	グラム当量	132	酵素	250
カルボン酸	218	グリコーゲン	243	構造異性体	211
カローザス	255	グリセリン	231	構造式	24
還元	134	グルコース（ブドウ糖）	239	酵素固定	298
還元剤	136	黒サビ	187	黒鉛	160, 161
甘コウ	181	クロム	185	コークス	193
感光剤	189	クロム酸イオン	186	五酸化二リン	166
緩衝液	125, 128	クロム酸鉛(II)	184	五酸化バナジウム(V)	197
官能基	210	クロム酸カリウム	186	固体コロイド	87
気圧	62	クロロプレンゴム	264	固体の溶解度	76
気液平衡	57	軽金属	178	コポリマー（共重合度）	256
幾何異性体	212	蛍光X線分析	273	ゴム状硫黄	169
希ガス	175	ケイ砂	163	固溶体	14, 72
希ガス元素	33, 35	ケイ酸塩	162	コールラウシュ	122
気化熱	57	ケイ酸塩工業（窯業）	163	コロイド	87
機器分析	270	形状記憶効果	281	コロイド状態	87
キサントプロテイン反応	250	形状記憶合金	281	コイロド溶液	87
キセロゲル	89	ケイ素	159, 161	コロイド粒子	87
気体定数	65	ケイ素樹脂	261	混合物	14

索　引　**335**

さ行

最外殻電子	26
再結晶	76
再生繊維	245
細胞融合技術	298
錯イオン	190
サーメット	285
さらし粉	172
酸	116
酸アミド	224
酸・塩素・塩の合成	196
酸化	133
酸化亜鉛	181
酸化アルミニウム	170, 183
酸化鉛（II）	184
酸化カルシウム	179
酸化還元滴定	139
酸化剤	136
酸化作用	137
酸化数	135
酸化ナトリウム	169
酸化マンガン	186
酸化マンガン（IV）	168
産業廃棄物	295
三酸化硫黄	171, 197
酸水素炎	158
酸性雨	125
酸性塩	126
酸性酸化物	122, 170
酸素	168
酸素アセチレン炎	168
酸の価数	120
酸無水物	220
次亜塩素酸	173
ジアンミン銀（I）イオン	189
塩	126
磁気量子数	30
σ結合	209
四酸化二窒素	166
指示薬	124
示性式	24
自然エネルギー	289
七酸化二塩素	170
実験式	24
実在気体	70
質量作用の法則	109
質量数	21
質量パーセント濃度	80
質量分析法	275
磁鉄鉱	193
ジペプチド	248
弱電解質	75
写真の感光剤	174
斜方硫黄	169
シャルルの法則	62
臭化銀	175
周期律	34
重金属	185
重合	256
重合度	256
臭素	172
重曹	201
充電	146
重量モル濃度	80
縮合重合	256, 257
縮重合	257
主遷移元素	184
シュタウディンガー	255
主量子数	30
純銅	195
純物質	14
昇華	59
昇華圧	59
昇華曲線	59
蒸気圧降下	81
蒸気圧降下度	82
蒸気圧降下率	82
昇コウ	181
硝酸	166, 198
硝酸銀	189
焼セッコウ	180
状態図	59
鍾乳石	179
蒸発	56
蒸発熱	57
触媒	106
助色団	235
シリカゲル	163
シリコンゴム	265
シリコン樹脂	261
親液コロイド	91
人工ダイヤモンド	282
シン砂	180
新材料	278
親水基	74
親水コロイド	91
新素材	278
しんちゅう	188
浸透	85
浸透圧	85
真の溶液	87
水銀	180
水銀法	199
水酸化鉛（II）	184
水酸化ナトリウム	177
水質汚染	290
水質汚濁物質	291
水晶	163
水素	157
水素イオン指数	123
水素結合	44
水素酸	174
水素電極	147
水素の同位体	159
水和	72
水和イオン	73
水和水	73
スクロース（ショ糖）	241
スチレン・ブタジエンゴム	264
ステンレス鋼	194
スピン量子数	30
スラグ	193
正塩	126
精製	14
生石灰石	194
成長点培養	298
製錬	193
石英	162
石英ガラス	164
赤外分光分析	275
石筍	179
石炭の液化	287
赤鉄鉱	186, 193
赤リン	164, 166
石灰石	162
石灰洞（鍾乳洞）	179
赤血カリ	188
セッケン	231
セッコウ	180
接触塔	197
接触法	197
絶対温度	63
絶対零度	63
セラミックス	281
セルロース	244

セロビオース	242	単体	15	典型元素	169
セン亜鉛鉱	180	単糖類	239	電子	20
遷移金属元素	184	タンパク質	247	電子殻	26
繊維強化プラスチック	285	タンパク質の凝固剤	174	電子軌道	30
遷移元素	35	タンパク質の構造	248	電子軌道のエネルギー準位	31
銑鉄	193	タンパク質の変性	249	電子雲	30
双極子モーメント	40	チオシアン酸カリウム	187	電子式	24
走査型電子顕微鏡	271	チオ硫酸ナトリウム	189	電子親和力	34
走査透過型電子顕微鏡	271	チーグラー	256	電子セラミックス	283
総熱量保存の法則	99	窒素	164	電子線回折	273
疎液コロイド	91	窒素酸化物	165, 294	電子配置	28
族	35	地熱エネルギー	289	典族元素	35
速度定数	105	中性子	20	電池	142, 146
組織培養技術	298	中和	126	電池図	142
疎水基	74	中和滴定	131	天然高分子化合物	239
疎水コロイド	91	中和点	132	天然ゴム	254
組成式	24	超伝導	282	デンプン	242
ソーダケイ酸ガラス	163	超伝導材料	282	電離	74, 116
ソーダ灰	200	チリ硝石	164	電離定数	110, 121
粗銅	194	チンダル現象	89	電離度	75, 119
ゾル	87	定圧反応	102	銅	188
ソルベー法	200	d^2sp 混成軌道	190	銅アンモニアレーヨン	245
		定性分析	191	同位体	21
た 行		定積反応	101	透過型電子顕微鏡	271
第1イオン化エネルギー	34	定着液	189	透折	89
大気汚染物質	293	定量分析	191	同族元素	35
大規模集積回路	161	デオキシリボ核酸	252	同素体	160, 165, 169
耐熱鋼	281	デキストリン	243	銅の製錬	194
ダイヤモンド	160, 161	滴定曲線	132	動物性繊維	251
太陽エネルギー	289	鉄	185, 186	糖類	239
大理石	179	鉄の製錬	193	特殊鋼	194
多原子イオン	24	テトラアンミン亜鉛(II)		都市廃棄物	295
多原子分子	23	イオン	181	ドライアイス	162
多糖類	242	テトラアンミン銅(II)		ドルトン	18
ダニエル電池	143	イオン	189	ドルトンの原子説	18
単位格子	43	テトラヒドロキソ亜鉛			
炭化水素	205	酸ナトリウム	181	**な 行**	
単極電位	147, 149	テトラヒドロキソアル		内殻電子	26
単原子分子	22	ミン酸ナトリウム	183	内遷移元素	184
炭酸カルシウム	162, 179	デービー	152	内部エネルギー	96
炭酸水素カルシウム	162	テルミット反応	182	ナイロン-6	258
炭酸水素ナトリウム	177	電位列	148	ナイロン-6,6	255, 257
炭酸ナトリウム	177, 200	電解質	75	ナイロン-6,10	238
単斜硫黄	169	電気陰性度	42	生ゴム	254
単純タンパク質	249	電気永動	90	鉛	182, 183
炭水化物	239	電気分解	150	二クロム酸イオン	186
炭素	159	電気分解の法則	152	二クロム酸カリウム	186
炭素鋼	193	電気量	152	二酸化硫黄	171
炭素繊維	160, 161, 262, 284	典型金属元素	175	二酸化鉛(IV)	184

二酸化ケイ素	162	p 軌道	30	分子量	47
二酸化炭素	162	ppm 濃度	81	分析電子顕微鏡	277
二酸化窒素	165	ppb 濃度	81	フントの規則	33
二次電池	145	ビウレット反応	250	閉殻	26
二次反応	105	非金属元素	35, 157	平衡定数	108
二糖類	241	ビス（チオスルファト）		ヘキサシアノ鉄（Ⅱ）	
ニトリル	224	銀（Ⅰ）酸イオン	189	酸イオン	190
ニトリルゴム	264	ビスコースレーヨン	245	ヘキサシアノ鉄（Ⅱ）	
ニトロセルロース	244	必須アミノ酸	247	酸カリウム	187
乳化	88, 233	非電解質	75	ヘキサシアノ鉄（Ⅱ）	
乳化剤	88, 233	ビニル化合物	257	酸カリウム	187
乳濁液	87	ビニル基	257	ヘキサフルオロケイ酸	173
尿素樹脂	258	ビニロン	261	ペプチド結合	248
ニールス・ボーア	28	氷晶石	182, 196	ヘリウム	175
ニンヒドリン反応	248	ファラデー定数	152	べんがら	187
熱可塑性	260	ファンデルワールス力	45	ベンゼン	224
熱硬化性プラスチック	260	ファントホッフの法則	86	変態	183
濃度	80	フェノール樹脂	258	ヘンリーの法則	79
		不確定性原理	30	ボイル・シャルルの法則	65
は 行		付加重合	256	ボイルの法則	61
配位結合	41	複塩	184	方位量子数	30
配位子	191	複合タンパク質	249	方鉛鉱	182
配位数	44, 191	不斉炭素原子	247	芳香族炭化水素	205
バイオセンサー	299	不対電子	39	放射化分析	274
バイオテクノロジー	296	フッ化水素酸	173	放射性同位体	22
バイオマス	299	物質の三態	53	放射能	22
π 結合	47, 209	フッ素	172	飽和蒸気圧	57
バクテリア・リーチング	299	沸点	57	飽和蒸気圧曲線	57
パスカル	62	沸点上昇	83	飽和溶液	75
発煙硫酸	198	沸点上昇度	83	ボーキサイト	182, 195
発光分光分析	274	物理変化	16	保護コロイド	91
発色団	234	不飽和溶液	75	保護作用	91
発熱反応	95	浮遊選鉱法	194	ホタル石	172
ハーバー・ボッシュ法		ブラウン運動	89	ポリアセタール	260
	166, 198	プラスチック	259, 260	ポリアミド	258
ハロゲン	171	フルクトース（果糖）	240	ポリイミド	260
ハロゲン化アルキル	223	プルースト	18	ポリエステル	258
ハロゲン化銀	189	ブレンステッド	117	ポリエステル系合成繊維	262
ハロゲン元素	35	フロン	295	ポリエチレン	256
ハロゲン酸化物	174	ブロンズ	188	ポリエチレンテレ	
半減期	22	分解	16	フタラート	257
半合成繊維	245	分極	143	ポリ塩化ビニリデン	260
半電池	147	分散コロイド	88	ポリ塩化ビニル	257
半透膜	85	分散質	87	ポリカーボネート	260
反応速度	103	分散媒	87	ポリシアノアクリレート	261
反応速度式	104	分子	18	ポリスチレン	257
反応熱	95	分子結晶	45	ポリプロピレン	257
pH 試験紙	125	分子コロイド	88	ポリペプチド	249
pH メーター	125	分子式	24	ポリマー（重合体）	256

ポリマーアロイ	283	陽極泥	195	**英文字**			
ボルタ電池	142	陽子	20				
ポルトランドセメント	179	溶質	72	AEM	277		
		ヨウ素	172, 174	AES	277		
ま 行		ヨウ素価	232	atm	62		
マグネシウム	178	ヨウ素デンプン反応	242	DNA	252		
マルトース（麦芽糖）	242	溶体	14, 72	EPMA	277		
マンガン	185, 186	溶媒	72	ESCA	277		
マンガン乾電池	144	溶媒和	72	FRP	285		
水ガラス	163			NBR	264		
水のイオン積	123	**ら 行**		LSI	161		
水の三重点	59	ラウールの法則	82	Pa	62		
ミセルコロイド	88	ラクトース（乳糖）	242	pH	123		
ミョウバン	184	ラジオソトープ	22	RNA	252		
無機物質	156	乱雑さ	114	SBR	264		
無定形炭素	160, 161	理想気体	71	SEM	271		
メタン	206	リボ核酸	252	STEM	271		
メラミン樹脂	258	リボース	241	TEM	271		
モノマー（単量体）	256	硫化鉛（II）	184	XMA	277		
モル凝固点降下	84	硫化水素	170	XPS	277		
モル質量	48	硫化鉄（II）	170				
モル濃度	80	硫化物イオン	170				
モル沸点上昇	84	硫酸	171, 197				
モル分率	68, 80	硫酸鉛（II）	184				
		硫酸カリウムアルミニウム十二水和物	184				
や 行		硫酸カリシウム	179				
融解	54	硫酸銅（II）五水和物	188				
融解曲線	59	流体エネルギー	289				
融解電解	151	量子数	30				
融解電解法	195	両性元素	36, 182				
融解熱	55	両性酸化物	122, 170				
有機化合物	204	リン	164				
有機金属化合物	223	リン酸	167				
有機材料	283	リン酸カルシウム	164				
融点	54	リン酸水素ナトリウム	168				
油脂	231	リン酸素酸	167				
陽イオン	23	リン酸ナトリウム	168				
陽イオン交換樹脂	265	リン酸二水素カルシウム	168				
溶液	14, 72	リン酸二水素ナトリウム	168				
溶解	72	ルイス	118				
溶解度	75	ル・シャトリエの平衡移動の法則	111				
溶解度曲線	76	励起状態	29				
溶解度積	111	レーヨン	245				
溶解平衡	76, 110	緑青（ろくしょう）	189				
ヨウ化カリウム	168						
陽極	150						

やさしく学べる基礎化学	ⓒ 基礎化学教育研究会　*2003*

2003年2月20日　第1版第1刷発行
2017年9月20日　第1版第12刷発行

【本書の無断転載を禁ず】

著　　者　基礎化学教育研究会
発 行 者　森北博巳
発 行 所　森北出版株式会社
　　　　　東京都千代田区富士見1-4-11(〒102-0071)
　　　　　電話 03-3265-8341／FAX 03-3264-8709
　　　　　http://www.morikita.co.jp/
　　　　　日本書籍出版協会・自然科学書協会　会員
　　　　　JCOPY <(社)出版者著作権管理機構 委託出版物>

落丁・乱丁本はお取り替えします　　印刷／モリモト印刷・製本／ブックアート

Printed in Japan／ISBN978-4-627-24131-2

図書案内　森北出版

固体物性と電気伝導

鈴木実／著

菊判・432頁　定価（本体 5600円＋税）　ISBN978-4-627-15601-2

固体における電気伝導現象を中心として，固体物性を基礎からわかりやすく解説する．半導体や金属，超伝導など，幅広い範囲を網羅しており，初学者はもちろん，各種デバイスや電子材料の開発に携わる研究者・技術者にも有用な一冊．

電磁波の物理
—その発生・伝播・吸収・増幅・共振を電磁気学で理解する

遠藤雅守／著

菊判・248頁　定価（本体 3600円＋税）　ISBN978-4-627-15501-5

電磁波にまつわる幅広い現象の理論を扱う入門書．マクスウェル方程式から出発し，発生・反射・屈折・吸収・増幅・導波・共振まで，バラバラに扱われがちな諸現象を統一的に解説している．電磁気学の射程の広さを感じながら，電磁波の物理と工学についての手堅い理解が得られる一冊．

電磁気学
—はじめて学ぶ電磁場理論

遠藤雅守／著

菊判・320頁　定価（本体 2800円＋税）　ISBN978-4-627-15491-9

大学の基礎科目の中でも難攻不落として悪名高い電磁気学．これをストーリー仕立てでわかりやすく解説した，画期的な電磁場理論の入門書．特に磁場と特殊相対性理論との関係については，第一原理からの丁寧な解説を試みた．他書では得られない「納得感」を読者に約束する．

X線・中性子の散乱理論入門

Devinder S. Sivia／著　竹中章郎・藤井保彦／訳

菊判・224頁　定価（本体 3600円＋税）　ISBN978-4-627-15471-1

近年の実験施設の充実に伴って，物理学・化学・材料科学・生物学など幅広い研究分野で使われるようになった「散乱実験」．散乱理論を多様な読者が学べるよう平易に解説した入門書．散乱実験に携わる学生・研究者のニーズに応えるテキストとなっている．

定価は2015年1月現在のものです．現在の定価等は弊社Webサイトをご覧下さい．

http://www.morikita.co.jp

おもな元素の原子量概数，イオン・原子団

元素記号	原子量概数	イオン	元素記号	原子量概数	イオン	元素記号	原子量概数	イオン
$_1$H	1.0	H^+			SO_3^{2-},	$_{27}$Co	59.0	Co^{2+}
$_2$He	4.0				$S_2O_3^{2-}$	$_{28}$Ni	58.7	Ni^{2+}
$_3$Li	7.0	Li^+	$_{17}$Cl	35.5	Cl^-, ClO^-	$_{29}$Cu	63.5	Cu^+, Cu^{2+}
$_5$B	10.8	BO_3^{3-}			ClO_2^-	$_{30}$Zn	65.4	Zn^{2+}
$_6$C	12.0	CO_3^{2-}, CN^-			ClO_3^-	$_{35}$Br	80.0	Br^-
$_7$N	14.0	NH_4^+,			ClO_4^-	$_{36}$Kr	83.8	
		NO_3^-,	$_{18}$Ar	40.0		$_{47}$Ag	108	Ag^+
		NO_2^-	$_{19}$K	39.0	K^+	$_{48}$Cd	112	Cd^{2+}
$_8$O	16.0	OH^-	$_{20}$Ca	40.0	Ca^{2+}	$_{50}$Sn	119	Sn^{2+}, Sn^{4+}
$_9$F	19.0	F^-	$_{24}$Cr	52.0	Cr^{3+}, Cr^{6+},	$_{53}$I	127	I^-, IO^-,
$_{10}$Ne	20.2				$Cr_2O_7^{2-}$,			IO_3^-
$_{11}$Na	23.0	Na^+			CrO_4^{2-}	$_{54}$Xe	131	
$_{12}$Mg	24.0	Mg^{2+}	$_{25}$Mn	55.0	Mn^{2+},	$_{56}$Ba	137	Ba^{2+}
$_{13}$Al	27.0	Al^{3+}			MnO_4^-,	$_{78}$Pt	195	Pt^{2+}, Pt^{4+}
$_{14}$Si	28.0	SiO_3^{2-}			MnO_4^{2-}	$_{79}$Au	197	Au^{3+}
		$Si_2O_5^{2-}$	$_{26}$Fe	56.0	Fe^{2+}, Fe^{3+},	$_{80}$Hg	201	Hg_2^{2+},
$_{15}$P	31.0	PO_4^{3-}			$Fe(CN)_6^{4-}$			Hg^{2+}
$_{16}$S	32.0	S^{2-}, SO_4^{2-},			$Fe(CN)_6^{3-}$	$_{82}$Pb	207	Pb^{2+}

定 数 表

アボガドロ数　　　(L, N_A)　　　6.0221367×10^{23} mol^{-1}

電子の静止質量　　(m_e)　　　$9.1093897 \times 10^{-31}$ kg

陽子の静止質量　　(m_p)　　　$1.6726231 \times 10^{-27}$ kg

中性子の静止質量　(m_n)　　　$1.6749286 \times 10^{-27}$ kg

電子の電荷　　　　(e)　　　　$-1.60217733 \times 10^{-19}$ C

気体定数　　　　　(R)　　　　0.082054 l atm mol^{-1} K^{-1} $(8.314510$ JK^{-1} mol$^{-1})$

理想気体1モルの体積　　　　　　$22.4138 l (0°C, 1 atm)$, $22.7110 l (0°C, 10^5 Pa)$

ファラデー定数　　(F)　　　　96485 C mol^{-1}

光の速度(真空中)　(c_0)　　　2.99792458×10^8 m s^{-1}

プランク定数　　　(h)　　　　$6.6260755 \times 10^{-34}$ J s

1 cal = 4.184 J,　1 eV = 1.6021×10^{-19} J = 9.6485×10^4 J mol^{-1}